国家出版基金项目
NATIONAL PUBLICATION FOUNDATION

"十三五"国家重点图书出版规划项目

智能制造
系|列|丛|书

U0286706

新一代智能化数控系统

陈吉红 杨建中 周会成 编著

NEW-GENERATION INTELLIGENT NUMERICAL
CONTROL SYSTEM

清华大学出版社
北京

图书在版编目（CIP）数据

新一代智能化数控系统/陈吉红，杨建中，周会成编著.—北京：清华大学出版社，2021.10
（2022.11重印）

（智能制造系列丛书）

ISBN 978-7-302-59124-5

Ⅰ. ①新…　Ⅱ. ①陈…　②杨…　③周…　Ⅲ. ①数控机床－程序设计　Ⅳ. ①TG659

中国版本图书馆 CIP 数据核字（2021）第 182171 号

责任编辑：许　龙
封面设计：李召霞
责任校对：赵丽敏
责任印制：沈　露

出版发行：清华大学出版社
　　　　网　　　址：http://www.tup.com.cn，http://www.wqbook.com
　　　　地　　　址：北京清华大学学研大厦 A 座　　　邮　　编：100084
　　　　社　总　机：010-83470000　　　　　　　　邮　　购：010-62786544
　　　　投稿与读者服务：010-62776969，c-service@tup.tsinghua.edu.cn
　　　　质量反馈：010-62772015，zhiliang@tup.tsinghua.edu.cn
印　装　者：涿州市京南印刷厂
经　　　销：全国新华书店
开　　　本：170mm×240mm　　印　张：25.75　　　字　　数：517 千字
版　　　次：2021 年 11 月第 1 版　　　　　　　印　　次：2022 年 11 月第 2 次印刷
定　　　价：128.00 元

产品编号：079380-01

智能制造系列丛书编委会名单

制造业是国民经济的主体,是立国之本、兴国之器、强国之基。习近平总书记在党的十九大报告中号召:"加快建设制造强国,加快发展先进制造业。"他指出:"要以智能制造为主攻方向推动产业技术变革和优化升级,推动制造业产业模式和企业形态根本性转变,以'鼎新'带动'革故',以增量带动存量,促进我国产业迈向全球价值链中高端。"

智能制造——制造业数字化、网络化、智能化,是我国制造业创新发展的主要抓手,是我国制造业转型升级的主要路径,是加快建设制造强国的主攻方向。

当前,新一轮工业革命方兴未艾,其根本动力在于新一轮科技革命。21世纪以来,互联网、云计算、大数据等新一代信息技术飞速发展。这些历史性的技术进步,集中汇聚在新一代人工智能技术的战略性突破,新一代人工智能已经成为新一轮科技革命的核心技术。

新一代人工智能技术与先进制造技术的深度融合,形成了新一代智能制造技术,成为新一轮工业革命的核心驱动力。新一代智能制造的突破和广泛应用将重塑制造业的技术体系、生产模式、产业形态,实现第四次工业革命。

新一轮科技革命和产业变革与我国加快转变经济发展方式形成历史性交汇,智能制造是一个关键的交汇点。中国制造业要抓住这个历史机遇,创新引领高质量发展,实现向世界产业链中高端的跨越发展。

智能制造是一个"大系统",贯穿于产品、制造、服务全生命周期的各个环节,由智能产品、智能生产及智能服务三大功能系统以及工业智联网和智能制造云两大支撑系统集合而成。其中,智能产品是主体,智能生产是主线,以智能服务为中心的产业模式变革是主题,工业智联网和智能制造云是支撑,系统集成将智能制造各功能系统和支撑系统集成为新一代智能制造系统。

智能制造是一个"大概念",是信息技术与制造技术的深度融合。从20世纪中叶到90年代中期,以计算、感知、通信和控制为主要特征的信息化催生了数字化制造;从90年代中期开始,以互联网为主要特征的信息化催生了"互联网+制造";当前,以新一代人工智能为主要特征的信息化开创了新一代智能制造的新阶段。

这就形成了智能制造的三种基本范式，即：数字化制造（digital manufacturing）——第一代智能制造；数字化网络化制造（smart manufacturing）——"互联网＋制造"或第二代智能制造，本质上是"互联网＋数字化制造"；数字化网络化智能化制造（intelligent manufacturing）——新一代智能制造，本质上是"智能＋互联网＋数字化制造"。这三个基本范式次第展开又相互交织，体现了智能制造的"大概念"特征。

对中国而言，不必走西方发达国家顺序发展的老路，应发挥后发优势，采取三个基本范式"并行推进、融合发展"的技术路线。一方面，我们必须实事求是，因企制宜、循序渐进地推进企业的技术改造、智能升级，我国制造企业特别是广大中小企业还远远没有实现"数字化制造"，必须扎扎实实完成数字化"补课"，打好数字化基础；另一方面，我们必须坚持"创新引领"，可直接利用互联网、大数据、人工智能等先进技术，"以高打低"，走出一条并行推进智能制造的新路。企业是推进智能制造的主体，每个企业要根据自身实际，总体规划、分步实施、重点突破、全面推进，产学研协调创新，实现企业的技术改造、智能升级。

未来 20 年，我国智能制造的发展总体将分成两个阶段。第一阶段：到 2025 年，"互联网＋制造"——数字化网络化制造在全国得到大规模推广应用；同时，新一代智能制造试点示范取得显著成果。第二阶段：到 2035 年，新一代智能制造在全国制造业实现大规模推广应用，实现中国制造业的智能升级。

推进智能制造，最根本的要靠"人"，动员千军万马、组织精兵强将，必须以人为本。智能制造技术的教育和培训，已经成为推进智能制造的当务之急，也是实现智能制造的最重要的保证。

为推动我国智能制造人才培养，中国机械工程学会和清华大学出版社组织国内知名专家，经过三年的扎实工作，编著了"智能制造系列丛书"。这套丛书是编著者多年研究成果与工作经验的总结，具有很高的学术前瞻性与工程实践性。丛书主要面向从事智能制造的工程技术人员，亦可作为研究生或本科生的教材。

在智能制造急需人才的关键时刻，及时出版这样一套丛书具有重要意义，为推动我国智能制造发展作出了突出贡献。我们衷心感谢各位作者付出的心血和劳动，感谢编委会全体同志的不懈努力，感谢中国机械工程学会与清华大学出版社的精心策划和鼎力投入。

衷心希望这套丛书在工程实践中不断进步、更精更好，衷心希望广大读者喜欢这套丛书、支持这套丛书。

让我们大家共同努力，为实现建设制造强国的中国梦而奋斗。

周济

2019 年 3 月

技术进展之快,市场竞争之烈,大国较劲之剧,在今天这个时代体现得淋漓尽致。

世界各国都在积极采取行动,美国的"先进制造伙伴计划"、德国的"工业 4.0 战略计划"、英国的"工业 2050 战略"、法国的"新工业法国计划"、日本的"超智能社会 5.0 战略"、韩国的"制造业创新 3.0 计划",都将发展智能制造作为本国构建制造业竞争优势的关键举措。

中国自然不能成为这个时代的旁观者,我们无意较劲,只想通过合作竞争实现国家崛起。大国崛起离不开制造业的强大,所以中国希望建成制造强国、以制造而强国,实乃情理之中。制造强国战略之主攻方向和关键举措是智能制造,这一点已经成为中国政府、工业界和学术界的共识。

制造企业普遍面临着提高质量、增加效率、降低成本和敏捷适应广大用户不断增长的个性化消费需求,同时还需要应对进一步加大的资源、能源和环境等约束之挑战。然而,现有制造体系和制造水平已经难以满足高端化、个性化、智能化产品与服务的需求,制造业进一步发展所面临的瓶颈和困难迫切需要制造业的技术创新和智能升级。

作为先进信息技术与先进制造技术的深度融合,智能制造的理念和技术贯穿于产品设计、制造、服务等全生命周期的各个环节及相应系统,旨在不断提升企业的产品质量、效益、服务水平,减少资源消耗,推动制造业创新、绿色、协调、开放、共享发展。总之,面临新一轮工业革命,中国要以信息技术与制造业深度融合为主线,以智能制造为主攻方向,推进制造业的高质量发展。

尽管智能制造的大潮在中国滚滚而来,尽管政府、工业界和学术界都认识到智能制造的重要性,但是不得不承认,关注智能制造的大多数人(本人自然也在其中)对智能制造的认识还是片面的、肤浅的。政府勾画的蓝图虽气势磅礴、宏伟壮观,但仍有很多实施者感到无从下手;学者们高谈阔论的宏观理念或基本概念虽至关重要,但如何见诸实践,许多人依然不得要领;企业的实践者们侃侃而谈的多是当年制造业信息化时代的陈年酒酿,尽管依旧散发清香,却还是少了一点智能制造的气息。有些人看到"百万工业企业上云,实施百万工业 APP 培育工程"时劲头十足,可真准备大干一场的时候,又仿佛云里雾里。常常听学者们言,CPS(cyber-physical systems,信息物理系统)是工业 4.0 和智能制造的核心要素,CPS 万不能离开数字孪生体(digital twin)。可数字孪生体到底如何构建? 学者也好,工程师也好,少有人能够清晰道来。又如,大数据之重要性日渐为人们所知,可有了数据后,又如何分析? 如何从中提炼知识? 企业人士鲜有知其个中究竟的。至于关键词"智能",什么样的制造真正是"智能"制造? 未来制造将"智能"到何种程度? 解读纷纷,莫衷一是。我的一位老师,也是真正的智者,他说:"智能制造有几分能说清楚? 还有几分是糊里又糊涂。"

所以,今天中国散见的学者高论和专家见解还远不能满足智能制造相关的研究者和实践者们之所需。人们既需要微观的深刻认识,也需要宏观的系统把握;既需要实实在在的智能传感器、控制器,也需要看起来虚无缥缈的"云";既需要对理念和本质的体悟,也需要对可操作性的明晰;既需要互联的快捷,也需要互联的标准;既需要数据的通达,也需要数据的安全;既需要对未来的前瞻和追求,也需要对当下的实事求是……如此等等。满足多方位的需求,从多视角看智能制造,正是这套丛书的初衷。

为助力中国制造业高质量发展,推动我国走向新一代智能制造,中国机械工程学会和清华大学出版社组织国内知名的院士和专家编写了"智能制造系列丛书"。本丛书以智能制造为主线,考虑智能制造"新四基"[即"一硬"(自动控制和感知硬件)、"一软"(工业核心软件)、"一网"(工业互联网)、"一台"(工业云和智能服务平台)]的要求,由 30 个分册组成。除《智能制造:技术前沿与探索应用》《智能制造标准化》《智能制造实践》3 个分册外,其余包含了以下五大板块:智能制造模式、智能设计、智能传感与装备、智能制造使能技术以及智能制造管理技术。

本丛书编写者包括高校、工业界拔尖的带头人和奋战在一线的科研人员,有着丰富的智能制造相关技术的科研和实践经验。虽然每一位作者未必对智能制造有全面认识,但这个作者群体的知识对于试图全面认识智能制造或深刻理解某方面技术的人而言,无疑能有莫大的帮助。丛书面向从事智能制造工作的工程师、科研人员、教师和研究生,兼顾学术前瞻性和对企业的指导意义,既有对理论和方法的描述,也有实际应用案例。编写者经过反复研讨、修订和论证,终于完成了本丛书的编写工作。必须指出,这套丛书肯定不是完美的,或许完美本身就不存在,更何况智能制造大潮中学界和业界的急迫需求也不能等待对完美的寻求。当然,这也不能成为掩盖丛书存在缺陷的理由。我们深知,疏漏和错误在所难免,在这里也希望同行专家和读者对本丛书批评指正,不吝赐教。

在"智能制造系列丛书"编写的基础上,我们还开发了智能制造资源库及知识服务平台,该平台以用户需求为中心,以专业知识内容和互联网信息搜索查询为基础,为用户提供有用的信息和知识,打造智能制造领域"共创、共享、共赢"的学术生态圈和教育教学系统。

我非常荣幸为本丛书写序,更乐意向全国广大读者推荐这套丛书。相信这套丛书的出版能够促进中国制造业高质量发展,对中国的制造强国战略能有特别的意义。丛书编写过程中,我有幸认识了很多朋友,向他们学到很多东西,在此向他们表示衷心感谢。

需要特别指出,智能制造技术是不断发展的。因此,"智能制造系列丛书"今后还需要不断更新。衷心希望,此丛书的作者们及其他的智能制造研究者和实践者们贡献他们的才智,不断丰富这套丛书的内容,使其始终贴近智能制造实践的需求,始终跟随智能制造的发展趋势。

2019 年 3 月

新一轮工业革命的核心技术是智能制造——制造业数字化、网络化和智能化。作为中国制造强国战略、美国工业互联网和德国工业 4.0 的主攻方向，智能制造将先进信息技术(特别是新一代人工智能技术)和制造技术深度融合，以推进新一轮工业革命。当前，智能制造已经在全球掀起了新一轮的产业变革。数控系统是智能制造的核心元素，其智能化水平是实现智能制造装备、柔性制造单元、智能生产线、智能车间、智能工厂的基础支撑和保障。

伴随工业互联网、云计算和物联网技术的普及，新一代人工智能技术与制造技术的深度融合，具备自主感知、学习、决策、执行等能力的新一代智能数控系统成为数控系统主要发展趋势。智能数控系统能实现自主感知获取加工信息，自主学习生成知识，利用知识进行自主决策生成最优控制策略，自主执行所生成的控制策略实现对装备的最优控制。围绕制造业发展的重大需求，开发智能数控系统，不仅符合制造业网络化与智能化的总体发展趋势，更为解决当前制造业所面临的发展与转型升级的迫切需求提供智能元素和支撑平台，智能数控系统的研究与发展具有重要意义。

本书在总结作者团队 30 多年数控系统技术研究成果的基础上，结合国内外同行的研究成果撰写而成。全书分为 9 章，第 1 章分析数控系统的发展背景、智能数控系统的概念、国内外的发展现状、智能数控系统的发展趋势及应用前景；第 2 章介绍了典型数控系统的基本组成与架构，并提出了智能数控系统的体系架构和基本特征；第 3 章通过与传统封闭式数控系统的对比，论述了开放式数控系统的内部属性和外部特征，介绍了本书作者在开放式智能数控系统关键技术方面所开展的一些探索工作；第 4 章介绍了数控系统在机床数字化转型中的"数字＋"地位及分类，并着重介绍了高性能数控系统几种典型的关键技术；第 5 章从"互联网＋"层面对智能数控系统的大数据技术架构与应用进行了介绍，并从数据感知和数据存储方面介绍了大数据如何在数控系统中进行应用；第 6 章从"互联网＋"层面对智能数控系统的互联互通技术与应用进行了介绍；第 7 章在"数字＋"和"互联网＋"的基础上，介绍了"智能＋"数控系统的实现原理与关键使能技术；第 8 章通过五个典型智能化案例(机床进给系统跟随误差建模、数控机床热误差建模、数控加工工艺参数优化、数控机床健康保障、智能断刀监测)来集中体现智能数控系统是如何借助智能化的方法帮助数控机床实现质量提升、工艺优化、健康保障、生产管理四大类功能,达到高精、高效、安全、可靠与低耗的目标;第9章探讨了智能数控系统在柔性产线中的集成应用。

本书由陈吉红教授编写大纲、撰写初稿并完成了部分章节的修改完善,胡鹏程老师完成第1章的撰写,周会成教授完成第2～4章的撰写,杨建中教授完成第5～9章的撰写。许光达博士后参与部分章节的修改与完善工作。谢杰君、周浩、高嵩、惠恩明、蒋亚坤、黄德海、朱万强、张成磊、冯冰艳、黄斌、黄丽华等在书稿的撰写及文献资料的准备中做了大量工作。

本书既包含对智能数控系统理论、方法和技术的探讨,也在相关章节给出了部分应用案例,力求做到有一定的专业深度,同时兼顾相关人员的阅读参考。本书可供从事智能制造领域研究与工程技术人员参考,也可作为高等院校的人工智能、机械工程、自动化与信息工程等相关专业的教师、研究生的参考读物。

本书的完成得益于国家出版基金资助以及团队多年来承担或参与的多项国家自然科学基金项目、"高档数控机床与基础制造装备"专项、"973"项目、"863"项目、国家重点研发计划项目的资助,特此表示感谢!

本书在撰写过程中参考了大量的文献资料,由于精力所限,难以保证这些参考文献都是所引内容的原始出处,若有不妥之处,敬请原作者及读者谅解。另外,本书内容以团队前期研究为基础,难免存在对智能数控系统内涵理解不全,甚至存在争议之处,恳请各位读者予以批评指正。

作　者

2021 年 2 月

Contents | **目录**

第 1 章　智能数控系统介绍　001

1.1　背景与意义　001
1.2　国内外发展现状　002
　　1.2.1　数控技术发展概况　002
　　1.2.2　数控系统智能化技术发展面临的问题　014
　　1.2.3　智能数控系统华中 9 型 iNC　015
1.3　智能数控系统的发展趋势及应用前景　016
1.4　本章小结　020
参考文献　020

第 2 章　数控系统的组成与结构　022

2.1　概述　022
2.2　数控机床及其 HCPS 模型　022
　　2.2.1　数控机床及其 HCPS1.0 模型　023
　　2.2.2　"互联网＋"机床及其 HCPS1.5 模型　025
　　2.2.3　智能机床及其 HCPS2.0 模型　027
2.3　数控系统基本的功能与组成　030
　　2.3.1　数控系统基本功能及其实现方式的演变　030
　　2.3.2　数控系统的基本组成　031
　　2.3.3　数控系统的主要发展阶段　043
2.4　典型数控系统体系结构　044
　　2.4.1　NC 阶段的数控系统体系结构　044
　　2.4.2　CNC 阶段的数控系统体系结构　045
　　2.4.3　iNC 阶段的数控系统体系结构　050

2.5　智能数控系统体系结构 052

    2.5.1　智能数控系统的需求 052

    2.5.2　智能数控系统硬件平台 052

    2.5.3　智能数控系统的大数据访问形式 053

    2.5.4　智能数控系统控制原理与实现方案 054

2.6　本章小结 056

参考文献 056

第3章　智能数控系统的开放式平台

058

3.1　概述 058

3.2　开放式数控系统的概念 058

    3.2.1　传统数控系统存在的问题 058

    3.2.2　开放式数控系统的定义及属性 060

    3.2.3　开放式数控系统的特征 070

3.3　数控系统开放的技术标准 072

    3.3.1　开放式数控系统的发展 072

    3.3.2　基于 IEC 61131-3 的数控系统开放标准 074

    3.3.3　开放式数控系统的开发环境 084

3.4　智能数控系统开放的关键技术 085

    3.4.1　传感器接入及机床内部数据访问技术 086

    3.4.2　AI 芯片及 AI 算法库支持 086

    3.4.3　智能 APP 二次开发及管理技术 088

    3.4.4　智能开放式平台的应用案例 089

3.5　本章小结 093

参考文献 093

第4章　"数字+"——高性能技术

094

4.1　概述 094

4.2　高速高精运动控制技术 096

    4.2.1　高精度插补 096

    4.2.2　柔性加/减速 099

    4.2.3　高速高精伺服控制 100

4.3　多轴联动与多通道协同技术 104

    4.3.1　多轴 RTCP 105

    4.3.2　刀轴平滑 106

4.3.3　多通道控制技术　107

4.4　误差补偿技术　110

4.4.1　数控机床的误差　110

4.4.2　空间误差补偿技术　112

4.4.3　热误差补偿技术　122

4.5　振动抑制技术　128

4.5.1　主轴振动抑制　128

4.5.2　进给轴振动抑制　131

4.5.3　刀具的振动抑制　133

4.6　曲面加工优化技术　134

4.6.1　曲面加工存在的问题　134

4.6.2　曲面加工优化的方法　137

4.6.3　高性能数控系统曲面加工优化功能　144

4.7　本章小结　148

参考文献　148

第5章　智能数控机床大数据技术　152

5.1　概述　152

5.2　数控机床大数据感知与处理　153

5.2.1　数控机床大数据类型　153

5.2.2　数控机床大数据应用流程　155

5.2.3　数控机床大数据获取技术　155

5.2.4　数控机床大数据存储技术　169

5.3　智能数控机床"互联网＋"服务平台 iNC Cloud　174

5.3.1　体系构成　174

5.3.2　存储模型　174

5.3.3　平台应用　178

5.4　本章小结　184

参考文献　184

第6章　智能数控机床的互联通信　186

6.1　概述　186

6.2　数控机床大数据的互联互通互操作　187

6.3　国内外常见的数控系统互联通讯协议　190

6.3.1　OPC UA 协议　190

　　　　6.3.2　MTConnect 协议　　　　　　　　　　　192

　　　　6.3.3　umati 协议　　　　　　　　　　　　　193

　　　　6.3.4　NC-Link 协议　　　　　　　　　　　194

　　6.4　NC-Link 标准　　　　　　　　　　　　　　195

　　　　6.4.1　NC-Link 标准组成　　　　　　　　　195

　　　　6.4.2　NC-Link 体系架构　　　　　　　　　195

　　　　6.4.3　NC-Link 设备模型　　　　　　　　　197

　　　　6.4.4　NC-Link 数据字典　　　　　　　　　199

　　　　6.4.5　NC-Link 接口要求　　　　　　　　　204

　　　　6.4.6　NC-Link 安全要求　　　　　　　　　208

　　6.5　NC-Link Over MQTT　　　　　　　　　　210

　　　　6.5.1　NOM 体系架构　　　　　　　　　　210

　　　　6.5.2　NOM 数据交互方式　　　　　　　　211

　　6.6　本章小结　　　　　　　　　　　　　　　　213

　　参考文献　　　　　　　　　　　　　　　　　　　213

　　附录1　NC-Link 四轴立式加工中心设备模型　　213

　　附录2　NC-Link 接口定义　　　　　　　　　　　213

第7章　"智能+"——赋能技术 　214

　　7.1　概述　　　　　　　　　　　　　　　　　　　214

　　7.2　"智能＋"数控系统组成　　　　　　　　　　215

　　　　7.2.1　数控系统的编程加工优化过程　　　　215

　　　　7.2.2　"智能＋"数控系统的数字孪生　　　216

　　　　7.2.3　数字孪生模型与 HCPS 系统的关系　　220

　　7.3　"智能＋"数控系统的指令域分析技术　　　224

　　　　7.3.1　时域及频域数据的不足　　　　　　　225

　　　　7.3.2　指令域的概念　　　　　　　　　　　227

　　　　7.3.3　数控机床工作过程中的工况与响应　　229

　　　　7.3.4　基于指令域的分析方法　　　　　　　231

　　7.4　面向"智能＋"数控系统的数字孪生建模技术　　234

　　　　7.4.1　基于物理模型的数字孪生建模方法　　234

　　　　7.4.2　基于大数据模型的数字孪生建模方法　244

　　7.5　面向复杂计算场景的"智能＋"数控系统算力平台技术　　256

　　　　7.5.1　云端、雾端和边缘端三层立体式算力平台　　256

　　　　7.5.2　协处理器芯片　　　　　　　　　　　260

　　7.6　"智能＋"数控系统的智能应用概述　　　　261

　　7.7　"智能＋"数控系统的发展趋势　　　　　　264

7.7.1 新技术在"智能＋"数控系统中的应用 264

7.7.2 从单一过程到全生命周期数字孪生的整合 269

7.8 本章小结 272

参考文献 273

第8章 典型智能化功能及其实践 277

8.1 概述 277

8.2 机床进给系统跟随误差建模 277

8.2.1 背景及意义 277

8.2.2 基于神经网络的机床进给系统跟随误差建模方法 279

8.2.3 基于神经网络的机床进给系统跟随误差预测效果 282

8.2.4 小结 291

8.3 数控机床热误差建模 291

8.3.1 背景及意义 291

8.3.2 基于环境温度与能耗数据的热变形预测模型 291

8.3.3 基于环境温度和能耗数据的热变形预测模型实验验证 297

8.3.4 小结 301

8.4 数控加工工艺参数优化 302

8.4.1 背景及意义 302

8.4.2 数控加工工艺参数优化方法 302

8.4.3 数控车削加工工艺参数优化实验验证 310

8.4.4 小结 312

8.5 数控机床健康保障 313

8.5.1 背景及意义 313

8.5.2 数控机床健康状态评估方法 314

8.5.3 数控机床健康状态评估方法验证 319

8.5.4 小结 322

8.6 智能断刀监测 323

8.6.1 背景及意义 323

8.6.2 基于指令域分析方法的断刀监测技术 324

8.6.3 数控机床断刀监测系统实验验证 335

8.6.4 小结 337

参考文献 338

第9章 智能数控系统柔性产线集成应用 341

9.1 概述 341

9.2　柔性产线智能总控系统实现原理　　342
　　9.2.1　系统主要功能　　342
　　9.2.2　系统流程分析　　343
9.3　柔性产线智能总控系统实现过程中的关键技术　　347
　　9.3.1　智能化设备互联互通技术通信接口　　347
　　9.3.2　分布式执行控制　　349
　　9.3.3　智能化调度排产　　350
　　9.3.4　中央刀库系统　　353
　　9.3.5　工件全生命周期管控　　359
　　9.3.6　可视化技术　　365
　　9.3.7　智能故障管控机制　　368
　　9.3.8　平台化　　370
　　9.3.9　基于大数据中心的产线总控系统集成化　　375
9.4　智能数控系统产线应用案例分析　　379
　　9.4.1　3C 行业智能制造产线案例分析　　379
　　9.4.2　航空航天柔性制造产线案例分析　　387
9.5　本章小结　　391
参考文献　　392

第 1 章

智能数控系统介绍

1.1 背景与意义

新一轮工业革命的核心技术是智能制造——制造业数字化、网络化和智能化。作为中国制造强国战略、美国工业互联网和德国工业 4.0 的主攻方向，智能制造将先进信息技术（特别是新一代人工智能技术）和制造技术深度融合，以推进新一轮工业革命。数控系统是智能制造的核心元素，其智能化水平是实现智能制造装备、柔性制造单元、智能生产线、智能车间、智能工厂的基础支撑和保障，智能数控系统是智能制造推进和发展的重点方向。

当前，智能制造已经在全球掀起了新一轮的产业变革，世界主要制造强国均制定了与智能制造相关的计划，并通过各种政策推动数控行业发展。美国提出了"重振制造业计划"和"先进制造业伙伴计划"，借助《美国制造业促进法案》使数控机床行业大受裨益。日本提出"产业重振计划"和"超智能社会"，将数控机床产业发展纳入国家智能制造计划，突出发展数控系统，开发数控核心产品。欧盟各国政府和行业也纷纷推出相关政策，德国先后提出"国家工业 4.0""国家工业战略 2030"等战略发展计划，通过政府对数控系统及机床进行大力扶持，以维持其先进性地位；覆盖了绝大部分欧盟机床制造企业的欧洲机床工业合作委员会（CECIMO），在"欧盟第七框架计划""下一代生产系统"等多项研究计划中均提出要重点发展数控机床。我国也提出了"中国制造 2025"计划，并在《"十三五"国家战略性新兴产业发展规划》《"十三五"国家科技创新规划》以及《新一代人工智能发展规划》中将高档数控机床、机器人等列为重点突破领域，以实现从要素驱动向创新驱动、低成本竞争向质量效益优势竞争、粗放制造向绿色制造、生产型制造向服务型制造的转变。

伴随工业互联网、云计算和物联网技术的普及，数控系统及数控设备的网络化技术迎来了新的发展机遇。随着网络基础设施的不断完善，互联网技术在工业领域的应用愈发广泛，更多基于"互联网＋"的新兴商业模式不断涌现。作为"互联网＋"的重要一环，数控系统能连接人、信息与设备，是智能制造的重点研究对象。伴随着"互联网＋"技术的深入影响，数控技术与网络技术的协调发展成为当前数控系统发展的重点方向，推动着数控系统网络化进程向前迈进。

随着新一代人工智能技术与制造技术的深度融合,具备自主感知、学习、决策、执行等能力的新一代智能数控系统成为数控系统发展的主要趋势。如图 1-1 所示,智能数控系统能实现自主感知获取加工信息,自主学习生成知识,利用知识进行自主决策生成最优控制策略,自主执行所生成的控制策略实现对装备的最优控制。智能数控系统是典型的人-信息-物理系统(human-cyber-physical system,HCPS),在数控加工中,它不仅降低了人的劳动强度,还将人的部分感知、分析、决策和控制能力复制迁移至信息系统,提高了系统自动化程度和信息利用效率。

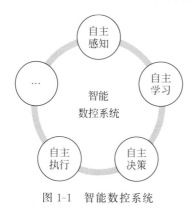

图 1-1 智能数控系统

新一代人工智能引领下的智能数控系统和智能化技术,已成为智能制造领域的重要发展方向。围绕制造业发展的重大需求,开发智能数控系统,不仅符合制造业网络化与智能化的总体发展趋势和各国产业政策法规,更为解决当前制造业所面临的发展与转型升级的迫切需求提供智能元素和支撑平台,智能数控系统的研究与发展具有重要意义。

1.2 国内外发展现状

1.2.1 数控技术发展概况

由于数控技术是高度市场化条件下竞争发展起来的,其前沿数控技术的研究与开发主要集中于知名数控系统企业中。

当前,日本、德国、美国等工业发达国家的数控技术都开始逐渐进入智能化的阶段。

日本是全球数控技术研发最集中和数控系统产量最多的国家之一,拥有多家数控系统企业,如发那科(FANUC)、马扎克(MAZAK)、大隈(OKUMA)、三菱(MITSUBISHI)等。发那科是当前数控系统研究、设计、制造及销售实力强大的企业,控制着数控系统全球约 65% 的市场份额。发那科于 2018 年推出的超小型、超薄型高档数控系统 30i、31i 等系列,具有主轴异常监测、机床故障预测、AI 伺服调整和热误差补偿等智能化功能。马扎克第七代数控系统 MAZATROL Smooth X 提供了高品质、高性能的智能化产品和生产管理服务。此外,三菱数控系统在市场上也受到广泛欢迎,2018 年推出的 M800/M80/E80 系列数控系统具有数控机床和机器人集成解决方案。

欧洲以德国、意大利、法国等为代表的 13 个国家组成的 CECIMO,其相关企业数控系统在质量、功能、性能方面都居世界前列，拥有德玛吉（DMG）、海德汉（Heidenhan）、西门子（Siemens）、力士乐（Rexroth）、施耐德 NUM 等多家数控系统行业巨头企业。以德玛吉为例，近年推出的 CELOS 数控系统，具备类似智能手机与平板电脑的智能化的人机界面和模拟仿真、虚拟加工等众多智能化功能。

美国有包括赫克（Hurco）、哈斯（Hass）等在内的多家数控企业，它们致力于自主研发数控系统和数控机床，其中哈斯的数控机床在北美的市场占有率将近 40%。

我国数控系统技术经过几十年的发展，在高速高精、多轴联动、网络化、智能化等技术方面取得了一定的成果，建立了包括华中数控、广州数控、沈阳高精、北京凯恩帝及北京精雕等在内的一批国产数控系统企业。

国内高档数控系统企业以华中数控为代表。华中数控从事数控系统及其装备的研发、生产和销售，拥有成套核心技术和自主知识产权。华中 8 型系列数控系统已实现数万台销售，是配套最多的国产高档数控系统。2018 年，华中数控推出搭载 AI 芯片（嵌入式神经网络处理器）的华中 9 型智能数控系统（Intelligent Numerical Control，iNC）。除华中数控外，沈阳机床也是国产数控系统研发与产业化的典型企业。沈阳机床于 2014 年发布了 i5 智能数控系统，作为基于互联网的智能终端，i5 具备智能诊断、智能补偿等多项智能化功能。北京精雕的 JD50 数控系统，在 CAD/CAM（计算机辅助设计/计算机辅助制造）的集成和功能复合化方面取得了较大的进展。虽然国产高档数控系统近年来在多轴联动控制、功能复合化、开放性、网络化和智能化等领域取得一系列技术性的突破，但相较于欧美国家及日本等生产的数控系统，在功能、性能、可靠性、市场占有率、应用生态圈等方面仍存在一定的差距。

当前国内外数控系统企业众多，数控技术的发展呈现出了百花齐放、百家争鸣的良好局面。作为机床、机器人等主机设备的大脑，数控系统须与机床和机器人配套使用才可以发挥效用。从数控系统企业与主机厂的关系来看，数控系统产业主要有三种发展模式。

（1）西门子模式。其主要特点是数控系统企业专注于生产各种规格的数控系统，提供各种标准型的功能模块，为全世界的主机厂提供批量配套。这种模式的优点：主机厂和数控系统企业发挥各自的优势，有利于形成专业化、规模化生产。其缺点：数控系统企业和主机厂为买卖关系，双方结合不够紧密，主机厂缺乏意愿将知识产权分享给数控系统厂。

（2）哈斯模式。主机厂独立开发数控系统，并与其自产的主机装备配套销售。这种模式的优点：主机销售带动数控系统推广。其缺点：主机厂独有品牌的数控系统很难被其他主机厂选用。

（3）马扎克模式。主机厂在数控系统企业提供的开发平台上，研发自主品牌的数控系统，与其主机配套销售。这一模式既避免了西门子模式和哈斯模式的缺点,又发扬了其自身的优点。这使得主机厂可以将所需要的特殊控制要求、加工工艺和使用特色方便地融入到数控系统中,用较少的投入形成具备自身特色技术、知识产权的数控系统产品。进一步强化主机厂的品牌,增加用户对主机厂的忠诚度,降低主机厂采购数控系统的成本,同时带动数控系统产业的发展。

近二三十年来,随着科技的进步和信息化水平的提升,数控技术也在不断进步与演化。从数控系统的发展历程来看,其技术发展可以分为三个阶段:数字化技术、网络化技术及智能化技术。

1. 数控系统数字化技术

随着对制造精度、效率、成本控制等方面的要求不断提高,数控系统必须具有全闭环、高速高精、多轴联动与多通道和误差补偿等高端功能。数控系统的数字化技术主要解决用数控系统替代人的体力劳动和少部分脑力劳动,以实现对数控装备的高效精确控制,提高数控装备的可靠性、加工质量和效率,缩短生产周期,满足制造业高水平发展的要求。

针对数控系统的数字化技术,目前国内外数控系统企业进行了广泛的工业实践。

发那科的 0i 系列数控系统是具有先进伺服技术的 CNC 系统,能进行纳米级的精密运算。基于该类数控系统,发那科推出 ROBONANO α-NMiA 超精密加工机,将 0.1nm 指令应用于加工程序的超精密插补中,结合发那科超精密控制技术,可加工手表和光电子元器件等高精密部件以及生物医药行业产品。图 1-2 是应用 α-NMiA 的 0.1nm 指令与其前期 1nm 指令的加工表面轮廓的对比,可看出 α-NMiA 的 0.1nm 指令可显著提高加工轮廓的精度及质量。

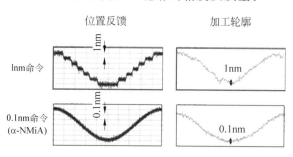

图 1-2　ROBONANO α-NMiA 的 0.1nm 指令与 1nm 指令加工质量对比

三菱的 M800/M80 系列数控系统具有渐开线插补功能,能创建平滑高精的渐开线指令轨迹。M800/M80/C80 的 SSS-4G 高精度控制功能,能有效抑制机械振动,缩短加工时间,平滑加工轨迹,实现高速高精加工。图 1-3 所示为三菱 M70 数控系统(未采用 SSS-4G 高精度控制功能)与 M80 数控系统(采用 SSS-4G 高精度控制功能)对于转角平滑控制的对比图,对比结果证明基于规范模型的前馈控制,能实现更平滑的高精伺服控制。

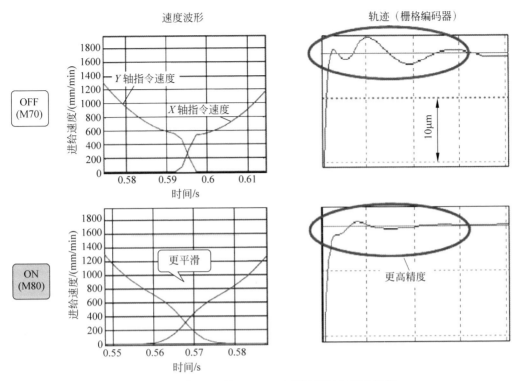

图 1-3　三菱 M80 的 SSS-4G 功能用于转角平滑控制

西门子 SINUMERIK 840D sl 系列数控系统采用模块化结构设计,软硬件的灵活搭配可满足多种设备及生产环境的需求。SINUMERIK M-Dynamic 工艺包提供 CAD/CAM 解决方案,集成了完整的铣削技术,包括精优曲面的创新型运动控制技术,以适应五轴铣削加工。SINUMERIK 840Di sl 系列数控系统可按照个性化的操作方式和理念,改变人机界面(HMI),可在数控核心部分使用标准开发工具对用户指定的系统循环和功能宏进行调整。

此外,德国海德汉的 TNC530、TNC640 系列 TNC 控制器,采用全新的微处理器结构,具有强大的计算能力,可控制 12 轴联动;法国施耐德 NUM 的 Axium Power 数控系统,采用了先进的数字信号处理技术,适用于高速高精控制;法格(Fagor)CNC 8070 高档数控系统可以控制多达 28 个进给轴(联动)、4 个主轴、4 个刀库和 4 个执行通道。

国产华中数控 HNC-848D 具有五轴联动、高速高精、多轴多通道控制、双轴同步控制等数字化技术核心功能,如图 1-4 所示的五轴 RTCP(Rotation Tool Center Point,刀尖跟随)功能和图 1-5 所示的纳米插补功能。沈阳高精 GJ400 数控系统采用高性能开放式体系结构,可安装多种操作系统,支持二次开发,采用高性能刀片式处理器模块,最小指令单位达到 $0.001\mu m$。大连光洋 GNC 60 数控系统采用基于光纤介质的高速数控现场总线 GLINK2.0,具备高速实时信息点对点传输功能和多轴联动多通道控制技术,最多可支持 8 通道 128 轴同步控制,同时支持双轴同步驱动控制、高速高精等控制功能。

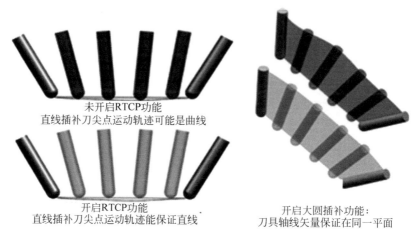

图 1-4　华中 8 型数控系统 RTCP 功能开启前后对比

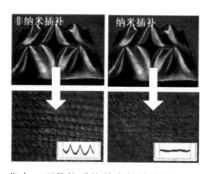

图 1-5　华中 8 型数控系统纳米插补功能开启前后对比

　　凯恩帝 K2000 TFi 系列高档车铣复合数控系统,采用全新的硬件平台,具备高速高精功能,最多可控制 8 个进给轴;K2000 GCi 系列总线式高档磨床数控系统,支持二次开发,采用 ARM9 微处理器,系统内部控制精度可达 $1\mu m$、位置精度可达 $0.1\mu m$ 级。这两个系列数控系统都能实现高速控制,工作台快速移动速度最高可达 $240m/min$,进给速度可达 $60m/min$。

　　北京精雕 JD50 数控系统采用自主研发的 CAD/CAM 软件 SurfMill 8.0、JDSoft ArtForm 3.0 编程,集 CAD/CAM 技术、数控技术、测量技术为一体,拥有三维造型、多轴定位加工、在机测量与智能修正、四轴旋转加工、曲面造型与模型修补等功能,扩展了数控系统的加工范围,提高了产品加工的质量与效率。图 1-6 展现了 JDSoft ArtForm 3.0 软件将 3D 对象扫描简化为浮雕扫描的过程。配备 JD 50

数控系统的 JDGR 400、JDGR 200V 等系列五轴高速加工中心和 JDLVM400P 高光加工机，主轴最高转速可达 $28000\sim36000$r/min，具有 0.1μm 进给和 1μm 切削能力，加工的高光产品表面粗糙度可达 Ra 20nm。

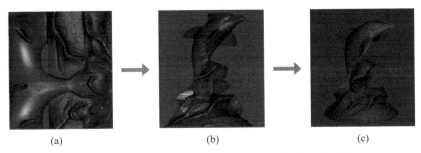

(a)　　　　　　　　　　(b)　　　　　　　　　　(c)

图 1-6　JDSoft ArtForm 3.0 将 3D 对象扫描简化为浮雕扫描

（a）原始扫描数据；（b）卷起；（c）修改

广州数控的 GSK 25i 系列加工中心数控系统，采用新一代 CNC 控制器，采用总线控制，支持 8 轴 5 联动，最大进给速度可达 200m/min；GSK 980MDi 系列钻铣床数控系统最多支持 6 轴 6 联动控制，控制精度可达 0.1μm；GSK27 系列数控系统采用多处理器，可实现纳米级插补，支持最大 8 通道和 64 轴控制。

中国台湾地区数控系统最具代表性的企业有宝元和新代。新代的 220 系列多轴车铣复合数控系统，增加了五轴联动及 RTCP 功能，能满足车铣复合机床多轴联动的需求，实现高精曲面复杂加工。宝元 LNC-M6800D 数控系统支持 EtherCAT 等多种现场总线与伺服连接，最多可实现 6 通道 32 轴联动，其二次开发平台 APAC 系列具有强大的内建功能以及高度的开放性与整合能力，客户可以自行开发多种功能，快速与各种系统或周边扩充组件进行整合。

数控系统的数字化技术主要在于利用高速高精、多轴多通道等数控系统高级功能保证零件加工的精度和效率。目前，数字化阶段中所涉及的现场总线、二次开发、高速高精、多轴多通道等关键技术的发展已经相对成熟，它们可用来替代人的体力劳动和部分脑力劳动，控制设备高效、精确地完成加工任务。

2. 数控系统网络化技术

计算机技术及信息通信技术与数控技术的融合，促进数控技术向网络化方向发展。与数字化技术相比，数控系统网络化技术主要在于利用网络化信息技术及智能传感技术，增强系统及设备的感知能力和互联互通能力，将人的部分感知及知识赋予型脑力劳动交由数控系统完成，实现对制造信息的纵向整合，提高设备利用率和制造效率。

数控系统网络化的基础是统一标准的接口，系统中的各个功能模块可通过接口和通讯协议实现连接。当前，数控系统网络化的一个重要方面是互联互通协议的发展。美国机械制造技术协会（AMT）提出 MT-Connect 协议，用于机床等数控设备的互联互通。德国机床制造商协会（VDW）基于通信规范 OPC（Open Platform Commumcations）统一架构的信息模型，制定了德国版的数控机床互联通讯协议 Umati。中国机床工具工业协会（CMTBA）提出的 NC-Link 协议，能实现数控机床及其他智能化制造设备的互联互通。

作为数控技术研究的重点发展方向，当前国内外主流数控系统大多具有一定的网络化功能。

马扎克早在 1998 年就推出了 MAZATROL FUSION 640，是世界上首款应用 CNC 技术与 PC 技术融合的数控系统，可为机床企业实现网上维修服务，初步实现了数控系统的网络化。基于 Smooth 技术的 MAZATROL Smooth 系列数控系统采用标准网络接口，使单机和柔性制造系统（FMS）都能与刀具管理软件利用网络进行数据共享。马扎克的 iSMART Factory（智能工厂）如图 1-7 所示，采用全数字集成的先进制造单元和系统，利用 IoT 技术，基于 MTConnect 协议建立庞大的全球生产服务体系，能收集来自不同生产车间、单元、设备的数据，使技术、销售、生产及管理等部门之间的信息建立共享，实现实时生产管理与远程监控。

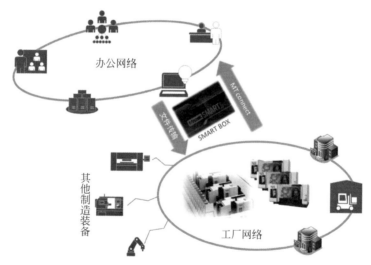

图 1-7　马扎克智能工厂

发那科的 30i 系列数控系统（包括 30i、31i、32i 和 35i）具有丰富的信息化功能，可提供远程桌面功能，支持工业网络和现场网络，可实现工厂级机床及数据的集中管理。0i 系列数控系统，可通过以太网及现场网络对周边设备的控制和传感信息进行收集，实现多种周边设备的连接，实现信息可视化和工厂内机床的可视化，提高运转效率。图 1-8 为发那科的 Field 系统，利用物联网和大数据，可对数控设备进行监控和分析。发那科的零停机时间（Zero Down Time，ZDT）功能可通过计算机或移动端实时查看设备工作状态、生产信息、诊断信息及保养计划,避免停机的发生,机床远程诊断功能可通过互联网进行远距离故障诊断,有效降低劳动力成本,提高企业的服务效率。

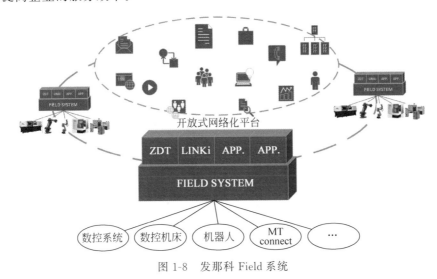

图 1-8　发那科 Field 系统

西门子 SINUMERIK 808D、828D 及 840D sl 系列数控系统,将 RFID 技术应用于刀具管理,实现对每一把刀具的识别与追踪,并采用视频显示技术和手机 SMS 技术,以支持对数控机床的监控与维护。西门子的 PLM(产品生命周期管理)软件能将虚拟与现实生产紧密结合,对创意、设计及加工制作过程进行网络化信息管理。通过基于云的物联网系统 MindSphere(图 1-9),企业可便捷访问各类设备终端,利用 MindSphere 大量的工业应用与数字化服务,可为企业提供预防性维护、能源数据管理以及资源优化等方面的服务。

图 1-9　西门子 MindSphere 系统

此外,德玛吉 CELOS 数控系统可将机床接入企业信息化网络,连接 CAD/CAM、MES(制造执行系统)、ERP(企业资源计划)及 PDM(产品数据管理)等信息化软件,实现产品从设计、生产到售后服务的数字化、网络化与智能化。力士乐的 IndraMotion MTX 数控系统,结合了智能化 Indra Drive 系列驱动系统,具备集成网络功能,通过人、设备与产品的实时互联与有效沟通,构建高度灵活网络化制造模式。

除国外数控系统的网络化技术外,国产数控系统企业也掌握了相关技术。

华中数控开发了数控系统云平台(iNC-Cloud),如图 1-10 所示,面向数控机床/系统用户打造以数控系统为中心的网络化和智能化的服务平台。华中数控云平台能建立安全可靠、高效智能的云数据中心,通过大数据智能分析、数据统计、数据可视化等技术,实现生产过程的智能监控、维护与管理。

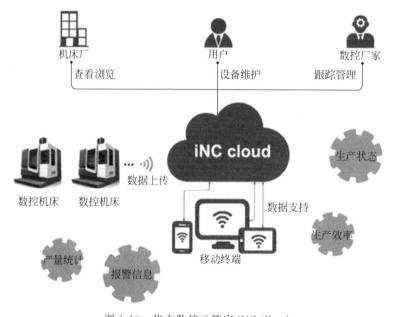

图 1-10　华中数控云管家 iNC-Cloud

沈阳机床的 i5 智能数控系统,有效集成了工业化(Industry)、信息化(Information)、网络化(Internet)、智能化(Integrate)和集成化(Intelligent)(简称 i5)。i5 可与 iSESOL(i-Smart Engineering & Services Online)云制造平台高效集成。iSESOL 云制造平台如图 1-11 所示,能使机床形成互联应用框架,所有的 i5 智能设备均可通过 iPort 协议接入 iSESOL 网络,非 i5 的设备(如 OPC-UA 终端或者 MTConnect 终端)则可通过 iPort 网关接入 iSESOL 网络。

宝元数控的 WebAccess 云端系统,可连接智能工厂中包括发那科、西门子等在内的各种品牌的数控设备,自动建立数据资料库,提供云端服务。其 T5800 系列高速高精车床数控系统支持 EtherCAT 标准通讯协议,可连接多种即时智能感

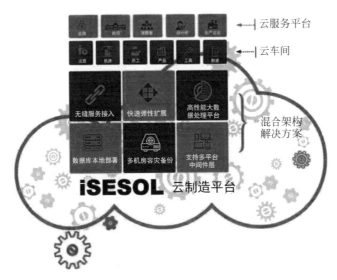

图 1-11　沈阳机床 iSESOL 云制造平台

测模块,搭配 WebAccess 云端系统可在各站间形成彼此串联监控,协助用户快速打造工业 4.0 工厂。

综上,网络化数控系统可以把孤岛式的加工单元集成到同一个系统中,可实现各种加工设备、子系统、应用软件等集成,使之可以进行互联和互操作,实现资源的集中利用,从而达到组织结构及运行方式的最优化。网络化数控技术不仅可以提高数控设备的生产效率及加工质量,还可以对设备进行远程监控和诊断,并通过制造资源共享,实现虚拟设计、虚拟制造等,缩短产品研发制造周期,提高企业快速响应市场变化的能力。

尽管网络化数控系统已经发展了十多年,也取得了一定的研究和实践成果,截至目前,也只是实现了一些简单的数据和信息的感知、分析、反馈和控制,远没有达到真正替代人类脑力劳动的智能化阶段。

3. 数控系统智能化技术

数控系统的智能化主要表现形式就是其众多的智能化功能,总的来说,可分为质量提升、工艺优化、健康保障和生产管理这四大类,主要目标在于实现数控加工的优质、高效、可靠和低耗。

目前,日本、德国等数控强国在数控系统的智能化技术方面取得了一定的进展。

马扎克的第六代数控系统 MAZATROL MATRIX,实现了主轴监测、自主反馈、车削工作平台动态平衡等 7 项智能化功能。基于 Smooth 技术的第七代数控系统 MAZATROL SmoothX,如图 1-12 所示,配备 19 英寸触摸屏操作面板,对主要应用模块分区,使操作更直观,具有防振动、热补偿、智能校准、智能送料等 12 项智能化功能。

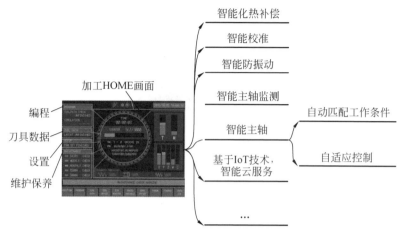

图 1-12　马扎克 MAZAKTROL SmoothX 数控系统

德玛吉 CELOS 数控系统采用 21.5 英寸多点触控智能化人机界面,具有如图 1-13 所示从设计、规划到生产、监测和服务的 CELOS 应用程序,可实现智能化刀具管理、数据文件管理、状态监测及远程诊断等智能化功能。CELOS 系统还可将车间与公司高层组织整合在一起,为持续数字化和无纸化生产奠定基础,实现数控系统的网络化与智能化。此外,德玛吉与舍弗勒共同开发的智能机床——DMC 80 FD douBLOCK 车铣复合加工中心,利用传感器对机床状态及工艺大数据实时采集,并在云端对大数据进行分析处理,实现了远程监控、健康保障、工艺优化等智能化功能。

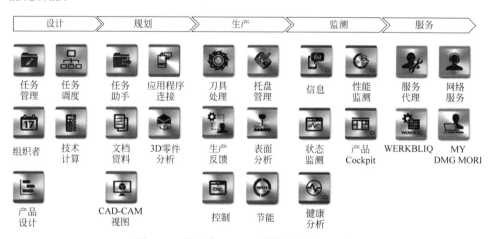

图 1-13　德玛吉 CELOS 数控系统应用程序

大隈的 OPS-P300A 数控系统安装了大量应用软件,能优先考虑加工现场的操作便捷性,提升了现场能力智能。其操作面板采用多点触控,可对数据表及程序文件等进行轻松便捷的操作。同时,它拥有几何误差测量与补偿、热误差测量与补偿、伺服控制优化、加工条件导航、机床防碰撞及进给轴状态 AI 自诊断等多项智能化功能。图 1-14 所示为该数控系统的进给轴状态 AI 自诊断功能。

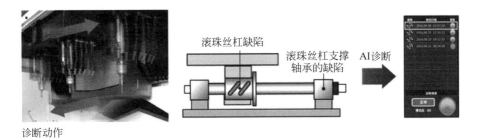

图 1-14　OPS-P300A 数控系统进给轴状态 AI 自诊断

发那科的 0i 系列数控系统具备多项智能化功能，如图 1-15 所示，针对进给轴，可实现智能加减速、智能重叠、智能反向间隙补偿、智能机床前端点控制等；针对主轴，可进行智能刚性攻丝、智能温度控制、智能主轴负载控制以及智能主轴加减速和智能负载表等。

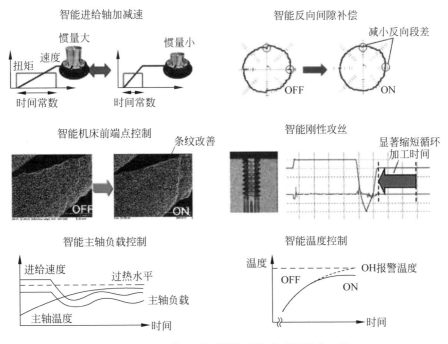

图 1-15　发那科 0i 系列数控系统典型智能化功能

此外，西门子开发的数控机床数字孪生，可在加工制造过程中根据实际加工条件，对工件加工 G 代码进行智能化编程和参数调试优化。海德汉的 TNC 640 数控系统可拓展双屏显示；能进行高级动态预测、自适应控制及颤振控制，实现高速轮廓铣削；可进行关联轴补偿、运动自适应控制、动态减振，实现动态高精加工；能实现动态碰撞检测、在线监测诊断与调试等。

国产数控系统在智能化技术方面也取得了一定的成果。沈阳机床 i5 智能数控系统具有智能误差矫正、智能诊断、智能主轴控制等多项智能化功能。华中数控 HNC-848D 数控系统拥有包含热误差补偿、智能刀具寿命管理、机床健康保障、加工工艺参数优化、智能高速高精加工等多项智能化功能的 APP 中心。宝元 2018 年推出的智能传感器 SVI 系列如图 1-16 所示，可获取加工过程中的关键数据并进行分析、判断及预警，具备内建 FFT 频域转换、主轴诊断等多种功能，为数控系统添加智能元素。宝元的 IFC(Industry 4.0 Controller)智能平台可搭配 EtherCAT IO 来连接振动、温度、压力等传感器，获取实时精准的加工数据并进行分析判断，控制设备做出相应响应实现智能化。

图 1-16 宝元智能传感器 SVI 系列及其应用

综上可知，数控系统的智能化技术已经初步呈现。一方面，它提供了类似智能手机、平板电脑的智能化人机交互手段，并利用人工智能、物联网、大数据等新一代信息技术，形成了诸多智能化功能，如智能化监控与诊断、智能化误差补偿和智能化信息管理等；另一方面，通过开发功能强大的软硬件设备与平台，使数控系统进一步朝着智能化方向发展，通过打造个性化的数控系统和大数据云平台，实现数控加工全生命周期的技术支持与服务。

1.2.2　数控系统智能化技术发展面临的问题

尽管数控系统智能化技术已发展二十多年，并取得了一定的研究成果和实践效果。截至目前，大部分技术只实现了一些简单的感知、分析、反馈和控制功能，其技术水平和应用效果仍处于智能化发展的初级阶段，尚未取得实质性的突破，本质上仍属于"互联网＋数控技术"。

当前的智能数控系统和数控技术的发展主要存在四个方面的问题：

（1）智能数控系统尚未形成一个普遍认可的定义，其技术框架和理论体系均不完整。当前人们对智能数控系统的理解类似于"盲人摸象"，往往以偏概全地认为具有某项或某几项智能化技术的数控系统就是智能数控系统。事实上，它们通常只是一些简单智能化功能的堆积与组合，缺乏实现真正智能的体系架构与平台，其智能化程度还远没有达到替代人类智力的水平。

（2）仅依赖于理论分析和仿真的数控系统智能化技术，难以实现精确建模和最优加工的目的。数控加工中的理论建模是表征输入和输出"因果关系"的数学描述。但由于机床等装备是一个机、电、液、热、材料和控制一体化的复杂动态系统，很难建立完整、精确地描述其动态特性的理论模型。且理论模型中的大量参数，如刚度、零部件的阻尼等材料特性多变，难以获得准确的数值，导致基于理论建模和仿真的结果精度有限，据此所做出的智能决策和控制难以达到最优加工的目的。

（3）智能化技术中数据的获取手段有效性和敏感性不够，还大幅增加了装备的复杂度和成本。当前数控加工智能化技术主要依赖大量外部传感器感知机床等装备的工作状态，根据传感器信号特征与阈值比较，实现智能决策和控制。由于装备的实际制造过程的工况变化无常，传感器信号特征随着机床、刀具等制造资源及切削工艺参数等的变化差异非常大，而传感器通常只能对机床工作状态进行间接测量，其敏感特征和阈值仍需要由人类的知识来确定，从而导致智能决策的有效性不够。

（4）人在智能化数控技术中的作用定位不准确。当前的一些研究成果，如故障诊断、专家系统等，过于依靠人类专家知识，一方面导致数控系统缺乏真正意义上的智能；另一方面导致智能化技术生成和积累缓慢，且适应性和有效性不足。数控系统缺乏智能的根本原因在于其无法在自主感知的基础上充分挖掘数据内部的关联性，缺乏自主学习生成、积累和运用知识的能力。

1.2.3　智能数控系统华中 9 型 iNC

随着移动互联网、大数据、云计算、物联网等技术飞速发展，形成了群体性跨越，集中汇聚在具备生成、积累和运用知识能力的新一代人工智能技术上。新一代人工智能技术与先进制造技术深度融合形成的新一代智能制造技术，成为新一轮工业革命的核心驱动力，也是数控系统实现真正意义上智能的重大机遇。

真正意义上的智能数控系统可通过自主感知获取与制造过程和环境相关的数据，通过自主学习生成知识，能运用所生成的知识进行自主优化与决策，进行自主控制与执行，实现制造过程的优质、高效、安全、可靠和低耗的多目标运行。

2018 年初，华中数控和华中科技大学推出了真正意义上的智能数控系统——华中 9 型智能数控系统 iNC，并在 2019 年中国国际机床展览会上展出其工业样机，图 1-17 为华中 9 型 iNC 智能数控系统的工业样机及其智能 APP 中心。

华中 9 型 iNC 提供机床指令域大数据汇聚访问接口、机床全生命周期"数字孪生"的数据管理接口和大数据人工智能算法库，可对机床等设备的大数据按指令域进行关联分析和深度学习，根据理论建模、大数据建模和混合建模方法，形成数控加工的最优控制策略和控制知识。通过汇集数控系统内部电控数据、插补数据和温度、振动、视觉等外部传感器数据，形成数控加工指令域"心电图"和"色谱图"，建

图 1-17　华中 9 型 iNC 工业样机及其 APP 中心

立数控机床的全生命周期"数字孪生"和 HCPS,具有自主感知与连接、自主学习与建模、自主优化与决策和自主控制与执行四大智能特点,内嵌 AI 芯片,支持定制化人工智能 APP 的运行与开发。

华中 9 型 iNC 的新一代人工智能 APP 平台,包含质量提升、工艺优化、健康保障和生产管理四大类众多智能化功能,如:自学习切削加工工艺知识库,能建立工艺系统响应模型,对工艺系统响应进行预测和优化,大幅提升加工效率;自生长数字孪生与动态响应优化,能显著降低轮廓误差。基于华中 9 型 iNC,华中数控与宝鸡机床、富强科技、纽威机床、台群机床等主机厂合作,成功进行了多款智能机床的研制。

基于本书对智能数控系统的理解与认知,当前仅有华中 9 型 iNC 属于真正意义上的智能数控系统,因为它具有完备的智能化软硬件平台以及通过新一代人工智能技术赋能产生、积累和运用知识的能力。

1.3　智能数控系统的发展趋势及应用前景

1. 发展趋势

智能制造的发展主线是制造业的数字化、网络化和智能化。作为"互联网＋"与"智能＋"典型范例,智能数控系统除具有功能复合化、绿色化和集成化等传统数字化阶段的典型特征以外,更重要的是具有平台化、网络化和智能化的特征。

1) 平台化

数控系统智能化的基础在于数据的感知,包括数据的采集、汇聚、分析与应用。当前,国内外企业相继推出大数据处理的技术平台。如通用电气公司(GE)面向制造业的工业互联网平台 Predix,三一重工的"树根互联平台"等。当前,这些平台主要停留在工业互联网、大数据、云计算技术层面上,但随着智能化技术的发展,呈现出应用到智能数控系统上的良好潜力与趋势。针对数控系统,华中数控推出了数控系统云服务平台,包含基于 IEC 61131-3 的数控系统二次开发平台,为数控系统的二次开发提供标准化开发和工艺模块集成方法,并且提供跨语言/跨平台的二次开发接口库和指令域大数据访问接口等功能。

平台化另一方面的工作在于智能 APP 开发与应用平台。当前,智能化技术所涵盖的领域广泛,不同类型的制造装备和领域都有其特定的智能化技术及对应的智能化 APP,众多智能化技术与智能 APP 不可能由一家单位或少数几家单位来实现。未来,可通过智能数控系统技术和 APP 开发与应用平台,吸引和凝聚大批第三方用户,深度参与数控系统智能 APP 的开发、应用与验证,充分发挥数控系统厂商、主机厂与第三方用户的智力资源,形成数控加工智能化技术的共创、共享、共用的开发模式和 APP 应用商店式的商业模式,并最终实现用户需要的、高度定制化的数控系统及大批扩展灵活多变、功能强大的智能 APP,形成智能 APP 研发、应用的生态圈,打造智能数控系统的创新发展和成果转化与推广应用的创新平台。

2）网络化

在现代集成制造的背景下,不仅要求数控加工装备能独立完成特定的加工任务,还要求其能够以设备终端的形式参与到大型集成制造网络,与网络中的其他终端设备相互协调,共同协作完成复杂的生产任务。

数控系统网络化发展的目的在于构建不同层次的网络结构,包括数控系统内部的现场总线(如 EtherCAT、NCUC-Bus 等)和数控机床之间互联互通的外部通讯协议(如 OPC-UA、MTConnect、Umati、NC-Link 等)。现场总线将伺服驱动及 I/O 从站的电控数据汇聚到数控装置,伺服驱动则由原来的执行器,变成了切削负载和加工精度的感知器。而互联互通协议则可以将智能装备内部电控数据和传感器数据实时汇聚到车间大数据中心,实现与工厂的设计、生产、管理系统的信息共享。

在数控系统网络化的发展过程中,传感器技术的普遍应用,为数控系统提供了强大的感知能力。大隈等国外数控机床通过引入温度、振动、噪声等多种传感器,全面感知加工过程,用于自适应控制。发那科系统基于多传感器与网络技术,实现了智能故障诊断。德玛吉与舍弗勒共同开发的 DMC 80 FD duoBLOCK 车铣复合加工中心在关键部件处安装了 60 多个传感器,可实现加工期间的振动、受力及温度等数据的获取。

未来,网络化技术将持续、深度地与数控系统融合。网络化技术与数控系统的融合增强,将更便捷地实现数控加工信息从设备到产线、车间、工厂等层面的纵向集成。目前,国外诸多企业进行了数字化车间网络管理系统的开发,如发那科联合美国 Hardings 公司研制的开放工厂数控(Open Factory CNC)、西门子的开放式制造环境(Open Manufacturing Environments)、大隈的信息技术广场(IT plaza)、马扎克公司的智能生产控制中心(CPC)、海德汉的智联工厂、日本日立精机的 SEIKI-FLEXLINK、美国 MDSI 公司与 Hurco 公司合作研制的 SoftCNC 等。国内华中数控通过 NC-Link 协议实现数控机床及相关智能化设备的互联互通,通过智能数控系统网络化平台提供网络管理服务通道,实现对数控系统的远程设置与管理。

当前,新一代 5G 通信技术方兴未艾,其高速、低延时等特性在工业领域呈现出广阔的应用前景。在 5G 的工业实践方面,瑞典工业巨头 ABB 为爱立信 5G 射频设备的组装生产线提供了一套全自动化的机器人解决方案,实现基于 5G 平台的工厂自动化;诺基亚提出基于 5G 和物联网、机器人等技术的智能工厂 Box 2.0 概念,并在诺基亚智能工厂完成全球首个 5G 实际工业应用测试;高通和西门子在德国纽伦堡西门子汽车测试中心演示了在真实工业环境中,利用 5G、西门子 SIMATIC 控制系统和 I/O 设备实现自动导引运输车(AGV)的自动导引。未来,基于 5G 通信技术,数控系统可在实时控制、视频监控与机器视觉、云化机器人等方面迎来新的发展机遇和技术增长点。

3）智能化

随着新一代人工智能技术与先进制造技术的融合程度不断加剧,数控系统的智能化也随着数控加工设备精密和复杂化的需求日趋发展。在数控系统中应用新一代人工智能技术,是实现对数控加工赋予智能的重要途径。目前,智能化功能在数控系统中已经初步呈现,德玛吉 CELOS、海德汉 TNC 640、大隈 OPS-P300A、马扎克 MAZATROL SmoothX 以及沈阳 i5 智能数控系统等都具备多项智能化功能;华中 9 型 iNC 能利用内嵌 AI 芯片实现知识的学习与积累,实现数控加工真正意义上的智能化。

数控系统智能化的另外一个方面就是 CNC 和 CAD/CAM 的融合。早期的数控系统编程方式是基于 G/M 代码标准(ISO 6983),只有简单的运动指令和辅助指令,CNC 与 CAD/CAM 之间缺乏相应的信息沟通渠道。随着 STEP-NC 标准(ISO 14649)的出现,打通了 CNC 与 CAD/CAM 之间的信息交换通道,实现了 CAD/CAM 与 CNC 数据的双向流动,使得在 CAD 阶段即可清楚了解 CAM 和 CNC 阶段所面临的问题并及时调整。未来,基于 STEP-NC 的控制器可根据加工内容自主决策与执行智能加工策略,为数控加工实现智能奠定基础。

智能化的发展是一个循序渐进的过程,数控系统从“互联网＋”到“智能＋”的演化是其明确的发展方向。未来,数控系统的智能化将从部分功能的智能化到软硬件平台的智能化,最终实现数控系统的整体智能化。同时,随着人工智能越来越多地渗透到数控加工环节中,通过数据的累积和知识生成与运用,将为数控加工赋予真正意义上的智能。

2. 应用前景

数控技术经过半个多世纪的发展,被广泛应用于各种工业生产领域,如航空航天、汽车、3C、模具、煤矿装备、工程机械、医疗器械等,图 1-18 是我国数控系统的行业市场需求比重。在不同类型的工业生产过程中,数控技术所带来最明显的优势就是在保证工业产品质量和生产效率的前提下,大幅降低工人劳动强度,减少人工成本的投入。随着产品市场需求日趋多样化与复杂化,为保持良好的市场竞争力,企业需要利用信息化与智能化技术增强市场响应速度,优化生产制造系统的结构,提高生产效率与制造质量。

当前,以航空航天为代表的国防与国民经济相关的高端产品,对智能数控系统有强劲需求。以航空发动机为例,其在高温、高压、高转速恶劣工作条件下需满足高可靠性、寿命长、节能环保等要求,其零部件结构复杂、加工难度大、加工精度要求高。此外,大量难加工材料被广泛应用其中,如用于起落架、机匣、叶轮叶片等零部件的高强钢、高温合金和钛合金,这些零

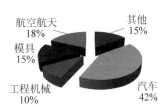

图 1-18 我国数控行业市场
需求比重

件的加工制造水平直接影响到航空发动机的产品质量和加工效率。需要大批高档数控机床,如五坐标加工中心、车铣复合加工中心、叶轮叶片专用加工机床来进行航空发动机的加工制造。除航空发动机外,大量的航空航天零部件,如火箭舱段、卫星承力筒、飞机机身与机翼等,涉及复合材料的使用,需进行复合材料加工(如铺丝和铺带),因而对大型、高度自动化与柔性的自动化复合材料加工装备产生了急迫的需求。由于航空航天产品高精度、高可靠性及高柔性的制造特点,制造模式急需从现阶段的数字化、网络化向智能化转型,急需发展智能装备和智能数控系统,以满足航空航天产品在质量、效率、可靠性与柔性等方面不断增长的加工需求。

随着汽车工业规模化、自动化、专业化水平的提升,关键零部件如发动机、全电动变速箱、高压油泵驱动单元、轮毂单元、汽车底盘的加工要求越来越严格,要求数控加工装备和数控系统必须具有高精、高效、高可靠性的能力,加工过程需具有智能控制功能,如智能故障诊断、智能远程监控等,以实现快速排除故障和快速现场响应。另外,随着新能源汽车的普及,车身结构向高强度轻量化方向发展,铝、镁合金等轻质材料广泛应用,动力系统的关键部件向精密化制造迈进,数控系统及数控加工装备除具备较好的可靠性、精度稳定性、工艺适应性外,还需具备质量提升、工艺优化、健康保障、生产管理等方面的诸多智能化功能,以满足多样化的客户需求、适应市场变化,提升产品竞争力。

3C 产品近几年随着电子产业的发展快速兴起。柔性灵活个性化的产品需求,低利润、高成本等行业特点都促使 3C 产品制造企业利用智能制造装备,加快提升 3C 产品制造的自动化与智能化程度,以提高生产质量和效率、降低成本。目前,3C 产品技术逐步向高、精、尖的方向发展,产品日趋精微化,智能手机、裸眼 3D 及曲面屏等产品的高新技术和个性化需求对制造生产企业提出了更高的技术及工艺要

求。3C 产品制造装备正快速向着功能集成化、智能化方向发展。行业关键零部件,如 3C 产品模具等,对结构强度和制造精度要求越来越高。要进一步提高 3C 产品的加工品质、效率与灵活性,就必须增强制造装备的性能与柔性,因而对数控系统的功能、性能和智能化程度提出了更紧迫的需求。

当前,加速数控系统向平台化、网络化和智能化方向发展,才能更好地为工业生产服务。智能数控系统作为数控机床及其他设备共创、共享、共用的商业产品和开放化技术平台,是装备行业、终端用户和科研院所改革创新、研发新产品、突破新技术的有效支撑手段,为新一代的智能制造创造了良好的发展空间,呈现出广阔的发展前景,将在国民经济市场需求和国家战略发展需求中发挥重要作用,并协助经济、科技、社会不断地发展与进步。

1.4 本章小结

面对航空航天、汽车等国民经济重要行业对智能数控系统的紧迫需求,本章首先在全球智能制造的大环境下阐述智能数控系统发展的背景,揭示了智能数控系统和数控技术研究具有的重要的战略意义。然后针对国内外典型的数控系统,分析其在数字化、网络化和智能化方面的发展现状,并介绍每个阶段技术的显著特点、关键技术及典型代表。通过对数控系统发展的回顾,总结了当前智能数控系统和数控技术发展面临的主要问题,并简要介绍了一款真正意义上的智能数控系统。最后,本章给出智能数控系统平台化、网络化及智能化的总体发展趋势和工业应用前景。通过本章内容,读者可对智能数控系统的研究背景与发展方向有一个全面的了解,为本书后续内容,如智能数控系统的体系架构、开放式软硬平台、关键技术、"互联网+"和"智能+"等的学习与理解打下基础。

参考文献

[1] 邵新宇.新一代人工智能引领下的智能机床战略研究[R].第七届教育部科技委先进制造学部 2018 年度学部工作会议,2018.

[2] 黄云鹰,朱志浩,樊留群."互联网+"背景下数控系统发展的新趋势[J].制造技术与机床,2016(10):49-52.

[3] 王柏村,臧冀原,屈贤明,等.基于人-信息-物理系统(HCPS)的新一代智能制造研究[J].中国工程科学,2018,20(4):29-34.

[4] 蔡锐龙,李晓栋,钱思思.国内外数控系统技术研究现状与发展趋势[J].机械科学与技术,2016,35(4):493-500.

[5] 白云川.消除数控系统与数控机床"两张皮"现象[J].中国制造业信息化,2012.41(8):19-20.

[6] CHEN J H. HU P C. ZHOU H C. et al. Toward intelligent machine tool[J]. Engineering,

2019,5(4): 679-690.

[7]　VIJAYARAGHAVAN A, SOBEL W, FOX A, et al. Improving machine tool interoperability using standardized interface protocols: MT connect[C]//Proceedings of the International Symposium on Flexible Automation,2008: 1-7.

[8]　HU L,NGUYEN N T,TAO W, et al. Modeling of cloud-based digital twins for smart manufacturing with MT Connect[J]. Procedia Manufacturing,2018(26): 1193-1203.

[9]　刘丹.5G技术浅析:在工业/装备制造业应用前景分析[R].机械工业仪器仪表综合技术经济研究所,2019.

第2章

数控系统的组成与结构

2.1 概述

数控系统是先进制造技术和信息技术相融合的产物,是传统制造业从数字化制造到"互联网+"制造,更进一步到智能制造转型升级的关键。本书将数控系统的发展分为"数字化""网络化""智能化"三大阶段。

本章梳理了数控机床在这三个阶段的发展形态以及各阶段数控系统的功能特点和组成结构,对数控系统在不同发展阶段的几种典型体系架构进行了对比分析。在此基础上探讨智能制造对数控系统的需求,提出智能数控系统(Intelligent Numerical Control,iNC)的体系架构、控制原理和实现方案。

2.2 数控机床及其 HCPS 模型

从系统构造上看,数据机床是由人、信息和机械物理系统构成,即 HCPS。2017 年年底,中国工程院提出了智能制造的三个基本范式:数字化制造、数字化网络化制造、数字化网络化智能化制造——智能制造。依照智能制造的三个范式和机床的发展历程,机床从传统的手动操作机床向智能机床演化同样可以分为三个阶段:数字化+机床(Numerical Control Machine Tool,NCMT),即数控机床;互联网+数控机床(Smart Machine Tool,SMT),即互联网机床;人工智能+互联网+数控机床,即智能机床(Intelligent Machine Tool,IMT)。

第一个阶段是数控机床。其主要特征是:在人和手动机床之间增加了数控系统,人的体力劳动交由数控系统完成。

第二个阶段是互联网+机床。其主要特征是:信息技术与数控机床的融合,赋予机床感知和连接能力,人的部分感知能力和部分知识赋予型脑力劳动交由数控系统完成。

第三个阶段是智能机床。其主要特征是:人工智能技术融入数控机床,赋予机床学习的能力,可生成并积累知识。人的知识学习型脑力劳动交由数控系统完成。

基于对数控机床发展阶段的分析,本节从智能化的视角对普通机床到智能机床的演化过程进行了梳理,并对应智能制造的发展,阐述各阶段的 HCPS 模型。

2.2.1　数控机床及其 HCPS1.0 模型

200 多万年前,人类就会制造和使用工具。从石器时代到青铜器时代、再到铁器时代,这种依靠人力和畜力为主要动力并使用简易工具的生产系统一直持续了百万年。以蒸汽机的发明为标志的动力革命引发了第一次工业革命,以电机的发明为标志的动力革命引发了第二次工业革命,人类不断发明、创造与改进各种动力机器并使用它们来制造各种工业品。这种由人和机器所组成的制造系统大量替代了人的体力劳动,大大提高了制造的质量和效率,社会生产力得以极大提高。

这些制造系统由人和物理系统(如机器)两大部分所组成,因此称为人-物理系统(Human-Physical Systems,HPS)。其中,物理系统(Physical Systems),P 是主体,工作任务是通过物理系统完成的;而人(Human),H 则是主宰和主导,物理系统的创造者,同时又是物理系统的使用者,完成工作任务所需的感知、学习认知、分析决策与控制等操作。

手动机床(Manually Operated Machine Tool,MOMT)是机床的最初形态,它是人和机床物理系统的融合。操作者通过人脑的感知和决策,用双手操控机床,完成零件加工。手动机床的加工过程完全由人完成信息感知、分析、决策和操作控制,构成了典型的 HPS。手动机床控制原理的抽象描述如图 2-1 所示。

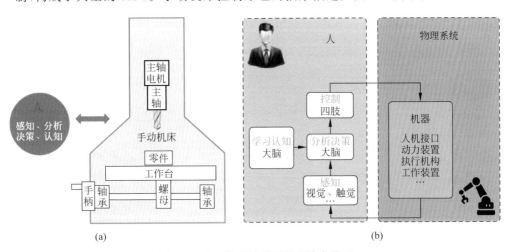

图 2-1　手动机床控制原理的抽象描述

(a) 手动机床控制原理;(b) 手动机床构成的"人-物理系统"(HPS)

20 世纪中叶以后,随着制造业对于技术进步的强烈需求,以及计算机、通信和数字控制等信息化技术的发明和广泛应用,制造系统进入了数字化制造(Digital Manufacturing)时代。与传统制造相比,数字化制造最本质的变化是在人和物理系统之间增加了一个信息系统(Cyber System)——C,从原来的"人-物理"二元系统发展成为"人-信息-物理"三元系统。信息系统由软件和硬件组成,其主要作用是对输入的信息进行各种计算分析,并代替操作者控制物理系统完成工作任务。

数控机床是典型的"人-信息-物理系统"(HCPS),即在人和机床之间增加了一个信息系统。数控机床控制原理的抽象描述如图 2-2 示。与手动机床相比,数控机床发生的本质变化是:在人和机床(物理实体)所之间增加了数控系统。数控系

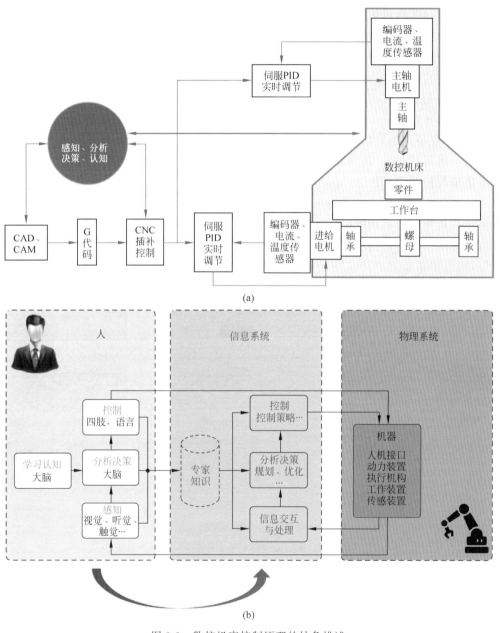

图 2-2 数控机床控制原理的抽象描述

(a) 数控机床控制原理;(b) 数控机床的"人-信息-物理系统"(HCPS)

统在机床的加工过程中发挥着重要作用。数控系统替代了人的体力劳动,控制机床完成加工任务。

增加数控系统后,机床的计算分析、精确控制以及感知能力等都得到极大的提高,其结果是:一方面,制造系统的自动化程度、工作效率、质量与稳定性以及解决复杂问题的能力等各方面均得以显著提升;另一方面,不仅操作人员的体力劳动强度进一步降低,更重要的是,人类的部分脑力劳动也可由信息系统完成,知识的传播利用以及传承效率都得以有效提高。

由于这个阶段的数控机床只是通过 G 代码来实现刀具、工件的轨迹控制,缺乏对机床实际加工状态(如切削力、惯性力、摩擦力、振动、切削力、热变形,以及环境变化等)的感知、反馈和学习建模的能力,导致实际路径可能偏离理论路径等问题,影响了加工精度、表面质量和生产效率。因此,传统的数控机床的智能化程度并不高,我们认为该阶段为数控机床 HCPS 的初级发展阶段(简称 HCPS1.0)。

2.2.2　"互联网+"机床及其 HCPS1.5 模型

20 世纪末,互联网技术快速发展并得到广泛普及和应用,推动制造业从数字化制造向数字化网络化制造。数字化网络化制造本质上是"互联网+数字化制造",可定义为"互联网+"制造,亦可定义为第二代智能制造。数字化网络化制造系统仍然是基于人、信息系统、物理系统三部分组成的 HCPS,但这三部分相对于面向数字化制造的 HCPS1.0 均发生了变化,故而面向数字化网络化制造的 HCPS 可定义为 HCPS1.5。最大的变化在于信息系统:互联网和云平台成为信息系统的重要组成部分,既连接信息系统各部分,又连接物理系统各部分,还连接人,是系统集成的工具;信息互通与协同集成优化成为信息系统的重要内容。同时,HCPS1.5 中的人已经延伸成为由网络连接起来的共同进行价值创造的群体,涉及企业内部、供应链、销售服务链和客户,使制造业的产业模式从以产品为中心向以客户为中心转变,产业形态从生产型制造向生产服务型制造转变。

"互联网+传感器"为"互联网+"机床的特征,主要解决了数控机床感知能力不够和信息难以连接互通的问题。

目前,互联网、物联网、智能传感技术开始应用到数控机床的远程服务、状态监控、故障诊断、维护管理等方面,国内外机床企业开展了一定的研究和实践。马扎克公司、大隈公司、德玛吉公司、发那科公司、沈阳机床股份有限公司等纷纷推出了各自的"互联网+"机床。

与数控机床相比,"互联网+"机床增加了传感器,增强了对加工状态的感知能力;应用工业互联网进行设备的连接互通,实现机床状态数据的采集和汇聚;对采集到的数据进行分析与处理,实现机床加工过程的实时或非实时的反馈控制。"互联网+"机床控制原理的抽象描述如图 2-3 所示。

"互联网+"机床具有一定的智能化水平,主要体现在:

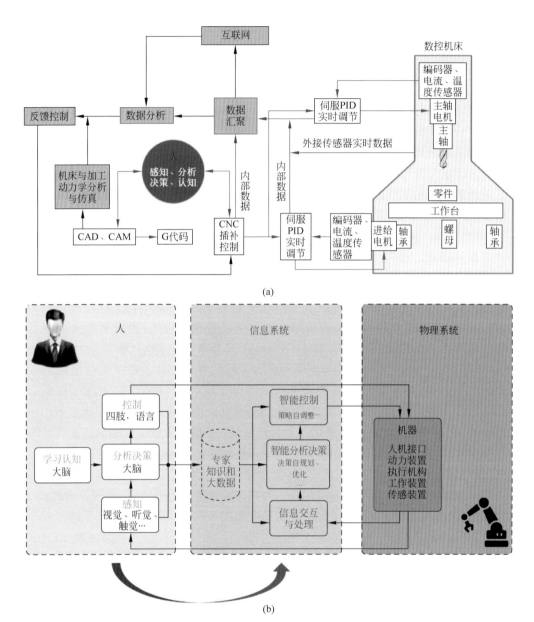

图 2-3 "互联网＋"机床控制原理的抽象描述

(a)"互联网＋"机床控制原理；(b)数字化网络化制造系统"人-信息-物理系统"

(1)网络化技术和数控机床不断融合。2006年，美国机械制造技术协会（AMT）提出了MT-Connect协议，用于机床设备的互联互通。2018年，德国机床制造商协会（VDW）基于通信规范OPC统一架构（UA）的信息模型，制定了德国版的数控机床互联通讯协议Umati。华中数控联合国内数控系统企业，提出数控机床互联通讯协议NC-Link，实现了制造过程中工艺参数、设备状态、业务流程、跨媒体信息以及制造过程信息流的传输。

(2)制造系统开始向平台化发展。国外公司相继推出大数据处理的技术平台。GE 公司推出面向制造业的工业互联网平台 Predix,西门子发布了开放的工业云平台 MindSphere;华中数控率先推出了数控系统云服务平台,为数控系统的二次开发提供了标准化开发和工艺模块集成方法。当前,这些平台主要停留在工业互联网、大数据、云计算技术层面上,随着智能化技术的发展,其呈现出应用到机床上的潜力与趋势。

(3)智能化功能初步呈现。2006 年,日本马扎克公司展出了具有四项智能功能的数控机床,包括主动振动控制、智能热屏障、智能安全屏障、语音提示。DMG MORI 公司推出了 CELOS 应用程序扩展开放环境。发那科公司开发了智能自适应控制、智能负载表、智能主轴加减速、智能热控制等智能机床控制技术。海德汉公司的 TNC640 数控系统具有高速轮廓铣削、动态监测、动态高精等智能化功能。华中数控 HNC-8 数控系统集成了工艺参数优化、误差补偿、断刀监测、机床健康保障等智能化功能。

尽管"互联网+"机床已经发展了数十年,取得了一定的研究和实践成果,但目前,只是实现了一些简单的感知、分析、反馈、控制,远没有达到完全替代人类脑力劳动的水平。由于过于依赖人类专家进行理论建模和数据分析,机床缺乏真正的智能,导致知识的积累艰难而缓慢,且技术的适应性和有效性不足。其根本原因在于机床自主学习、生成知识的能力尚未取得实质性突破。

2.2.3 智能机床及其 HCPS2.0 模型

21 世纪以来,移动互联网、大数据、云计算、物联网等信息技术日新月异、飞速发展,形成了群体性跨越。这些技术进步,集中汇聚在人工智能技术的战略性突破,其本质特征是具备了知识的生成、积累和运用的能力。人工智能与先进制造技术深度融合所形成的新一代智能制造技术,成为新一轮工业革命的核心驱动力,也为机床发展到智能机床,实现真正的智能化提供了重大机遇。

智能机床是在新一代信息技术的基础上,应用新一代人工智能技术和先进制造技术深度融合的机床,它利用自主感知与连接获取机床、加工、工况、环境有关的信息,通过自主学习与建模生成知识,并能应用这些知识进行自主优化与决策,完成自主控制与执行,实现加工制造过程的优质、高效、安全、可靠和低耗的多目标优化运行。其相对于面向数字化网络化制造的"互联网+"机床,又发生了本质性变化,因此智能机床可定义为 HCPS2.0(图 2-4)。

1. 智能机床的特点

与数控机床、"互联网+"机床相比,智能机床在硬件、软件、交互方式、控制指令、知识获取等方面都有很大区别,具体见表 2-1。

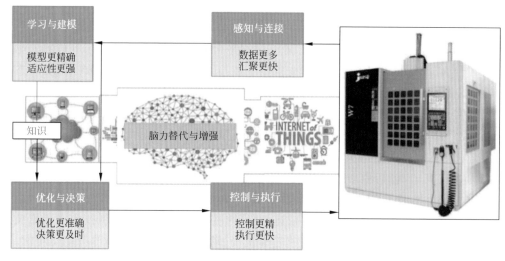

图 2-4　智能机床定义

表 2-1　数控机床、"互联网＋"机床与智能机床对比

技术/方法	NCMT	SMT	IMT
硬件	CPU	CPU	CPU＋GPU 或 NPU(AI 芯片)
软件	应用软件	应用软件＋云＋APP 开发环境	应用软件＋云＋APP 开发环境＋新一代人工智能
开发平台	数控系统二次开发平台	数控系统二次开发平台＋数据汇聚平台	数控系统二次开发平台＋数据汇聚与分析平台＋新一代人工智能算法平台
信息共享	机床信息孤岛	机床＋网络＋云＋移动端	机床＋网络＋云＋移动端
数据接口	内部总线	内部总线＋外部互联协议＋移动互联网	内部总线＋外部互联协议＋移动互联网＋模型级的数字孪生
数据	数据	数据	大数据
机床功能	固化功能	固化功能＋部分 APP	固化功能＋灵活扩展的智能 APP
交互方式	机床 Local 端	Local、Cyber、Mobile 端	Local、Cyber、Mobile 端
分析方法		时域信号分析＋数据模板	指令域大数据分析＋新一代人工智能算法
控制指令	G 代码：加工轨迹几何描述	G 代码：加工轨迹几何描述	G 代码＋智能控制 i 代码
知识	人工调节	人赋知识	自主生成知识、人-机、机-机知识融合共享

　　智能机床相对于"互联网＋"机床最重要的变化发生在起主导作用的信息系统：信息系统增加了基于新一代人工智能技术的学习认知部分，不仅具有更加强大的感知、决策与控制的能力，更具有学习认知、产生知识的能力，即拥有真正意义

上的"人工智能";信息系统中的"知识库"由人和信息系统自身的学习认知系统共同建立,它不仅包含人输入的各种知识,更重要的是包含信息系统自身学习得到的知识,尤其是那些人类难以精确描述与处理的知识,知识库可以在使用过程中通过不断学习而不断积累、不断完善、不断优化。这样,人和信息系统的关系发生了根本性的变化,即从"授之以鱼"变成了"授之以渔"。

2. 智能机床主要的智能化功能特征

不同智能机床的功能千差万别,但其追求的目标是一致的:高精、高效、安全、可靠与低耗。机床的智能化功能也围绕上述四个目标,可分为质量提升、工艺优化、健康保障、生产管理四大类。

(1) 质量提升:提高加工精度和表面质量。提高加工精度是驱动机床发展的首要动力。为此,智能机床应具有加工质量保障和提升功能,可包括机床空间几何误差补偿、热误差补偿、运动轨迹动态误差预测与补偿、双码联控曲面高精加工、精度/表面光顺优先的数控系统参数优化等功能。

(2) 工艺优化:提高加工效率。工艺优化主要是根据机床自身物理属性和切削动态特性进行加工参数自适应调整(如进给率优化、主轴转速优化等)以实现特定的目的,如质量优先、效率优先和机床保护。其具体功能可包括自学习/自生长加工工艺数据库、工艺系统响应建模、智能工艺响应预测、基于切削负载的加工工艺参数评估与优化、加工振动自动检测与自适应控制等。

(3) 健康保障:保证设备完好、安全。机床健康保障主要解决机床寿命预测和健康管理问题,目的是实现机床的高效可靠运行。智能机床具有机床整体和部件级健康状态指示,以及健康保障功能开发工具箱。其具体功能可包括主轴/进给轴智能维护、机床健康状态检测与预测性维护、机床可靠性统计评估与预测、维修知识共享与自学习等。

(4) 生产管理:提高管理和使用操作效率。生产管理类智能化功能主要实现机床加工过程的优化及整个制造过程的低耗(时间和资源)。智能机床的生产管理类智能化功能主要分为机床状态监控、智能生产管理和机床操控这几类。其具体功能可包括加工状态(断刀、切屑缠绕)智能判断、刀具磨损/破损智能检测、刀具寿命智能管理、刀具/夹具及工件身份 ID 与状态智能管理、辅助装置低碳智能控制等。

3. 智能机床中"人"的作用

以智能机床为代表的 HCPS 2.0,引入了人工智能技术,机器将代替人部分学习型脑力劳动并完成决策,但并不意味着人在制造系统中的作用变得不重要,反而进一步突出了人的中心地位:人作为制造系统创造者和操作者的能力和水平将极大提高,人类智慧的潜能将得以极大释放,社会生产力将得以极大解放。知识工程将使人类从大量脑力劳动和更多体力劳动中解放出来,人类可以从事更有价值的创造性工作。

2.3 数控系统基本的功能与组成

数控机床从数字化、网络化发展到智能化,起主导作用的是数控系统。数控系统从最早以穿孔纸带作为程序输入方式的原始形态发展到现在的高性能数控系统,其功能大幅增多,性能大幅增强,相应的组成和结构也发生了很大的变化。在这个发展过程中,也有一些万变不离其宗的元素,这就是本节介绍的数控系统基本功能与基础组成。基本功能是数控系统必须具备的功能。基本组成是数控系统必不可少的组成部分。

2.3.1 数控系统基本功能及其实现方式的演变

数控系统最根本的作用在于代替人的手工操作,完成零件加工过程的自动控制。为实现这一作用,数控系统需要具备以下 5 个方面的基本功能。

(1) 程序解释功能:读取并解释零件的加工程序。

(2) 过程控制功能:对加工过程的顺序、分支、循环等工艺流程进行自动控制。

(3) 运动控制功能:包括主运动控制和进给运动的控制。对金属切削机床,主运动是指对主轴速度、位置的控制能力;进给运动控制又称插补功能,实现零件轮廓(平面或空间)加工的轨迹运算功能,并对各移动轴进行速度控制。

(4) 辅助动作及逻辑控制功能:也称 M 功能,用于控制数控机床中诸如主轴的启/停、转向,冷却泵的接通和断开,刀库的启/停等各种开关量控制功能,在数控机床中通常由 PLC 实现逻辑控制。

(5) 人机界面功能:是用户调试和使用机床的交互形式,包括系统的菜单操作、零件程序的编辑,系统和机床的参数、状态、故障的查询或修改界面等。

上述基本功能的实现过程:编制的加工程序通过译码,把人可以解读的文本转换为计算机可以处理的数据结构。数据结构以程序段为基本单位,包含以刀具运动轨迹为主要内容的机床动作信息。这些信息经数控系统软件预处理,插补,将加工动作分解到主轴、进给轴等执行机构上,在各自的伺服驱动系统的控制下,联动完成加工任务。整个过程分为图 2-5 所示的 6 个环节,分别为译码、预处理、插补运算、位置控制、速度控制和电流控制。

这 6 个环节可以由硬件实现,也可以由软件实现。在数控系统中,哪些功能应由硬件来实现,哪些功能应由软件实现,与当时的技术水平有关。通常是在满足技术指标需求的前提下,哪种方式的成本低、开发周期短,就用哪种方案。一般而言,硬件处理速度快,但造价高、线路复杂、故障率高,且适应性差,难于实现复杂的控制功能;软件灵活,适应性强,但处理速度相对较慢。但硬件和软件技术是在不断进步的,随着技术的进步,软件和硬件的分工也在不断变化。

对照图 2-5,数控系统基本功能对应软硬件的划分大体上可分成四个不同的发

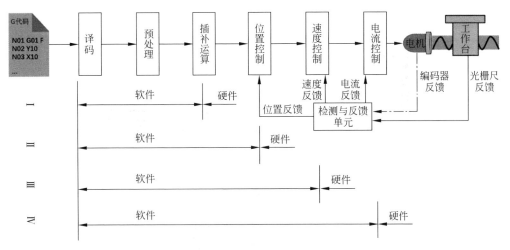

图 2-5 数控系统功能实现方式的演变

展阶段。

(1) 第一阶段,软件只负责基本的译码及预处理,其他插补、位置、速度、电流均由专用硬件来完成。这主要是受限于早期计算机存储空间、CPU 处理能力。

(2) 第二阶段,随着计算机 CPU 性能的提升、操作系统的完善、实时内核的保障,软件除了完成译码、预处理外,还能进行复杂的插补运算,实现对平面或空间运动轨迹的分析。其余位置控制、速度控制、电流控制等交由硬件来处理,然后给电机发指令使机床运动。

(3) 第三阶段,数控系统逐渐由模拟量式发展到全数字式,抗干扰能力强、传输速度快,很容易实现多轴、多通道、高速高精等复杂的运动控制,因此,软件也逐渐替代硬件实现位置控制和速度控制。通常电流环由硬件完成。

(4) 第四阶段,随着操作系统软件、高端芯片的快速发展,所有控制均由软件来实现。该方式使数控系统由人机交互 HMI 和伺服驱动系统两部分组成,HMI 是人调试和使用机床的辅助手段,包括 G 代码输入、译码、预处理等,伺服驱动系统软件实现插补、位置、速度、电流等控制功能。

从以上四个阶段可以看出,数控系统基本功能逐渐趋软件化,软件化的方式可以更好地实现数控系统的开放性、智能化,这也为未来智能数控的发展提供基础。

2.3.2 数控系统的基本组成

数控系统是指用数值数据的控制系统,在运行过程中,不断引入数值数据,从而实现机床加工过程的自动控制。数控系统的基本组成包括控制器和驱动装置。随着全数字化数控系统的出现,以及未来智能数控系统的发展,都离不开现场总线。我们认为现在数控系统由数控装置、伺服驱动系统和实时通信系统三大子系统组成,其中伺服控制系统又包括伺服驱动器、电机和检测元件三个主要部件。其典型结构如图 2-6 所示。

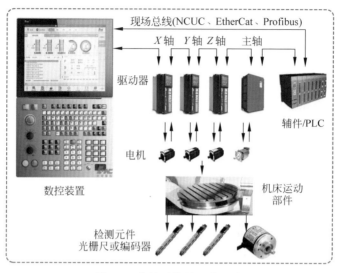

图 2-6　数控系统的基本组成

1. 数控装置

数控装置是人机交互单元,也称 HMI。主要包含操作面板、输入/输出单元、工业计算机(Industrial Personal Computer,IPC)单元三部分。

1) 操作面板

操作面板也称控制面板,是操作人员与数控机床(系统)进行交互的工具。一方面,操作人员可以通过它对数控机床(系统)进行操作、编程、调试,对机床参数进行设定和修改;另一方面,操作人员也可以通过它了解或查询数控机床(系统)的运行状态。它是数控机床的一个输入/输出部件,是数控机床的特有部件,主要由面板上的按钮、状态灯、按键阵列(功能与计算键盘一样)和显示器等部分组成,如图 2-7 所示。

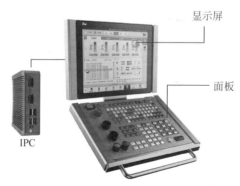

图 2-7　数控装置组成示意图

2）输入/输出设备

存储介质是记录零件加工程序的媒介。输入/输出设备是 CNC 系统与外部设备进行信息交互的装置,它们的作用是将编制好的记录在控制介质上的零件加工程序输入 CNC 系统,或者将已调试好的零件加工程序通过输出设备存放或记录在相应的存储介质上。数控机床常用的存储介质和输入/输出设备如表 2-2 所示。

表 2-2　数控机床常用存储介质与输入/输出设备

存储介质	输入设备	输出设备
电子盘	键盘、输入按钮	打印机、显示器、状态灯
CF 卡、SD 卡等	读卡器	
U 盘	USB 读/写控制电路	
硬盘	硬盘驱动器	

除此之外,还可采用通信方式进行信息交换,现代数控系统一般都具有利用网络通信方式进行信息交换的能力。通信技术是实现 CAD/CAM 的集成、柔性制造系统(Flexible Manufacturing System,FMS)、计算机集成制造系统(Computer Integrated Manufacturing System,CIMS)和智能制造系统(Intelligent Manufacturing System,IMS)的基本技术。目前在数控机床上常用的通信方式有以下几种:

(1) 串行通信,如 RS-232、RS-485、USB 等;

(2) 网络与总线技术,如互联网、局域网,以及现场总线、各种工业总线等;

(3) 自动控制专用接口和规范,如直接数控控制(Direct Numerical Control,DNC)方式、制造自动化协议(Manufacturing Automation Protocol,MAP)等。

3）IPC 单元

IPC 是数控系统的核心,负责加工过程的控制、系统资源的分配、任务的调度、人机交互及数据计算等任务。数控系统对于 IPC 的计算能力、实时性和多任务处理能力都有很高的要求。

2. 伺服驱动系统

伺服驱动系统是将控制命令从 CNC 转换为机床运动行为的系统,如图 2-8 所示。图 2-8(a)描绘了伺服电机和动力传输装置的示意图。伺服这个词起源于拉丁语中的“服务”,是严格执行给定命令的设备。来自 CNC 的命令使伺服电机旋转,伺服电机的旋转动作通过联轴器传递到滚珠丝杠上,滚珠丝杠的旋转被转换变成螺母的线性运动,最后使带有工件的工作台移动。总之,伺服驱动机构控制着速度和转矩。

图 2-8(b)显示了主轴单元,它由主轴电机和电源组成传输设备。主轴电机的旋转通过皮带传递到主轴体,其速度比取决于皮带轮之间的尺寸比。

近年来,感应电机已经普遍用作机床的主轴电机,因为感应电机没有电刷,在

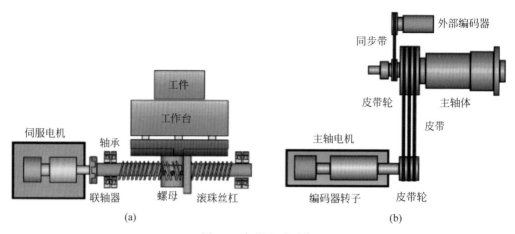

图 2-8 伺服驱动系统

（a）伺服驱动机构；（b）主轴驱动机构

尺寸、质量、惯性、效率等方面优于直流电机，同时便于维护。

另外，一些机床使用齿轮代替皮带来传递动力，但是齿轮传动不适用于高速加工。现有电主轴直接连接主轴电机和主轴本体（主轴箱），没有动力传输装置，用于转速超过 10 000r/min 的高速加工。

1）伺服驱动系统的分类

当传感器检测到的实际速度和实际位置并反馈到控制电路时，数控机床中使用的伺服电机受到连续控制，以最大程度减小速度误差或位置误差（图 2-9）。机床进给轴反馈控制系统包括三个独立的控制回路，即最外层的位置控制回路、处于中间的速度控制回路以及最内层的电流控制回路。一般而言，位置控制回路位于 NC 中，而其他的控制回路位于伺服驱动装置中。关于控制回路的设置并没有绝对标准，设计者可以根据意图改变其位置所在。

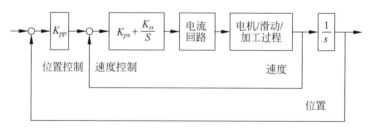

图 2-9 数控系统中的三种控制回路

在机床的主轴系统中，速度反馈控制用以维持主轴的正常转速。反馈信号通常由两种方式产生：测速发电机产生感应电压（模拟信号）和光电编码器产生的脉冲（数字信号）。近年来，通常利用光电编码器的信号作为反馈信号。

检测器可以安装在伺服电机或运动部件的轴上，控制系统根据检测器的安装位置分为四种类型。

（1）半闭环回路

半闭环的控制回路结构如图 2-10 所示。在这种类型中,位置检测器安装在伺服电机的轴上并检测其旋转角度,可以精确地控制电机的角位移。这样一来,进给轴的实际位置精度就主要取决于机械传动部分的位置精度。

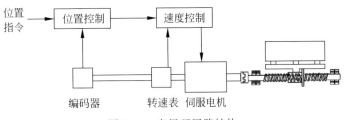

图 2-10　半闭环回路结构

为提高半闭环控制的位置精度,可以在 NC 中使用螺距误差补偿和间隙补偿。螺距误差补偿的方法是根据实际测得的螺距误差修正发送给伺服驱动系统的指令,以消除丝杠等传动部件的螺距误差。间隙补偿的方法是,改变移动方向,把与间隙量相对应的补偿脉冲发送到伺服驱动器系统。

（2）全闭环回路

半闭环的性能取决于滚珠丝杠的精度,且可以通过螺距补偿和间隙补偿来提高位置精度。但是一般来说,间隙的量会随轴承受的重量变化。而工件以及滚珠丝杠的位置和累积螺距误差会随温度而变化。在这种情况下,可采用图 2-11 所示的全闭环回路提高控制精度。在全闭环回路中,位置检测器连接到机床的工作台,实际位置误差反馈到控制系统。除了位置检测器的位置外,全闭环和半闭环非常相似。但是,由于传动部件包含在位置控制回路中,因此传动系统的共振频率、润滑和空转都对伺服特性存在影响。

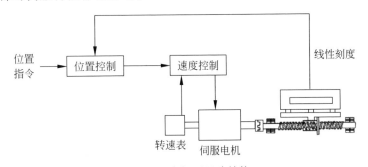

图 2-11　全闭环回路结构

（3）混合回路

在闭环回路中,如果在重型机械中难以按比例增加刚度或者降低运动器件的质量时,有必要降低增益。但是如果增益非常低,则在定位时间和精度方面的性能就会变差。在这种情况下,将使用图 2-12 所示的混合回路。在混合回路中存在两种控制回路,其中半闭环回路从电机的轴上检测到位置而闭环回路则基于线性刻度进行检测。在半闭环中,由于传动部件不包含在控制系统中,因此可以进行高增益控制。闭环通过补偿半闭环无法控制的误差来提高精度。由于闭环仅用于补偿位置误差,因此尽管增益较低,但仍然表现良好。通过组合全闭环与半闭环控制,可以在低精度的机床中以高增益获得高精度。

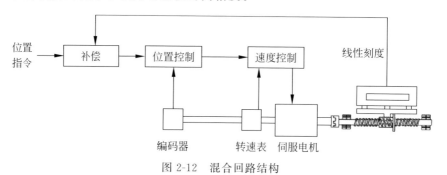

图 2-12　混合回路结构

（4）开环回路

与上述所有控制回路不同,开环回路没有反馈。在控制精度不高且使用步进电机的情况下,可以应用开环回路。由于开环不需要检测器和反馈电路,因此结构非常简单。同样,步进电机、滚珠丝杠和传动装置的精度直接影响驱动系统的精度。

2）伺服电机

机床伺服电机所需的基本特性如下:

（1）能够根据工作负荷获得足够的功率输出。

（2）能够快速响应指令。

（3）具有良好的加/减速特性。

（4）具有宽广的速度范围。

（5）能够在所有速度范围内安全地控制速度。

（6）能够长时间连续运行。

（7）能够提供频繁的加/减速。

（8）具有高分辨率,以便在位移较小的情况下产生足够的扭矩。

（9）旋转精度高。

（10）能及时输出足够的扭矩实现减速或停止运动。

（11）具有高可靠性和长寿命。

（12）易于维护。

伺服电机的设计需满足上述特性,其类型包括直流伺服电机、同步交流伺服电机和感应交流伺服电机,如图 2-13 所示。

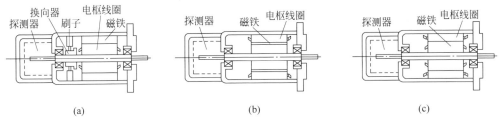

图 2-13　伺服电机

（a）直流伺服电机；（b）同步交流伺服电机；（c）感应式交流伺服电机

这三类电机的特性对比如表 2-3 所示。

表 2-3　伺服电机特性对比

特性	直流伺服电机	同步交流伺服电机	感应式交流伺服电机
优点	价格低，速度范围广，易于控制	无刷，易停	结构简单，无须检测器
缺点	需要电刷磨损位置检测	结构复杂，转矩脉冲振动需要位置检测	不可进行动态制动
容量	小型	小型或中型	中型或大型
传感器	不必要	编码器，解析器	不必要
寿命	由电刷寿命决定	由轴承寿命决定	由轴承寿命决定
高速	一般	适中	更优
抵抗性	较差	较好	较好
永磁体	存在	存在	不存在

3）位置检测装置

（1）编码器

检测当前位置以进行位置控制的设备称为编码器，其通常安装在动力传动轴的末端。为了控制速度，可通过传感器检测速度或通过位置控制来计算速度。编码器以计算单位时间内产生的脉冲的方法以及通过脉冲间隔检测间距的方法来计量位移和速度。

编码器可以分为光电类型或磁式类型，如图 2-14 所示。磁式类型编码器的检测部分与光电类型编码器的检测部分不同，但是两种编码器输出信号方式相同。

本书仅详细讲解光电类型编码器。光电类型编码器可分为增量型和绝对型。

① 增量型编码器。

狭缝 A 和 B 产生输出波形，狭缝 Z 产生零相位。LED 发出的光被光电探测器探测到经过旋转盘的一个狭缝和固定的一个狭缝 A，B 或 Z 之后的缝面板。缝隙 A 和缝隙 B 的相位差为 90°，输出的电信号生成为方波，其相位差是 90°。

增量型编码器结构简单且便宜，很容易发送信号。因为输出信号所需的电线数量小，来自编码器的输出脉冲数并不表示轴的绝对旋转位置，而是表示轴的旋转角度。要想知道绝对旋转角度,可对输出脉冲数求和,并根据累加次数计算旋转角度脉冲。由于连续检测旋转角度,传输过程中产生的噪声可能也累积在计数器中。因此,应该有一些防止噪声的措施作为基本要求。

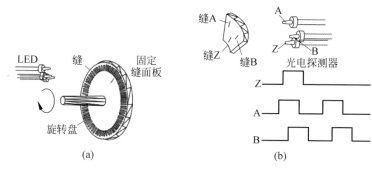

图 2-14　编码器类型

(a) 光电类型;(b) 磁式类型

② 绝对型编码器。

绝对型编码器和光电探测器的布置如图 2-15 所示,在这种编码器中磁盘插槽上的狭缝提供二进制位;磁盘的最外层部分设置为最低位,并且存在与数量一样多的缝隙和光电探测器位。狭缝沿着同心圆朝向内部磁盘。基于这些成分,旋转位置数据以二进制或十进制形式,常用绝对位置表示形式是格雷码。

因为绝对型编码器可以检测绝对位置,所以在发送信号期间产生的噪声不会累积,并且可以在切断电流后重新检测当前位置。但是,由于需要与位数一样多的输出信号线,很难减小尺寸并降低价格。

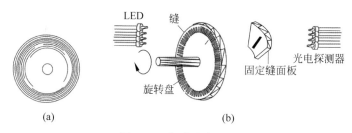

图 2-15　绝对型编码器

(a) 旋转盘;(b) 编码器组成

(2) 旋转变压器

旋转变压器是旋转角度和位置的检测器。与产生数字格式输出信号的编码器不同,旋转变压器生成模拟格式的输出。旋转变压器由定子、转子组成,与电动机结构类似,并且对振动和机械冲击不敏感。另外,由于输出是模拟信号,只适合小型化设备近距离传输,信号处理电路复杂,并且比旋转编码器昂贵。

（3）速度传感器。

尽管编码器和旋转变压器是典型的位置传感器,但也可以用作速度传感器,因为其可以根据位置信息计算速度。通常,速度传感器可以分为内置刷型和无刷型。内置刷型结构与直流发电机类似,包括由永磁体制成的定子和成线圈状的转子,如线圈随着转子的旋转发出磁通量,产生电压并通过刷子传播到外面。无刷型包括一个转子、永磁体、线圈状定子和检测部位。这两种类型产生的电压与转速成正比。但是,因为电刷内置类型寿命有限制,不用作伺服电机的速度传感器。

3. 实时通信系统

数控系统包括控制器、伺服单元、I/O 单元多种设备。数控系统工作时,这些设备之间需要实现信息的交互传输。例如执行插补任务时,控制器每过一个插补周期,就要将各轴的指令位置或速度传输到各个轴的伺服单元中,由伺服驱动完成位置或速度的 PID 控制。控制信号的通信方式主要包含模拟量或脉冲式通信、全数字实时通信两种。

1）模拟量或脉冲式通信

早期数控系统中,数控装置、驱动控制器之间的通信是通过串行接口或模拟量接口实现的。主要有两种形式:脉冲接口、模拟接口,如图 2-16 所示。

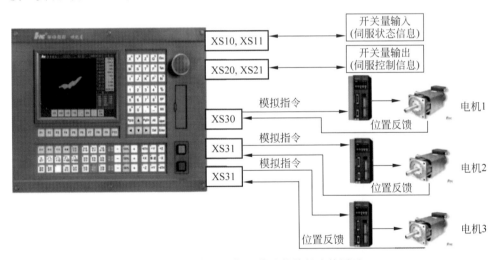

图 2-16　控制器和伺服单元的并行连接图示

（1）模拟进给驱动接口

模拟量式接口使用模拟信号传递速度指令控制伺服驱动装置,可连接各种交、直流伺服驱动装置。其特点是通用性强,可构成全闭环控制。

（2）脉冲进给驱动接口

脉冲式接口使用脉冲信号,传递位置指令,可控制各种步进电机驱动装置、脉冲式接口（通用数字）伺服驱动装置。其特点是通用性强,信号传递抗干扰能力强,无漂移。

若指令采用模拟信号（周期指令是速度给定，在控制器中实现位置闭环控制），存在精度差、易受干扰等问题；如果采用指令形式脉冲串（图 2-17），在给定位置增量的同时附带了速度信息，一度曾得到广泛的应用。

数控装置　　　　　　　　　　　　　伺服驱动

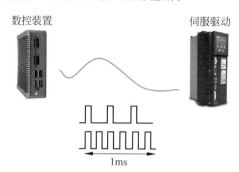

1ms

图 2-17　脉冲串传输位置增量示意图

但这种脉冲串式传输位置增量的方式，能达到的速度受到线缆能传送最高脉冲频率的限制。一般线缆能可靠传送的脉冲频率为 800kHz。当分辨率为 $1\mu m/$脉冲时，能达到的速度只有 48m/min，远远不能满足现代数控机床高速高精的需求。

概括而言，模拟量和脉冲串的指令传输方式存在以下不足：

① 可靠性难以保障。信号易受干扰；每一个伺服单元都要一根独立的线缆，对于多轴数控系统，控制器端的线缆接口多，控制器和电气柜之间的接线多，可靠性低。

② 难以实现高速高精。现代数控机床要求直线位移的轴最小指令单位精细到纳米甚至 0.1nm 的分辨率，同时快移速度达到 100m/min 以上，脉冲串的方式远远不能满足该要求。

③ 扩展性差。龙门五轴、车铣复合机床以及其他多轴多通道设备，伺服控制的物理轴数少则 5 个，多则数十个，每增加一个物理轴，相应的伺服单元都要一根独立的线缆与控制器相连，控制器就需要在硬件上扩展一个轴的控制接口，这是很难实现的。

总之，由于模拟量式或脉冲式接口，容易受到外部信号干扰而使传输距离受到限制，可传输的脉冲在频率上也有一定的限制，无法实现复杂的多轴同步运动控制。

2）全数字实时通信

采用现场总线实现数控系统设备间的连接和数据交换可以解决上述问题。以高速高精所需要的指令传输为例，当机床轴以 120m/min 的速度运行，控制器的插补周期为 1ms，最小指令单位 0.1nm，若用脉冲串的方式传输指令，则一个周期的指令增量为 2.0×10^{7} 个脉冲，脉冲串的频率将高达 20 000MHz。若用现场总线，采用数字的方式传输指令，则只需要每过一个插补周期发送一个 20 000 000 的数字到伺服单元就可以了。

一个采用现场总线的数控系统,包括一个数控装置、一个主轴、若干个伺服和 PLC/IO,其设备间连接的方式如图 2-6 所示。

与图 2-16 中的并行连接方式不同,采用现场总线时,控制器和伺服单元之间一般采用串行方式连接。控制器是总线的主站,伺服单元是从站。本例的通信过程为:每一个通信周期,控制器产生的指令打包成数据帧,沿串行线路,依次传输到各轴伺服单元的从站模块,伺服单元从站模块将传给自己的指令数据读出,同时将需要反馈的数据写到数据帧中特定的位置,实现状态数据(如编码器位置)的反馈。

现场总线采用数字的形式传输指令与反馈,不仅解决高速高精所需的大数指令和反馈的传输问题;同时,数字通信的可靠性还远高于模拟量信号和脉冲串信号;而且,现有的主流现场总线协议,一个主站支持的从站数可以多达 127 个,即一个数控系统的控制器主站,可以连接的伺服单元、I/O 单元可以达到 127 个,完全可以满足数控系统设备的互连和通信需求。

不仅控制器会周期产生指令数据,各伺服单元同样会产生状态和反馈信息,如伺服的当前运行状态、电机电流、电机的位置等。当数据帧通过从站时,从站可以实时将这些信息替换数据帧中对应位置的数据,当数据帧回到主站时,主站可根据已约定好的数据格式或者协议解析,从而获得从站的反馈与状态信息。

I/O 单元包括机床上的按钮、传感器信号、信号灯等。I/O 单元产生周期性数据和控制器交互,周期一般长于伺服单元的反馈数据和控制器的控制指令。

表 2-4 是当今国内外四种典型的基于以太网的现场总线标准在主要性能指标上的对比,读者可以借此对现场总线有个初步的了解。

表 2-4　集中典型的以太网现场总线标准对比

比较项	EtherCAT	Profinet IRT	SERCOS Ⅲ	NCUC 2.0
实时特性	$100axis@100\mu s$	$64axis@1ms$	$8axis@31.25\mu s$	$8axis@31.25\mu s$
单网段最大节点数	65 535	64	511	65 535
拓扑结构	星、树、线、环(灵活拓扑)	星、树、线(受配置限制)	线、环(受限)	星、树、线、环(灵活拓扑)
同步方法	分布式时钟	IEEE 1588 + 时间槽调度	主节点 + 循环周期	分布式时钟 & 帧同步
同步抖动	$\ll 1\mu s$	$< 1\mu s$	$< 1\mu s$	$\ll 1\mu s$
设备规范	CANopen, SERCOS	PROFIdrive	SERCOS	CANopen

其中,EtherCAT 由德国的 Beckhoff 公司研发,是一个结构开放,用以太网为

基础的现场总线系统,通过"飞读飞写"(processing on the fly)和集总帧技术极大提升了以太网通信效率和实时性,具有高速、高同步和高效率的特点。单个网段即可支持最大 65 535 个节点负载,EtherCAT 现场总线非常适合于数控机床、机器人、嵌入式系统、设备控制、楼宇自动化、运输系统等。在数控领域,Beckhoff 公司数控系统产品均采用 EtherCAT 总线。

Profibus 是 1987 年,德国联邦科技部集中了 13 家公司的 5 个研究所的力量,按 ISO/OSI 参考模型制定的现场总线的德国国家标准。应用领域包括加工制造、过程控制、建筑自动化等。目前,Profibus 已经发展得比较完善,并已生产出专用集成电路。Profibus 在西门子数控与伺服产品中已得到广泛的应用,并成为高档产品 840D 的标准配置。

Profinet 是 Profibus International 组织提出的基于以太网的自动化标准。根据响应时间,分为三种通信方式:TCP/IP 标准通信、实时(RT)通信、等时实时(IRT)通信。Profinet IRT 可以应用于运动控制。作为国际标准 IEC 61158 的重要组成部分,Profinet 是完全开放的协议,Profibus 国际组织的成员公司在 2006 年的汉诺威展览会上推出了大量的带有 Profinet 接口的设备。

1990 年,德国一些著名数控系统和伺服制造商,包括西门子、Indramat、Bosch、AMK 以及一些重要科研机构成立了 SERCOS 协会。SERCOS 是控制器与伺服驱动器的串行实时通讯协议(Serial Real-time Communication Specification)。2003 年,为了能够更好地满足机床和设备自动化发展的要求,用户组织 SERCOS International(SI)决定使 SERCOS 标准向着工业以太网的方向发展,并且将经过市场检验的机制与流行的网络标准——以太网——结合起来。2005 年 SERCOS Ⅲ推出第一批具有互可操作性演示样机。SERCOS Ⅱ 版本采用光纤传输最小通信周期位 $62.5\mu s$,SERCOS Ⅲ采用以太网传输最小通信周期为 $31.25\mu s$。路斯特、施耐德等国外知名厂商都开发了基于 SERCOS 的数控系统和伺服单元产品,并已投入市场销售。

2008 年 2 月在北京成立了由华中数控、大连光洋、沈阳高精、广州数控、浙江中控五家单位组成的"机床数控系统现场总线技术标准联盟",联盟工作组参加起草了《机床数控系统 NCUC-Bus 现场总线协议规范》(GB/T 29001),其中,总则、物理层、数据链路层、应用层四个国家标准已经发布实施。NCUC-Bus 通信参考模型是目前以太网中使用基于 ISO 体系结构的通行参考模型。考虑到工业系统对总线处理的实时性和稳定性有较高的要求,NCUC-Bus 参照 ISO 通信体系,将其简化为物理层、数据链路层、应用层。基于 NCUC-Bus 实现的数控装置包括全套"华中 8 型"系列产品,如 HNC-808DT、HNC-848、HNC-818DM 等。目前,NCUC-Bus 的升级版——NCUC2.0,通过在链路层技术的映射、通道以及时钟同步机制的创新和应用层的标准化实现了对总线性能和灵活性的进一步提升。

除了基于以太网的现场总线外,还有其他的高速串行总线,如 FANUC Serial Servo Bus(FSSB),即 FANUC 串行伺服总线,用于连接 CNC 于伺服放大器;High-Speed Serial Bus(HSSB),即高速串行总线,连接 CNC 于外部 PC 或 FANUCPanel,具有高速、抗干扰力强、传输距离远、成本低、施工简单等特点。FANUC30i 便是采用的 FSSB 总线。

2.3.3　数控系统的主要发展阶段

数控系统始终与计算机技术的发展保持同步。1946 年诞生了世界上第一台电子计算机,表明人类创造了可增强和部分代替脑力劳动的工具。它与人类在农业社会中创造的那些只是增强体力劳动的工具相比,有了质的飞跃,为人类进入信息社会奠定了基础。6 年后,即 1952 年,计算机技术应用到了机床上,美国麻省理工学院与帕森斯公司合作发明了世界上第一台数控机床。从此,传统机床产生了质的变化。近大半个世纪以来,数控系统经历了三个阶段和六代的发展。

1. 数控(NC)阶段

20 世纪五十年代计算机的运算速度低,不能满足机床实时控制的要求。人们不得不采用数字逻辑电路"搭"成一台机床专用计算机作为数控系统,称为硬件连接数控(HARD-WIRED NC),简称为数控(NC)。随着元器件的发展,这个阶段历经了三代,即 1952 年的第一代——电子管,1959 的第二代——晶体管,1965 年的第三代——小规模集成电路。

2. 计算机数控(CNC)阶段

由于计算机技术的发展,在 20 世纪 70 年代采用计算机控制的计算机数控(CNC)系统产生,使数控装置进入了计算机为特征的软件数控。计算机数控系统阶段历经了三代,即 1970 年的第四代——小型计算机;1974 年的第五代——微处理器和 1990 年的第六代——基于 PC。

3. 智能数控阶段(iNC)

近十年来,以工业 4.0 为标志的第四次工业革命即是信息化技术促进产业变革的时代,也是智能化时代,数控系统要走向智能化将面临严峻的挑战。从制造技术本身来看,数控系统的智能化在四个方面体现:操作智能化、加工智能化、维护智能化和管理智能化。智能数控系统分为 Smart NC 和 Intelligent NC 两个阶段。Smart NC 属于智能初级阶段,主要实现传感器接入、大数据采集、分析、应用等功能,实现操作智能、管理智能,为完全智能化提供基础保障。Intelligent NC 属于完全智能化阶段,利用 Smart NC 阶段实现的工具、平台、算法、解决方案实现加工全过程智能化,维护智能化。

2.4 典型数控系统体系结构

随着计算机技术的发展,数控由早期硬连接 NC 系统,逐渐形成以 PC 系统为基础的 CNC 系统,到现在与大数据、人工智能技术相融合的 iNC 智能数控系统。尽管不同的发展阶段数控系统的种类繁多,但其体系结构都有共同之处。本节介绍对应三个主要发展阶段典型的数控系统体系结构。

2.4.1 NC 阶段的数控系统体系结构

根据 2.3.3 节数控系统发展阶段的划分,20 世纪 50—70 年代,数控系统刚刚萌芽,早期的数控还是硬件连接(Hard-wired NC),由于计算机的运算速度低,无法响应实时加工的需求,数控系统的功能模块均由硬件组成。下面介绍一下 NC 系统两种主要的体系结构:共享总线型与共享存储型。

1. 共享总线型 CPU 结构

共享总线结构的典型案例是 FANUC 15 系统,依照控制功能的多少将整个系统划分为若干子功能模块,其中含 CPU 的称为主模块,不含 CPU 的为从模块。而且每个模块都是可插拔介质,根据功能需求可以选择性地删减。所有主、从模块都插在配有总线插座的机柜内,通过共享总线将各个模块有效地连接在一起,按统一的调试时钟交换不同 CPU 与子功能模块间数据和信息,从而形成一个完整的实时多任务系统,实现 CNC 的可定制化功能,其硬件结构如图 2-18 所示。

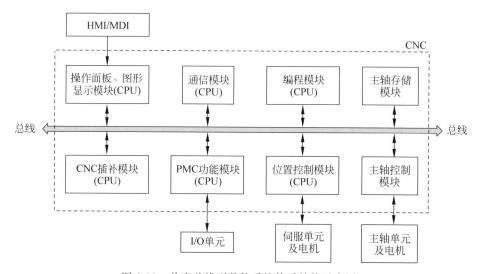

图 2-18 共享总线型数控系统体系结构示意图

由于早期数控系统的封闭性,大多数据数控系统的总线都是自己设计、不对外开放,FANUC 15 系统的总线就是 FANUC 设计的 FANUC BUS,采用的主 CPU

为 Motorola 68020(32 位),在处理 PLC、轴控制、GUI 控制、MDI 等功能模块也都有各自的 CPU。

共享总线结构的优点是结构简单、系统配置灵活、容易实现、造价低。缺点是容易导致数据的竞争访问,降低信息共享效率,总线一旦出现故障,整个系统功能将瘫痪。

2. 共享存储器的结构

共享存储器结构的典型案例有 GE 公司的 MTCI 数控系统,其硬件结构如图 2-19 所示。该数控系统架构共有 3 个 CPU,其中央 CPU 负责数控系统程序的编辑、G 代码解释、刀具管理和机床参数;显示 CPU 把中央 CPU 的指令和显示数据送到 HMI 单元进行显示,同时包含外部状态的监控与管理,包括键盘、倍率修调等状态及时发送给中央 CPU 进行处理;插补 CPU 主要负责对译码后的运动轨迹进行插补运算、位置控制、I/O 控制和通过 RS-232 与外部串行数据交互,同时接收外部位置反馈信号实现位置的闭环控制。

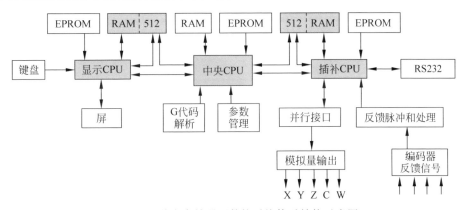

图 2-19　共享存储器型数控系统体系结构示意图

2.4.2　CNC 阶段的数控系统体系结构

到了 20 世纪 70 年代后期,随着计算机技术的快速发展,软硬件功能逐渐完善,尤其是 PC 操作系统软件,给数控系统提供了很好的平台,计算机迅速成为数控系统的载体。以 PC 操作系统为基础开发的数控系统,从功能实现方式上可以分为基于运动控制卡结构的数控系统和基于 PC 全软件的数控系统。按软件功能边界划分又可以分为集中式和分布式两种。

1. 基于运动控制卡的数控系统体系结构

运动控制卡通常选用高速 DSP 作为运算处理器,具有很强的运动控制和 PLC 控制能力。它本身就是一个数控系统,可以单独使用。把数控运动控制卡插入 PC 内部,这种形式可以确保系统性能,软件的兼容性也比较高。机床运动控制、逻辑控制功能由独立的运动控制器完成,运动控制器通常以 PC 硬件插件的形式构成系统,数控系统的上层软件(数控程序编辑、编译、人机界面等)以 PC 为平台,是

Windows 等操作系统上的标准应用,并支持用户定制。这种系统兼具 Windows 的多任务特性和运动控制器的实时特性。它开放的函数接口供用户在 Windows 平台下自行开发构造所需的控制系统,因而这种运动控制卡结构被广泛应用于制造业自动化控制各个领域。如美国 Delta Tau 公司用 PMAC(可编程多轴运动控制)多轴运动控制卡构造的 PMAC-NC 数控系统、日本马扎克公司用三菱电机的 MELDASMAGIC 64 构造的 MAZATROL 640 CNC 等。

采用工业控制计算机和 Windows 操作系统为软硬件平台,基于 MFC 和 VC++开发了数控系统操作软件,充分开发了 PMAC 的数控功能和 PC 的管理能力,工业控制计算机和 Windows 系统确保了系统的开放性(图 2-20)。

图 2-20　PMAC 数控系统＋运动控制卡

2. 基于 PC 全软件型数控系统体系结构

与基于运动控制卡结构的数控系统相同的是,这两种都以 PC 操作系统为平台开发数控系统应用程序,不同点是硬件形式不一样。基于运动控制卡结构的数控系统依赖于通用的计算机硬件平台,而基于 PC 全软件的数控系统其硬件由数控系统厂商自主开发。

典型案例有华中 8 型系统、FANUC18i、16i 系统、SINUMERIK 840D 系统、Num1060 系统、AB 9/360 系统等。这些数控系统是将数控软硬件技术和计算机操作系统软件相结合开发的产品。下面以华中 8 型数控系统上下位机双操作系统结构为例进行介绍。

如图 2-21 所示,上位机 IPC 采用性能比较强的处理器和扩展性高的计算机,主要负责人机界面交互、人脸识别等运算量大或对实时性要求不高的任务;下位机 IPC 独占一个性能较低的处理器和专门的处理硬件(FPGA),负责加工控制、现场总线通信等对实时性要求较高的任务,满足实时性的要求而不至于造成性能的浪费,并且可以降低软件设计的复杂度、提升稳定性。上、下位机之间通过局域网传输数据。下位机与伺服驱动单元、智能模块等通过 NCUC2.0 工业以太网总线

实现通信,利用 NCUC 总线高速实时的通信能力实现对伺服驱动单元的实时控制
和与智能模块、输入/输出模块之间的高速数据交换。

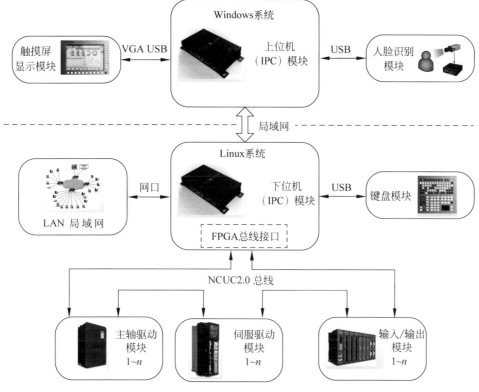

图 2-21　硬件平台结构示意图

1)上位机的功能与结构

如上所述,上位机是 Windows 操作系统,主要承担运算量大、对实时性要求相
对较低的任务,并且有可能运行第三方开发的应用程序。因此相对于普通的嵌入
式系统,上位机需要较强的处理器性能,且对可扩展性有更高的要求。此外,上位
机还要连接较多的外设。除了与用户交互的触摸屏和人脸识别等部件,作为可扩
展性的考量外,还应该容纳一定量的用户自定义外设。因此,上位机需要提供较为
丰富的外设接口。

2)下位机的功能与结构

与上位机的功能相比,下位机的特点是运算强度较小、但是对实时性的要求
高,且不需要很多的扩展空间。因此可以选用运算性能较低的处理器,从而节省生
产成本并降低功率消耗。下位机需要通过以太网与上位机通信,因此需要从引脚
引出或者通过 PCIe 总线扩展出至少一个以太网接口。下位机中的 NCUC 总线控
制器可以用 FPGA 或者 ASIC 等定制硬件来实现。定制硬件可以发挥高效、并行、
独立于 CPU 的处理能力,实现 NCUC 2.0 中定义的复杂的传输流程,并且确保整个

环形链路上其他设备之间通信的实时性不会因为某一个 CPU 的繁忙而受到影响。由于 NCUC 采用环形链路，所以该控制器需要在主板上引出两个 NCUC 接口。

前面从运动控制卡类型和基于 PC 全软件型两个角度介绍了数控系统体系结构，并总结了两类型的相同点及区别，下面围绕集中式和分布式介绍另外两种典型的 CNC 数控系统体系结构。

3. 集中式数控系统体系结构

典型的集中式数控系统由内核运动控制（Numerical Control Kernel，NCK）功能、人机交互（HMI）功能和 PLC 功能组成。NCK 功能执行 G 代码程序的解释、插补、加减速控制、位置控制和补偿等功能。HMI 功能为用户提供操作机床、编辑 G 代码程序、与外部系统通信和机床状态监视等人机交互的界面。PLC 功能控制诸如更换刀具、主轴控制和输入/输出信号控制等辅助功能。常用的集中式 CNC 系统的结构和功能如图 2-22 所示。

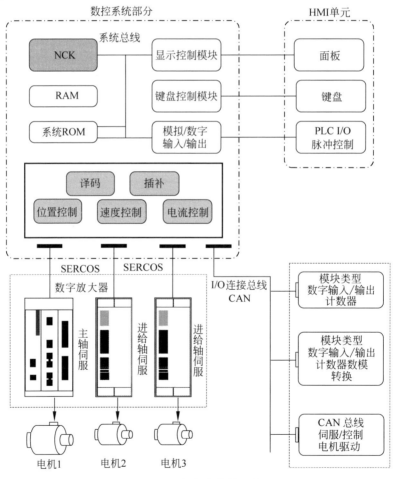

图 2-22　集中式数控系统

从图 2-22 中可以看出,伺服模块只负责对数控系统输出信号的放大,并以模拟量的方式输出给电机,所有运动控制均由数控系统完成。

集中式数控系统问题在于控制轴数有限,不方便扩展,且信号传输是通过模拟量的方式,抗干扰能力差。随着加工工艺复杂性递增,对系统高速高精、多轴多通道的运动控制的需求也越来越迫切,因此有了后来的分布式数控系统。

4. 分布式数控系统体系结构

随着伺服驱动技术的进步,位置、速度、电流等控制功能全部都交由伺服驱动器来完成。数控系统软件只负责译码与插补,同时数控系统与驱动器之间通过数字总线传输,从而更容易实现高速高精,多轴多通道的运动控制。分布式数控系统体系结构如图 2-23 所示。

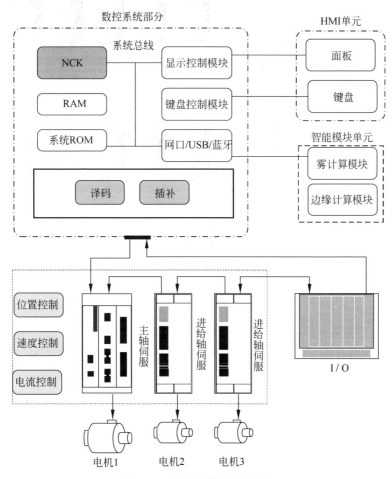

图 2-23　分布式数控系统结构

数控系统还包括一些其他外部设备,包括产线总控、边缘计算模块、雾计算模块等都通过网口/USB/蓝牙的方式与数控系统通信,实现内外部数据交互。

下面以双工位机床为例说明这种分布式结构的具体应用。如图 2-24 所示,该数控系统有两个通道,工位 1 通道包含三个直线轴、两个旋转轴,实现工位 1 加工需求;工位 2 通道包含两个直线轴、一个旋转轴,一个的主轴完成工位 2 的加工需求,两个通道共用一个主轴 2,完成最终零件加工需求,所有驱动通过总线串联接入到数控系统控制大脑 IPC,同时接入有面板、手摇、PLC 等硬件设备。数控系统 IPC 单元负责整个加工任务的译码与插补运算,各个轴的位置、速度与电流控制均由相应的驱动器来完成,从而实现多轴多通道的扩充与高速精运动控制。

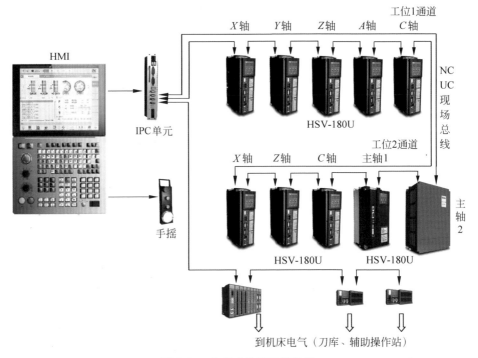

图 2-24　分布式数控系统案例

分布式数控系统其位置、速度、电流控制都集成了驱动器,且通信方式改成现场总线,传输速度快,方便多轴多通道运动控制的扩展,从而满足了复杂工艺加工的需求。

2.4.3　iNC 阶段的数控系统体系结构

如果说 CNC 与 NC 的主要区别在于计算机与 NC 的融合,那么 iNC 与 CNC 的主要区别在于新一代人工智能与数控系统的融合。根据人工智能技术在数控领域应用的成熟度,iNC 又可分为 Smart NC 和 Intelligent NC 两个阶段。

从功能的角度来看,iNC 区别于 CNC 在于 iNC 具备自感知、自学习、自决策、自执行的能力。iNC 不再仅仅是服务于单台机床,更是云端与移动端的监管系统,满足多机床互联互通的管理系统。从功能上 iNC 具备数字化、网络化、平台化三大特征,如图 2-25 所示,该图从三个方向描述了智能数控系统的体系结构。

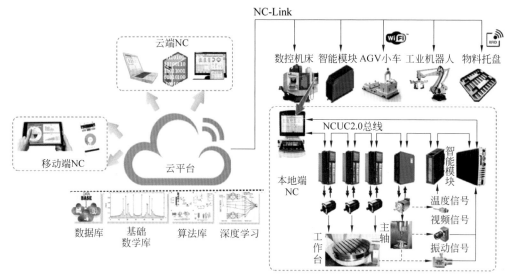

图 2-25　iNC 体系结构

数字化:通过对数控机床全生命周期的指令域数据进行完整采集和存储,形成数控机床的数字孪生,建立物理空间机床和 Cyber 空间数字机床的闭环,实现对机床历史行为的追溯、机床运行状态的监测、机床性能的预测、机床设计的优化及机床集群的群体智能。

网络化:通过构建不同层次的网络结构,实现彻底的网络化。网络结构包括数控系统内部的现场总线(NCUC-Bus)和数控机床之间互联互通的外部协议(NC-Link)。现场总线 NCUC-Bus 将伺服驱动及 I/O 从站的毫秒级采样周期的电控数据进行汇聚,伺服驱动则由原来的执行器变成了切削负载和加工精度的感知器。而 NC-Link 则可以将智能机床的内部电控数据和传感器数据实时汇聚到车间大数据中心,实现与工厂的设计、生产、管理系统的信息共享。

平台化:提供多样化的硬件平台和开放式的软件平台。其中硬件平台将提供数控装置、边缘计算模块等多样化的平台,软件平台将提供大数据访问接口及服务,提供数控装置、边缘计算模块、移动端的二次开发环境,提供大数据管理、分析平台,提供用户应用软件(APP)的运行平台。通过平台的开放,形成共享、共创、共研的新模式,建立 APP-store 的新生态。

通过上述数字化、网络化和平台化的建设,形成开放的、融合人工智能的智能数控系统,以更合理、更高效的方式达成智能机床的高质量、高效率、高可靠性和绿色节能的目标。

从端的角度划分,iNC 的体系结构包含本地端 NC、移动端 NC、云端 NC 三部分。其中本地端 NC 包括传统数控系统硬件平台、软件平台，为智能化数控机床提供基础平台；云端 NC 包括基于 NC-Link 协议的数控设备互联互通，为车间产线数据传输提供支持；移动端 NC 包括基于手机、平板设备实现线上设备监控与调度。

在本地端 NC 通过数字化的总线技术保证内外数据间的同步关系和信号本身精确的时序，并通过网络化手段实现端对端的互联互通，提供开放式的平台，保证用户可以通过二次开发接口访问这些数据。因此，机床不再是独立的个体，不再是信息的孤岛，它要与其他机床和车间设备共享数据、信息与知识，结合人工智能方法，从大数据中主动归纳、学习、积累、运用知识实现智能加工。

2.5 智能数控系统体系结构

2.5.1 智能数控系统的需求

智能机床以高质量、高效率、高可靠性和绿色节能为目标。由 2.2 节可知，数控系统在机床中的地位已经发生了深刻的变化，从人发挥根本作用的 HPS，到数控系统发挥重要作用的 HCPS。机床对数控系统的需求的内涵也发生了深刻的转变，数控系统不仅需完成高速、高精的加工任务，也需要提供开放软硬件平台、大数据访问接口等，实现从个体智能化、到单元智能化，以及群体智能化。

2.5.2 智能数控系统硬件平台

1. Local NC 数控装置硬件平台

数控装置的硬件平台是整个数控系统的基础，一方面从驱动器、I/O 从站及云端获取反馈的实时数据或事件数据；另一方面，向下给驱动器发出运动控制指令，给 I/O 从站发出运动控制指令，向上给云端传递数控系统全生命周期的实时数据。因此，数控装置在数控系统中处于中枢核心的位置。

对于 iNC，数控装置不仅是控制的核心，也是智能化功能的主要载体。除提供控制计算所需要的存储、计算资源外，还要提供智能化所需要的 AI 芯片、智能 APP 的运行平台，以在数控装置端实现 APP 的开发与部署，扩展数控装置的智能化功能。

2. 智能伺服

在 iNC 中，伺服驱动器功能不仅限于执行数控装置的指令，还是一个感知器，是数控系统实现智能化所需内部数据的主要来源，可以感知机床运行过程的实际位置信息和负载信息；另外需要提供高频数据的缓冲能力，以满足智能化功能对数据的需求。

驱动器本身执行指令的过程也是要智能化的，例如保障执行过程的安全就是一个典型的智能功能。驱动器在具备感知能力的基础上,实现驱动器的安全策略,达到及时、自动地保护机床的目的,体现驱动器的安全智能。

3. Local NC(边缘)智能模块硬件平台

智能模块是一种分布式的计算及存储单元,硬件上采用 CPU＋FPGA＋GPU/NPU 的结构,使其一方面具有较强的通信能力,实现高频率的数据吞吐;另一方面,具备复杂的逻辑判断能力及并行计算能力。根据其在硬件平台中的位置,可分为总线级和网关级智能模块。

总线级智能模块接入数控系统的总线中,负责接收和处理多种传感器、无线设备等的数据并将处理后的数据发送给数控装置,这样智能模块的运行可以不依赖于数控装置的存储及计算资源,在完成智能化功能的同时不影响数控装置的运行性能。

网关级智能模块是机器人、AGV 小车、数控机床等现场设备接入 NC-Link 网络的网关,现场设备通过无线和有线方式接入网关级智能模块,进而通过 NC-Link 实现与云平台的连接和交互,此外也可以通过网关级智能模块实现现场设备之间的连接。

2.5.3　智能数控系统的大数据访问形式

智能数控系统是机床各单元数据交汇的地方,不仅需要包含机床运行过程中振动、温度、视频等数控系统外部传感器数据,还需要包含内部位置、速度、电流、跟随误差等电控数据。智能数控系统主要通过以下两种数据访问方式,以满足数控系统实时控制及外部大数据访问需求。

1. 基于 NCUC 内部设备互联和内外数据同步

NCUC 总线是将数控装置、I/O 从站和伺服从站通过以太网的拓扑串联起来,并进行高速实时通信的工业现场总线,因此 NCUC 总线是数控系统级的内部互联协议。NCUC 总线可以实现数控系统内部伺服从站的电控数据和从 I/O 从站接入的外部传感器数据的同步、高频采集和汇聚。

通过 NCUC 总线的高速、实时的数据传输,可以将外部传感器数据及内部的电控数据在数控装置端进行汇聚和同步,并统一对内部、外部数据进行指令域的标记,建立运行状态数据与工况的映射,赋予运行状态数据以对应的加工工况特征,明确运行状态数据的内涵。

因此,NCUC 总线作为实时数据的高速通道,对内外部数据进行了同步、高频的采集和汇聚,为大数据智能奠定了重要基础。

2. 基于 NC-Link 的同构、异构系统混联

智能制造的核心技术之一是信息物理融合系统(Cyber-Physical System,CPS)。CPS 利用大数据、物联网、云计算等技术,将物理设备连接到互联网上,实

现虚拟网络世界与现实物理世界的融合,使物理设备具备计算、通信、精确控制、远程协调、自治、数据采集等功能,从而实现智能制造。由此可见,实现智能制造的重要前提之一就是设备的互联互通。

要实现同构及异构数控机床的互联互通,标准至关重要。各国对数控机床互联互通标准给予了高度重视。美国机械制造技术协会(AMT)在 2006 年提出了MTConnect 协议,用于机床设备的互联互通。2006 年标准国际组织 OPC 基金会在 OPC 基础上重新发展了 OPC UA 工控互联协议。国内机床行业在数控机床互联技术上也做出了有益的探索。2014 年,华中数控推出了基于机床大数据分析的智能化云服务系统平台,已在多家企业得到应用。沈阳机床集团经过多年研发,推出 i5 数控系统,研发了 iSESOL 云服务平台。

因此,建立统一的数控机床互联互通协议标准,对提高我国数控机床的竞争力、促进我国制造业转型升级、保护国家安全等方面具有重大意义。

NC-Link 是针对数控装备 CPS 建模需求而开发的新一代 M2M(Machine to Machine)协议,可以将同构的数控系统装备及异构的数控系统装备进行混联,是装备级的互联通信。NC-Link 对比传统的 M2M 协议具有如下新的技术特点:

(1) 引入组合数据技术,为指令域大数据采集提供了方法,满足数控装备 CPS建模需求。

(2) 支持双向通信。不但可以用于机床状态查看,而且可以用于远程控制。

(3) 支持数控装备端到端安全。NC-Link 专注于两个技术关键点:终端接入安全,保证全网端到端信任关系;数据权限分层,可以控制非法访问,满足数据保密要求。

2.5.4 智能数控系统控制原理与实现方案

通过 2.2 节对智能机床发展趋势、功能特点的分析和总结,智能数控系统具备四个最基本的特征:自主感知与连接、自主学习与建模、自主优化与决策和自主控制与执行。其控制原理与实现方案如图 2-26 所示。

1. 自主感知与连接

数控系统由数控装置、伺服驱动、伺服电机等部件组成,是机床自动完成切削加工等工作任务的核心控制单元。在数控机床的运行过程中,数控系统内部会产生大量由指令控制信号和反馈信号构成的原始电控数据,这些内部电控数据是对机床的工作任务(或称为工况)和运行状态的实时、定量、精确的描述。因此,数控系统既是物理空间中的执行器,又是信息空间中的感知器。

数控系统内部电控数据是感知的主要数据来源,包括机床内部电控实时数据,如零件加工 G 代码插补实时数据(插补位置、位置跟随误差、进给速度等)、伺服和电机反馈的内部电控数据(主轴功率、主轴电流、进给轴电流等),如图 2-26 所示。通过自动汇聚数控系统内部电控数控与来自外部传感器采集的数据(如温度、振动

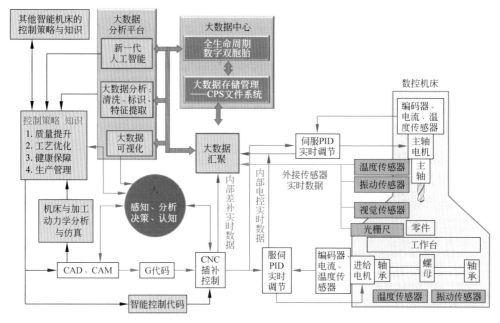

图 2-26　智能机床控制原理

和视觉等），以及从 G 代码中提取的加工工艺数据（如切宽、切深、材料去除率等），
实现数控机床的自主感知。

　　智能机床的自主感知可通过指令域示波器和指令域分析方法建立工况与状态
数据之间的关联关系。利用指令域大数据汇聚方法采集加工过程数据，通过 NC-
Link 实现机床的互联互通和大数据的汇聚，形成机床全生命周期大数据。

2. 自主学习与建模

　　自主学习与建模的主要目的在于通过学习生成知识。数控加工的知识就是机
床在加工实践中输入与响应的规律。模型及模型内的参数是知识的载体，知识的
生成就是建立模式并确定模型中参数的过程。基于自主感知与连接得到的数据，
运用集成于大数据平台中的人工智能算法库，通过学习生成知识。

　　在自主学习和建模中，知识的生成方法有三种：基于物理模型的机床输入/响
应因果关系的理论建模；面向机床工作任务和运行状态关联关系的大数据建模；
基于机床大数据与理论建模相结合的混合建模。

　　自主学习与建模可建立机床空间结构模型、机床运动学模型、机床几何误差模
型、热误差模型、数控加工控制模型、机床工艺系统模型、机床动力学模型等，这些
模型也可以与其他同型号机床共享。模型构成了机床数字孪生，如图 2-26 所示。

3. 自主优化与决策

　　决策的前提是精准预测。当机床接受新的加工任务后，利用上述机床模型，预
测机床的响应。依据预测结果，进行质量提升、工艺优化、健康保障和生产管理等

多目标迭代优化,形成最优加工决策,生成蕴含优化与决策信息的智能控制 i 代码,用于加工优化。自主优化与决策就是利用模型进行预测,然后优化决策,生成 i 代码的过程。

i 代码是实现数控机床自主优化与决策的重要手段。不同于传统的 G 代码,i 代码是与指令域对应的多目标优化加工的智能控制代码,是对特定机床的运动规划、动态精度、加工工艺、刀具管理等多目标优化控制策略的精确描述,并随着制造资源状态的变化而不断演变。

4. 自主控制与执行

利用双码联控技术,即基于传统数控加工几何轨迹控制的 G 代码(第一代码)和包含多目标加工优化决策信息的智能控制 i 代码(第二代码)的同步执行,实现 G 代码和 i 代码的双码联控,使智能机床达到优质、高效、可靠、安全和低耗数控加工,如图 2-26 所示。

2.6 本章小结

本章从数控系统诞生及其演变过程,结合数控机床的发展史及演变模式,逐步引出智能数控的概念并详细介绍不同阶段数控系统之间的差异,介绍智能化数控系统不同的体系架构;分析了数控系统从脉冲式数控系统到网络化数控走向智能机床的发展趋势;研究了利用大数据和人工智能技术实现自主感知与连接、自主学习与建模、自主优化与决策及自主控制与执行的"赋能"原理,揭示了机床智能化的本质在于它可以在生产服役过程中自动生成知识、积累知识并运用知识以实现优质、高效、可靠、安全、低耗的目标。

参考文献

[1] ZHOU J,LI P G,ZHOU Y H,et al. Toward new-generation intelligent manufacturing[J]. Engineering,2018,4(1):11-20.

[2] BROWN R G. Driving digital manufacturing to reality[C]//2000 Winter Simulation Conference Proceedings (Cat. No. 00CH37165),IEEE,2000:224-228.

[3] CHEN J H,YANG J Z,ZHOU H C,et al. CPS modeling of CNC machine tool work processes using an instruction-domain based approach[J]. Engineering,2015,1(2):247-260.

[4] CHRYSSOLOURIS G,MAVRIKIOS D,PAPAKOSTAS N,et al. Digital manufacturing: History,perspectives,and outlook[J]. Proceedings of the Institution of Mechanical Engineers,Part B:Journal of Engineering Manufacture,2009,223(5):451-462.

[5] YOSHIKAWA H. Manufacturing and the 21st century — Intelligent manufacturing systems and the renaissance of the manufacturing industry[J]. Technological Forecasting

and Social Change,1995,49(2)：195-213.

［6］　周济. 智能制造——"中国制造 2025"的主攻方向[J]. 中国机械工程,2015,26(17)：2273-2284.

［7］　KIM D H,SONG J Y,CHA S K,et al. The development of embedded device to detect chatter vibration in machine tools and CNC-based autonomous compensation[J]. Journal of Mechanical Science and Technology,2011,25(10)：2623.

［8］　REHORN A G,SEJDIĆ E,JIANG J. Fault diagnosis in machine tools using selective regional correlation [J]. Mechanical Systems and Signal Processing, 2006, 20 (5)：1221-1238.

［9］　张曙. 智能制造与 i5 智能机床[J]. 机械制造与自动化,2017,46(1)：1-8.

［10］　HU L,NGUYEN N T,TAO W,et al. Modeling of cloud-based digital twins for smart manufacturing with MT connect[J]. Procedia Manufacturing,2018,26：1193-1203.

［11］　李斌,李曦. 数控技术[M]. 武汉：华中科技大学出版社,2010.

第 3 章

智能数控系统的开放式平台

3.1 概述

开放式数控系统的概念在 20 世纪 80 年代就已出现。在此前,机床厂及最终用户对数控系统的主要需求是功能稳定、使用可靠,并能克服手动机床精度控制困难且效率低的问题,以及能解决组合机床缺乏柔性导致的开发周期长和成本高的问题。至于把数控系统的功能接口开放出来,为特定领域的用户提供二次开发接口的需求在数控系统出现的早期(二十世纪五十年代至七十年代)并不强烈,数控系统体系结构的封闭在那时也就不是一个大的问题。

随着科技的进步和工业的发展,各行业对机床加工精度的要求越来越高,需要数控系统的应用领域也越来越广。数控系统企业为满足车床、铣床、加工中心等市场占比大的机床的通用需求而研制的数控系统,已经难以满足越来越多的细分领域的专业化的需求。于是,开放式数控系统的相关技术逐步成为数控技术的一个重要研究方向,相应的解决方案也成为数控系统产品的一个重要属性。

本书探讨的智能数控系统,不仅应具备现代数控系统开放的特性,遵循具备广泛影响力的工业控制系统的开放接口标准,还应研究随智能化技术的融入而产生的开放接口及工具中的智能元素。

本章通过与传统封闭式数控系统的对比,论述了开放式数控系统的内部属性和外部特征。随后介绍国内外在数控系统开放的统一标准方面所做的工作,并以 IEC 61131-3 为重点,介绍了在数控开放方面所做的一些工作。最后结合智能化数控系统的开放性问题,介绍了本书作者在开放式智能数控系统关键技术方面所开展的一些探索工作。

3.2 开放式数控系统的概念

3.2.1 传统数控系统存在的问题

传统数控系统由数控系统厂商进行系统的开发和维护,不同厂商之间没有统一的开发标准和开发环境,不同厂商的数控系统之间无法实现通信。另外,传统数控系统由于体系结构的封闭性,数控系统产品本身不支持二次开发,用户和机床厂商无法自己在数控系统中添加定制化的功能,或者必须向数控系统厂商支付大量费用才能添加这些功能。为了使不同系统厂商开发的数控系统之间具有通用性和互换性,以及机床厂和用户能在数控系统上进行二次开发,需要进行开放式数控系统方面的研究,克服传统数控系统架构封闭的缺点。

为了更好地理解开放式数控系统,本节将首先介绍传统数控系统,即封闭式数控系统。就功能方面而言,数控系统一般由 NCK 功能、HMI 功能和 PLC 功能组成。NCK 功能执行工件程序的解释、插补、加减速控制和补偿控制。HMI 功能为用户提供操作机器、编辑工件程序、与外部系统通信和监视机器状态的界面。PLC 功能提供换刀、主轴控制和输入/输出信号控制等辅助功能。传统数控系统的结构与功能如图 3-1 所示。

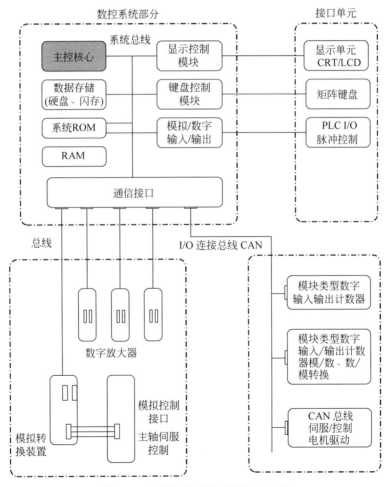

图 3-1　传统数控系统的结构与功能

在传统数控系统中,HMI、NCK、PLC 模块架构封闭,无法与第三方系统通信。此外,与典型 PC 系统的体系结构一样,执行每个模块功能的主 CPU 单元包括一个主处理器、用于存储系统程序的 ROM、用于存储应用程序的 RAM 以及用于用户的键盘和显示单元的接口,它们通过系统总线连接。

传统数控系统体系结构封闭,其对表 3-1 所列出的客户问题及需求是无法满足的。

表 3-1　客户问题及需求

需　　求	内　　　容
可重构性	在对汽车的发动机缸体进行机加工时,仅需进行孔钻削和平面铣削。此类加工所使用的数控系统不需要用户界面中的各种附加功能,而是需要较好的自动化功能。因此,需要具备可以根据用户要求添加或删减数控系统的功能
可扩展性	不能充分反映机床制造厂的生产经验,不具备某些机床或工艺特征需要的性能,用户无法对系统进行重新定义和扩展,也很难满足最终用户的特殊要求
可编程	基于 EIA 的零件编程和宏编程是非常复杂的,每个数控系统制造商都会提供自己的特殊功能。使用 CAD/CAM 时,在软件和设备之间交换数据时会存在许多问题。为了解决这些问题,需要一种新的数控编程语言
可通信	传统数控系统缺乏统一有效和高速的通道与其他控制设备和网络设备进行互联,信息被锁在"黑匣子"中,每一台设备都成为自动化的"孤岛",对企业的网络化和信息化发展是一个障碍
标准化	在车间内使用多种机器时,只有在它们之间制定统一的通信标注,才可以进行通信
界面定制化	传统数控系统人机界面不灵活,系统的培训和维护费用昂贵。许多厂家花巨资购买高档数控设备,面对几本甚至十几本沉甸甸的技术资料不知从何下手。由于缺乏使用和维护知识,购买的设备不能充分发挥其作用,一旦出现故障,面对"黑匣子"束手无策,维修费用十分昂贵
高级功能	在模具铣削加工中,为了避免铣后仍需要研磨操作,需要使用曲面插补功能来加工自由曲面,还需要基于传感器的反馈控制的高精度加工。数控系统应该允许在必要时增加新功能
智能化	加工时的切削工艺需要根据刀具的直径以及工件和刀具的材料来确定,而且对于切削工艺的选择需要大量的专业知识。因此,亟需通过智能化功能实现对切削工艺的自动选择、优化,获得最佳的工艺计划和最佳的刀具路径

3.2.2　开放式数控系统的定义及属性

1. 开放式数控系统定义

目前,开放式数控系统还没有公认的统一定义。IEEE 对其定义为"开放式数控系统应提供这样的能力:来自不同厂商的,在不同操作平台上运行的应用程序都能够在系统上实现,并且该系统能够和其他应用系统协调工作。"本书作者根据自身的研究工作,结合本书内容,对开放式数控系统给出如下定义:开放式数控系统本质一个具备软件平台化、功能模块化、界面组态化内部属性和可移植性、可伸缩性、互操作性外部特征,支持用户根据需求进行数控系统二次开发,并提供用户应用软件的运行、管理平台。因此,开放式数控系统的核心是支持用户根据需求进行二次开发,增加定制化功能,提升机床的性能。

2．开放式数控系统的内部属性

要实现数控系统的开放,使其具备良好通用性、互换性,并且使用户无须深入底层硬件集成、操作系统调度等专业性要求很强的开发任务中,数控系统需具备软件层次化、功能模块化、界面组态化的内部属性。这些内部属性是数控系统厂商为实现数控系统的开放而对数控系统体系内部架构的设计,下面对其内部属性进行详细描述。

1）软件层次化

数控系统软件不仅包含解释、插补及运动控制等功能的实现,还需具备设备驱动、实时内核及进程调度等基础功能。但是,用户进行数控系统二次开发目的是改进现有功能或增加新功能,其工作并不需要涉及硬件读写、内核管理等基础功能。因此,需要对软件进行层次化划分,使用户进行二次开发时只需要关注其所需功能的接口层,不需要了解基础功能的实现和系统调度等任务,在降低用户开发难度的同时,在一定程度上保障系统的可靠和稳定。

为了实现系统软件的分层,首先需要把软件从硬件中分离出来,降低硬件的可靠性受用户加入功能的影响的可能,于是需要建立驱动层。其次,数控系统软件随着功能增多,变得越来越复杂,为了不让用户陷入底层软件的开发中,将软件层次进一步划分出内核层和应用层,用户只需要通过应用层的接口进行二次开发,不需要在内核的层面进行开发。

综上所述,可以将数控系统软件平台从技术层面分为三个层次:驱动层、内核层和应用层,如图 3-2 所示。

（1）驱动层

驱动层一般由硬件抽象层（HAL）、板级支持包（BSP）和驱动程序组成,是数控系统软件中不可或缺的重要部分,它的作用是为上层程序提供外部设备的操作接口,并且实现设备的驱动程序。上层程序在进行硬件操作时,不需要了解设备的具体细节,只需要调用驱动的接口即可。

① 硬件抽象层（Hardware Abstract Layer,HAL）。

HAL 本质上就是一组对硬件进行操作的 API 接口,是对硬件功能抽象的结果。HAL 通过 API 为操作系统和应用程序提供服务。一般 HAL 包含相关硬件的初始化、数据的输入/输出操作、硬件设备的配置操作等功能。

② 板级支持包（Board Support Package,BSP）。

BSP 主要功能为屏蔽硬件、提供操作系统及硬件驱动,具体功能包括:系统启动时,完成对硬件的初始化,如对系统内存、寄存器以及设备的中断设置等;为操

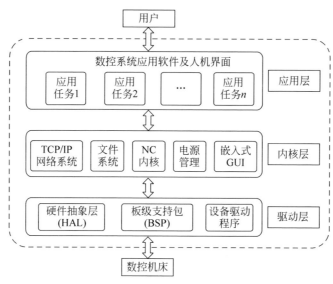

图 3-2 开放式数控系统软件平台架构

作系统的通用设备驱动程序提供访问硬件的手段,亦即硬件相关的设备驱动。

③ 设备驱动程序。

设备驱动程序是指操作系统中的驱动程序,为上层软件提供设备的操作接口,必要时使用 BSP 提供的函数来实现硬件设备操作。驱动程序的好坏直接影响系统的性能。驱动程序主要作用是计算机系统与硬件设备之间完成数据传送的功能,只有借助驱动程序,两者才能通信并完成特定的功能。

④ 驱动层工作过程。

在开放式数控系统中,通过驱动层实现数控系统与多种伺服、I/O 控制方式之间的兼容。如图 3-3 所示,利用驱动层的各种设备驱动程序,实现数控系统对底层控制模块的控制,进而实现数控系统与伺服和 I/O 控制方式动态可重配的效果。

该方法的基本思想就是在驱动层中先定义一套通用的通信接口函数,再通过用户给定的信息将特定控制模块的通信函数绑定到通用接口上,从而实现同一数控系统对多种伺服和 I/O 控制方式兼容的效果。图 3-3 中,驱动层模块右侧的参数配置模块从系统指定位置读入一个配置文件,该配置文件用以存储控制模块的基本信息,比如是何种控制方式,分别对应的地址是多少,最大转数等性能参数。该文件内容可被用户经人机界面修改并保存;参数配置模块读取完配置文件之后,使用驱动层模块中定义的结构体初始化一同共享内存;共享内存初始化完成之后,参数配置模块退出,驱动层模块根据共享内存名获得参数配置模块初始化的结构体,完成和具体控制模块的绑定,建立一张通用接口——特定控制接口函数映射表。上层数控系统不需要知道具体控制模块接口函数名,当它需要向下和执行单元进行通信时,只需调用驱动层提供的通用接口函数,该接口函数会查询其内建

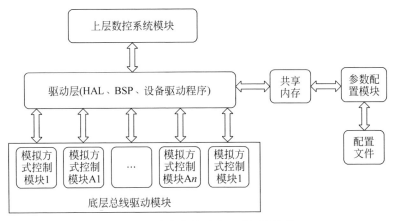

图 3-3　开放式数控系统驱动层的结构

的通用接口——特定控制接口函数映射表,获得当前系统所使用的控制口函数并调用该函数,最终实现上层数控系统和底层控制模块的通信功能。

（2）内核层

内核层即嵌入 NC 内核的操作系统层,包含实时内核、进程调度、NC 内核功能模块、文件系统、图形用户接口和网络系统等。在嵌入式系统中工作的操作系统称为 EOS（Embedded Operating System,嵌入式操作系统）,EOS 在数控系统中主要作用是处理由内部或者外部事件引发的中断、设备驱动层的激活以及执行任务的调度,它并不执行具体的应用功能,如运动控制、界面显示等具体功能是由应用层的应用软件实现的。

按照系统对响应时间的敏感程度,EOS 可以分为实时操作系统（Real Time Operating System,RTOS）和非实时操作系统两类。RTOS 对响应时间有非常严格的要求,当某个外部事件或请求发生时,相应的任务必须在规定的时间内完成相应的处理。RTOS 又可分为硬实时和软实时两种情形。硬实时系统对响应时间有严格的要求,如果响应时间不能够满足,可能会引起系统的崩溃或致命的错误。软实时系统对响应时间没有严格要求,如果响应时间不能够满足,将需要支付能够接受的额外代价。非实时系统对响应时间没有严格的要求,各个进程分享处理器,以获得各自所需的运行时间。

数控系统对于任务的实时性要求很高,是典型的硬实时操作系统。目前,数控系统常用的操作系统为基于 Real Time Linux（RTLinux）实时内核平台的操作系统和基于 Intime Windows 实时内核的操作系统两种。标准的 Linux/Windows 系统本身不提供任何实时保证,必须通过为其加入实时的支持来解决,即构建一个实时 Linux/Windows 操作系统。

① 基于 RTLinux 实时内核平台的操作系统。

标准的 Linux 系统不是一个实时的操作系统，不能满足数控系统对实时性的要求。针对标准 Linux 系统实时性方面的不足，RTLinux 的解决方案如图 3-4 所示。

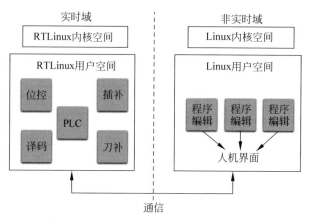

图 3-4　基于 RTLinux 的数控系统软件结构

基于 RTLinux 实时数控操作系统的软件结构如图 3-4 所示。根据数控系统任务的实时性要求，从结构上可以将软件分为实时部分和非实时部分，因此，整个数控系统软件必然分布在实时域和非实时域两个域，两个域通过通信机制联系。实时域由 RTLinux 实时内核组成，专门处理实时性事务。标准的 Linux 内核组成非实时域，利用丰富的 Linux 资源，开发非实时软件。

实时软件部分运行于 RTLinux 实时内核空间，最大程度地保证了数控任务的实时性。由于各个任务在功能上相对独立，因此，可以采用内核线程形式来实现。RTLinux 支持 POSIX 标准，每一个任务创建一个实时线程。非实时部分软件运行于 Linux 用户空间，因此可以直接利用 Linux 中丰富的函数库资源。非实时软件主要包括人机界面，它完成信息显示、程序编辑、参数设置等功能。

② 基于 Intime Windows 实时内核的操作系统。

同标准 Linux 系统一样，标准 Windows 系统也不是一个实时操作系统。针对标准 Windows 系统实时性方面的不足，Intime Windows 的解决方案如图 3-5 所示。

如图 3-5 所示，数控系统是一个综合多任务系统，既有实时性要求较高的插补、刀补、位置控制等，又有实时性要求较低的信息显示、参数设置等任务，所以在系统结构设计时，同样把实时任务和非实时任务分开运行。实时任务运行在 Intime 内核中，根据处理结果实时控制数控机床终端硬件设备。非实时任务运行在 Windows 内核中，进行人机界面的显示操作等。

（3）应用层

应用层软件主要指多个相对独立的应用任务，每个应用任务完成特定的工作，

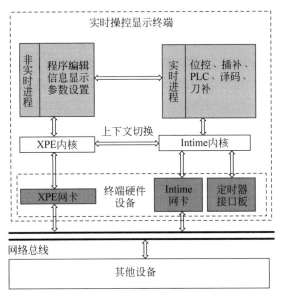

图 3-5 基于 Intime Windows 的数控系统软件结构

如 I/O 任务、计算任务、通信任务、人机界面等,由操作系统调度各个任务的进行。它由基于操作系统的应用程序组成,用来实现对被控制对象的控制功能。应用层是面向被控制对象和用户的,为了方便用户的操作,往往需要友好的人机界面。应用程序运行在操作系统之上,通过对操作系统接口函数的调用,实现系统如采集诊断、运动控制等具体的应用功能。各种任务以应用程序的形式集合在应用层,服务于不同的功能模块。在操作系统的支持下,每个任务都被分配到一个优先级,根据优先级别的高低,动态切换任务,以保证实时性的要求。此外,操作系统根据每个任务的要求,进行资源管理,合理分配资源,实现消息管理、任务调度和异常处理等任务。

数控系统是一个专用性很强的多任务调度运行系统,按照任务运行实时性强弱的划分方法,一般将数控系统的任务划分为管理任务和控制任务两大类,如图 3-6 所示。其中,控制类任务的工作与数控加工直接相连,对实时性要求高,而管理类任务的工作对实时性的要求相对较低。系统的控制任务又可细分为位置控制、轨迹插补、指令译码、I/O 控制、误差控制、状态实时监控与故障诊断等子任务;系统的管理任务则包括人机交互管理、显示管理、数据管理、通信管理和网络管理等子任务。另外,在实际的开发设计中可根据需要对各个子任务进行进一步细分,形成一个任务集合,该集合中的任务都必须根据外部事件及时被激活运行,同时结合具体的加工情况,由操作系统统一调度,动态地对任务进行优先级控制,以适应不同加工任务的要求。当有高优先级的任务进入任务列表时,内核通过优先级抢占调度方式切换到高优先级的任务;当同等优先级的多个任务进入任务列表时,内核通过时间片轮转调度法实现多任务的并发控制。操作系统具体的多任务调度机制已在上一小节给出详细解释。

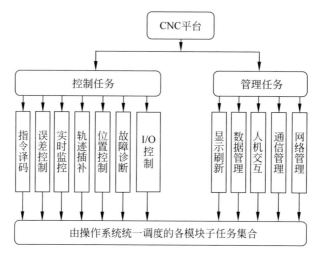

图 3-6　数控系统应用层任务划分

通过系统软件的分层可以实现"高内聚"和"低耦合"，每层功能上独立，减少依赖关系，扩展性、可维护性增强。另外，每层之间实现指定功能，与其他层之间通过指定接口建立联系，可移植性大大提升。

2）功能模块化

对数控系统的功能进行模块化开发，使其基础软件模块具有可重用性，提高系统的可维护性、可扩充性是开放式数控系统实现开放的必要条件。数控系统功能模块化也称软件芯片化，是指采用面向对象的技术，对数控系统的功能划分，把一些通用模块做成独立的可重用的对象类，建立类似于硬件芯片的数控系统软件芯片库。当开发新的数控系统时，只需从软件芯片库中取出相应的模块加以组合即可，必要时加以扩充，而无须从头开发整个系统，这样便改变了数控系统的封闭式设计，提高了整个系统的灵活性，实现了数控系统开放性设计，使资源得到重用。利用软件芯片构建数控系统的过程如图 3-7 所示。

（1）软件芯片的特点

软件芯片也可称为软件组件，是运用类属化（参数化）、抽象（包括数据抽象、功能抽象）、封装、继承等现代软件工程技术设计的，完成特定任务、并具有良好接口的自包含实体。它具有以下突出特点：

① 内部黑箱封装。

设计软件芯片的目的即决定了软件芯片需要具有较强的独立性。为了实现这一要求，软件芯片被封装成一个紧密的整体。将软件芯片内部的具体实现与外在表现分隔开，使软件芯片的内部在生成对象之外不可见，并只能由其自身的方法对其进行操作。用户不必要去了解芯片内部实现的具体细节，可将注意力集中在系统开发和各芯片之间的相互关系等重要问题上。

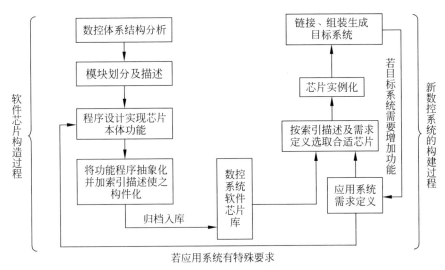

图 3-7　基于软件芯片库的数控系统的构建过程

② 接口标准规范化。

软件芯片的内部被封装起来,通过预先设计的接口与外界交换信息、协调工作。数控领域中产品众多、厂家众多,其硬件结构、零件程序语法等各方面,以及不同用户的要求都有可能存在着差异,为了使数控软件芯片具有较强的适应能力和可重用性,必须使有连接关系的芯片共同遵守统一的接口标准。

③ 多态性及继承性。

多态性即相同的操作可以作用于多种类型的生成对象上,并获得不同的结果,这是保证芯片间灵活通用的一个重要特性。它允许芯片的每个生成对象以适合自身的方式去响应不同的消息,增强操作的透明性、可理解性和可维护性。继承性是指在实际应用中,当用户的需求发生变化时,软件芯片要有适应用户需求变化的能力,用户可以在共享软件芯片原有的结构、操作和约束等特性的基础上,增加新特性或删除不需要的特性,使软件芯片具有灵活的可扩展性、可裁减性和可重用性。

（2）功能模块的划分

目前,尽管数控系统从系统的设计方法到系统的实现方式千差万别,但是其基本原理和软件基本组成都是相似的,通过对数控系统及用户需求进行全面分析,总结现有系统控制结构的共同特征,对其进行适当的归类和抽象,可以将数控系统划分成各个小的功能模块,进而将其封装为软件芯片。一个系统的软件芯片划分原则和方法,以及软件芯片功能范围的界定,根据具体的情况,可以有所不同。通常按照功能独立、完整、功能内聚性原则,可将数控系统划分为以下几个功能模块。

① 人机交互界面模块。

此模块主要完成在系统运行前和运行后中系统参数的修改和设定,如设定系统工作模式（自动、手动、点动等）、图形显示模式、系统初始化设定、坐偏置设定、G

代码程序编辑等。

② 编码译码模块。

负责根据用户的系统配置及零件程序的语法规则对用户编写的零件程序进行语法检查,并进行解释译码,将源代码指令中给出的各种信息进行分离提取,变成各种状态和数据,为预处理芯片提供语法上正确的零件程序的中间代码。

③ 刀补预处理模块。

负责对解释后的数据进行预处理及插补前的准备工作。

④ 轨迹插补模块。

负责加/减速的控制,插补、终点判别等工作,向位置控制器输出通过轨迹运算后的进给量。

⑤ 轴伺服控制模块。

在从 I/O 及插补控制运算得到的信息的帮助下,通过精插补控制机床执行机构按 NC 代码指定的路径和速度运动。

⑥ I/O 模块。

负责控制器的输入和输出(包括机床检测信号及位置和相关反馈信息的输入、控制指令的输出等)。

上述的几个基本模块具有互操作性、可移植性和可扩展性,且是构成 CNC 系统最小的配置模块,可作为数控功能的基本划分,是最基本的 CNC 软件芯片,此外还有刀具管理、数据库管理等芯片。软件芯片的功能与数量的定义是动态的,随着应用需求的变化和 CNC 技术的发展,可能需要增加新的软件芯片。软件芯片之间协作关系如图 3-8 所示。

3) 界面组态化

人机界面是人与数控系统之间传递、交换信息的媒介,是数控系统的重要组成部分,人机界面的二次开发是大部分用户完成可视化内容的个性化定制及开发的重要手段。目前,数控系统的通用人机界面已经具备了较为通用、完备的功能,能够实现监控、诊断、编程、设置等操作。但是,这种标准化的人机界面不能满足用户对特定加工工艺的个性化定制需求。另外,用户提出新功能,数控系统厂家开发需要一定的开发周期,往往不能及时响应市场需求。因此,需要开发一种数控系统人机界面二次开发平台,不仅满足用户对数控系统的专业化、个性化需求,还满足开放式数控系统的便于扩展、对用户开放等需求。

对于这种需求,人们提出了组态的概念。组态的核心思想就是以图形可视化方式将人机界面以功能组件的形式,通过特定的方式配置组织起来,实现人机界面灵活地、可扩展地开发。组态技术可以以图形可视化的方式,通过功能组件的组合配置,以组态的形式快速灵活地构建具有高可扩展性的人机界面。总的来说人机界面的组态技术主要有两个特点:

(1) 图形化的界面构建能力。组态化界面开发是以图形可视化的方式添加和

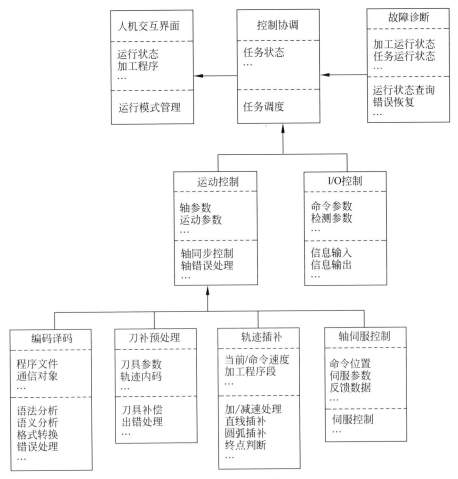

图 3-8　开放式数控系统软件芯片对象协作关系

配置界面图元来构建完成的。组态要求部署后的组态界面应该和开发过程中的组态界面保持静态的一致性,以实现所见即所得的界面开发理念。

（2）组件式的功能配置。组态人机界面应该由独立的功能单元组合而成,这些功能单元组件可以是图元、设备或者功能模块等,通过"配置"的形式将这些功能单元的组合即可完成人机界面构建,同时这些功能单元之间的组合形式应该是低耦合、可扩展的。一般来说,组成数控人机界面的主要元素有图形、控件、变量、设备、数据库、逻辑命令,为了实现数控人界面组态过程中的灵活性,降低各个组件和元素之间的耦合性及 HMI 结构的复杂性,需要对数控人机界面进行模块化划分。以功能性为划分依据,采用软件设计中常用的 MVC 系统框架（Model View Control,MVC）,将组成计算机软件的数据、图形以及逻辑控制部分抽象剥离出来,以达到降低系统耦合性和提升扩展性的目的。最终,将人机界面的基本元素划分为数据、图形和交互控制三个模块。其中,数据模块对应于人机界面的各种数据源,为视图的显示提供数据,主要包括机床运行与加工过程中的各种数据。图形就是数控 HMI 在屏幕上的表示形式,主要包括构成人机界面的基本图形及常用组件等。交互控制则主要负责人机界面运行过程中的逻辑控制及用户交互。

组件化是对组成人机界面功能单元进行相应的处理,将相同或相似的功能单元进行提炼与抽象,转化为具有标准接口、可复用的功能组件的过程。如图 3-9 所示,组件化的步骤主要包括单元识别、单元聚类以及单元集概括抽象和组件封装。基本单元识别即将组成系统的基本单元,依据功能、逻辑和结构方面的差异,通过相应的识别方法,按照一定划分粒度,将具有独立功能且与其他基本单元低耦合的功能单元提取出来。在功能单元的识别过程中,划分粒度对最终人机界面的灵活性和扩展性起着决定性作用。粒度过大将导致单元组件可配置性差,组态界面的整体灵活性不高;而粒度过小,则会导致界面系统过于复杂,可维护性不够。因此划分粒度应根据功能单元的特点及经验进行选择。

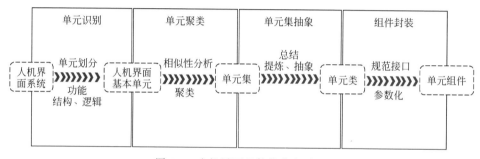

图 3-9　人机界面组件化基本过程

基本功能单元识别完成后,将一些在功能、结构上或逻辑上具有一定相似性的单元进行分类,构成能够实现特定功能的单元集,提升单元集内元素的联系性,降低单元集之间元素的相似性和耦合性,这个过程便称为单元聚类。单元聚类后,利用面向对象软件开发中类的思想,对这些单元集进行概括和总结,抽象成为单元“类”,并提炼出单元类的根本属性,并将其参数化,添加用于组件组合的外部接口,最后封装成具有特定功能、可复用且具有标准可配置参数与组合接口的单元组件。

3.2.3　开放式数控系统的特征

以上两部分对封闭式和开放式数控系统的内部属性进行了分析。从用户的角度来讲,封闭式和开放式数控系统在特征上也有所区别,表 3-2 给出了封闭式和开放式数控系统的具体特征的详细对比。

表 3-2　封闭式和开放式数控系统的外部特征

项　　目	封闭式数控系统	开放式数控系统
硬件可扩展性	硬件接线接口固定	总线型可扩展
对外通信接口	无法外接传感器	可外接传感器

项　　目	封闭式数控系统	开放式数控系统
二次开发接口	无	有,且随产品更新换代,越来越丰富
软件层面	功能固定	功能可扩展
开发工具	没有适合用户使用的开发工具	图形化、组态化
柔性手段	通过编写不同 G 代码,适应不同加工对象; 通过参数调整,提高机床性能适应性; 通过调整 PLC 逻辑,适应机床逻辑控制	接入传感器,开发和嵌入新功能
界面开发	需要定制	用户可二次开发
可靠性	高	与用户开发功能的可靠性有关
适用范围	通用的机床	通用的、定制化的机床

通过以上对比分析,我们可以知道传统封闭式数控系统具有可靠性高、成本较低的优点,对于典型量大面广的场合还是以传统数控系统的应用为主。但是,随着科技的进步和其他相关支撑技术的发展,开放式数控系统取得了长足发展,传统封闭式数控系统的优势已经不再明显。开放式数控系统允许用户根据自己的实际需求进行选配、集成、更改或者扩展系统的功能以快速适应不同的应用场合。

一般来说,开放式数控系统应具有以下基本特征。

(1) 开放性:提供标准化环境的基础平台,允许不同功能和不同开发商的软、硬件模块介入。

(2) 可移植性:不同的应用程序可运行于不同生产商提供的系统平台;同样,系统软件也可以运行于不同特性的硬件平台。通过标准的设备接口,各功能模块能够正常运行在不同的硬件平台上。

(3) 可伸缩性:增添或减少系统的功能仅表现为特定功能模块的装载或卸载。允许用户结合实际需要进行二次开发,甚至允许用户将自行设计的标准功能模块集成到数控系统内部,从而实现深层的二次开发。

(4) 互换性:不同性能、不同可靠性和不同能力的功能模块可以相互替代,而不影响系统的协调运行。

(5) 相互操作性:提供标准化的接口、通信和交互模型。不同的应用程序模块通过标准化的应用程序接口运行于系统平台之上,不同的模块之间保持平等的相互操作能力,协调工作。标准化的接口既包含硬件接口,如 RS-232、USB、VGA、以太网等接口;也包含软件接口,即通讯协议,如数控系统与伺服的总线协议 NCUC、EtherCAT、Profinet IRT、Sercos Ⅲ 等,以及不同类型数控系统之间的通信语言,如 NC-Link 协议。

3.3　数控系统开放的技术标准

开放式数控系统为用户提供具备统一标准和开放开发环境的公共开发平台，方便用户进行数控系统的开发。不同用户研发的部件和功能模块符合已制定的标准，便于相互之间的合作和沟通，使得控制系统软硬件与供应商无关，并且实现可移植性、可扩展性、互操作性、统一的人机界面风格和可维护性。

3.3.1　开放式数控系统的发展

开放式体系结构使数控系统有更好的通用性、柔性、适应性、可扩展性，并可以较容易地实现智能化、网络化。许多国家纷纷立项开发这种系统，如美国科学制造中心（NCMS）与空军共同领导的"下一代工作站/机床控制器体系结构"NGC、欧共体的"自动化系统中开放式体系结构"OSACA、日本的 OSEC 计划等。开放式体系结构可以大量采用通用微机技术，使编程、操作以及技术升级和更新变得更加简单快捷。开放式体系结构的新一代数控系统，其硬件、软件和总线规范都是对外开放的，数控系统制造商和用户可以根据这些开放的资源进行系统集成，同时它也为用户根据实际需要灵活配置数控系统带来极大方便，促进数控系统多档次、多品种的开发和广泛应用，开发生产周期大大缩短。

1. 美国的 NGC 和 OMAC 计划

NGC（Next Generation Controller）是美国于 1987 年提出的一项计划，旨在推动美国工业界形成一个广泛的伙伴关系，以利于同其他国家竞争。NGC 以一个实时加工控制器和工作站控制器为基础，要求适用于各类机床的 CNC 控制和周边装置过程控制，包括切削加工（钻、铣、磨）、非切削加工（电加工、等离子弧、激光等）、测量及装配、复合加工等。

NGC 与 CNC 显著的区别是基于"开放式结构"。其首要目标是开发开放式系统体系结构标准规范 SOSAS（Specification for an Open System Architecture Standard），用来管理工作站和机床控制器的设计和结构组织。SOSAS 定义了 NGC 系统、子系统和模块的功能以及相互间的关系，提出了代表控制要求的以下 9 个功能设计概念：

① 分级式控制结构，指出了功能性的分解；
② 分布式的控制适用于单个工作站的多级控制；
③ 按系统、子系统和模块进行分解；
④ 虚拟机方便了模块间的相互交换和相互操作能力；
⑤ 控制程序由三级设计表示；
⑥ 信息通过 NML（NML）语言传递；

⑦ 公共的 Look 和 Feel 是人机接口的一部分；

⑧ 信息库管理所要求的信息，并包括实时数据；

⑨ 传感器/操作部件的操作按照标准协议进行。

2. 欧共体的 OSACA 计划

自动化系统中开放式体系结构（Open System Architecture for Control within Automation Systems，OSACA）计划是 1990 年由德国、法国、西班牙、意大利、瑞士等系统制造厂、机床制造厂和科研单位联合发起的，于 1992 年 5 月正式为欧盟官方所接受。

该计划是针对欧盟的机床正从批量大的通用机床向批量小的专用机床发展，而通用 CNC 系统的大部分功能对专用的机床冗余，却不具备专用机床所需的特殊功能这一现实提出的。其目标是开发出开放性的 CNC 系统，允许机床厂对系统做修改、补充、扩展、裁剪来适应不同用户的需要。这样系统既能大量生产，又能以最低的几个功能满足专用机床的要求，以增强数控机床与数控系统在国际市场上的竞争力。

OSACA 计划提出由一系列逻辑上相互独立的控制模块组成开放式数控系统，这些模块间以及它们与数控平台之间具有友好的接口协议，不同制造商能相互合作实现在该平台上运行各种应用模块。

OSACA 数控平台由硬件和软件组成，包括操作系统、通信系统、系统设定、图形服务器和数据库系统等。系统平台通过应用程序接口（Application Program Interface，API），与具体应用模块（Architecture Object，AO）发生关系。AO 按其控制功能可分为人机控制（Message Transport Systerm，MMC）、运动控制（Motion Control，MC）、逻辑控制（Logic Control，LC）、轴控制（Axis Control，AC）、过程控制（Process Control，PC）。

3. 日本的 OSEC 计划

OSEC（Open System Environment for Controller）计划是在日本国际机器人和工厂自动化研究中心（International Robotics and Factory Automation Center，IROFA）建立的开放式数控委员会倡导下，由 3 个机床厂（Toyota、Toshiba、Yamazaki）、1 个系统厂（Mitsubishi）和 2 个信息公司（SML、IBM）发起的。其目的是开发基于 PC 平台的新一代开放结构数控系统。

OSEC 的目标是提出一个国际性的 FA（工厂自动化）控制设备标准，其重点集中在 NC 本身和分布式控制系统上。OSEC 认为，从制造的观点来看，NC 是分布式制造系统中的一个服务器。它将各功能单元分组并结构化在一些功能层中，其开放式系统包括 3 个功能层，即应用层、控制层和驱动层，共 7 个处理层，每个处理层被划分为两部分：NC 基本功能部分和可变功能部分，ESEC 开放系统正是通过这一特点来表现其开放性。

4. 我国开放式数控系统的发展现状

2000 年我国开始了关于新型开放式数控系统的研究，并随后完成了在欧洲 OSACA 体系基础上编制的关于开放式数控系统的技术规范，初步建立了开放式数控系统硬、软件平台。另外，开放式数控系统的国家标准也已经部分制定完成。目前，我国大多数开放式数控系统都是以个人计算机为平台组建的，这种数控系统的最大优势是其硬件系统和软件系统都是开放的，其在功能扩展、软硬件升级、兼容性等方面都更易实现。应当相信，随着开放式数控系统技术的不断完善，必会推动我国开发出世界领先的且拥有自主知识产权的开放式数控系统。

以上研究工作旨在建立一种标准规范，使得控制系统软硬件与供应商无关，并且实现可移植性、可扩展性、互操作性、统一的人机界面风格和可维护性，以取得产品的柔性、降低产品成本和使用的隐形成本、缩短产品供应时间。

3.3.2 基于 IEC 61131-3 的数控系统开放标准

上述所提到的 NGC 等标准在数控机床领域经过一段时间的尝试之后，并没有得到广泛的推广应用。而 IEC 61131 标准在吸收借鉴了国内外可编程控制器相关技术与各种编程语言的基础上，将结构化编程、模块化编程等技术融入工控领域，改进了可编程软件的编程方式，形成了工业控制编程语言标准。IEC 61131-3 标准为 IEC 61131 标准的第三部分，其代表了工业控制软件设计技术的进步和发展方向，也为数控系统软件开发提供了一种新的语言和编程方法，因此，一些研究者提出了基于 IEC 61131-3 标准来开发数控系统的思路。

IEC 61131-3 编程标准规定了 5 种编程语言，其中包括 2 种文本编程语言：指令表(Instruction List，IL)、结构化文本(Structured Text，ST)和三种编程语言：功能块图(Function Diagram Block，FDB)、梯形图(Ladder，LD)、功能顺序图(Sequential Function Chart，SFC)。以下将对 IEC 61131-3 标准的 5 种编程语言进行详细介绍。

1. 指令表(IL)

指令表编程语言起源于计算机编程汇编语言，每行文字表示一条控制指令，控制指令由操作符和变量组成。其编译和执行的效率较高，非常适用于对底层进行操作。同时，指令表是基于文本方式，易于大规模地编辑和复制。指令表编程语言主要包括如下控制指令：

1) 逻辑运算操作符

表 3-3 是逻辑运算操作符的功能说明和示例。

表 3-3　逻辑运算操作符

操作符	语　义	示　例
LD	将操作数装载到运算累加器 CR	LD SB0
ST	将 CR 内的值赋值给操作数	ST HL
S	若 CR＝1，则将操作数置位为 1	S SB0
R	若 CR＝1，则将操作数置位为 0	R SB0
AND	逻辑与	AND SB0
OR	逻辑或	OR SB0
XOR	逻辑异或	XOR SB0
NOT	逻辑取反	NOT SB0

2）数学运算操作符

表 3-4 是数学运算操作符的功能说明和示例。

表 3-4　数学运算操作符

操作符	语　义	示　例
ADD	CR 内的值加操作数，并将结果存入 CR	ADD Var1
SUB	CR 内的值减操作数，并将结果存入 CR	SUB Var1
MUL	CR 内的值乘以操作数，并将结果存入 CR	MUL Var1
DIV	CR 内的值除以操作数，并将结果存入 CR	DIV Var1

3）判断和跳转操作符

表 3-5 为判断和跳转操作符的功能说明和示例。

表 3-5　判断和跳转操作符

操作符	语　义	示　例
GT	如果 CR 内的值大于操作数，则 CR 的值为 TRUE	GT Var1
GE	如果 CR 内的值大于等于操作数，则 CR 的值为 TRUE	GE Var1
EQ	如果 CR 内的值等于操作数，则 CR 的值为 TRUE	EQ Var1
NE	如果 CR 内的值不等于操作数，则 CR 的值为 TRUE	NE Var1
LE	如果 CR 内的值小于等于操作数，则 CR 的值为 TRUE	LE Var1
LT	如果 CR 内的值小于操作数，则 CR 的值为 TRUE	LT Var1
JMP	跳转	JMP A（A 为语句标识符）

4）子程序调用和返回操作符

表 3-6 是子程序调用和返回操作符的功能说明和示例。

表 3-6　子程序调用和返回操作符

操作符	语　义	示　例
CAL	调用功能、功能块或子程序	CAL PROG1()
RET	从被调用功能、功能块或子程序返回	RET

2. 结构化文本（ST）

结构化文本编程语言起源于计算机高级语言，非常类似于 PASCAL 语言。采用面向变量和操作的文本语言编程，程序结构非常清晰，具有非常丰富的数学运算、逻辑处理功能和程序循环控制功能。结构化文本语言的程序语句由关键字、操作符、操作数、注释和分隔符组成，例如：

```
FOR  i:=1  TO  10  BY  1  DO
x[i]:=i*2; (* duplication *)
END_FOR
```

其中，"x[i]"、"i"、"2"为操作数，":="、"*"为操作符，";"为分隔符，"(*"和"*)"为注释符，"FOR"、"TO"、"BY"、"DO"、"END FOR"为关键字。

1）操作符

表 3-7 是结构化文本语言编程的操作符，其执行优先级与常规计算机的编程相同。

表 3-7　操作符

操作符	语　义	示　例
:=	赋值	out_1:=var_1;
()	结合运算	A:=(B*4)+(C*5);
	功能/功能块调用	A:=LEN('SUSI');
=>	功能块调用输出	Trig(CLK:=start,Q=>flag);
**	幂计算	A:=B**4;
—	取负	A:=−A;
	减	A:=B−3;
NOT	取反	A:=NOT A;
*	乘	A:=B*3;
/	除	A:=B/3;
MOD	取模	A:=B MOD 16;
+	加	A:=B+4;
<,>,<=,>=	比较	IF A>7 THEN;
=	等于	IF A=7 THEN;
<>	不等于	IF A<>7 THEN;
&,AND	布尔与	A:=2#1010 AND 2#0101;
XOR	布尔异或	A:=2#0011 XOR 2#0101;
OR	布尔或	A:=2#1010 OR 2#0101;

2）关键字

表 3-8 是结构化文本语言编程的关键字,其作用与常规计算机的编程相同。

表 3-8　关键字

关键字	语　义	示　例
RETURN	从子程序返回	RETURN;

IF	条件判断语句	IF a<0 THEN
		b:=1;
		END_IF

ELSEIF ELSE	阶梯型条件判断语句	IF a<0 THEN b:=1;ELSEIF a=0 THEN b:=2;ELSE b:=3;END_IF
CASE	多分支条件语句	CASE i OF 1:b:=11;2:b:=12;3:b:=13; END_CASE
FOR	循环语句	FOR i:=1 TO 10 BY 2 DO a:=i* 5;END_FOR
WHILE	条件循环语句	i:=1;WHILE i<3 DO a:=i*5; i:=i+1;END_WHILE;
REPEAT UNTIL	条件循环语句	i:=1;REPEAT a:=i*5;i:=i+1; UNTILi>4 END_REPEAT;
EXIT	从循环语句块中强制退出	EXIT;
;	空语句	;

IEC 61131-3 标准规定了一套通用处理功能,包括变量类型转换、数学计算、位串处理、逻辑运算、选择比较、字符串处理。表 3-9～表 3-13 列出了结构化文本语言涉及的标准功能和示例。

表 3-9　变量类型转换

关键字	功　能	输入变量类型 *	输出变量类型 **	示　例
*_TO_**	数据类型转换	BOOL,BYTE,WORD, DWORD,SINT,INT, DINT,USINT,UINT, UDINT,REAL,STRING		A:=INT_TO_ REAL(B);
TRUNC()	截断 REAL 或 LREAL 类型变量值的小数部分	ANY_REAL	ANY_INT	A:=TRUNC(B)
*_BCD_TO_**	BCD 码转换成 ANY_INT	BYTE,WORD, DWORD, LWORD	USINT,UINT, UDINT,ULINT	A:=WORD_ BCD_TO_UNIT (B);

续表

关键字	功　能	输入变量类型 *	输出变量类型 **	示　例
*_TO_BCD_**	ANY_INT 转换成 BCD 码	USINT,UINT, UDINT,ULINT	BYTE,WORD, DWORD, LWORD	B：= UNIT_TO_ BCD _ WORD (A)；

表 3-10　数学计算

关键字	语　义	示　例
ABS	绝对值	A：= ABS(B)；
SQRT	平方根	A：= SQRT(B)；
LN	自然对数	A：= LN(B)；
LOG	以 10 为底的对数	A：= LOG(B)；
EXP	自然指数	A：= EXP(B)；
SIN,COS,TAN	三角函数	A：= SIN(B)；
ASIN,ACOS,ATAN	反三角函数	B：= ASIN(A)；

表 3-11　位串处理

关键字	语　义	示　例
SHL	左移	A：= SHL(B,2)；
SHR	右移	B：= SHR(A,2)；
ROL	循环左移	A：= ROL(B,2)；
ROR	循环右移	B：= ROR(A,2)；

表 3-12　比较和选择

关键字	语　义	示　例
SEL	二路选择：若 G=0,则 OUT=IN0 若 G=1,则 OUT=IN1	OUT：= SEL(G,IN0,IN1)；
MUX	多路选择：依据输入 K 值,选择 IN0～INn 之间输出	OUT：= MUX（K,IN0,.. INn)；
MAX	最大值：返回两个输入中的较大值	OUT：= MAX(IN0,IN1)；
MIN	最小值：返回两个输入中的较小值	OUT：= MIN(IN0,IN1)；
LIMIT	限值器：将输出值限制在 MAX 和 MIN 之间	OUT：= LIMIT（MN,IN, MX)；

表 3-13　字符串处理

关键字	语　义	示　例
LEN	获取字符串 STR 长度	OUT：= LEN(STR)；
LEFT	获取字符串 STR 的最左边 SIZE 个字符	OUT：= LEFT(STR,SIZE)；
RIGHT	获取字符串 STR 的最右边 SIZE 个字符	OUT：= RIGHT（STR, SIZE)；

续表

关键字	语　　义	示　　例
MID	获取字符串 STR 第 POS 个字符开始的 LEN 个字符	OUT := MID（STR，LEN，POS）；
CONCAT	将字符串 STR2 添加到字符串 STR1 末尾	OUT := CONCAT（STR1，STR2）；
INSERT	把字符串 STR2 插入到字符串 STR1 中第 POS 个字符后	OUT := INSERT（STR1，STR2，POS）；
DELETE	从字符串 STR 的第 POS 个字符开始，删除 LEN 个字符	OUT := DELETE（STR，LEN，POS）；
REPLACE	从字符串 STR1 的第 POS 个字符开始，用字符串 STR2 代替 STR1 的 LEN 个字符	OUT := REPLACE（STR1，STR2，LEN，POS）；
FIND	从字符串 STR1 中查找第一次出现字符串 STR2 的开始位置	OUT := FIND（STRQ，STR2）；

3. 功能块图（FBD）

功能块图以功能块为编程单元，每个功能块如同集成电路芯片一般，有着输入/输出引脚和内部的特定功能实现。各功能块引脚间使用连线连接表示信息和数据的流向。功能块本身可以采用其他编程语言进行功能实现。功能块图能够模块化、形象化地描述程序结构和信息数据流向。以下是 IEC 61131-3 标准功能块相应功能的介绍。

1）逻辑功能

表 3-14 是标准功能块逻辑功能的说明。

表 3-14　标准功能块逻辑功能

图　　形	语　　义	示　　例
AND	逻辑与	IN1 / IN2 → AND → OUT
OR	逻辑或	IN1 / IN2 → OR → OUT
NOT	逻辑取反	IN1 / IN2 → NOT → OUT
XOR	逻辑异或	IN1 / IN2 → XOR → OUT

2）算术运算

表 3-15 是算术运算标准功能块的说明。

表 3-15　算术运算标准功能块

图　形	语　义	示　例
ADD	加	IN1 IN2 — ADD — OUT
SUB	减	IN1 IN2 — SUB — OUT
MUL	乘	IN1 IN2 — MUL — OUT
DIV	除	IN1 IN2 — DIV — OUT

3）字符串处理

表 3-16 是字符串处理标准功能块的说明。

表 3-16　字符串处理标准功能块

图　形	语　义	示　例
LEN / STR	获取字符串 STR 的长度	STR1 — LEN / STR — OUT
LEN / STR / SIZE	获取字符串 STR 的最左边 SIZE 个字符	STR1 / SIZE — LEN / STR / SIZE — OUT
RIGHT / STR / SIZE	获取字符串 STR 的最右边 SIZE 个字符	STR1 / SIZE — RIGHT / STR / SIZE — OUT
MID / STR / LEN / POS	获取字符串 STR 第 POS 个字符开始的 LEN 个字符	STR1 / LEN / POS — MID / STR / LEN / POS — OUT
CONCAT / STR1 / STR2	将字符串 STR2 添加到字符串 STR1 末尾	STR1 / STR2 — CONCAT / STR1 / STR2 — OUT

图　　形	语　　义	示　　例
INSERT STR1 STR2 POS	把字符串 STR2 插入到字符串 STR1 中第 POS 个字符后	INSERT STR1─STR1 STR2─STR2　OUT POS─POS
DELETE STR LEN POS	从字符串 STR 的第 POS 个字符开始，删除 LEN 个字符	DELETE STR1─STR LEN─LEN POS─POS
REPLACE STR1 STR2 LEN POS	从字符串 STR1 的第 POS 个字符开始，用字符串 STR2 代替 STR1 的 LEN 个字符	REPLACE STR1─STR1 STR2─STR2　OUT LEN─LEN POS─POS
FIND STR1 STR2	从字符串 STR1 中查找第一次出现字符串 STR2 的开始位置	FIND STR1─STR1　OUT STR2─STR2

4）选择和比较处理

表 3-17 是选择和比较处理标准功能块的说明。

表 3-17　选择和比较处理标准功能块

图　　形	语　　义	示　　例
SEL	二路选择： 若 G＝0，则 OUT＝IN0 若 G＝1，则 OUT＝IN1	SEL G IN0　OUT IN1
MUX	多路选择： 依据输入 K 值，选择 IN0～INn 之间输出	MUX K IN0　OUT … INn
MAX	最大值：返回两个输入中的较大值	MAX IN0　OUT IN1
MIN	最小值：返回两个输入中的较小值	MIN IN0　OUT IN1
LIMIT	限值器：将输出值限制在 MAX～MIN 之间	LIMIT MN IN　OUT MX

采用该标准将程序进行封装，只将程序的外部接口提供给使用者，使用者只需要知道该模块的输入输出参数以及使用方法，不需要知道其内部算法的实现。因此，许多可编程控制器生产厂家把它们专有的控制技术封装在自定义的功能块中，从而既保护了知识产权，又可以反复提供给用户使用。

4. 梯形图（LD）

梯形图采用图形化的触点和线圈表示输入/输出的逻辑关系。梯形图的编程方式简单易学，对于位逻辑处理或者继电器控制具有独特的优势。同时，梯形图可以与其他语言共同完成一些特殊的控制功能。以下介绍梯形图语言的编程元素。

1）触点元素

表 3-18 是梯形图触点元素的功能说明。

表 3-18　梯形图触点元素

操作符	语　　义
变量名 —┤　├—	常开触点：如果变量逻辑状态为 TRUE，处于逻辑连接状态，否则处于非连接状态
变量名 —┤ / ├—	常闭触点：如果变量逻辑状态为 FALSE，处于逻辑连接状态，否则处于非连接状态
变量名 —┤ P ├—	正跳变触发触点：当左边状态为 TRUE，同时变量状态由 FALSE 变为 TRUE 时，处于逻辑连接状态，并保持到下一次运算操作，否则处于非连接状态
变量名 —┤ N ├—	负跳变触发触点：当左边状态为 TRUE，同时变量状态由 TRUE 变为 FALSE 时，处于逻辑连接状态，并保持到下一次运算操作，否则处于非连接状态

2）线圈元素

表 3-19 是梯形图线圈元素的功能说明。

表 3-19　梯形图线圈元素

操作符	语　　义
变量名 —（　）—	线圈：将左边状态复制给变量，并决定连接状态
变量名 —（ / ）—	取反线圈：将左边状态取反并复制给变量，并决定连接状态
变量名 —（ S ）—	锁存线圈：左边状态为 TRUE 时，变量值为 TRUE，并保持到对它进行复位操作为止

续表

操作符	语　义
变量名 —[R]—	复位线圈：用于复位锁存线圈，左边状态为 TRUE 时，变量值为 FALSE
变量名 —[P]—	正跳变线圈：当左边状态由 FALSE 变为 TRUE 时，变量值为 TRUE，并处于逻辑连接状态，保持到下一次运算操作
变量名 —[N]—	负跳变线圈：当左边状态由 TRUE 变为 FALSE 时，变量值为 TRUE，并处于逻辑连接状态，保持到下一次运算操作

5. 顺序功能图（SFC）

顺序功能图是一种图形化的流程图编程方式，可以实现复杂的状态逻辑，尤其适用于顺序控制和流程控制。顺序功能图由步、动作和转移三个要素组成，其中，动作实现功能或工艺流程；步承载和组合一系列动作，而转移是步与步之间切换的判断条件。同时，顺序流程图可以实现暂停和复位等操作，方便技术人员进行技术控制和调试。表 3-20 是顺序功能图的程序元素和结构。

表 3-20　顺序功能图的程序元素和结构

图形符号	功　能
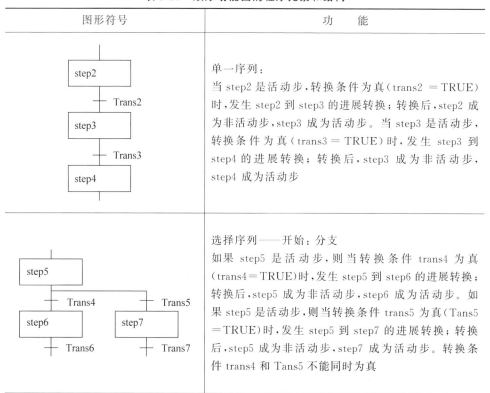	单一序列： 当 step2 是活动步，转换条件为真（trans2 ＝ TRUE）时，发生 step2 到 step3 的进展转换；转换后，step2 成为非活动步，step3 成为活动步。当 step3 是活动步，转换条件为真（trans3 ＝ TRUE）时，发生 step3 到 step4 的进展转换；转换后，step3 成为非活动步，step4 成为活动步
	选择序列——开始：分支 如果 step5 是活动步，则当转换条件 trans4 为真（trans4＝TRUE）时，发生 step5 到 step6 的进展转换；转换后，step5 成为非活动步，step6 成为活动步。如果 step5 是活动步，则当转换条件 trans5 为真（Tans5 ＝TRUE）时，发生 step5 到 step7 的进展转换；转换后，step5 成为非活动步，step7 成为活动步。转换条件 trans4 和 Tans5 不能同时为真

续表

图形符号	功　能
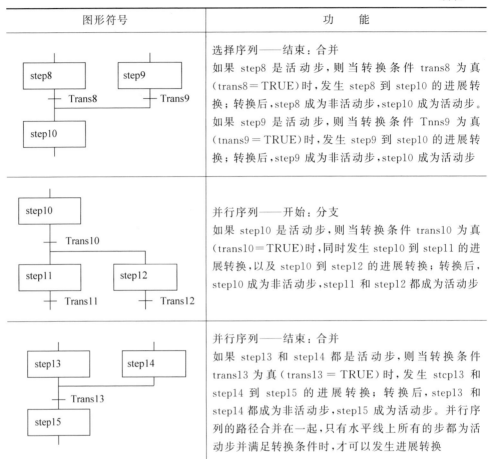	选择序列——结束：合并 如果 step8 是活动步，则当转换条件 trans8 为真（trans8＝TRUE）时，发生 step8 到 step10 的进展转换；转换后，step8 成为非活动步，step10 成为活动步。 如果 step9 是活动步，则当转换条件 Tnns9 为真（tnans9＝TRUE）时，发生 step9 到 step10 的进展转换；转换后，step9 成为非活动步，step10 成为活动步
	并行序列——开始：分支 如果 step10 是活动步，则当转换条件 trans10 为真（trans10＝TRUE）时，同时发生 step10 到 step11 的进展转换，以及 step10 到 step12 的进展转换；转换后，step10 成为非活动步，step11 和 step12 都成为活动步
	并行序列——结束：合并 如果 step13 和 step14 都是活动步，则当转换条件 trans13 为真（trans13＝TRUE）时，发生 stcp13 和 step14 到 step15 的进展转换；转换后，stcp13 和 step14 都成为非活动步，step15 成为活动步。并行序列的路径合并在一起，只有水平线上所有的步都为活动步并满足转换条件时，才可以发生进展转换

3.3.3　开放式数控系统的开发环境

集成开发环境是用于提供程序开发环境的应用程序，是实现数控系统开放的基础工具。CoDeSys(Controller Development System)是一个独立于硬件平台且满足可重构需求的开放式全集成化的软件开发环境，它支持 IEC 61131-3 标准 IL、ST、FBD、LD、SFC 五种编程语言，具有与硬件无关性、可移植性等开放性特性，包含应用开发层、通信层和设备层三层，兼有 EtherCAT 协议栈，支持多种主流现场总线，其结构框图如图 3-10 所示。

此外，CoDeSys 还提供了连续功能图（CFC）的编程方式，该方式是对功能块图的扩展，可以更直观地利用功能块对程序进行架构。其智能控制软件包可以将任何 PC 设备或者嵌入式系统构成基于 IEC 61131-3 标准的功能强大的可编程控制器，增强了系统的可移植性，针对工业自动化、嵌入式系统和数控技术等领域向客

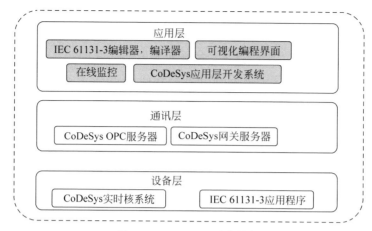

图 3-10　CoDeSys 平台结构

户提供一个基于 IEC 61131-3 标准的开发环境。

其中,CoDeSys SoftMotion 工具包提供了运动控制所必需的全部功能,包括运动控制器所特有的部分,使用者可以用一个抽象的数据结构来实现对轴的各种操作;而现场总线的通信则是通过驱动接口来实现,同时它可以将逻辑控制(SoftPLC)、运动控制(SoftMotion)、SoftMotion CNC、HMI 合而为一,完美地实现从单轴运动控制到复杂的多轴插补的编程和控制。

CoDeSys 提供了多种方式供设备供应商进行二次开发,包括 OEM 组件库、IO 驱动等。设备供应商可以自己实现硬件产品对应的功能块和驱动,以库或设备描述文件的方式提供给用户。此外,作为用户,可以自定义功能块或库并用于工程应用中。

3.4　智能数控系统开放的关键技术

基于 IEC 61131-3 标准的开放技术,解决了数控系统开发语言及开发环境开放的问题,使被开发出的功能模块之间具备通用性和互换性。在此基础上,数控系统厂家开发新产品时便可以大大缩短研发周期,但开发出的系统产品并不一定具备二次开发能力。而本书对于智能数控系统开放的要求,不仅仅体现在开发环境的开放,更重要的是能使用户在系统产品上进行二次开发。因此,要实现智能化开放,数控系统必须满足以下要求:

1. 用户传感器接入及大数据访问接口

随着智能制造技术的不断升级,用户在实际加工过程中要实现组线生产提高效率或者对机床某个部件进行监控,都需要接入外部传感器和访问机床内部数据,因此,为用户提供传感器接入及大数据访问接口,是实现用户机床运行状态数据采集、存储、分析，以及满足用户数控系统二次开发需求，实现智能数控系统开放的基础。

2. AI 芯片及 AI 算法库的需求

机床运行过程中大数据在机床健康状态评估、轴承寿命预测、丝杠磨损、刀具断裂与磨损等方面发挥着重要作用。为用户提供 AI 芯片及 AI 算法库的开发接口，实现机床运行过程大数据的汇聚、分析，并结合 AI 算法实现大数据应用也是智能数控系统必须解决的问题。

3. 智能化 APP 开发及管理的需求

用户结合自身加工的需求所开发出的应用，如一些有关优化生产过程、工艺、加工效率、加工质量相关的应用程序，需要与数控系统高度集成才能大大提高操作效率与质量。因此，智能数控系统需要提供一个完整开放的平台，以便用于集成和管理第三方应用。

下面针对实现以上三个需求所需要的关键技术进行详细描述。

3.4.1　传感器接入及机床内部数据访问技术

为了使用户能够接入传感器并访问机床内部数据，适应智能制造过程中多源异构数据接入需求，智能化数控系统提供两种外部传感器接入方式。

1. 总线 PLC 模块

总线 PLC 模块是由数控系统厂家开发 AD/DA 数据采集卡，能够接入不同类型的数字量及模拟量传感器，采集卡作为 PLC 的子模块，通过现场总线如 NCUC 总线与数控系统通信。其接入方式如图 3-11 方式 1 所示。

2. 外接采集卡

另外，用户也可通过自己外接采集将传感器信号接入，为了实现数控系统内部大数据与外部传感器数据同步，用户可以通过总线 PLC 输出一路校准信号给外部采集卡。用户只需要在另一 PC 端开发相应的应用程序就可以实现外接采集卡与数控系统内部信号的同步采集。其接入方式如图 3-11 方式 2 所示。

3.4.2　AI 芯片及 AI 算法库支持

为了满足用户开发并在数控系统上运行智能 APP，实现基于机床大数据学习、推理的智能补偿、工艺自学习和健康保障等智能化功能，智能数控系统需要嵌入 AI 芯片并提供 AI 算法库。其中，AI 算法库主要包含以下模块：

1. 数据存储模块

统一抽象数据集是数据汇聚、存储的核心，是底层关系型数据库数据和NOSQL、文件系统各种存储介质数据的统一抽象表示。

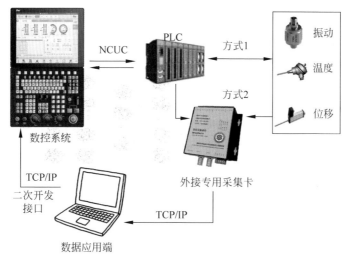

图 3-11　外部传感器接入示意图

2. 机器学习模块

在已有的开源机器学习算法库的基础上,例如 Hadoop 的 Mahout 和 Spark 的 MLLib,开发基于各行业的机器学习算法库。

3. 深度学习模块

集成 TensorFlow 的深度学习功能,从而具备在 GPU 集群上的深度学习能力。

4. 数据统计模块

为上层工程提供机器学习算法接口,根据用户业务和算法模型,调用机器学习算法层集成的各个算法接口和存储层数据输出接口。提供类 SQL 语言查询功能,方便用户自由组合查询。

5. 数据可视化模块

提供数据可视化工具,能方便生成图表和完成操作。如使用 D3.js、Highchats 等数据可视化工具,生成图表,动态展现,便于结果直观展现。

下面以机床进给系统动态误差优化为例简述如何利用 AI 算法库对数控系统大数据进行自我学习,最终实现数控系统的优化与补偿。

通过数控系统数据采集软件采集进给系统指令位置和实际响应位置,利用开放式神经网络算法平台接口,基于神经网络建立进给系统模型。利用进给系统模型,输入单轴指令位置,预测得到实际响应位置。利用所建立的进给系统神经网络模型,生成补偿值并进行循环迭代,不断更新补偿值,直到补偿值和原始 G 代码一起加工,满足加工精度要求,由误差补偿值生成误差补偿表,进而生成补偿代码。具体实现流程如图 3-12 所示。

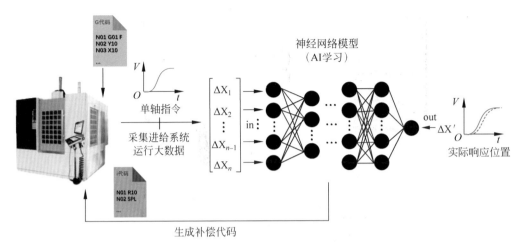

图 3-12　基于 AI 的算法的进给系统补偿技术

3.4.3　智能 APP 二次开发及管理技术

　　智能开放式数控系统对于用户而言，数控系统本身既是产品又是二次开发平台。在提供能独立运行的数控系统基本功能的同时，也提供用户所需的智能 APP 二次开发与管理运行平台。

　　为了使数控系统具有良好的开放性和可扩展性，同时又不涉及太多的开发环境和工具的巨量开发工作，尽量利用通用的操作系统平台，采用标准的 APP 封装接口设计用户 APP 可定制软件平台。这种 APP 可嵌入的软件功能组织形式，从软件的操作形式上看，它不是多层菜单式的操作，而是扁平化的 APP 式操作，完成同样的目标，按键次数可以更少；从功能的具体表现形式上看，用户开发的智能化功能、第三方提供的运动控制功能（插补算法、速度规划算法）都将是一个个的独立 APP 而不是耦合在菜单树结构和执行程序中的功能模块，由此其开发和维护都与其他功能块相独立；另外，数控系统通过提供跨语言、跨平台的 APP 应用程序集成开发环境，开发环境中提供运动控制接口和大数据访问接口，实现多种运行平台 APP 的开发、扩展和部署，第三方开发的 APP 也可以直接集成到工具箱（APP Center）当中。在这样一种模式下，可实现：

　　（1）用户 APP 的可嵌入，即用户开发的 APP 可嵌入至数控装置端、智能模块端、云端以及移动端；

　　（2）用户 APP 的可替换（可互换），即用户开发的或者第三方提供的插补算法模块、速度规划模块等可以实现替换（互换）；

　　（3）用户 APP 的可控制，即数控系统作为一个开放的平台，用户开发不必受限于系统厂家，并且用户可根据自身的需求对开发的 APP 授予不同的权限（Public、Protected、Private），实现开发的 APP 的可控制性。

如图 3-13 所示,用户自主开发的智能化 APP,可以很方便地与数控进行集成,而不需要改动数控系统原有的功能与结构。APP 部署与管理方式如下:

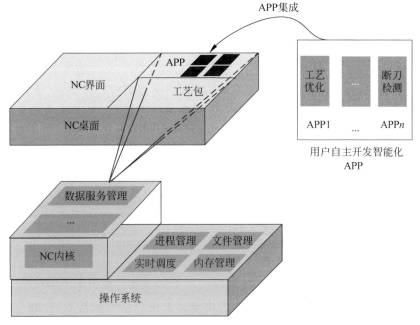

图 3-13　智能化 APP 嵌入方式

(1) APP 增加:不用配置文档,通过直接释放在工具箱目录或者手选方式找到 APP 执行目录,即可加入成功。

手选方式:长按空白处进入新增模式,手动找寻盘符中可执行 APP 目录,加入工具箱(将文件复制到工具箱目录中)。

自动载入:进入后台运行将 APP 更新,如工具箱目录、重启程序,完成更新。

(2) APP 删除:长按 APP 即可进入编辑模式,删除或者更新,删除 APP 将在本地删除执行文件及关联文件。更新为将 U 盘或者用户盘中关联文件加入 APP 目录,更新程序为最新程序。

3.4.4　智能开放式平台的应用案例

下面以华中 9 型智能数控系统为例,介绍用户如何利用该平台开发智能化 APP。

华中 9 型智能数控系统不仅提供常规运动控制和数控功能的应用程序开发接口,还提供华中数控独创的指令域大数据访问接口,并且还是用户开发 APP 的运行平台。深度开放首先体现在硬件层面上,机床厂可以定制或选装适合机床的传感器,如温度、声音、视觉、振动等各种传感器。华中 9 型提供各种传感器的信号接入接口,这些定制传感器与数控系统内部指令数据一起,构成机床加工、调试过程的指令域心电图的数据来源。详细的接入方案见第 5 章。在软件层面,开放了指令域大数据的访问接口,无论是 C++、Java、Python、C♯ 还是其他开发环境,都可以通过华中 9 型提供的数据接口和配置工具,采集、存储、分析所需要的数据。

1. 华中 9 型开发环境

华中 9 型智能数控系统平台采用 QT 作为通用开发环境,QT 作为跨平台 C++图形用户界面应用程序开发框架,既可以开发 GUI 程序,也可用于开发非 GUI 程序,比如控制台工具和服务器等。同时,QT 支持跨平台,同一套代码用于Windows、Linux、安卓、iOS 等多个操作系统上,编译不会报错,且功能齐全。

2. 开发工具配置

开发需要安装通用的 Visual Studio 2010、Qt5.1.1、Qt-VS-Addin 等 3 种软件,安装顺序不分先后,以下为 3 种软件的具体版本信息:

(1) cn_visual_studio_2010_ultimate_x86_dvd_532347.iso;

(2) qt-windows-opensource-5.1.1-msvc2010-x86-offline.exe;

(3) qt-vs-addin-1.2.2.exe。

3. 数据访问接口

1) 基本数据接口

基本数据是指数控加工过程产生的可供外部用户访问的数据,按功能划分包括系统、通道、轴、坐标系、刀具等数据;按类型划分包括参数、变量、寄存器等。

2) GUI 控件

利用 QT 自带的 GUI 控件,包括布局管理器(Row、Column、Grid、Anchor)、下拉框(ComboBox)、加载器(Loader)、数据模型(ListModel)、表格(TableView)等。

4. 健康保障 APP 开发案列

健康保障 APP 是一款用于机床健康度评估的应用程序,基于 QT Creator 平台开发,采用的编译器为 Microsoft Visual C++Compiler 10.0,通过调用 HNC_V1.32 二次开发接口实现对机床大数据的采集,编写健康保障算法进一步实现对机床健康状况的评估,软件截图如图 3-14 所示。

1) 开发流程

(1) 网络连接与数据采集

HNC_V1.32 二次开发包通过"上位机—适配器—下位机"三层网络结构,通过中间层适配器可以支持多个不同通讯协议的上位机,通过适配器同时连接到同一台 NC 装置上,从而实现多网络连接。开发包提供包括对机床进行网络连接、指定参数获取、数据采集等操作的功能接口,如图 3-15 所示。

首先调用网络初始化接口进行适配器端网络内存初始化,成功后调用网络连接接口,若连接成功,接口函数会给出对应返回值。连接成功后进行数据采集,在采集数据前需对采样的数据类型、长度、偏移量进行设置。对于健康保障 APP,设

图 3-14　QT 开发工具及健康保障 APP 界面截图

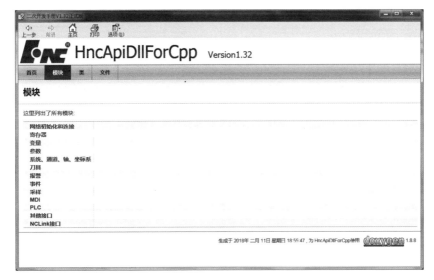

图 3-15　HNC v1.32 开发包功能模块

置的数据类型为机床各轴速度、电流、跟随误差。数据采集后缓存在固定分配的内存中,采集完成后将数据完整输入进行性能特征提取,同时清空并解除采样内存占用。数据采集与管理的工作流程图如图 3-16 所示。

（2）健康保障数据处理算法

数据采集完成后,需要对数据进行分析处理,提取激励 G 代码对应的性能特征,并将性能特征输入评估模型,评估模型处理后输出当前状态的健康指数和健康状态等级。特征提取与健康状态评估的工作流程如图 3-17 所示。

2）智能化 APP 与数控系统集成

APP 的部署与管理是通过应用中心来实现的,用户只需要将 APP 的安装路径配置到 XML 文件中,就可以方便快捷地集成 APP 到上位机应用中心,卸载 APP 只需要删除该 APP 在配置文件中的信息。集成健康保障后的应用中心如图 3-18 所示。

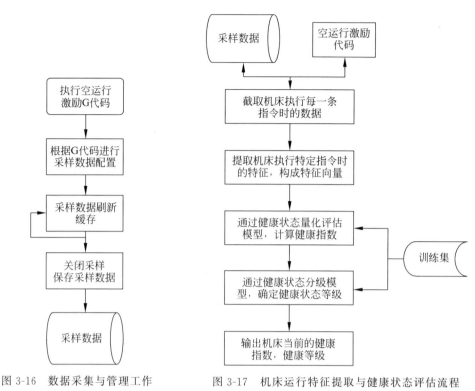

图 3-16　数据采集与管理工作
流程图

图 3-17　机床运行特征提取与健康状态评估流程

图 3-18　集成健康保障的 APP Center 示意图

3.5　本章小结

　　本章主要介绍了开放式数控系统平台的概念,分析了机床厂和用户对于数控系统开放的需求,进一步描述了开放式数控系统的定义、内部属性和外部特征。围绕开放式数控系统的定义及属性部分,重点从数控系统不同层次架构的开放方式、模块化组成和界面的组态化三个方面实现开放。开放一直都是数控系统的发展要求,智能是未来制造业新目标。本章围绕用户传感器接入,大数据采集、存储、分析及应用,加工过程优化及指令扩展与融合,用户自主开发功能模板与数控系统集成四个方向展开,讨论智能数控系统需要满足的开放需求,并分别提出智能数控系统对应的解决方案。最后以国产华中 9 型智能数控系统为案例,讲述用户自主开发健康保障 APP 的过程,从如何实现开发环境配置、大数据访问,到 APP 与数控系统集成的详细过程。开放与智能是数控系统一直并持续追求的目标,智能制造对数控系统的需求,仅仅依靠数控系统厂家的开发力量是满足不了的,只有提供智能化开放式数控平台,发挥广大用户的知识和力量,才能真正实现智能制造。

参考文献

[1] 陶耀东,李辉,郑一麟,等.开放式数控系统跨平台技术研究与应用[J].计算机工程与设计,2014,34(4):100-105.

[2] 王太勇,王涛,杨洁,等.基于嵌入式技术的数控系统开发设计[J].天津大学学报,2006,39(12):1509-1515.

[3] 左静,魏仁选,吕新平,等.数控系统软件芯片的研制和开发[J].中国机械工程,1999,10(4):424-427.

[4] 何琳,许杨,陈幼平,等.基于软件芯片库的开放式数控系统重构[J].机械与电子,2000(2):44-48.

[5] 魏仁选.基于软件芯片的开放式数控系统研究与实践[D].武汉:华中理工大学,2000.

[6] 马腾霄.数控系统 HMI 组态化技术研究[D].武汉:华中科技大学,2017.

[7] 石宏,蔡光起,史家顺.开放式数控系统的现状与发展[J].机械制造,2005,43(6):18-21.

[8] 郇极,靳阳,肖文磊.基于工业控制编程语言 IEC 61131-3 的数控系统软件设计[M].北京:北京航空航天大学出版社,2011.

[9] DAI W W,VYATKIN V. A case study on migration from IEC 61131 PLC to IEC 61499 function block control[C]//7th IEEE International Conference on Industrial Informatics,2009.

[10] 王明武,张士勇,陈应舒.IEC 61131-3 编程语言的现状与发展[J].制造业自动化,2010,32(10):102-104.

[11] 罗伯特·杉布,王蔚庭.IEC 61131-3 国际标准简介[J].国内外机电一体化技术,2001(1):55-57.

[12] CEGLIA G,GUZMÁN V,GIMÉNEZ M I,et al. Application of IEC 61131-3 standard in the Brazilian Navy mine-sweeper modernization[J]. IEEE Latin America Transactions,2006,3(4):332-338.

第4章

"数字+"——高性能技术

4.1 概述

数控机床也被认为是"数字＋机床"。数控系统是实现"数字＋机床"深度融合的关键。在数控机床广泛应用的当下,行业的发展对数控系统提出了不同的要求,进而划分出了不同类型、不同等级的数控系统,如低端(或普及型、经济型)数控系统、中端(或标准型)数控系统、高端(或高档型、高性能)数控系统。其中,高端数控系统的水平是一个企业的核心竞争力,也是衡量一个国家工业化水平的标准之一。

数控系统是一个充分市场竞争下的核心技术产品,技术密集度高,其关键技术主要由个别主流数控系统企业所掌握,技术保密和封锁程度高,普通数控技术人员难以了解其内部的关键技术。本章将从数控系统整体数据处理流程出发,并结合目前一些主流数控系统的典型高性能技术,对机床的"数字＋"技术进行介绍,提高技术普及度。

机床的"数字＋"主要体现在数控系统对数字化信号的控制和处理。数控系统的数据处理流程是将数控程序转换为控制机床各执行部件有序动作的数字化信号的过程。深入了解数控系统数据处理流程中各关键环节的原理是掌握数控加工技术的基础。图 4-1 是数控系统数据处理的关键流程,其中包括高速高精运动控制、多轴联动控制、误差补偿、振动抑制和曲面加工优化等典型关键技术与各个数据处理环节的关系。

零件的数控加工指令通过 NC 代码输入到数控系统中,由数控系统译码器将其解释为系统能够识别的指令,并存入 NC 指令缓冲中待处理。NC 指令缓冲是数控系统中的一块内存,是数控系统"前瞻"预处理功能的基础。高性能数控系统具有强大的"前瞻"处理能力,能够缓冲并前瞻较多的程序段,如西门子、发那科、海德汉等系统的前瞻预读程序段通常在 1000 段以上。数控系统"前瞻"功能是控制机床连续稳定运行的基础,具体任务是通过预读 NC 指令缓冲中的程序段,对待加工轨迹进行样条平滑和速度优化。在多轴加工中,前瞻预处理还需要对刀轴矢量进行合理的平滑和优化,保证加工姿态的平稳过渡。如图 4-1 中的轨迹平滑、速度优化和刀轴平滑。

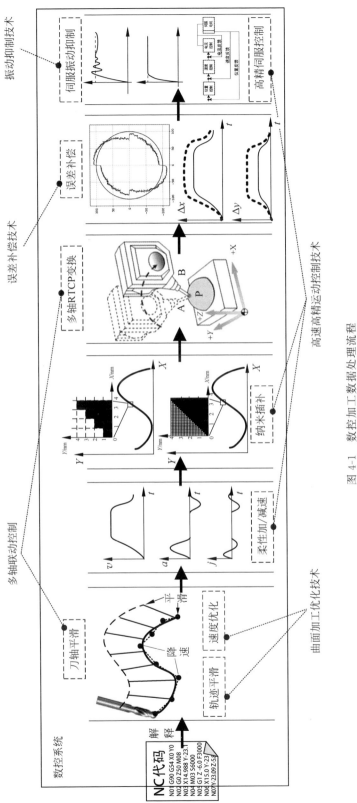

图 4-1 数控加工数据处理流程

　　加/减速规划是根据预处理的速度和轨迹,在不超出机械系统运行时允许的最大加速度和捷度(加加速度)的前提下,按照系统设定的插补周期,规划各速度段(加速段、减速段和匀速段等)所需要的插补周期数,实现加工速度的平稳过渡。在加减速规划中,高阶连续的速度曲线是保证机床在加工过程中不产生冲击、失步和振荡的关键因素之一。具有高阶连续速度曲线的加/减速规划也称为柔性加减速,如图 4-1 所示。

　　轨迹插补是根据加/减速规划出的各速度段的插补周期数以及系统设定的加速度和捷度约束策略,计算每个插补周期的插补行程,再将预处理中拟合的样条按插补行程离散成一系列插补点的过程。其中,每个插补周期对应一个插补点,两个插补点之间的合成插补增量还需要根据机床运动学关系分配成各个单轴的运动量,用于分别控制各个轴的运动。在轨迹插补中,轨迹样条的高阶连续是保证合成增量分配到单轴后依旧保持加/减速规划的速度连续性的关键因素;而纳米插补是获得高精度插补指令数据的关键技术,如图 4-1 所示。多轴联动控制中增加了旋转轴,还需要考虑直线轴与旋转轴行程增量分配的均匀性,避免引入旋转轴后导致的速度异常波动。其中,高性能数控系统的多轴 RTCP 功能是计算并补偿旋转轴所带来的影响的关键技术之一,如图 4-1 中的多轴 RTCP 变换环节。

　　插补输出的各轴指令插补数据是在理论的机床结构和环境状态下计算的,没有考虑机床制造过程中的空间结构误差和运行过程中的热变形误差。在对机床空间误差或热误差较敏感的加工任务中,需要对理论插补指令数据进行必要的误差补偿,即在单轴指令上叠加各种误差补偿量,如图 4-1 中的误差补偿环节。最后,系统再将补偿后的插补指令通过现场总线下发到伺服驱动单元,控制电机运动。高性能的伺服驱动单元还能够对各轴(主轴、进给轴)反馈信号和输入信号中的波动进行识别与滤波,实现主轴、进给轴的振动抑制,以满足高速高精加工的运动控制要求,如图 4-1 中的振动抑制。

4.2　高速高精运动控制技术

　　高速高精运动控制的核心技术包括高精度插补、柔性加/减速和高速高精伺服控制等。本节将重点介绍这三项核心技术所解决的主要问题与发展现状。

4.2.1　高精度插补

　　提高数控系统插补精度可以从两个方面入手:一方面要提升 NC 程序输入数据(编程指令)的精度,如提高小线段的密度、采用样条曲线编程等;另一方面要提升数控系统输出数据(插补指令)的精度,如提升数控系统数值计算精度,提升伺服系统分辨率等。

　　零件的自由曲面在 CAD/CAM 软件中通常用参数曲面进行表达。为了便于轨迹的表达和传输,CAM 软件通过一系列离散点组成的折线段来逼近自由曲面上的加工轨迹。对轨迹的逼近精度要求越高,离散点的密度也越大,NC 程序的数据量也越大,增加了数控系统数据处理的压力,如图 4-2 所示。

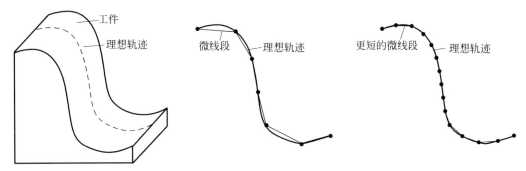

图 4-2　减小线段步长能减小轨迹误差(不协调)

为了减少轨迹表达的数据量、提高轨迹表达的精度,通常会对轨迹进行样条曲线拟合,并以参数样条的形式输出到 NC 程序中,常用的样条曲线包括 B 样条曲线、NURBS 样条曲线。

NURBS 技术在数控系统中应用主要有两大优势:一是小线段的曲线光顺拟合,即用光滑的连续曲线方式代替小线段刀路的描述方式,可以在一定程度上补偿原始设计曲线在线性离散时产生的精度丢失;二是 NURBS 曲线直接插补技术,可以进行全局速度规划,避免因控制器对离散轨迹轮廓的误判造成的加工过程中的频繁加减速(图 4-3),能有效提升加工速度,同时有利于抑制速度波动,降低刀具和机床的振动,从而改善加工表面质量。

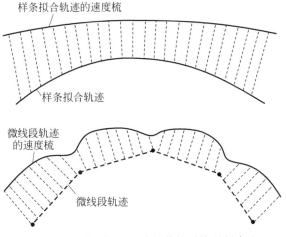

图 4-3　小线段轨迹导致的数控系统误判降速

三维的 NURBS 样条曲线可以解决三轴加工中用小线段表达刀具轨迹时因不

连续而导致的速度波动问题。在五轴加工中,需要两条 NURBS 曲线才能表达刀具的运动路径。其中一条 NURBS 曲线表达刀尖点的运动轨迹,另一条 NURBS 曲线表达刀具的空间运动姿态(图 4-4),一般用刀轴矢量的两个角度作为 NURBS 曲线的两个分量。插补计算时,先在表达刀尖点轨迹的 NURBS 曲线上进行轨迹插补,同时在刀轴方向 NURBS 曲线上进行同步插补,计算每个刀尖插补点对应的刀轴方向。

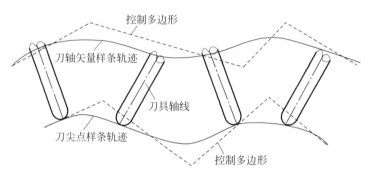

图 4-4　双 NURBS 插补轨迹同时平滑刀位点和刀具矢量

提高插补精度的另一个要点是提升插补指令精度和插补分辨率。其中,插补分辨率是指伺服系统输出信号的最小刻度,目前提高插补分辨率的瓶颈主要是编码器等信号反馈设备的物理分辨率和伺服系统的插补频率。高频高分辨率的插补能让机械部件的运动更加平稳,精度更高。目前高性能数控系统的分辨率已经能够达到纳米级别甚至更高。

日本的发那科在新一代数控系统中率先提出并采用了纳米插补控制的方法,数控系统在进行插补运算时采用 1nm 的精度进行计算,并以 1nm 的当量控制伺服电机的运行(图 4-5)。先进的纳米插补控制技术大幅降低了系统的插补误差,使机床加工的表面光洁度大幅提高。

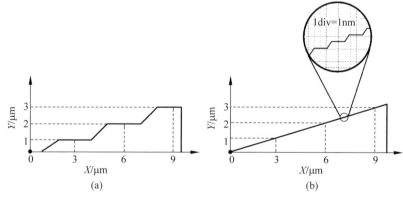

图 4-5　发那科纳米级插补分辨率对轨迹的影响

(a) 传统插补;(b) 纳米插补

德国高速数控系统制造商安德隆公司(AndronGmbH)已推出了插补精度达到皮米级的控制器,将数控轨迹插补的输出分辨率提高到了 0.6nm,得到了控制 16 个轴的条件下 250μs 的持续插补循环时间。更高的数控系统分辨率带来了伺服系统更精确的速度与加速度控制,从而使机床运行更为平滑,随之而来的就是更高的工件表面质量、更长的刀具寿命和加工成本的显著降低。

4.2.2 柔性加/减速

机床从一个速度稳态过渡到另一个速度稳态的过程中,为了保证机床运行的平稳性,减少伺服系统调整负担,需要数控系统规划的插补运动指令能够平缓地变化,即柔性加/减速。柔性加/减速能使速度在变化的过程中保持高阶连续。考虑到柔性加/减速是在数控系统实时环境下运行,算法的时间复杂度必须要满足实时计算的要求。同时,对于通用数控系统,柔性加/减速算法还应该具备广泛的适用性。目前常见的高性能数控系统的柔性加/减速算法还具备以下特点:

(1)速度、加速度、捷度满足被控机械装置性能的约束。受到伺服驱动器性能、电机最大转速、最大扭矩等因素影响,数控插补指令也必须满足最大速度、最大加速度、最大捷度的约束。若指令超过以上限制,会造成伺服响应滞后,电机失步,机床运行抖动,跟随误差过大,并最终影响加工质量。

(2)以加工效率最快为目标。效率是机械加工水平的重要标准,也是柔性加/减速的主要目标。效率最快也就是要求加/减速规划要尽量快速地让速度上升到最高水平。

目前较经典的柔性加/减速算法是一种捷度受限、加速度连续的速度规划方法,因其变速曲线形状类似字母"S"又称 S 型加减速算法(图 4-6)。该类算法的速度曲线通常分为升速段、匀速段和减速段。匀速段对应的加速度和捷度都是零,而加/减速段对应的加速度曲线通常为三角形或者梯形,捷度曲线则类似方波信号。以加速段为例,又可以分为加加速度段、匀加速度段和减加速度段。加加速度段对应捷度保持最大正捷度值,匀加速度段对应捷度为零,减加速度段对应捷度保持最小负捷度值。因此可以很容易看出,相邻段之间捷度固定为最大值,加速度连续,速度曲线较平滑。

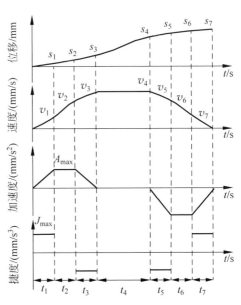

图 4-6　S 型加/减速的典型运动学曲线

S型加/减速算法具有加/减速段时间与距离计算较简单,起点与终点加速度、捷度始终为零等特点。基于此特点,加/减速模块能比较方便地根据程序段的行程规划出各个速度段的时间。

4.2.3 高速高精伺服控制

在机床控制中,常见伺服控制系统一般都是由三个反馈环组成,从内到外依次是电流环、速度环和位置环,系统的闭环结构如图 4-7 所示。

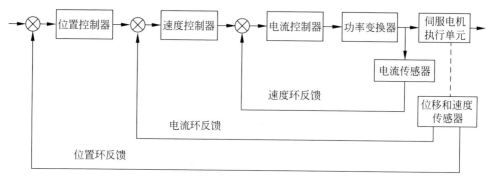

图 4-7　伺服控制系统三闭环结构图

对于闭环控制系统,主要有以下性能指标。

稳态误差:系统从一个稳态过渡到新的稳态,或系统受扰动作用又重新平衡后,系统可能会出现偏差,这种偏差称为稳态误差。数控系统的稳态误差通常会影响数控机床定位误差和跟随误差。在数控调试过程中,需要尽可能减小控制系统的稳态误差。

动态性能:动态指控制系统在输入作用下从一个稳态向新的稳态转变的过渡过程。伺服系统在跟踪加工的连续控制过程中,几乎始终处于动态的过程之中。在时域方面,动态性能又可分为对给定输入的跟随性能和对扰动输入的抗扰性能。

常用的性能指标有峰值时间、调节时间、超调量、振荡次数。在数控机床的伺服控制系统中,调节时间决定了轴的响应速度;超调量则会引起轴的位置过冲,导致加工过切,而振荡的调节过程可能引起机械结构的振动。因此在机床伺服调试过程中,通常以合理超调量和振荡次数为基本约束,通过调整增益等参数,尽量减小调节时间,如图 4-8 所示。

稳定性:系统的稳定性是伺服控制系统能够正常工作的最基本的条件。所谓稳定性是指系统在规定输入或外界干扰的作用下,在短时间调节之后能够恢复到原有的或者新的平衡状态的能力。若系统能够进入稳定状态且过程时间短,则系统稳定性好;若系统振荡越来越强烈或者系统进入等幅振荡状态,则属于不稳定系统。

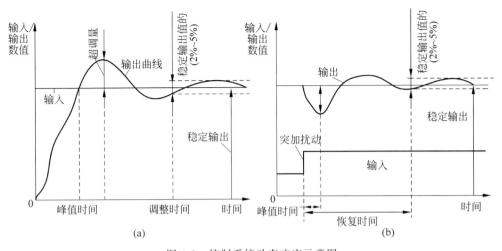

图 4-8 控制系统动态响应示意图

(a) 跟随控制响应曲线；(b) 扰动控制响应曲线

因此,提高伺服控制系统的高速高精性能,就是要提高其在高速、高加/减速条件下的静、动态性能。不仅需要高精度地控制数据流,还必须提高数据传输速度,减少延时带来的动态误差。目前,国外伺服驱动器产品已经普遍采用高分辨率绝对式编码器,来大幅提高反馈精度,反馈分辨率通常都在 17 位以上,使驱动系统的定位和运行精度大大提高,速度波动、转矩波动减至最低；同时,更先进的电路设计和软件算法可以更好地实现,如摩擦补偿、转矩前馈、自适应陷波滤波器等,也使得系统的带宽、响应特性大大增强。

1. 高性能伺服电路与算法

伺服控制电路需要根据高频率的插补指令快速地调整电流,利用现场可编程门阵列(FPGA)可以开发高速、高精度、多轴伺服电机电流环全硬件控制方法。图 4-9 所示为某型号高性能伺服控制器的多轴硬件电流矢量控制的结构流程图。以 FPGA 为核心控制单元,控制系统包括并行总线通信接口模块、编码器处理接口模块、AD 采样控制模块、矢量变换模块、CORDIC 旋转迭代模块、高性能复矢量调节器模块、多轴 SVPWM 运算模块、标准 PWM 输出接口以及时序规划模块。电流控制采样时钟 60MHz,完成一次单轴电流控制时间少于 $2\mu s$。

另外,利用硬件 FPGA 资源,在硬件上实现编码器正余弦模拟信号 A/D 转换和周期信号计数处理的严格同步,在 FPGA 上实现了内插反正切计算结果和计数值的容错解码对齐,保证信号处理的精确性,实现了 256 倍内插细分处理,编码器反馈信号的最终处理分辨率可以达到 23 位。

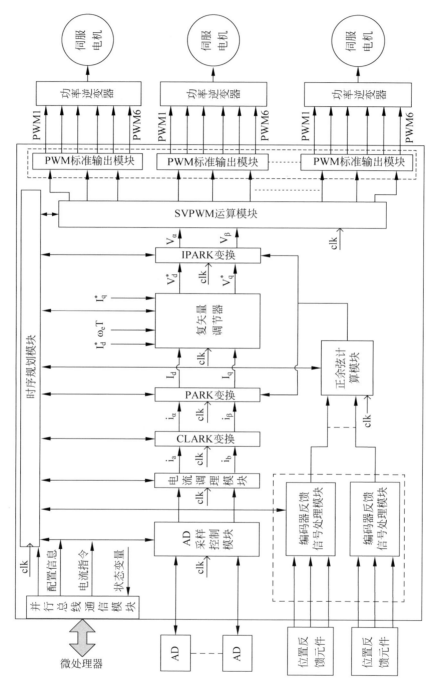

图 4-9　多轴硬件电流矢量控制结构流程图

对于高速主轴等需要宽范围调速的电机设备而言,控制电机以最大的扭矩,快速稳定地达到指定的速度是伺服系统的主要任务。综合性地考虑了电流矢量分配、电压矢量优化协调、磁场定向实时调整等问题,能够使电流输出快速地逼近最优电流控制轨迹,得到最大的转矩输出;同时,灵活分配电压矢量的作用,使电流控制响应快速、平滑,可以在很宽的频率范围内保证系统的稳定性。

2. 高速现场总线

采用现场总线的数字化控制接口,是伺服驱动装置实现高速、高精控制的必要条件。将现场总线和工业以太网技术、甚至无线网络技术集成到伺服驱动器中,已经成为国外厂商的常用做法。目前采用工业以太网接口,辅之以开放式的通讯协议,在高性能驱动器上得到了非常广泛的认可和应用。如日本发那科公司现场串行伺服总线(FSSB),德国西门子公司推出 Drive-CliQ 总线,日本三菱推出 SSCNET_Ⅲ总线,德国 Beckhoff 公司的 EtherCAT,B&R 的 PowerLink 等。上述通讯协议被部分高端伺服驱动器所集成,都为实现多轴实时同步控制提供了不同程度的可能性。

在总线伺服驱动系统中,为了保证多轴通信系统的同步性,往往使用分布时钟(DC)来协调各个运动轴之间的任务指令接收和指令更新,如提供的分布时钟单元使网络中所有设备都能够获得一个彼此相差极小(少于 $1\mu s$)的绝对系统时间,从而分布时钟为各个运动轴从站提供了如下的特性:从站之间(以及与主站之间)的时钟同步、产生同步输出信号(SyncSignals)、输入事件的精确时间戳(LatchSignals)、产生同步的中断、同步的数字信号量输出更新与输入采样。

由于所有支持分布时钟的从站都会有一个自己的本地时钟,此时钟在上电之后开始独立运行并有其独立的时钟源。为了同步各个从站的时钟,需要主站在初始化和运行阶段进行时钟的调整工作。各从站应用通过分布时钟提供的同步信号进行同步,可以提供更高等级的同步精度,抖动可达到纳秒级,可用于 1ms 以内的同步。

图 4-10 所示为华中 8 型数控系统的 NCUC 总线分布时钟同步模式,由于NCUC 总线采用集总帧格式,各个运动轴的指令以及状态信息都在一个数据帧中进行收发,因此可以采用数控系统主站的同步数据帧事件进行各个运动轴的指令同步。

在这种分布式时钟处理方式中,其考虑的核心是如何使多个运动轴能够在接收到运动指令后同步地更新,但是并没有考虑实际的运动轴伺服驱动系统的时钟复杂性。在实际的伺服驱动器中采用工业以太网通信接口,其运行的时钟通常包括 3 个:PWM 逆变器工作时钟 T_0、伺服控制采样时钟 T_s、以太网通信时钟 T_n,通常三者理论上是整数倍关系,但在硬件系统设计时,三者可能采用三个时钟源,它们之间的偏移和漂移误差难以满足整数倍的关系,甚至会因时间累积的作用产生"失步",亦即指令虽然被同步更新了,但是因为没有和伺服控制采样同步,使位

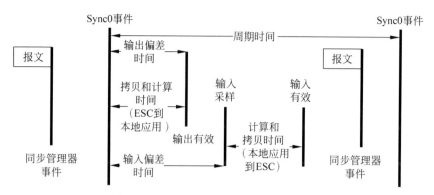

图 4-10　NCUC 分布时钟同步模式示意图

置伺服控制并没有和指令更新同步,这在单轴运行时会产生运动"跳动",而在多轴轨迹联动时存在明显的轨迹偏差,影响加工尺寸。

为此在伺服驱动器中设计开发了更深一步的总线同步算法,即根据 NCUC 的数据帧信息实时同步各个运动伺服轴的 PWM 逆变器工作时钟,避免偏差累积,再以倍数关系控制伺服控制的采样时钟。不仅使总线发送的位置指令同步更新,同时使伺服反馈状态变量的采样和控制同步,从而使华中 8 型数控系统各个伺服轴能够实现较高程度的真实同步,使加工过程能够在运动轴上得到准确的反映。采用这种方法,各个伺服轴的时钟同步偏差基本透明(即数据帧驻留在运动轴子站的时间,一般 1~2μs),易于补偿,对于各个伺服轴的联动效果影响较小。

综上所述,高速高精伺服控制不仅需要稳定高效的控制算法、伺服控制器高频高效的数据处理能力,还需要高分辨率的反馈设备,更需要先进的硬件架构与数据总线,以保证各个环节紧密高效的数据传输。因此成熟的高速高精数控系统厂家,如西门子、发那科等,都具有自主研发整套解决方案的能力。

4.3　多轴联动与多通道协同技术

随着消费市场的不断发展,消费者对工业产品的工艺性要求不断提高,如今消费产品的造型设计中越来越多地融入复杂曲面的元素,复杂曲面加工已经开始向各行各业普及,比如汽车模具、金属手机外壳、笔记本电脑外壳等。

此外,在航空航天、能源、军工等高端领域,随着技术的不断迭代更新,产品的复杂程度也越来越高,同时对零件精度要求也越来越高,例如叶轮、叶片、航空航天结构件等。

随着零件结构越来越复杂,多轴加工技术成为高性能零件加工所必不可少的核心技术。另外,随着加工中心朝着柔性化、集成化的发展,数控系统多通道控制技术也成为高端数控系统必不可少的功能。本节将介绍多轴加工中的典型关键技术与高端复合机床所必需的多通道控制技术。

4.3.1 多轴 RTCP

五轴联动数控机床的标准结构中包括三个移动轴和两个旋转轴,通过五轴联动可以对刀具的位置和姿态进行同步控制,可以使刀具在加工时始终保持最佳的切削状态并有效避免加工干涉,实现复合加工,在航空航天、船舶、汽车制造等国家重点行业都有广泛的应用。

刀具中心控制(Rotational Tool Center Point,RTCP)是五轴联动数控系统极其重要的功能。RTCP 功能可以直接编程刀具中心点的轨迹,使数控程序独立于具体的机床结构,数控系统会自动计算并保持刀具中心始终在编程轨迹上,由旋转轴运动引起的非线性误差都会被直线轴的运动所补偿。五轴机床不具备 RTCP 功能时,旋转轴运动时刀具围绕旋转轴中心旋转,刀具中心点在工件坐标系中发生变化。

RTCP 功能自动补偿了旋转轴运动造成刀具中心点与工件的偏移量,使多轴数控编程时可以只关注刀具在工件坐标系下的轨迹。事实上 CAM 系统在生成刀具轨迹时,都只是规划了刀具相对于工件的运动,而在 CAM 系统后置处理时,才会考虑机床运动学。后置处理生成的 NC 指令已经是离散后的刀位点。数控系统在无 RTCP 的模式下执行这些 NC 指令时,刀位点之间的轨迹因为旋转轴的影响会产生非线性的偏差(图 4-11)。但是在开启 RTCP 模式下执行 NC 指令时,数控系统能计算并补偿旋转轴所带来的影响,保证刀具中心点在指令轨迹上(图 4-12)。因此 RTCP 功能可以有效减少程序段之间的几何误差。

图 4-11　无 RTCP 功能时,刀具中心点　　　图 4-12　有 RTCP 功能时,刀具中心点
　　　　偏离指令轨迹　　　　　　　　　　　　保持在指令轨迹上

同样,RTCP 功能也能让刀具轴线在工件坐标系中保持在指令轨迹上。高级的 RTCP 功能支持刀具矢量编程,使刀位点之间的刀具矢量之间按照指定的形状(平面、锥面等)进行插补(图 4-13)。这种方式在侧铣加工时非常有效,能显著提升侧铣质量。

另外,由于 RTCP 实现了工件坐标系下刀具轨迹的插补,所以 RTCP 功能同样能实现工件坐标系下的速度规划,在对刀具线速度要求较高的工艺中,RTCP 功能保证了切削速度的精准可控,使刀具可以保持在最优的切削参数下,提升刀具使用寿命。

图 4-13　刀位点之间的刀具轴线平面插补

4.3.2　刀轴平滑

五轴加工中回转轴能够改变刀具相对于工件的姿态,增加了刀具路径规划的自由度,减少了复杂零件的加工步骤。但是刀具路径中不协调的刀具方向变化会导致线性轴不平滑的补偿运动,这将导致局部降速,在零件表面留下明显的痕迹。因此刀具轴线运动轨迹的规划依然需要保证刀具轨迹平滑。

另外,旋转轴的运动也使得刀具干涉避免的问题更加复杂。刀具干涉将导致机械的碰撞或者过切等严重问题,因此刀具无干涉是刀具轨迹规划必须要保证的基本前提。刀具矢量的干涉避免是一个与位置相关的复杂问题,在机床空间中不同位置的刀具无干涉位置都可能不一样,同时还要受到回转轴和直线轴行程的限制。为了表达刀具矢量的可行区域,CAD/CAM 系统引入了可视锥的概念来表达空间位置中刀轴的可行区域(图 4-14)。通过对每一个刀位点建立可视锥模型来限定刀具矢量的可行范围,无干涉轨迹必须完全处于可视锥的范围内。

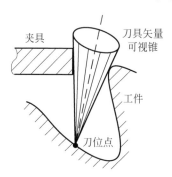

图 4-14　刀具矢量可视锥示意图

可视锥是针对单个刀位点的刀具姿态约束,但是刀具沿着轨迹运动是连续的过程,在机床中不同的刀轴轨迹也会导致不同的机床轴运动曲线,因此在可行区域内的刀轴矢量有多种优化目标。另外,在考虑工件干涉和机床干涉的可视锥模型中,边界通常是不规则的(图 4-15)。这种特性会使轨迹规划带来极大的运算量,因此考虑碰撞干涉可视锥的轨迹规划通常由 CAM 系统完成。CAM 系统通常会适量缩小可视锥范围,以保留一定的安全距离。在数控系统中,对刀具矢量的平滑是在远小于安全距离的规则可视锥中进行(图 4-16)。因此数控系统对刀具矢量的平滑只能消除微小的不协调的刀具方向变化。

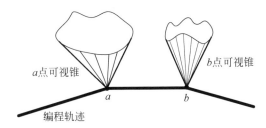

图 4-15　CAM 软件中刀轴平滑可视锥范围大,但形状不规则

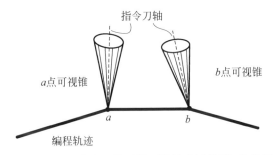

图 4-16　数控系统中刀轴平滑可视锥为圆锥形,但范围小

例如,西门子定向曲线平滑功能(ORISON),该功能以曲面侧铣加工为例,在刀具矢量变化不平顺时,侧铣表面出现条状纹路。在使用该功能进行矢量平滑后,侧铣质量得到明显改善(图 4-17)。

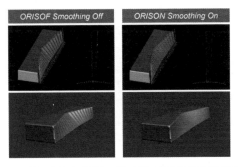

图 4-17　西门子定向曲线平滑功能(ORISON)效果示意图

4.3.3　多通道控制技术

数控系统的多通道控制技术是高档数控系统的重要功能,在复合加工、柔性生产线等工业生产中有着广泛的应用需求。近年来,随着产品制造市场竞争日益加

剧,机床朝着柔性化和集成化的方向发展,复合加工数控机床能将车、钻、铣、镗和磨等工序的多功能集成于同一体,减少了工序过渡的成本。数控系统的多通道加工控制功能,使机床能最大限度地发挥其复合加工控制能力,其意义在于:通过多通道的并行控制,使加工过程更加高效,进行工艺之间协同控制,能够比较显著地缩短加工时间,从而提高生产效率,最终降低生产成本。通过在一台机床上采用复合工艺的加工,减少工件的装夹次数,从而减小重复装夹误差,提高工件的加工精度。不仅如此,多通道技术还能给数控机器人与数控系统的协同控制提供解决方案。

通道是控制器内的一种数据流结构。通过对轴等设备对象组合,串行完成空间运动的方式,称为数控系统中的通道。数控系统的多通道控制技术主要是为了在工艺条件的允许下,在某时间段中同时支持两个或两个以上的通道控制。多通道系统的控制流程如图 4-18 所示。多通道技术的特点在于:

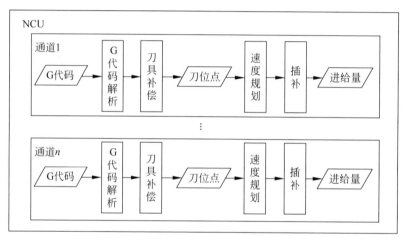

图 4-18　多通道系统控制流程

(1) 单个通道内有独立的数据处理流程;

(2) 单个通道内有稳定的数据处理周期;

(3) 被控对象无法同时被多个通道控制;

(4) 通道之间的数据流互不干扰;

(5) 多个通道共享现场总线;

(6) 通道间能实现高实时性通信。

多通道控制相比于多数控系统控制,一大特点在于多通道中所有被控单元都在同一套数控系统中,也就是共享同一套总线进行数据传递。如图 4-19 所示,在多通道系统中,控制系统的任务可以按照设定分配给指定的通道进行处理。每个通道单元都有独立的通道轴控制逻辑。所有通道共享系统的运动/逻辑组件,运动组件包括所有的路径轴、主轴和刀架轴等。运动组件与设备(伺服控制器等)建立唯一的映射关系,各个通道轴也可以与运动组件建立唯一的映射关系。这种建立映射关系的过程在数控系统中通过参数配置或外部指令实现,具有灵活性。当通道之间需要交换轴的控制权时,只需要重新建立通道轴与运动组件的映射关系即可,无须重新连线。

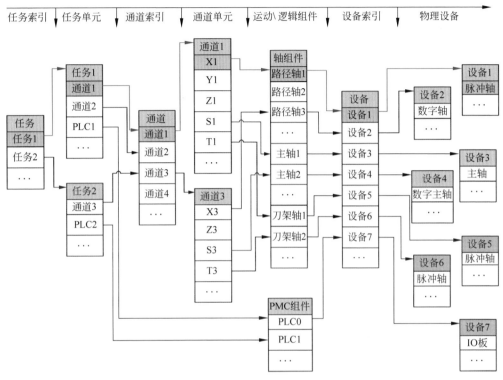

图 4-19 多通道控制逻辑图

从应用需求上,多通道技术可以满足并行控制和同步控制的要求。

1. 多通道并行控制

从加工工序的角度,传统数控系统只能同时进行一个工序的加工,而具有多通道控制功能的数控系统则能同时完成多个工序的加工,相当于在一台机床上就可完成多台机床的加工工序。从操作系统的角度,数控系统可以理解为一个进程,而通道可以理解为线程概念。支持多通道功能的数控系统相当于一个数控系统中有多个控制程序,可以控制同一台机床不同部件的运动,也可以同时控制几台不同机床或装备的运动。

并行控制时,多个通道的物理运动单元都是相互独立的,只有在偶尔需要进行通道间同步时才进行数据通信,通常这种同步的实时性要求并不高。当单个通道发生故障时,另一个通道依然可以继续工作。

2. 多通道同步控制

多通道控制技术可以使用户同时指定多个程序,并可以在多个程序之间进行信息交换,实现多任务的复杂控制。相比于两台独立的机床之间的协同,多通道之间的信息传递更直接,只需要在控制器内部完成,而不需要经过外部的 I/O 设备。这种优势使得多通道同步可以建立更高效、更稳定的同步关系。根据同步实时性的不同,多通道同步可以分为 NC 程序指令级的同步与插补级的同步。

NC 程序指令级的同步是指两个通道同时开始执行指定 NC 代码段,但对指令的执行过程不进行同步。一个典型的应用场景是流水线上多工位的协同。相比于多个数控系统之间的同步,多通道同步可以进一步减少信号传输的延迟,提升同步精度,同时在硬件设备上只需要一个控制器,节省了成本。

插补级的同步是指在控制器每个插补周期,多个通道间都能产生同步的运动指令。插补级的同步充分利用了多通道数据通信便利性的特点,这是多数控系统之间的同步难以实现的,因为数据在总线间传输的过程中必然会产生延迟。一个插补级同步的典型应用场景是机器人与机床协同加工。机器人通道与机床通道可能存在共享运动轴的情况,多个通道的轴都需要同时联动,为了保证联动轨迹的正确性,通道之间需要在每个插补周期都保持高实时性的同步。

4.4 误差补偿技术

误差补偿技术是高性能数控系统的关键技术之一,在不改变机床机械结构的前提下,通过软件补偿的方法大幅度减小机床的结构误差,提高加工精度。

4.4.1 数控机床的误差

数控机床主要由床身、立柱、主轴和各种直线导轨或旋转轴等部件组成,机床部件在制造装配和使用过程中会产生各种误差,主要包括几何误差、热变形误差、控制误差、力(变形)误差、振动误差、检测系统的测量误差、刀具和夹具误差及随机误差等。

1. 几何误差

根据 GB/T 17421.1—1998 的相关规定,数控机床的几何误差是指在标准测试环境下,机床处在稳定的运转环境及无负载状态下,由于机床设计、制造、装配等的缺陷,使得机床各组成环节或部件的实际几何参数和位置相对于理想几何参数和位置发生偏离。该项误差一般与机床各组成环节或部件的几何要素有关,是机床本身固有的误差。

2. 热变形误差

热变形误差是由于受切削热、摩擦热等机床内部热源以及工作场地周围外部热源的影响,数控机床的温度分布发生变化导致数控机床与标准稳态状态相比而产生的附加热变形,由此改变了数控机床各组成部分的相对位置,从而产生的附加误差(不包含机床已有的几何误差)。热误差一般呈现非线性特性。

3. 控制误差

控制误差是由数控机床控制系统的不精确性引起的机床运动部件实际运动轨迹与理想运动轨迹的偏差。控制误差包括:伺服驱动环节、测量传感环节以及数控插补等控制相关环节带来的偏差。

4. 力(变形)误差

数控机床在切削力、夹紧力和重力等作用下产生的附加几何变形破坏了机床各组成部分原有的相互位置而产生的误差,简称为力误差,其与机床的刚度等有关。

5. 振动误差

在切削加工时,数控机床由于工艺的柔性和工序的多变,其运行状态有更大的可能性落入不稳定区域,从而激起强烈的颤振,导致加工工件的表面质量恶化,产生几何误差。

6. 检测系统的测试误差

检测系统的测试误差主要包括两个方面:测量传感器的制造误差及其在机床上的安装误差会引起测量传感器反馈系统本身的误差;机床零件和机构误差以及在使用中的变形均会导致测量传感器出现误差。

7. 刀具误差

刀具本身制造精度、安装定位精度、磨损速度、刚性等造成的偏差。

8. 夹具误差

夹具的定位元件、刀具导向元件、对刀元件和夹具体等主要元件的制造偏差造成。

9. 随机误差

由于环境和运行工况的变化所引起的误差是随机误差。

由于数控机床加工的工况比较复杂,其在加工运动过程中产生的各种误差也比较复杂。在机床的各种误差中,几何误差、热变形误差及力(变形)误差是最主要的误差,减小这三项误差,是提高机床加工精度的关键。数控机床主要误差在加工误差中的占比如图 4-20 所示,不同的工况下各误差源占比也会有区别。

针对影响数控机床加工精度的各种误差,国内外数控团队开展了针对不同误差类型的误差补偿技术研究,并在高性能数控系统上推出了相应的误差补偿功能。在以上误差分类中,可以实现补偿的误差有:结构误差中的螺距误差、垂度误差、角度误差、直线度误差、旋转轴轴线偏差;间隙误差中的机械间隙误差、动态间隙

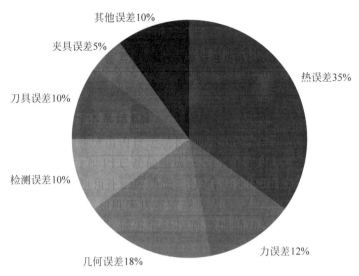

图 4-20　数控机床各种误差占比

误差；控制误差中的跟随误差、测量系统的误差；热误差中的主轴热误差、进给轴热误差。

　　由于环境和运行工况的变化所引起的随机误差目前还不能进行直接的补偿。机床的振动误差一般也不能直接补偿，但可以通过抑制机床部件的振动来减小误差。切削力的误差采用传统的方法一般也难以进行补偿，有团队尝试采用神经网络理论和相应的优化算法建立相应的主轴切削力误差与电流间的误差模型进行补偿，但仍处于研究阶段。

4.4.2　空间误差补偿技术

　　误差补偿技术分为硬件补偿和软件补偿。其中硬件补偿主要是通过机床的机械结构进行调整，减少机械上的误差，如制作校正尺补偿螺距误差、制作凸轮校正传动链误差等。硬件补偿不适用于随机误差且缺乏柔性。软件补偿是指通过计算机对所建立的数学模型进行运算后，发出运动补偿指令，由数控伺服系统完成误差补偿动作。软件误差补偿的方法动态性能好、经济、工作方便可靠，是提高机床精度的重要手段。

　　数控机床的误差补偿系统一般由四部分组成：误差信号的检测，误差信号的建模，补偿控制，补偿执行机构。

1. 误差信号的检测

　　精确检测数控机床的误差是误差补偿的首要任务，它直接决定着下一步的误差信号建模是否准确，最终影响到数控机床误差补偿的效果。误差信号的检测分为直接测量和间接测量。直接测量误差是在机床不同的位置和温度分布条件下，使用激光干涉仪等设备或其他光学方法来测量误差分量的技术。间接测量误差的方法是先用球杆仪等测量设备检测机床加工零件的表面形状误差或者最终误差，然后利用运动学模型求解各误差分量。直接测量误差分量更精确、更简单明了。间接测量误差分量则更加快捷有效。还有另一种方法，是将工件尺寸和形状误差的测量值用于估计机床误差。其中，机床几何误差通过专用的设备能够较为准确地测量。机床热误差由于在很大程度上取决于加工周期、冷却液的使用，以及周围环境等多种因素，所以要精确测量是相当困难的。

2. 误差信号的建模

机床加工精度最终是由机床上刀具与工件之间的相对位置决定的。机床上刀具与工件之间的相对位置误差可用运动学建模技术来计算。误差的建模和预测是实施误差补偿的基础，同时又是各种间接测量方法的理论基础，因此，进行误差综合建模技术的研究非常必要。目前，误差综合建模主要是基于多刚体运动理论，采用标准的齐次坐标变换方法建立刀具和工件的运动关系模型，然后基于小误差假设进行模型简化得出误差综合模型。误差综合建模的一般步骤为：分析机床误差元素；建立参考坐标系和局部坐标系；建立机床各个运动副在理想状态下的变换矩阵；建立机床各个运动副在存在误差条件下的变换矩阵；根据小误差假设得出误差综合模型。

3. 误差补偿控制

数控系统中的误差补偿软件是根据所建立的误差模型和实际加工过程，用计算机计算将要补偿的误差值，然后将其转变为数控代码的。所加载的误差测量数据和数控代码一同上传到补偿模块中，此时补偿模块的各个误差补偿参数被定义，然后生成补偿后的数控代码，从而输出补偿控制量。

4. 补偿执行机构

误差补偿方法的实施主要可以分为两种：一种是基于加工程序修改的补偿方法，如通过对加工零件的轮廓尺寸进行测量，根据测量的结果采用某种方法对数控程序进行修改。这种补偿方法由于无法补偿热误差且只能应用在大批量生产条件下，因此其应用存在局限性。另一种是基于控制器的补偿方法，一般是对机床的控制参数进行设置实现补偿，即数控系统本身可以进行误差的补偿。比如西门子840D 控制器可以对温度进行补偿，插补运算中的补偿功能可以对由丝杠产生的螺距误差、机床测量系统的误差等进行补偿；同时可以将测量得到的误差以表格的形式输入控制器，在执行数控程序时调用这些误差数据进行补偿。海德汉 TNC 控制器也具有同样的功能，可以对机床的几何误差和温度影响进行补偿。基于数控系统补偿的热误差补偿是通过热膨胀系数的设定和测量机床的关键热源来预测运动轴的直线定位误差随温度的变化而变化的。

1）三轴机床的空间误差补偿技术

目前，三轴数控机床的空间误差主要分为 21 项误差元素（图 4-21），包括 3 项线性定位误差、6 项直线度误差、9 项转角误差和 3 项垂直度误差（表 4-1）。

表 4-1　三轴机床 21 项误差

误差项	x	y	z
线性位移误差（定位误差）	$\delta_x(x)$	$\delta_y(y)$	$\delta_z(z)$
垂直平面内直线度误差	$\delta_y(x)$	$\delta_z(y)$	$\delta_x(z)$
水平面内直线度误差	$\delta_z(x)$	$\delta_x(y)$	$\delta_y(z)$
滚动角误差	$\varepsilon_x(x)$	$\varepsilon_y(y)$	$\varepsilon_z(z)$
俯仰角误差	$\varepsilon_y(x)$	$\varepsilon_z(y)$	$\varepsilon_x(z)$
偏摆角误差	$\varepsilon_z(x)$	$\varepsilon_x(y)$	$\varepsilon_y(z)$
垂直度误差	S_{xy}	S_{yz}	S_{xz}

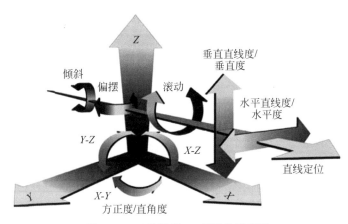

图 4-21　三轴机床 21 项误差示意图

（1）定位误差。数控机床的定位误差是指所测机床运动部件在数控系统控制下运动时所能达到的位置精度。定位精度又可以理解为机床的运动精度。数控机床的移动是靠数字程序指令实现的，故定位精度取决于数控系统和机械传动误差。机床各部件的运动是在数控装置的控制下完成的，各运动部件指令分辨率在程序指令控制下所能达到的精度直接反映加工零件所能达到的精度，定位精度是一项很重要的检测内容。

（2）直线度误差。直线度误差是指直线上各点跳动或偏离此直线的程度。直线段误差主要是通过测量圆柱体和圆锥体的素线直线度误差（参见几何公差）、机床和其他机器的导轨面以及工件直线导向面的直线度误差等。常用的测量方法有直尺法、准直法、重力法和直线法等。

（3）转角误差。转角误差是指机床运动部件沿坐标轴移动时绕其自身坐标轴或其他坐标轴旋转而产生的误差。绕其自身坐标轴旋转产生的误差称为偏摆角误差；在垂直于运动平面方向旋转产生的误差称为俯仰角误差。沿 X 轴运动时有 3 项转角误差：绕 X 轴的为滚动角误差，绕 Y 轴的为偏摆角误差，绕 Z 轴的为俯仰角误差，如图 4-22 所示。

三轴数控机床的空间误差补偿流程如下：

（1）空间误差测量

机床误差检测可分为单项误差分量检测和综合误差分量检测两种方法。

单项误差分量检测是选用合适的测量仪器，对数控机床的多项几何误差如定位误差、直线度误差、转角误差、垂直度误差等进行直接单项测量的过程。根据测量基准的不同，单项误差分量检测方法可以分为三类：一是基于量规或量尺的测量方

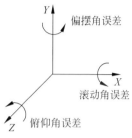

图 4-22　沿坐标轴移动的
转角误差

法，常用测量仪器有金属平尺、角规、千分表等；二是基于重力的测量方法，常用仪器有水平仪、倾角仪等；三是基于激光的测量方法，常用仪器为激光干涉仪和各种类型的光学镜。其中使用多普勒双频干涉仪进行检测的方法应用最广。但激光干涉检测方法普遍存在安装调试极不方便、对测量环境要求高、测试周期长等缺点，难以适应现场快速高效的测量要求。

综合误差分量检测是通过数学辨识模型实现误差参数分离，使用测量仪器一次就可同时对数控机床多项空间误差进行测量的方法。综合误差分量检测仪器与方法有基准棒-单项微位移法（Test Bar&Unidimensional Idimensional Probe，TBUP）、基准圆盘-双向微位移计测头法（Disk Gauge and Bi-dimensional-probe，DGBP）、双规球法（Double Ball Bar，DBB）、全周电容-圆球法（Capacitance Ball Probe，CBP）、二连杆机构-角编码器法（Plane Two Link Mechanism，PTLM）、四连杆机构法（Plane Four Link Mechanism，PM）、激光球杆法（Laser Ball Bar，LBB）等。其中，TBUP 和 DGBP 都是早期形成的方法，它们均能用于圆插补运动的质量判定，但测量范围及精度有限。PFLM 和 PTLM 的测量精度有所提高，但是只能用于单一圆平面检测，难以回溯精度异常源。随着检测方法方面研究成果的出现，在国际上基本形成以规则圆形轨迹误差运动测试溯因方法为主流的倾向。

各种典型的测量仪器应用于数控机床单项误差分量检测，其中多普勒双频干涉仪可测项目范围最广，几乎包括机床精度检测的所有主要指标。图 4-23 为采用 Renishaw XM-60 多光束激光干涉仪和 Renishaw QC20-W 球杆仪测量机床的定位误差、直线度误差和角度误差。

激光干涉仪是以激光为长度基准，对数控设备的位置精度（定位精度、重复定位精度、反向间隙等）、几何精度（俯仰角、偏摆角、滚动角、直线度、垂直度等）进行

图 4-23　机床 21 项误差测量

精密测量的精密测量仪器。使用 XM-60 时,只需一次设定(对光)即可测量线性轴的全部 6 个自由度,大大减少了误差的测量时间。XM-60 采用直接测量的方式进行机床误差检测,通过此方式可减小间接测量时由于数学计算模型推导引起的计算误差。另外三项垂直度误差由 Renishaw QC20-W 无线球杆仪进行测量。使用QC20-W 测量三轴垂直度误差操作方便,结果自动导出。

（2）空间误差建模

三轴机床空间误差建模是建立描述机床各几何误差项与空间误差模型之间的数学关系。常见的误差建模方法有三角几何法、矢量描述法、误差矩阵法、二次关系法、多体运动学法。其中三角几何法、误差矩阵法、二次关系法等都需要针对不同机床建立相应的模型,针对性强但是通用性差。多体运动学法以多体系统理论及齐次坐标矩阵变换为理论基础,建立数控机床的空间几何误差模型。这类方法建立的模型具有较强的通用性,能够较准确地表示数控机床各项空间误差,成为数控机床空间误差建模的主流方法。

（3）空间误差补偿

三轴机床的空间误差补偿的方式有函数型和列表型。函数型是通过理论分析或实测误差数据建立误差数学模型,将误差函数表达式存入计算机,根据机床和仪器的现行名义坐标位置以及其他变量(温度、力、和刀具磨损等),由误差函数式实时求出其误差修正量进行误差补偿。

列表型是将实测误差补偿点或根据实测误差曲线确定的补偿点列成误差修正表或矩阵存入计算机,在误差补偿时,若机床的实际变量(位置坐标、力、温度等)与误差修正表中的某一数据点(或补偿点)相同时,通过查表取出该点的误差修正矢量,进行误差修正。否则采用内插值算法,计算误差修正矢量进行修正。目前,三轴机床空间误差主要采用列表型的方式进行补偿。

线性位移的补偿:对误差曲线进行采样建立补偿值序列,得到误差补偿值序列后,当前运动轴在各位置处的补偿值按线性插值计算得到,补偿时补偿值将会与当前运动轴指令坐标叠加(图 4-24)。直线度误差补偿的方法与线性位移误差补偿的方法类似,不同之处在于直线度误差补偿的运动轴和补偿轴不是同一轴,根据当前运动轴位置计算得到的补偿值将会与指定的补偿轴指令坐标进行叠加。垂直度误差补偿的方式有所区别,垂直度的误差与机床运动轴位置无关,不需要建立补偿值序列,根据测得垂直度误差计算得出。

使用综合误差补偿模块对机床误差进行补偿后,使用激光干涉仪分别测量补偿前后的单轴螺距误差和四条空间对角线定位误差,评估补偿后的效果。

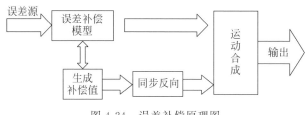

图 4-24 误差补偿原理图

2)五轴机床运动学误差补偿技术

(1)五轴机床的运动学误差

与三轴机床相比,五轴机床主要增加了旋转轴。除了直线轴的空间误差外,旋转轴在运动过程中受许多因素的影响,比如轴承的轴向跳动和径向跳动、轴套和主轴的圆柱度误差等也会带来空间误差。旋转轴在运动时回转轴轴线的位置偏离理想位置产生位移误差和转角误差,以及旋转轴之间的平行度、垂直度误差等。以 C 轴为例,C 轴在旋转运动过程中产生 6 项几何运动误差(图 4-25),分别为沿 X、Y、Z 方向的位移误差 δ_C^x,δ_C^y,δ_C^z 以及绕 X、Y、Z 方向的转角误差 θ_C^x,θ_C^y,θ_C^z。旋转轴线并非完全垂直所在 XOY 的平面,故旋转轴与其他两个直线轴 XY 间还存在垂直度误差。五轴误差补偿技术主要进行机床旋转轴与旋转轴之间的误差参数的测量和补偿。

(2)五轴机床运动学结构参数的标定

五坐标刀具中心控制即 RTCP(Rotational Tool Center Point),是五轴联动数控系统极其重要的功能。RTCP 功能的实现是基于主动旋转轴轴线方向与偏移和从动轴轴线方向与偏移的空间坐标转换,因而五轴机床主动旋转轴与从动旋转轴结构参数是 RTCP 控制极其重要的参数,主动轴轴线与从动轴轴线方向、主动轴轴线与从动轴轴线方向偏移称为 RTCP 参数。五轴结构参数的测量精度直接影响刀具中心点

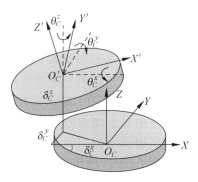

图 4-25 旋转轴的六项几何误差

定位精度,因此五轴机床结构参数精密标定意义重大。五轴机床 RTCP 算法标定方法有以下几种:

① 利用空间立体几何概念建立机床的运动结构立体几何模型，通过必要的数据测量，运用数学计算公式计算出各旋转轴的偏心距和刀尖距离旋转中心的距离 L。通过计算得到第一旋转轴半径 R_A 和第二旋转轴半径 R_B，L_1 和 L_2 是不同长度测量球头棒到主轴端面的距离，将计算出的五轴 RTCP 算法变换所需的几何矢量填入数控系统中，完成五轴 RTCP 参数的标定（图 4-26）。

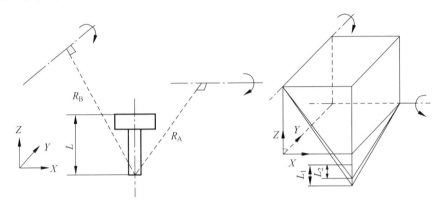

图 4-26　基于机床运动结构的立体几何模型

② 基于空间运动学理论，建立通用五轴机床 RTCP 参数统一计算模型，通过测量工具获取观测点绕轴旋转空间轨迹坐标，用最小二乘法对离散轨迹点进行平面圆拟合，拟合圆平面法矢即旋转轴轴线方向，拟合圆圆心是旋转轴轴线上的一点，这样可以在空间中唯一确定旋转轴轴线。图 4-27～图 4-29 为双摆头、双转台和混合型五轴机床的 RTCP 控制模型。图 4-27 中主动轴回转轴线 V_1 与从动轴回转轴线 V_2 两异面直线的公垂线 i_4，垂足为点 M_1 和 P_1，从动轴回转轴线 V_2 与主轴回转轴线 A 两异面直线的公垂线 i_2，垂足为点 P_2 和 P_3；图 4-28 中主动轴回转轴线 V_1 与从动轴回转轴线 V_2 两异面直线的公垂线 I_2，垂足为点 P_1 和 P_2，连接点 O_m、P_2 和 P_1 这些点依次可以得到从动轴偏移矢量 I_2、主动轴偏移矢量 I_1；图 4-29 中主动轴回转轴线 V_1、从动轴回转轴线 V_2 以及主轴回转轴线 A，建立点 O_t 以及 M_2，其中 O_tM_2 为刀具长度 H，主动轴回转轴线 V_1 与主轴回转轴线 A 两异面直线的公垂线 i_2，垂足为点 P_1 和 M_1。

基于此方法，华中数控华中 8 型高档数控系统推出了五轴 RTCP 结构参数自动测量功能，使用触发式测头和标准球测量工具，通过设置旋转轴类型、轴名、安全高度、定位速度、中间速度、触发速度、标准球半径、示教点个数等测量参数，自动运行测量宏程序控制探针与标准球碰撞并锁存机床坐标，基于通用的 RTCP 参数辨识模型，自动计算 RTCP 参数，可以实现三种通用五轴机床结构的 RTCP 参数的自动测量和计算。

3. 高性能数控系统的典型空间误差补偿功能

各个数控企业在空间误差补偿技术上进行了深入的研究，取得了关键技术的

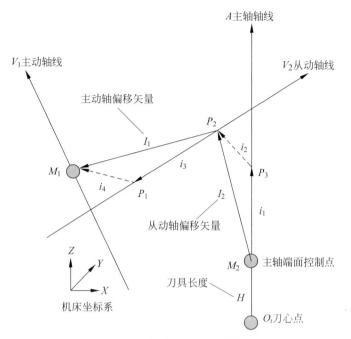

图 4-27 双摆头 RTCP 控制模型

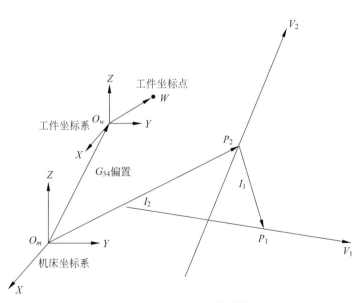

图 4-28 双转台 RTCP 控制模型

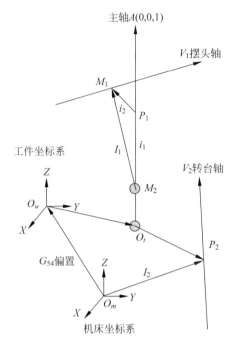

图 4-29　混合型五轴机床 RTCP 控制模型

突破,在各自的高性能数控系统上开发了空间误差补偿功能。

1) 西门子 840D 系统空间误差补偿-VCS

为了减小机床 21 项几何误差对机床空间位置的影响,西门子数控系统采用如下方案:激活 SINUMERIK 840Dsl VCS(Volumetric Compensation System)空间误差补偿功能;通过三维激光跟踪仪,测量采集所有轴各自的几何误差,根据各误差数据,定义机床专用的补偿范围,并将检测得到的误差数据转换为 SINUMERIK 840Dsl 的补偿数据,进行补偿。

通过"插补补偿"功能,可对位置相关的几何误差进行修正,包括丝杠螺距误差和测量系统误差、垂度误差和角度误差。"插补补偿"细分为以下两种补偿方法:丝杠螺距误差和测量系统误差的补偿;垂度和角度误差的补偿。

具体的实现过程:在调试时通过测量系统确定误差补偿值,保存到一张补偿表中。轴运行期间,系统会利用控制点进行线性插补运算,从而修正实际位置(图 4-30)。

2) 发那科的三维误差补偿和三维机床位置补偿

在普通的螺距误差补偿中,补偿是利用一个指定的补偿轴(单轴)的位置信息来实现的。例如,利用 X 轴的位置信息对 X 轴进行螺距误差补偿。三维误差补偿功能通过从周围补偿点(8 个补偿点)的补偿值计算三轴的补偿数据来调整当前位置,它是根据包含三个补偿轴的补偿区域(长方体)的内部比例进行调整的。

三维机床位置补偿是根据机床坐标指定的补偿点和与之相关的补偿量计算出

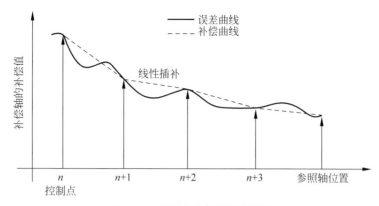

图 4-30　控制点之间的线性插补

近似的误差线,并补偿沿这些直线加工过程中出现的机床位置误差。该函数使用由 10 个补偿点和当前机器位置组成的 9 条近似误差线,在这些直线上的任意位置执行插值补偿。补偿数据可在 PMC 窗口中重写或使用可编程参数输入(G10 L52),重写后的值立即生效。因此,该函数可用于补偿加工过程中发生的机床位置误差。

该功能使用电机检测器和外置光栅尺的信息,测定反向间隙内齿牙的位置,根据电机位置优化反向补偿,减小反转时的象限突跳。其效果如图 4-31 所示。

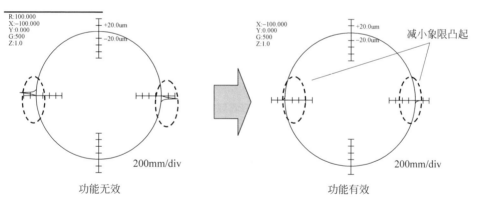

图 4-31　使用智能反向间隙补偿(全闭环)功能的效果比较

3) 大隈 OKUMA 的几何误差测量与补偿功能

大隈数控系统中"5-Axis Auto Tuning System"功能通过利用接触探测器与标准球测量几何误差(图 4-32),并按照测量结果进行自动补偿控制,从而提高 5 轴加工机床的运动精度。

另外,针对进行往返操作的模具加工加减速造成滚珠丝杠产生的挠度误差,大隈会根据指令加速度预测滚珠丝杠的挠曲量,对滚珠丝杠的挠度进行补偿(图 4-33)。

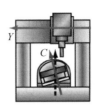 

A轴中心Y方向误差   C-Y轴垂直度误差   Z-X轴垂直度误差

图 4-32   几何误差示例

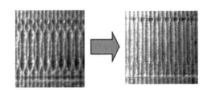

图 4-33   滚珠丝杠挠度补偿前后模具加工表面的折痕

4.4.3   热误差补偿技术

1. 热误差来源

因机床的温度变化导致机床的结构发生变形,从而产生误差,称为热变形误差
(或热误差)。影响机床的热源一般可以分为机床内部热源以及机床外部环境热源
这两种。机床运行时内部的电机转动,轴承、导轨摩擦以及电路热功率都会产生热
量,且通常以外部热大得多,所以对机床影响最大的基本就是内部热。热误差是数
控机床的最大误差源,热误差占总误差的比例随着精密程度的提高而增大,热误差
的存在会对加工零件的精度以及生产率造成不利影响。所以控制热误差将是提高
机床,特别是精密高速数控机床精度的关键技术。例如,丝杠热变形对定位精度的
影响(图 4-34)。

2. 热误差测量

热误差测量目的是获取机床温度场和热变形位移场的信息,为建立热误差模
型并对热误差进行补偿提供基础,是建立温度-误差模型之前至关重要的一步。热
误差测量包括温度测量和热变形测量。温度测量是在机床上布置一定数量的测温
点来测量机床整体的温度,通过数据的处理和计算,找到与机床热变形相关性好的
测温点进行温度测量,最终用于热误差建模。测温点的数量决定着建立的热误差
模型的精度,但是同时也会带来计算量的影响。因此合理地选择测温点是建立高
补偿精度热误差模型的基础。

测温点布置优化方法有两类:一类是通过理论分析在机床上寻找最优的测温
点,比如采用红外线成像仪获得测量对象的整体温度场,根据温度场的热成像图分

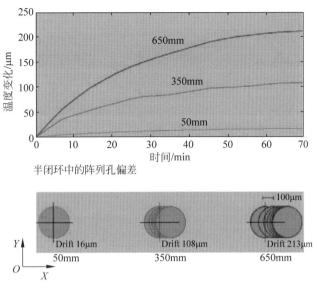

图 4-34 丝杠热变形对丝杠不同位置上的定位精度影响

析温度场的梯度,按照热敏感区密集布点、非热敏感区针对性布点的原则进行测温点布局;另一类是先在机床上大量布置测温点,然后基于优化选择策略从大量测温点中筛选出较优的测温点。优化选择的策略一般有如下几种。

(1)主因策略:对优化选择的测温点所采样到的温度数据必须与热误差数据有较强的线性相关性。

(2)互不相关策略:在满足主因策略的基础上,对测温点进行聚类选取,从每一个相关类中选出一个作为代表,用于热误差建模。

(3)最大灵敏度策略:优化选择的测温点的温度变化能够引起机床热误差的明显变化。

(4)最少布点策略:在满足其他优化策略条件的同时,通过逐步放宽模型的补偿精度而逐渐减少测温点,最终得到加工精度允许条件下的测温点集合。

对机床各关键部件部位的温度测量采用预埋温度传感器的方式,温度传感器一般有热电偶、铂电阻温度计、数字温度传感器配合微处理器等(图 4-35)。图 4-36 为根据进给轴 X 轴在行程范围内温度为 T 时测定的误差值序列绘制的热误差曲线。

热变形的测量方法主要有接触式和非接触式两种。接触式的测量方法有一维球列法、双球测量法(DBB)等;非接触式测量方法主要是采用非接触位移传感器进行测量。

3.热误差建模

热误差模型的建立就是将所筛选出的温度敏感点实验数据和相对应的热位移实验数据建立一定的数学关系。采用不同的数据模型建立的热误差模型的精度及稳健性不同,目前最常用的热误差建模方法是通过大量的实验数据对机床各部件

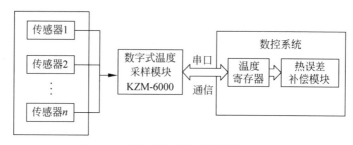

图 4-35　数字式温度传感器的接入方式

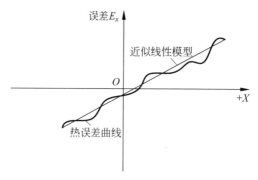

图 4-36　X 轴热误差曲线

热变形与敏感点的温度变量进行拟合建模,常用的热误差数学模型有多元线性回归模型、分布滞后回归模型、自回归分布滞后模型等。其他的建模方法还有人工神经网络、有限元、灰色理论、模糊逻辑和传递函数等。

4. 热误差补偿方法

数控机床的温升变形可采用两种方式解决:恒温控制和位置补偿。恒温控制指通过控制环境温度的恒温车间和给发热部件降温的冷却系统来实现。另外也可采用低耗能的伺服电动机、主轴电动机和变量泵等执行元件以减少热量的产生,简化传动系统的结构,减少传动齿轮、传动轴,可对发热部件(如电柜、丝杠、油箱等)进行强制冷却,以吸收热量,避免温升;采用对称结构,使部件均匀受热;对切削部分采用高压、大流量冷却系统进行冷却等方式。

热误差补偿可以分为实时补偿和近似补偿两类。实时补偿就是利用全闭环控制来实现补偿的方法(图 4-37),另外还有一种性价比较高的半闭环控制补偿方法。实时补偿法是通过将热误差模型计算数值直接插入到伺服系统的位置反馈环中而实现的。热误差补偿控制器获取进给驱动伺服电机的编码器反馈信号,同时该补偿控制器还计算机床的热误差,且将等同于热误差的数字信号与编码器信号相加减,伺服系统据此实时调节机床的进给位置。

热误差近似补偿就是根据部件温升与变形量的对应关系进行补偿。其过程为:在传动部件上加装温度传感器记录温度变化的数据,同时根据设计的热误差

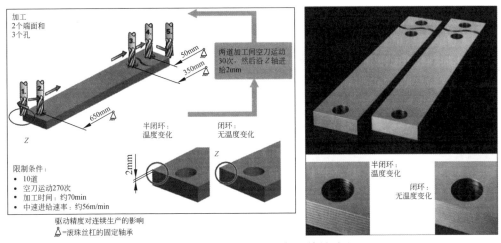

图 4-37 全闭环控制系统加工效果对比

模型,找到温度变化和变形量的关系,这些误差量作为补偿信号被送至 CNC 控制器,而后通过 CNC 控制系统中对电机的最终位置进行补偿。这种补偿方法对坐标值和 CNC 代码程序都没有影响,因此该方法对于机床操作者并不是可见的。一般数控系统的热误差补偿模块由以下两部分组成:数控系统热误差补偿参数的输入模块和根据热误差补偿参数实施补偿模块(图 4-38)。

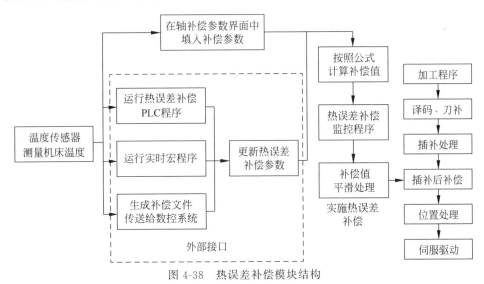

图 4-38 热误差补偿模块结构

数控机床的热误差主要是由主轴的热变形、丝杠的热膨胀、主轴箱的热变形及立柱的热变形几种因素共同作用的结果。其中主轴的热变形和丝杠的热膨胀是产生热误差的主要原因,因此根据机床的实际情况,热误差补偿可以分为三种情况:针对主轴热变形的热误差补偿(图 4-39)、针对丝杠膨胀的补偿以及同时包含主轴和丝杠热变形的补偿。

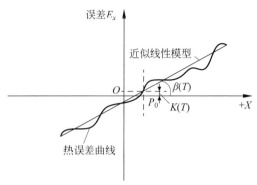

K(T)：位置相关热误差补偿值
P_0：补偿参考点
β(T)：补偿直线与X轴夹角

图 4-39 X 轴热误差补偿相关参数

5. 高性能数控系统热误差补偿功能

高性能数控系统大多具备热误差补偿功能,其中马扎克的智能热补偿功能能够检测温度变化并自动补偿;大隈 OKUMA 系统提出了"热亲和"概念,其数控装置 OSP 具有"高精度热位移控制技术"。

1) 马扎克的智能热补偿功能(ITS)

马扎克的智能热补偿功能(Intelligent Thermal Shield,ITS)能够检测温度变化并自动补偿,以最大程度地减少由于高速机械操作或室温变化引起的热位移,确保工件和工具之间位置关系的稳定性(图 4-40)。

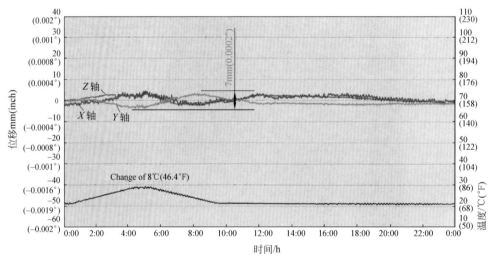

图 4-40 ITS 功能下各轴热误差

马扎克的主轴热位移预测系统,结合主轴的速度指令,可以实现高精度的主轴膨胀和收缩补偿。通过将高精度的热位移补偿系统和机械设计相结合(对产生热量的单元进行对称布置),可以确保在较长的运行时间内进行高精度的加工。

2) 大隈的热误差测量与补偿功能(Thermo-Friendly Concept)功能

大隈数控装置 OSP 的"高精度热位移控制技术",不但能够准确控制室温变化导致的热位移,还能准确控制由转速频繁变化所产生的主轴热位移以及切削液的有无所产生的温度变化。主要包含两大关键功能:主轴热位移控制 TAS-S (Thermo Active Stabilizer-Spindle)和环境热位移控制 TAS-C(Thermo Active Stabilizer-Construction)。

主轴热位移控制 TAS-S 能够准确控制由于主轴温度、主轴旋转、主轴转速变更、主轴停止等各种状态变化引起的热位移,即使转速频繁发生变化也能准确地补偿控制。

环境热位移控制 TAS-C 利用布置的传感器所捕获的温度信息和进给轴的位置信息,推测环境温度变化而产生的机床构件的热位移,并进行准确补偿控制(图 4-41)。

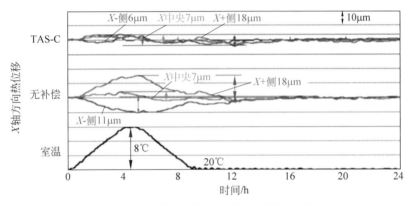

图 4-41 复数工件加工时的尺寸精度变化

3) 西门子数控系统基于 PLC 的数控机床热变形误差补偿功能

西门子数控系统的该功能主要是通过 PLC 来实现的,包括温度的采集、热误差模型的建立都是基于 PLC 模块和 PLC 程序进行的,在采集温度和通过热误差模型计算热变形后,系统会通过数据通信模块来修改数控系统中热误差补偿系数,实现热误差补偿(图 4-42)。

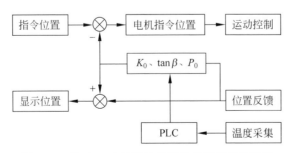

图 4-42 基于 PLC 的数控机床热变形误差补偿图

4.5 振动抑制技术

随着制造加工技术的不断发展,振动抑制逐渐成为高效高精加工的关键技术之一。数控机床在进行切削加工时,机床的部件之间、刀具和工件之间会发生相对运动,因此整个加工系统会产生各种类型的振动。按受力形式的不同,这些振动可分为两类:强迫振动和自激振动。强迫振动是指在周期性外力的作用下,加工系统的振动;自激振动是指机床的结构系统受到自身控制的非振动型激励作用时引起的振动。自激振动有多种表现形式,典型的如因动静摩擦力导致的主、从动部件传动时出现的低速"爬行"和高速摩擦自激振动;机床-刀具-工件系统在切削过程中相互作用,由于动态特性的变化产生的颤振现象。相比于其他自激振动形式,颤振对高速高精加工的影响较大,表现主要有以下几个方面:

(1) 颤振对加工结果的影响。工件的加工表面会由于刀具与工件之间的振动产生明显的振痕,使得加工精度受损,加工质量下降,良品率降低,影响加工效益。另外,颤振导致的振痕对零件的寿命和使用性能也有不利的影响。

(2) 切削参数如切削力、切削角度、切削厚度等会由于刀具与工件之间的振动周期性变化,从而产生一个周期变化的动态切削力,这个额外的动态切削力会使机床系统受力不均,加速刀具的磨损,对刀具寿命造成不利影响,甚至导致崩刃的严重事故发生,中断加工的连续性,影响机床寿命和加工效率。

(3) 在高速切削过程中,刀具和工件之间的高频振动会导致刺耳的噪声出现,不仅影响到车间的加工环境,还会对操作人员的健康和身心状态造成影响,留下安全隐患。

(4) 为避免或者降低颤振,以保证加工质量,操作人员在操作高速加工设备时,趋向于选择相对保守的加工工艺参数,造成设备资源的浪费,制约了高速切削的使用范围。

受制于数控机床设备的振动问题,高速切削加工过程中往往无法达到预定的额定切削速度。为了实现高速高效加工,有必要对高速切削加工过程中振动产生的原因进行分析,以采取相应的措施对振动进行抑制或者消除。对加工精度和质量影响较大的自激振动主要有主轴振动、进给轴振动和刀具的振动,因此本节对主轴、进给轴和刀具振动抑制技术进行介绍。

4.5.1 主轴振动抑制

为了满足高速高精加工要求,机床一般配备的是高速电主轴。高速电主轴作为核心部件,对其转速、精度、耐高温性、承载力等都具有很高的要求。但是在高速切削加工过程中,由于存在断续切削、加工余量不均匀、运动部件不平衡等原因,还是会产生主轴振动现象。

1. 主轴振动形成原因

数控机床配套使用的高速电主轴转速范围较广,工作环境恶劣,使其发生振动的原因有很多,但是主要有三项:

(1) 电主轴的共振。电主轴本身具有一个固有频率。当电主轴的工作转速对应频率与其自身固有频率重合时,该主轴将产生共振。共振直接影响电主轴的正常运行和轴承的使用寿命,严重的共振现象甚至会破坏电主轴的机械结构,使电主轴工作寿命急剧下降,同时整台设备也失去稳定工作状态。

(2) 电主轴的电磁振荡。电主轴的定子和转子之间的气隙由于机械加工误差等原因做不到绝对的均衡,定子和转子之间不等的气隙在电磁场的作用下会产生单边电磁拉力,使得电主轴发生电磁振荡。另外,伺服驱动控制器与电主轴的匹配合理性与供电品质也会使电主轴产生电磁振荡。

(3) 电主轴的机械振动。由于偏心质量的存在,电主轴高速运动时将产生振动。由不平衡质量产生的振动是其机械振动的主要成分之一。

2. 主轴振动抑制方法

主轴振动抑制主要可从以下三个方面入手:

(1) 变速切削技术。变速切削指周期性地连续改变切削速度以避开不稳定切削区,从而抑制切削的振动,是一种研究较早、使用范围较广且控制效果较好的切削颤振控制方法。具体实施方法为在切削加工过程中,控制机床主轴转速以一定的变速波形、频率和幅度在某一基本转速附近做周期性变化,国内外研究表明,只要变速参数选取适当,就可以取得优异的减振效果。但此方法需对系统进行大量的切削加工试验以建立系统稳定性极限图(图 4-43),如果加工系统中主轴、刀具、夹具、工件任何一部分发生改变时,其稳定性极限图也将发生改变,从而需重新规划颤振预测数据。同时主轴变速所带来的电机电流的剧烈变化对主轴电机的响应性能以及驱动电路的承载设计和散热提出了更高的要求。

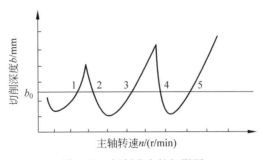

图 4-43 切削稳定性极限图

能够保持稳定切削的最大切深就是稳定切削的极限切深。在极限切深以下,无论以何种切削速度加工过程都将处于稳定状态,称为稳定加工区域;在临界切深以上,无论以何种速度切削都将会发生切削振动,称为不稳定加工区域。对给定的某一切削深度 b_0,当转速 n 从 n_1 逐渐增大时,切削过程从点 1 经过不稳定区段变化到点 2,然后经稳定区段变化到点 3,随着转速的增加,切削过程又从点 3 经不稳定区段变化到 4,如此等等。

（2）主轴轴承预紧力控制。现代高速电主轴的工况特点是低速大扭矩和高速大功率。低速粗加工时切削量大,刀具切削激振力大,要求主轴输出大转矩,此时主轴系统要求有较大的预紧力,以增大支承刚度和支承阻尼,来抵抗大激振力带来的受迫振动和工件切削过程有可能导致的自激振动。高速精加工时切削量小,要求主轴转速高,滚动轴承因高转速造成温度急剧攀升,此时需尽量降低轴承的预紧力。

（3）主轴系统自平衡控制。主要是采用相关的平衡机构进行主轴高速旋转的自平衡。但该类平衡机构结构较复杂,难以推广应用。一般在加工前对主轴的平衡性进行校准。

3. 高性能数控系统主轴振动抑制功能

为了满足高性能切削加工的需求,在主轴振动抑制技术方面,数控系统企业开发了主轴振动抑制的功能,如大隈的加工条件搜索功能。

当铣削加工过程中发生振动时,可利用"加工条件搜索"功能对其进行分析,显示最佳的主轴旋转速度,操作人员可按数控系统的画面说明改变旋转速度,对效果进行确认。该功能的特点在于可以快速搜索最佳的加工条件,该条件可使加工状态可视化,并且是对用户而言的"可视化",即便不是熟练工人也可轻松灵活地运用机床和刀具,实现高效率加工。

如图 4-44 所示,通过安装在机床上的传感器测定振刀,并自动变更到最佳主轴转速。其中振动的测定、最佳主轴转速的计算、主轴转速指令的变更等一系列动作都是自动进行的。对从低速区域到高速区域产生的各种加工振动,凝聚有效的对策方法,"可视化"最佳的加工条件。Machining Navi 根据话筒收集的振刀声音

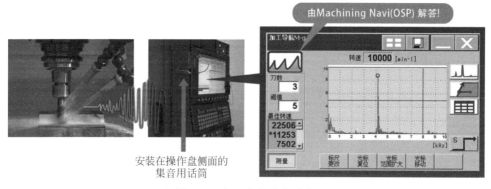

安装在操作盘侧面的
集音用话筒

图 4-44　加工条件搜索功能

将多个最佳主轴转速候补值显示在画面上，然后可以通过人机交互界面快速确定最佳主轴转速。

4.5.2 进给轴振动抑制

高速切削时，进给轴通常存在着振动现象，这些都会对切削加工产生不容忽视的影响，因此进给轴的振动抑制也有着重要的意义。

1. 进给轴振动的形成原因

导致数控机床进给轴产生振动的原因有很多，大致可分为四类：

（1）机械传动方面的故障。在进给系统中，伺服驱动装置到移动部件之间必须要经过一系列的传动链，当传动链出现故障时，就会导致进给轴的振动。如丝杠轴向存在窜动间隙，会引起进给轴加减速时发生振动。

（2）数控机床电气元件的故障。数控机床的电气故障包括编码器的连接线接触不良或受到干扰，电源三相输入不平衡，伺服电动机、变频器或驱动板等故障。当这些电气元件受到干扰时，其负责的速度信号反馈和速度调节就会受到影响，电机的加/减速就会受到影响，引起进给轴的振动。

（3）数控系统参数设置不当。系统参数是指伺服系统的位置环增益、速度环增益、电流环增益等参数。当系统参数设置不当时，进给系统的加/减速就会引起系统的振荡，例如当速度环增益过大时，电机不转动时的微小位移量会被放大，造成加/减速期间电机和部件之间的机械连接出现差动，容易引起振动。

（4）机床共振。数控机床在某一特定转速运行时，可能会出现共振现象，机床的共振会进给轴的振动。

2. 进给轴振动抑制方法

针对进给轴出现振动的原因，通过不断摸索实践，现在已经产生了进给轴振动抑制的一系列方法。

（1）在机械传动方面，可通过改善机械传动部件结构进行抑制。例如，选用高刚度高精度的丝杠、导轨、齿轮齿条等传动部件，导轨表面用聚四氟乙烯涂层改善摩擦特性，提高传动链刚度等。

（2）在电气元件方面，可通过选用新型直线电机、采用电气电柜的电磁屏蔽等措施来避免对进给轴运动产生影响。

（3）在伺服系统参数方面，可对伺服控制系统进行伺服优化，或者通过控制系统校正，抑制进给轴的振动。进行伺服优化时，可根据振动产生的具体原因调整伺服系统参数，如伺服驱动器增益、积分时间电位器参数、位置编码器参数等。校正控制系统时，可使用滤波器如低通滤波器、双二阶滤波器等方法进行振动抑制，应用比较广泛的还有陷波滤波器。但是这种方法必须准确获得进给系统的谐振频率，同时也会降低伺服系统的响应速度。

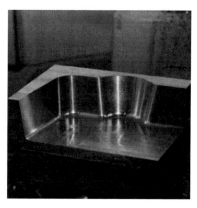

图 4-45　AFC 全面保护工件

3. 高性能数控系统进给轴振动抑制功能

在进给轴振动抑制消除方面,不同数控系统提供了各自的解决和优化方法。如:

1) 海德汉的动态高效功能

海德汉的动态高效提供一系列功能,旨在帮助用户更高效地进行重型切削和粗加工,并提高加工过程可靠性。其自适应进给控制(AFC)通过自动调整数控系统的进给速率来抑制进给轴振动。AFC根据工艺数据库中定义的各种加工情况下的进给速度限制值,在加工模式下自动调整进给速度,调节时考虑主轴功率,避开共振频率(图 4-45)。

2) 发那科系统的 SERVO GUIDE

发那科的调试软件 SERVO GUIDE 可以测量机床运行过程中的响应频率,通过频率响应图可以知晓机床的驱动状态。调整伺服位置环增益、速度环增益和使用数控系统中的 HRV 滤波器可使频率响应图达到抑制振动的要求。

3) 马扎克的防振动功能

马扎克的防振动功能(Active Vibration Control,AVC)可以降低机床由于轴向加减速运动引起的振动,在缩短加工时间和提高加工精度的同时,实现了高质量的高速进给加工。基于此功能马扎克开发了新型的加减速滤波器,用于控制机床轴向运动时的振动。图 4-46 显示了在 AVC ON/OFF 下的表面粗糙度。当 AVC 设为 OFF 时,由于刀具通过拐角时发生的轴向运动加减速引起的振动会让刀具在工件表面上留下痕迹。当 AVC 设置为 ON 时,不会出现由于轴向运动加减速引起的振动。

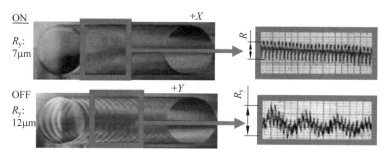

图 4-46　AVC ON/OFF 下的表面粗糙度对比图

4.5.3 刀具的振动抑制

刀具-工件系统的"颤振"在高速高精切削加工过程中时有发生,给加工质量、刀具寿命、车间环境和加工效率等诸多方面带来了不利影响。

1. 刀具振动形成原因

刀具在切削工件时产生振动的原因有:①包括刀具在内的工艺系统刚性不足,导致其固有频率低;②切削产生了一个足够大的外激力;③切削力的频率与工艺系统的固有频率相同。

2. 刀具振动抑制方法

刀具切削颤振的控制方法分为两种:被动控制和主动控制。被动控制是指通过改进刀具结构和材料、选择合适的加工工艺参数来避开不稳定切削区域。被动控制具体实施方法有:

(1) 刀具振动控制即改进刀杆材料,优化刀具结构,监测刀具状态。例如,尽可能缩短刀具装夹的悬伸量,改进切削刃的形状等。监测刀具状态是指对切削加工过程中的刀具进行颤振监测,收集刀具的振动信息,可在刀具发生颤振时进行快速预报,防止刀具颤振的发生。

(2) 工件振动控制。对于工件振动的控制主要是从工件的夹具设计和改进出发,设计具有减振功能的夹具结构或者稳定性更好的装夹方案。例如,设计夹具位置不同的装夹方案,采用有限元仿真的方法,研究计算不同方案下的工件-夹具系统的固有频率,比较不同夹具数量和位置下切削系统的稳定性 Lobe 图,采用寻优控制的方法,寻找最适合的方案。

(3) 调整工艺参数。在切削加工阶段对工艺参数进行优化来抑制刀具的振动,即根据实际加工要求尽可能使切削用量参数匹配在稳定切削区域并取得最大值。例如,在重型加工过程中,降低切削负载,抑制刀具振动。

被动控制方法虽然可以在一定范围和一定程度上抑制刀具颤振,但是在高速高精切削加工中,往往会很难发挥数控设备的最大潜力和优势,并且存在加工效率低、适用范围低、能源材料消耗高等缺点。

主动控制是指在振动控制过程中,根据传感器监测到的振动信号,基于一定的控制策略,经过实时的计算,通过驱动器对控制目标施加一定的影响,达到抑制或者消除振动的目的。也可在机床系统的固有频率处增加额外的阻尼,增大整体的刚度和阻尼,从而使整个系统稳定。

主动控制在适应性和调节性方面具有极大的优越性,可以通过动态修改系统的结构参数,实现高水平的振动控制。但是由于主动控制设计的阻尼器、控制器等驱动系统一般为液压系统甚至磁流变液系统,装置复杂,造价昂贵,对能源需求较大。而且在设备的制造、维护方面的代价较大,可靠性和稳定性也有待提高,其在实际切削加工的应用范围依然存在局限性。

3. 高性能数控系统刀具振动抑制功能

高性能数控系统中也集成开发了针对刀具颤振的优化功能，如海德汉的有效颤振抑制功能（ACC）能有效控制机床在高速铣削时刀具产生的颤振，降低刀具负载，尤其在重型切削中，该控制功能的效果非常明显，明显降低刀具颤振对工件表面质量的影响，提高加工质量。使用有效颤振控制和不使用该功能的实际重型加工效果对比如图 4-47 所示。

图 4-47　使用 ACC 和未用 ACC 的重型加工效果对比

4.6　曲面加工优化技术

高性能复杂曲面零件是航空航天、模具行业的典型加工对象，也是高性能数控系统主要应用对象。高性能数控系统曲面加工优化技术是提升零件加工精度、加工效率和表面质量的综合应用技术。轨迹平滑和速度优化是曲面加工优化的重要技术手段，本节主要从轨迹优化和速度优化两个方面介绍目前曲面加工优化技术的研究进展和应用情况。

4.6.1　曲面加工存在的问题

曲面加工缺陷通常包括过切、欠切、振纹和刀纹不均匀等。这些缺陷通常是由于加工控制过程中不合理的轨迹和速度导致的。例如，刀具轨迹拟合异常导致偏离理论切削轨迹时，会引起过切或欠切；异常降速时刀具在低速段停留时间变长，切削量增大，也容易造成过切。速度不平稳、加速度突变可能会导致加工表面出现振纹；轨迹不平滑容易引起进给轴的振动，反映到工件表面，也会形成振纹。轨迹和速度在刀路横向上的不均匀会引起表面刀纹不均匀。

1. 过/欠切

过切是指切削量超过零件设计表面的公差带下限，欠切是指切削后的余量超出零件设计表面的公差带上限。过切和欠切通常发生在零件表面的组合曲面相交过渡的位置，少部分会出现在单张自由曲面的内部，如图 4-48 所示。

曲面相交过渡处的数控编程轨迹容易出现异常的刀位点波动，如图 4-49（a）所

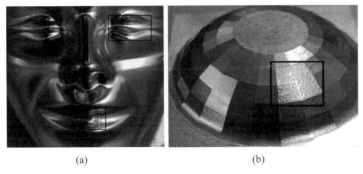

图 4-48 过切和欠切

(a) 曲面相交处的过切和欠切；(b) 曲面内部的过切和欠切

示,如果系统对拐角处理不合适,会导致相邻刀具轨迹切削量相差较多,从而出现图 4-48 中的切痕深浅不一的过欠切情况。在曲面内部,如果设计曲面不平顺,CAM 生成刀具轨迹时会出现波动,如图 4-49(b)的轨迹扭曲。如果数控系统轨迹平滑能力不足或速度规划时出现降速误判,容易出现图 4-48 中曲面内部的过切和欠切。

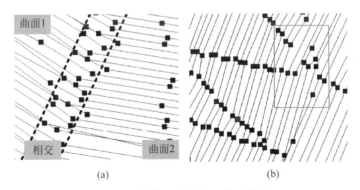

图 4-49 数控程序的加工轨迹缺陷

(a) 曲面相交处相邻轨迹波动；(b) 曲面内的轨迹扭曲

2. 振纹

零件加工表面的振纹通常不会超过设计轮廓的公差带,但会影响零件的性能和外观,特别是对于整体性能和表面均匀性要求较高的叶片、叶轮和模具类零件。振纹通常出现在加工过程中有加减速的一些特征边缘,沿着边缘扩散,并有明暗感,因此行业内一些人员也称其为"扩散纹""明暗纹"等(图 4-50)。

3. 刀纹不均匀

由于复杂曲面形状不规则,难以进行打磨抛光,除了要满足曲面的轮廓精度外,高质量加工表面对刀纹均匀性也有很高的要求。刀纹不均匀通常表现为一些密集的不规则的切痕和坑点,如图 4-51 中零件表面上的刀纹不均匀。

图 4-50　沿特征轮廓边缘扩散的振纹

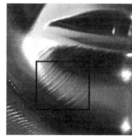

图 4-51　刀纹不均匀的零件

　　轨迹的横向不均匀是刀纹不均匀的影响因素之一。CAM 生成数控程序时公差过大会导致加工轨迹出现不均匀的波动。如果数控系统的轨迹平滑能力不足，无法平滑这种轨迹不均匀的波动，就会导致零件表面的刀纹不均匀，如图 4-52 所示。

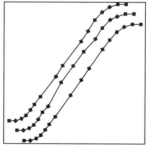

图 4-52　轨迹波动导致的刀纹不均匀

　　速度的横向不均匀也会引起刀纹不均匀。轨迹相同切削速度不同时，刀具的切削量也会有所不同，低速时的切削量比高速时的切削量大。速度的横向变化过大，切削量会相差较大，容易出现刀纹深浅不一致（图 4-53）。另外，加/减速过程不平稳，刀具每齿切削量变化不均匀，容易出现坑点，也会导致刀纹不均匀。

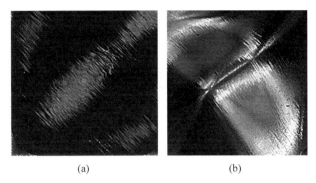

(a)   (b)

图 4-53   速度横向不均匀导致的刀纹不均匀

(a) 速度色谱图(深色为高速)；(b) 对应的实际加工零件表面

4.6.2 曲面加工优化的方法

在数控加工中,有很多提高曲面加工质量的手段,如前面小节所讲的高速高精运动控制、误差补偿和振动抑制。本小节主要介绍轨迹平滑和速度优化对曲面加工质量的提升和优化。

1. 曲面加工轨迹平滑方法

CAM 系统生成的刀具路径通常是 G0 连续(仅位置连续)的分段线性路径。程序段之间 G1 不连续(切向不连续),会导致数控系频繁降速,影响加工效率。插补轨迹 G2 不连续意味着曲率不连续,此时如果降速不充分,会引起较大的加速度波动,造成机床的剧烈振动,影响加工质量。因此,为了保证加工效率和加工质量,$Gk(k \geqslant 2)$连续的刀具路径平滑是高性能数控系统的重要功能之一。

在数控加工中,刀具轨迹拟合方法主要分为插值和逼近两种。当刀具轨迹顺序通过给定的刀位点时,这种刀具轨迹称为插值轨迹;当拟合的轨迹不严格通过刀位点,只是在设定的误差范围内接近给定的刀位点,则称这种刀具轨迹为逼近轨迹。目前,在轨迹拟合方面的研究主要分为以下几类。

1) 局部样条构造轨迹

局部样条构造方法是通过在每两个刀位点之间构造一段样条,并保证样条的弓高误差来控制样条拟合的精度。这种拟合方法局部性好,计算简单,算法实时性好,适用于数控系统的实时数据处理流程。局部样条构造方法认为刀位点反映了原始模型的特征,构造的样条严格通过每一个刀位点,避免造成零件特性信息丢失而影响零件加工精度,如图 4-54 所示。

样条构造的一种方式是以相邻两个点的坐标及点的切向量为边界条件,在两个点之间构造一段样条。点的坐标值不变,切向量方向可以通过各个点前后点的坐标插值得到,切向量的模长可以利用相邻的小线段长度进行估算,如图 4-55 所示。通过该方法构造出来的样条能够严格控制其形状和对小线段的逼近精度,具有较好的局部特性,但样条间通常只达到了 G1 连续。

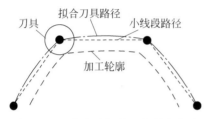
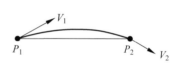

图 4-54　刀位点之间的局部样条构造　　　　　图 4-55　两点之间构造样条

另外,这种样条构造的方式对点的切向量估算要求比较高,如果切向量估算不准,容易造成样条变形。为了提高边界条件的准确性,有文献提出在 CAM 生成刀具轨迹时,利用模型信息将刀位点处的切向量和误差指向信息同时输出到文件中,指导数控系统完成更加精确的样条构造。其中弦误差指向信息是两点(P_0、P_6)之间弦高差最大的位置和方向 CHORD_ERR$[w,e,l]$,如图 4-56 中的 P_3 点处,w 为小线段上弦高差最大位置的比例,e 表示最大的弦高差,l 表示弦高差的方向。

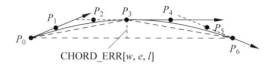

图 4-56　包含切向和误差指向信息的样条构造

这种样条构造的方式可能得到更高的精度和更合适的轨迹形状,但是对 CAM 的信息要求较高,目前还不具有通用性。

构造样条的另一种方式是以小线段为单位,在两个小线段之间插入过渡样条,并保证过渡样条与两侧直线段的连续性。如图 4-57 中的 $B_3(u)$ 和 $B_4(u)$ 两段样条即为构造的过渡样条,这两段样条可以通过 6 个控制点($Q_1 \sim Q_6$)进行描述。

然而,有文献认为,这类样条过渡的方式虽然保证了样条的 G2 连续,但过渡样条没有通过编程刀位点,可能造成零件特征信息的丢失并引起相邻轨迹的横向不均匀。为了解决不通过编程刀位点的问题,该文献提出先构造 G2 甚至 G3 连续的过渡样条,再通过迭代的方式对过渡样条进行变换,使其在很小的误差范围内通过编程刀位点(图 4-58)。

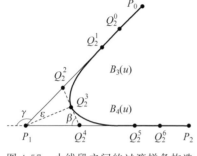

图 4-57　小线段之间的过渡样条构造　　　　图 4-58　过编程刀位点的局部过渡样条

以上局部构造的方法虽然最大程度地通过编程刀位点,但是没有考虑小线段轨迹中的噪点(缺陷点),对 G 代码要求较高,实际工程应用中难以普及。另外,这类方法由于是在两个刀位点或两段小线段之间插入局部样条的方式构造整个刀具轨迹,缺乏全局轨迹拟合的光顺特性。

2)插值样条拟合轨迹

另一些研究人员是通过离散编程点计算每个程序段转角处所对应的"离散曲率",并判断连续小线段轨迹的偏转情况,将偏转超过阈值的转折点作为可光顺区域的边界特征点。然后利用 B 样条曲线对边界特征点之间的点进行插值拟合(图 4-59),以达到整体光顺的目的。

该方法避免了两个特征点之间点的切向不连续问题,轨迹压缩率较高,可有效提高编程点之间轨迹运行时的进给速度。但是该类方法对光顺后的轨迹与原始轨迹之间的误差并没有做严格的限制,很难保证插值后的加工精度。

图 4-59 刀位点的全局插值拟合

为了提高这类插值轨迹的拟合精度,有文献提出选择性的插值拟合,先将能够拟合为样条的小线段轨迹进行分组,例如每5 个点一组,采用三次 Bezier 曲线对一组刀位点的第一个刀位点 P_1、第三个刀位点 P_3 和最后一个刀位点 P_5 进行插值,然后判断 P_2、P_4 点相对于样条的误差是否满足逼近精度,如果满足则直接输出样条(图 4-60);如果不满足则对 P_3 处的参数进行调整或插入更多的点(图 4-61),直到满足中间点的逼近精度。

图 4-60 三次 Bezier 曲线插值 P_1、P_3、P_5 示意图

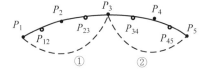

图 4-61 增加刀位点重新分组示意图

在得到一系列 Bezier 曲线后,利用 B 样条的性质,将多条三次 Bezier 曲线转换为一整条三次 B 样条,形成最终的插值轨迹。这种选择性的刀位点插值轨迹能够降低多点拟合的计算复杂度,并能有效提高插值精度。

3)逼近样条拟合轨迹

还有一些研究和实际应用是利用样条曲线对离散编程点进行逼近拟合。为保证拟合曲线的逼近精度,需要对拟合后的曲线与原始刀位点之间的误差进行检查,并通过迭代与分段拟合的方法进一步提高对原有刀位点的逼近程度(图 4-62)。这类方法保证了对刀位点的拟合精度,在提高轨迹的全局光顺性的同时实现了数据的压缩,但是其误差校验过程中需要计算点到曲线的距离,并可能需要多次迭代,

图 4-62　刀位点的全局逼近拟合

算法耗时较高且具有一定的不确定性，因此这类算法对系统的硬件处理速度和软件流程具有很高的要求。

在逼近样条拟合轨迹方面多个知名的数控系统厂商也具有较多的研究和应用。

德国西门子的高档数控系统 840D、840D sl 以及最新的 SINUMERIK ONE 中均集成了小线段程序压缩器和可编程角度倒圆功能（图 4-63）。程序压缩器能够根据所设的公差带将行程指令按顺序压缩成一条平滑的、曲率稳定的样条轮廓，有利于提高系统速度和加速度，从而提高生产率。可编程角度倒圆是通过预读，对已知尖锐转角进行圆弧倒角，即不严格通过编程角点。

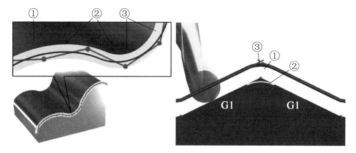

图 4-63　西门子的程序段压缩和可编程转角过渡功能

日本发那科的 30i、31i、32i 等高档数控系统推出了智能平滑公差控制功能（图 4-64）。与西门子类似，智能平滑公差控制功能一方面可以根据指定允差平滑连续微小线段指令的加工路径，提高精加工的质量；另一方面通过指定公差，可实现不同指令间的转角过渡，包括直线与直线、直线与圆弧、圆弧与圆弧插补的平滑过渡。

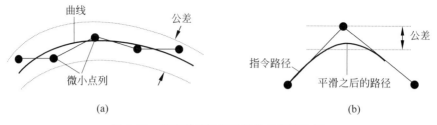

图 4-64　发那科的智能平滑公差控制功能
（a）平滑连续小线段；（b）允差内转角过渡

同样，海德汉高档数控系统 TNC620、TNC640 等也具有类似的功能，如自动控制平滑处理。这些产品化的高端轨迹平滑技术使上述企业的产品在高性能数控系统领域中占据了绝对优势，但其技术实现目前处于保密状态，一般的专业人员难以深入了解其技术细节。

从以上轨迹平滑的理论研究和实际应用中可以看出,局部构造样条轨迹和插值拟合轨迹虽然能够保证严格通过特征刀位点,最大程度忠实于 CAM 软件生成的编程轨迹,但是对于存在缺陷点的编程轨迹适用性较差,容易发生轨迹变形和异常降速。全局逼近轨迹能够过滤编程轨迹中的异常波动,甚至对噪点也能够起到平滑的作用,曲线光顺性较好,对于加工速度的提升具有较大意义。但是全局逼近拟合方法需要计算刀位点与逼近曲线的距离,并需要进行多次迭代才能够提高轨迹的拟合精度,算法耗时较高,对系统软件硬件性能要求较高,工程应用中的技巧性较强。

然而,从西门子、发那科和海德汉所公布的轨迹平滑功能原理简介中可以看出,其所用的方法均是全局逼近拟合配合局部转角过渡的方式进行刀具轨迹的平滑处理,因此可以看出该方法对曲面加工优化具有较高的适用性。

2. 曲面加工速度优化方法

在曲面加工中,通常速度越高,加工误差越大,但通过降低加工速度来提升精度会影响零件的加工效率。另外,速度的不平稳、加速度突变可能会导致加工表面出现振纹。速度的横向不连续会引起加工表面刀纹不均匀。因此,在数控系统插补前需要对加工速度进行合理的优化。速度优化需要考虑两个方面:一方面是确定单条轨迹上各程序段的合理速度;另一方面是保证相邻轨迹的速度连续性。其中,如何保证相邻轨迹的速度连续性是速度优化的难点。

目前,在相邻轨迹连续性速度优化方面的研究主要分为两类:一类是在数控系统前瞻阶段,通过跨相邻轨迹的大范围程序段预读,在确定单条轨迹速度的同时考虑相邻轨迹的速度连续性;另一类是在离线环境下,通过对全局轨迹的遍历和迭代,实现相邻轨迹间的速度连续。

1) 系统前瞻速度优化

前瞻是数控系统相对于当前加工的程序段,超前预读和处理还未加工到的程序段,并将处理后的待加工程序段放入系统缓存中,等待系统的加工。前瞻是保证系统正常运行、提高加工效率和加工精度的关键。在前瞻的过程中需要识别降速区域和拐角尖点,并确定降速区域和拐角尖点处的最大加工速度,保证刀具平稳地通过所有刀位点。根据前瞻范围的不同又可以划分为两类:一类是短距离的预读,仅识别轨迹行进方向的降速区间和拐角尖点,并计算降速速度;另一类是在大范围程序段预读的基础上,不仅对轨迹行进方向的降速区间和拐角尖点进行识别,还能够建立多条相邻轨迹的空间邻近关系,实现加工速度的横向连续,避免个别轨迹缺陷点导致的异常降速。

有研究认为,降速区间的分界点通常是刀具轨迹中曲率不连续和切向不连续的特征点,如图 4-65 所示。在前瞻中识别出降速区间和拐角尖点后,再对其降速的速度值进行合理的限定,以保证曲面加工精度和效率。在一个降速区间内,加工速度在边界处快速变化到指定的速度并保证恒定,直到下一个降速区间或拐角尖点的出现。恒定的速度有助于提高加工过程的稳定性,因此这类速度优化方法在一定程度上能够改善加工表面质量的均匀性。

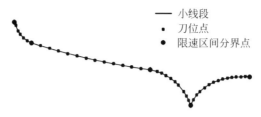

图 4-65　降速区间分界点和拐角尖点

　　然而这类方法也只考虑了行进方向的降速区间和拐角尖点，没有考虑相邻轨迹的降速区间和降速尖点的一致性。为了解决这个问题，需要在大范围前瞻基础上，利用相邻轨迹匹配的算法对降速区间和降速尖点进行一致性规划。如图 4-66 所示，当刀具加工到当前点时，系统最远前瞻程序段已经跨越了多条轨迹，通过对前瞻轨迹中的刀位点邻近关系和轨迹形状进行匹配，使相邻轨迹的降速区间边界点和拐角尖点的位置协调一致，并且保证预规划速度大小的横向连续。图中前瞻范围内的相邻 4 条轨迹的速度标记点 V_1、V_2、V_3 和 V_4 的位置和大小基本保持一致。

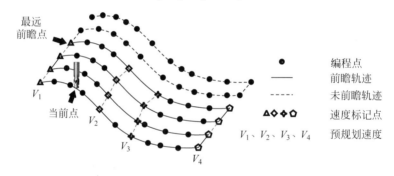

图 4-66　考虑相邻轨迹的前瞻速度预规划

　　西门子、海德汉和发那科等系统厂家在这方面具有较深入的研究和应用，在系统性能允许范围内，尽可能多地预读程序段，然后通过刀位点的邻近关系和轨迹的形状匹配，实现相邻几条轨迹的降速区间和拐角尖点的速度协调。

　　西门子 840D 及以上版本的高端数控系统推出了连续路径运行功能和优化后的前瞻预读功能。连续路径运行功能通过修改局部编程曲线，在轨迹达到平滑后，使得程序段过渡时轨迹速度不会降到很低，尽可能以稳定的速度运行连续的小线段程序。优化后的前瞻预读功能通过对相邻铣削轨迹中相似的轨迹特征进行预处理，使相邻铣削轨迹上的速度保持协调，对任意形状表面上的往复加工质量均有良好的效果。

　　海德汉 TNC640 高档数控系统的高级动态预测（ADP）功能同样对预读能力进行了扩充。在双向往复铣削路径中，使进给速度在往复平行路径中达到"对称"，并对速度曲线进行特定的平滑。即使对相邻路径刀位点分布不均匀的 NC 程序，也能缩短加工时间，提高表面光洁度。

发那科 31i 及以上版本高端数控系统的 AI 轮廓控制功能通过预读程序指令来提前判断轨迹形状,自动区分拐角及曲线的特征,并根据机床的机械性能对速度及加速度进行优化,以提高加工效率。该功能强调了系统预读能力,在预读时完成轨迹平滑和速度优化任务,其部分系统型号最大预读程序段达到 1000 段。

2）离线全局速度优化

在系统前瞻时进行速度优化,能够在加工的同时进行优化处理,效率较高。然而,受系统实时性的限制,前瞻范围虽有所增加但仍然有限,只能考虑相邻几条轨迹速度的一致性,无法保证全局轨迹速度的横向连续。

离线全局速度优化是在系统外部的优化软件中,在不受实时性和内存的限制下,利用复杂度更高的全局遍历和迭代优化算法,实现加工轨迹的全局速度优化。离线全局速度优化的结果可以通过文件输入到数控系统,数控系统按照文件中的速度优化结果进行加工,能够有效避免由于数控程序缺陷和系统实时性限制导致

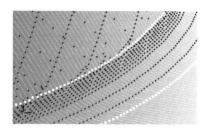

图 4-67　离线全局速度区间优化

的加工表面缺陷,提高加工质量和加工效率。如图 4-67 所示,离线全局速度优化标记出的降速区间边界（白色点）,在轨迹横向上形成连续的"特征线",特征线上所有标记点的速度大小保证一致性或连续性。

研究发现,数控系统的实时数据在插补点曲面上分布的不连续程度与曲面精加工表面质量缺陷之间存在对应关系。如图 4-68 所示,图 4-68（a）为零件的原始模型图；图 4-68（b）为零件的插补点速度三维色谱图,每个插补点的颜色由该点对应的速度大小决定,可以根据颜色的变化定性地分析速度不连续性；图 4-68（c）为实

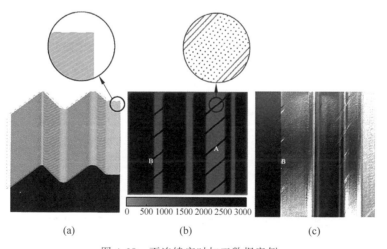

图 4-68　不连续实时加工数据案例

（a）零件模型图；（b）速度三维色谱图；（c）零件加工表面

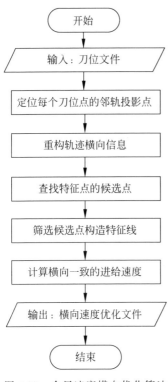

图 4-69　全局速度横向优化算法
流程图

际的零件加工结果。从图中可以看出，插补点数字曲面上的速度不连续位置与实际加工零件表面上的质量缺陷存在对应关系。

在以上研究的基础上，通过采集数控系统加工过程中的实时插补数据，利用插补点压缩算法和曲面重构算法对各信号（如速度、加速度等）在曲面上分布情况进行可视化，利用实时数据的不连续度量化算法对信号的不连续度进行评价，作为曲面加工全局速度优化的参考依据。

在实时插补数据分析的基础上，有文献提出通过定位每个刀位点在相邻轨迹上的投影位置，重构刀位轨迹的横向信息，利用横向信息查找特征点的候选点，然后筛选候选点以形成特征线，计算特征线划分的速度区间的边界速度，并利用平滑算法对横向速度区间的目标速度进行一致性优化（图 4-69）。

离线优化的方式虽然能够完全地实现全局速度优化，但是由于需要在系统外部进行额外的预处理，操作流程相对复杂，优化结果在不同系统中无法直接复用，因此主要用于对全局表面质量要求较高、单件零件价值较高的复杂零件加工优化。

4.6.3　高性能数控系统曲面加工优化功能

目前，不同品牌高性能数控系统均提供了相应的轨迹平滑和速度优化功能，并结合其高速高精运动控制、误差补偿和振动抑制技术实现了高性能零件的曲面加工优化。

1. 西门子曲面加工优化功能

1）"精优曲面"（Advanced Surface）功能

西门子 SINUMERIK 840D sl 集成了一系列新功能，这些功能整合在控制系统的"精优曲面"解决方案中（图 4-70）。在"精优曲面"功能包中，通过优化的预读功能，让系统在相邻铣削路径上保持相同加工状态，提高了加工表面质量的均匀性（图 4-71）；优化的压缩器功能 COMPCAD 对轨迹进行平滑，可有效提高轮廓精度和加工效率。

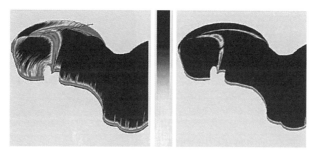

图 4-70 "精优曲面"的速度横向优化效果(深色表示高速)

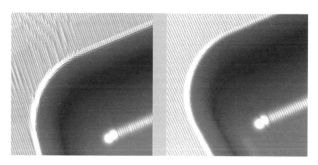

图 4-71 邻近铣削路径加工状态一致对表面质量的改善

2)"臻优曲面"(Top Surface)功能

为了进一步提升曲面加工质量,西门子 SINUMERIK 840D sl 数控系统又推出了"臻优曲面"功能包,其中包含前馈控制、连续路径切削等多种曲面加工必需的功能,能够有效改善由于程序质量问题造成的工件表面光洁度受损情况(图 4-72)。

该功能主要针对自由曲面所构成的模具类零件,这些零件结构复杂,加工难度大,单件零件价值高,产生废品损失大。"臻优曲面"功能能够对双向往复铣削的加工轨迹进行方向无关的平滑,并对微米范围内不平整的位置进行公差内的平滑,尽可能降低 CAM 数据质量差的影响(图 4-73),明显提高工件表面质量,获得更高的零件表面光洁度。

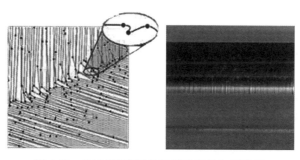

图 4-72 CAM 程序质量问题引起的加工缺陷

 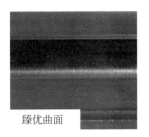

臻优曲面 　　　　　　　臻优曲面

图 4-73 　"臻优曲面"功能对轨迹和加工质量的优化效果

线段长极小的指令位置

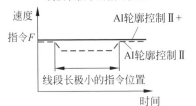

图 4-74 　AI 轮廓控制Ⅱ对加工速度的
优化效果

2. 发那科曲面加工优化功能

1）AI 轮廓控制Ⅱ＋（速度）

发那科 AI 轮廓控制是在程序段预读的基础上对速度和加速度进行适当的控制。通过预读的程序指令来判断指令形状，以适应机械性能的最佳速度和加速度进行加工（图 4-74）。

2）轨迹平滑公差＋控制

平滑公差＋控制技术在指定的允差（公差）范围内对连续微小程序段路径进行平滑，减小机械冲击，实现复杂零部件的高光加工（图 4-75）。

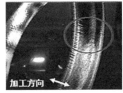 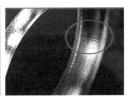

图 4-75 　平滑公差＋控制对加工表面质量的改善

3. 海德汉曲面加工优化功能

在使用 CAM 软件生成自由曲面加工程序时，相邻路径通常会有偏差，导致加工的零件表面质量差。海德汉 TNC640 高档数控系统提供的高级动态预测（ADP）功能，实现了往复铣削时与方向无关的相邻轨迹平滑，使相邻路径具有较高的重复性，提高了工件表面的光洁度（图 4-76，图 4-77）。

4. 华中 8 型曲面加工优化功能

华中 8 型高档数控系统针对曲面加工优化提出了基于双码联控（G 代码＋i 代码）的全局速度横向优化的功能。该功能首次提出了数控智能代码（i 代码）的概念，其作用之一就是对 G 代码加工信息进行补充。利用该功能可以将全局速度横

图 4-76 海德汉高级动态预测功能的速度优化效果(深色表示高速)

(a) 未使用 ADP 功能的加工效果;(b) 使用 ADP 功能的加工效果;

(c) 未使用 ADP 功能的速度色谱图;(d) 使用 ADP 功能的速度色谱图

图 4-77 速度和轨迹优化对表面质量的改善

向优化信息通过 i 代码输入到数控系统,并与 G 代码中的指令行进行双码联控,实现曲面加工的全局优化(图 4-78,图 4-79)。

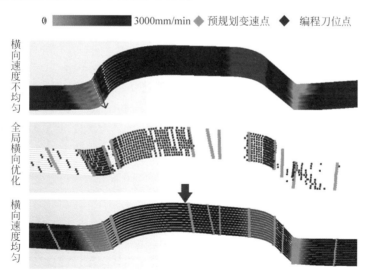

图 4-78 曲面加工全局速度横向优化

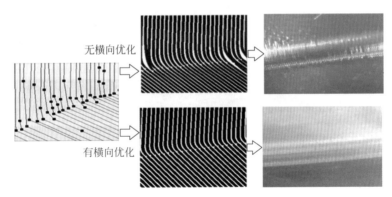

图 4-79　全局横向优化前后的插补轨迹和加工效果

　　该技术可以消除 CAM 程序质量问题对插补轨迹的影响,保证相邻刀具轨迹沿零件表面特征走向的轨迹一致,实现切削余量在零件表面分布的均匀性,提升零件整体加工质量。

4.7　本章小结

　　本章首先介绍了数控系统在机床数字化转型中的地位及分类,分析了高性能数控系统在生产效率、加工质量、易用性和网络集成能力等方面的发展趋势和行业形势,并以其控制流程为主线总结了高性能数控系统所具备的关键技术和特点。然后,着重介绍高性能数控系统几种典型的关键技术,如高速高精运动控制技术的高精度插补、柔性加/减速和高性能伺服驱动;多轴联动控制的 RTCP、刀轴平滑和多通道协同;机床误差补偿技术中的空间误差补偿和热误差补偿;主轴、进给轴和刀具的振动抑制技术;曲面加工优化技术的轨迹平滑和速度优化。

　　近几年高端的数控系统产品方案不断完善,不断集成了诸如状态监测、故障诊断、自适应伺服调试等更加智能的功能,生产环境中需要人工干预的工作量日益减少。但是要完全取代人工,还需要具备更加丰富的信息收集与交互能力和更加智能的分析与决策能力。

参考文献

[1]　张曙. 机床产品创新与设计[M].南京:东南大学出版社,2014.

[2]　李建伟. NURBS 曲线插补实晨前瞻控制方法的研究[D].北京:中国科学院研究生院,2010.

[3]　吴闯,吴继春,杨世平,等.基于 NURBS 曲线的 S 型级数式速度规划算法[J].计算机集成制造系统,2015,21(12):3249-3255.

[4]　江本赤. 五轴加工刀具路径的 NURBS 拟合及插补技术研究[D].合肥:合肥工业大

学,2016.

[5] 王允森,盖荣丽,孙一兰,等.面向高质量加工的 NURBS 曲线插补算法[J].计算机辅助设计与图形学学报,2013,25(10):1549-1556.

[6] 沈洪垚.自适应 NURBS 曲线插补关键技术及实现研究[D].杭州:浙江大学,2011.

[7] 李佳特.FANUC 最新数控和伺服技术[J].机械工人(冷加工),2007(2):20-22.

[8] 叶伟.数控系统纳米插补及控制研究[D].北京:北京交通大学,2010.

[9] 杨叔子,杨克冲,吴波,等.机械工程控制基础[M].7 版.武汉:华中科技大学出版社,2017.

[10] 舒志兵,蒲晨岚,邵俊,等.闭环伺服系统的动态性能分析[J].工矿自动化,2003(3):10-12.

[11] 李文虎.伺服驱动器工业以太网接口设计[D].武汉:华中科技大学,2011.

[12] 刘璐.基于主轴电流分析的粗铣加工工艺参数优化[D].武汉:华中科技大学,2016.

[13] Mitsubishi Electric.各种现场总线系统的高速度[J].现代制造,2009(13):34-35.

[14] 刘慧双,宋宝,周向东,等.嵌入式数控系统 NCUC-Bus 现场总线设备驱动研究与开发[J].组合机床与自动化加工技术,2012(8):5.

[15] 郎言书,于东,吴文江,等.面向航空领域 RTCP 功能的研究与应用[J].小型微型计算机系统,2018,39(9):2124-2128.

[16] 吴卫东.数控系统多通道控制技术的开发[D].武汉:华中科技大学,2011.

[17] 杨建国,姚晓栋.数控机床误差补偿技术现状与展望[J].世界制造技术与装备市场,2012(5):40-45.

[18] 杨建国,范开国,杜正春.数控机床误差实时补偿技术[M].北京:机械工业出版社,2013.

[19] 柯明利,梁永回,刘焕牢.数控机床几何误差及其补偿方法研究[J].装备制造技术,2007(3):8-10.

[20] 凡志磊.五轴数控机床误差综合建模与测量技术[D].上海:上海交通大学,2011.

[21] 沈金华.数控机床误差补偿关键技术及其应用[D].上海:上海交通大学,2008.

[22] 杨帆,杜正春,杨建国,等.数控机床误差检测技术新进展[J].制造技术与机床,2012(3):19-23.

[23] 李小力.数控机床综合几何误差的建模及补偿研究[D].武汉:华中科技大学,2006.

[24] 陈瑜婷.数控机床热误差补偿中测温点优化研究[D].武汉:武汉理工大学,2014.

[25] 吴昊,胡伟,鲁志政,等.基于粒子群算法的数控机床切削力误差实时补偿[J].上海交通大学学报,2007,41(10):1695-1698.

[26] SOORI M, AREZOO B, HABIBI M. Virtual machining considering dimensional, geometrical and tool deflection errors in three-axis CNC milling machines[J]. Journal of Manufacturing Systems,2014,33(4):498-507.

[27] 刘宏伟,向华,杨锐.数控机床误差补偿技术研究[M].武汉:华中科技大学出版社,2018.

[28] 梁莹莹.五轴数控机床几何误差建模、检测及补偿[D].南京:南京航空航天大学,2017.

[29] 余剑,刘旭,申少泽.五轴联动数控机床实现 RTCP 功能的五轴标定方法:CN105159228A[P].2015.

[30] 顾潇.五轴联动机床 RTCP 控制及其结构参数测量研究[D].武汉:华中科技大学,2016.

[31] 龚仲华.FANUC-0iC 数控系统完全应用手册[M].北京:人民邮电出版社,2009.

[32] 傅建中,姚鑫骅,贺永,等.数控机床热误差补偿技术的发展状况[J].航空制造技术,2010(4):64-66.

[33] 王琦,何宁,李亮,等.变速切削抑振技术的研究现状[J].机械制造与自动化,2009,38(3):

34-36.

[34] 王海龙.机床颤振分析及抑制方法研究[D].哈尔滨:哈尔滨工程大学,2013.

[35] 陈长江,郭丽娟,萧汝峰,等.数控机床用高速电主轴振动原因分析[J].汽车工艺师,2005(10):40-41.

[36] 史中权.基于数控系统的机床振动在线控制技术研究[D].南京:南京航空航天大学,2017.

[37] 孟秀琴,岳利.数控机床进给轴振动故障分析[J].机电信息,2010(18):262-263.

[38] DERUGO P,SZABAT K. Adaptive neuro-fuzzy PID controller for nonlinear drive system [J]. Compel-International Journal of Computation and Mathematics in Electrical and Electronic Engineering,2015,34(3):792-807.

[39] 朱仕学.数控机床振动的抑制与系统精度的优化调整[J].制造技术与机床,2010(8):168-171.

[40] MAZAK. mazak _ intelligent _ machine _ tool[EB/OL]. [2019-11-20]. http://icmas. eu/Journal_archive_files/Vol_3_2008_PDF/69_72_TOTu_02. pdf.

[41] 蒋永翔.复杂制造系统加工稳定性在线监测及寻优控制关键技术研究[D].天津:天津大学,2010.

[42] 孔天荣,梅德庆,陈子辰.磁流变智能镗杆的切削颤振抑制机理研究[J].浙江大学学报(工学版),2008,42(6):1005-1009.

[43] FAN W,LEE C H,CHEN J H. A realtime curvature-smooth interpolation scheme and motion planning for CNC machining of short line segments[J]. International Journal of Machine Tools and Manufacture,2015,96:27-46.

[44] 钱跃.基于全局几何信息的小线段样条拟合方法[D].武汉:华中科技大学,2019.

[45] ZHAO H,ZHU L M,DING H . A real-time look-ahead interpolation methodology with curvature-continuous B-spline transition scheme for CNC machining of short line segments [J]. International Journal of Machine Tools and Manufacture,2013,65:88-98.

[46] 金永乔.微小线段高速加工的轨迹优化建模及前瞻插补技术研究[D].上海:上海交通大学,2015.

[47] 黄璐璐.面向模具加工的 B 样条轨迹直接生成研究与验证[D].上海:上海交通大学,2019.

[48] 石璟.面向五轴加工轨迹的曲率连续光顺及其插补方法研究[D].上海:上海交通大学,2014.

[49] ERKORKMAZ K,ALTINTAS Y. High speed CNC system design. Part I:jerk limited trajectory generation and quintic spline interpolation[J]. International Journal of machine tools and manufacture,2001,41(9):1323-1345.

[50] ERKORKMAZ K,ALTINTAS Y. Quintic spline interpolation with minimal feed fluctuation[J]. Journal of Manufacturing Science and Engineering,2005,127(2):339-349.

[51] 吴开发.开放式数控系统连续微小线段平滑插补处理方法研究[D].天津:天津大学,2014.

[52] 苏志伟.基于 SAT 辨识限速区间的三轴数控加工速度规划方法研究[D].武汉:华中科技大学,2018.

[53] ZHOU H,LANG M,HU P,et al. The modeling,analysis,and application of the in-process machining data for CNC machining [J]. The International Journal of Advanced

Manufacturing Technology，2019，102(5)：1051-1066.

［54］ SU Z，ZHOU H，HU P，et al. Three-axis CNC machining feedrate scheduling based on the feedrate restricted interval identification with sliding arc tube［J］. The International Journal of Advanced Manufacturing Technology，2018，99(1)：1047-1058.

［55］ 郎明朗.基于插补点曲面重建的一种加工过程实时数据分析方法［D］.武汉：华中科技大学，2018.

［56］ 杨方召.基于 CL 曲面的速度横向优化算法研究［D］.武汉：华中科技大学，2019.

第 5 章

智能数控机床大数据技术

5.1 概述

　　数控机床在生产加工过程中会产生大量由指令控制信号和反馈信号构成的数据,如图 5-1 所示,包括指令速度、指令位置、跟随误差、实际位置、实际速度、进给轴电流、主轴电流、主轴功率等,以及各类传感器感知的振动、温度、图像、音频等外部数据。这些数据构成了机床大数据的主体部分,与工件加工状态、刀具寿命、加工质量等密切相关,能够对机床的工作任务(或称为工况)和运行状态做出实时、定量、精确的描述,反映数控机床内在的运动规律。

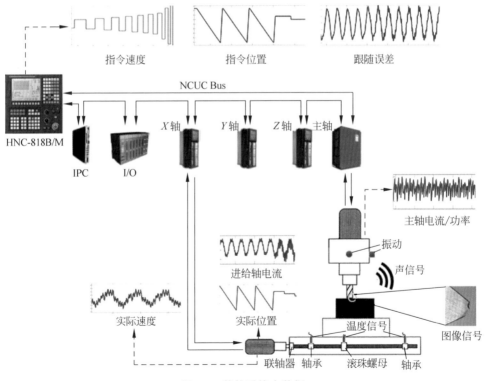

图 5-1　数控系统大数据

早期封闭式的数控机床难以获取机床大数据,而随着传感器技术的不断发展,数控机床数据感知能力不断提升,可在插补或位置控制过程中同步采集多项指令数据和反馈信号。数控系统也从早期的封闭式架构演变至现在的基于网络的智能架构,使得数据能够通过网络进行传输。在当前智能制造浪潮的推动下,制造业正在基于机床大数据的感知、传输、存储与分析,构建数字驱动的工业新生态,目的是通过机床大数据对生产过程进行监测与优化,提升数控机床的执行能力,以及改善零件加工质量、提高零件加工精度与加工效率等,实现数控机床智能化升级。

5.2　数控机床大数据感知与处理

5.2.1　数控机床大数据类型

数控机床大数据来自于机床不同的功能部件(包括控制器、伺服、丝杠等),具备不同的数据特点和用途,本章将数控机床大数据分为以下 5 类:

(1) 属性数据。属性数据在机床全生命周期中不会发生改变,例如,机床构造(如三轴钻攻中心由三个运动轴和一个主轴构成)、部件类型、设备 ID、机床生产厂家、机床生产日期等。

(2) 参数数据。为了生产过程的有效控制,数控系统以参数的形式对机床运行的各种物理量进行描述,这类数据称为参数数据,包括 NC 参数、轴参数、通道参数、设备参数等。表 5-1 展示了华中数控 HNC-848D 数控系统的部分典型参数。

表 5-1　HNC-848D 数控系统的典型参数

项　目	单位	技术规格与参数
最大工件直径	mm	$\phi250$
C 轴回转工作台直径	mm	$\phi250$
主轴鼻端到旋转台 0°盘面距离	mm	90～310(旋转台 0°盘面到工作台距离 257.2)
负载重量	kg	水平:40;倾斜:20
T 型槽宽度	mm	12H7
主轴转速	r/min	20 000
主轴锥度	—	BT30
X 轴行程	mm	500
Y 轴行程	mm	360
Z 轴行程	mm	300
旋转工作台		
C 轴最小分辨率	deg	0.001°
定位精度	μm	A:30°/C:20°(倾斜轴/回转轴)
重复定位精度	μm	A:8°/C:8°(倾斜轴/回转轴)
A/C 轴最大转速	r/min	250/400
电源要求	—	3ϕ380V/50Hz/38kVA

续表

项　目	单位	技术规格与参数
气压	MPa	0.6
机器毛重	kg	3600
数控系统		
机器尺寸(长×宽×高)	mm×mm×mm	2000×2150×2400
配置数控系统	—	HNC-848D

（3）逻辑数据。智能数控机床通过 PLC 程序对各部件的运行逻辑进行协调控制，包括 CNC 装置的控制功能、准备功能、插补功能、进给功能、补偿功能、监视和诊断功能等。例如，当监视和诊断模块发出特定报警时，不允许机床执行正常加工操作；机床门处于"打开"状态时，不允许执行运行操作。图 5-2 展示了 HNC-848D 数控系统的 PLC 信号追踪。

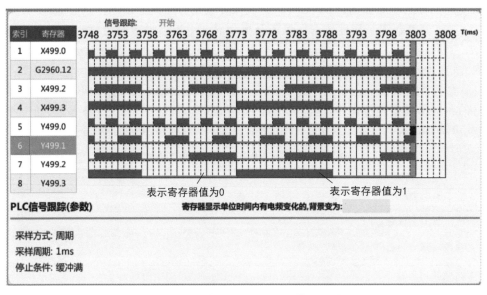

图 5-2　华中数控系统的 PLC 信号追踪

（4）任务数据。数控机床通过 G 代码描述加工任务，G 代码一般由 CAM 系统生成，是现场操作人员对数控机床发出加工要求的主要载体，也是数控机床最主要的任务数据。

（5）状态数据。状态数据是零件数控加工的质量、精度和效率优劣直接或间接地定量描述。它既包含机床完成工作任务过程中数控系统内部反馈控制所获得的海量电控数据，如主轴功率、主轴电流、进给轴电流、循迹误差和材料切除率等，也包括通过外部传感器采集的物理和几何数据，如切削力、温度、振动、空间误差、热变形和零件表面粗糙度等。

5.2.2　数控机床大数据应用流程

以大数据的全生命周期为主线,大数据在智能数控系统中的应用方式为:从数控机床获取数据→将数据存储至资源池→对数据进行分析,并根据分析结果生成决策。对应地,本章节将大数据应用流程分为 3 个层次:数据感知、数据存储、数据分析与应用,如图 5-3 所示。

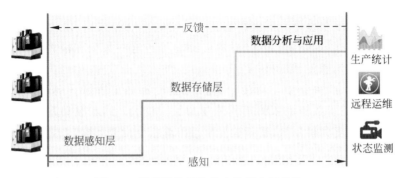

图 5-3　智能数控系统的大数据应用架构

(1)数据感知:一个智能系统,始于感知,精于计算,巧于决策,勤于执行,善于学习。数据感知,是数控机床智能化的首要条件,实质是数控机床的全生命周期大数据采集,为制造过程中工艺参数、设备状态、业务流程、多媒体信息以及制造过程信息流的管理与应用提供基础。智能数控机床的数据感知层需要支撑海量工业时序数据 7×24 小时持续发送,也需要具备高实时响应能力。

(2)数据存储:数据存储层的主要任务是基于"互联网十"通信通道实现多源异构数据的融合,根据数据类型与需求将数据汇聚至不同的存储介质,实现提供不同的数据服务。数据存储层可通过高速缓存、分布式存储、时序存储等功能满足数据高实时读写、海量存储、高效率存储与查询等关键需求。

(3)数据分析与应用:工业大数据具备高实时、海量、多源异构等特点,通用的数据分析技术往往不能解决特定工业场景的业务问题。工业过程要求工业分析模型的精度高、可靠性高、因果关系强,需要融合工业机理模型,以"数据驱动十机理驱动"的双驱动模式来实现数据分析,从而建立高精度、高可靠性的模型。真正解决实际工业问题的数据应用层是直接面向用户的,也是智能数控系统大数据应用的最终落脚点,即根据数据分析结果对制造过程实现反馈控制,完成面向智能数控系统的智能监测、智能优化、智能调试、智能运维、智能管理等。

5.2.3　数控机床大数据获取技术

1. 数据感知

数控机床的状态数据能够真正地反映数控机床的加工特征,是实现数控机床智能化的关键支撑数据,包括位置、振动、速度、加速度、电流、功率、声音、温度等。这些状态数据有一部分直接来自数控系统内部,与数控机床本身的控制过程息息相关,如位置、速度、电流、切削力等。有些状态数据需要借助于外部传感器间接获取,包括振动、温度等数据。还有一些数据依赖于专业的测量设备,主要是对数控机床加工质量及其相关精度进行描述,如定位精度、几何精度等。

1) 数控系统内部电控大数据感知

数控系统内部电控数据是感知的主要数据来源,包括零件加工的插补实时数据(插补位置、跟随误差等)、伺服和电机反馈的内部电控数据,以及从 G 代码中提取的加工工艺数据(如切宽、切深、材料去除率等),这些数据在很大程度上反映数控机床的最高运动速度、跟踪精度、定位精度、加工表面质量、生产率及工作可靠性等一系列性能指标,并影响实际生产的加工精度和加工质量。例如,主运动的功率、扭矩特性决定了数控机床的工艺范围和加工能力;伺服驱动系统以机床运动部件的位置和速度为控制量,实现被控制量跟踪指令信号,连接数控装备和机械传动部件。

(1) 位移数据

位移数据是机床各关键零部件的位移信号的反馈,数控系统通过数控机床各坐标轴的实际位置检测,并与给定的控制值(指令信号)进行比较,从而控制驱动元件按规定的轨迹和坐标移动。

机械加工精度的提高伴随着机床位移数据的不断精确,位移数据从微米级发展到纳米级,机械加工精度也成倍提高。通过安装有绝对式位移传感器的机床在重新开机后无须执行参考点回零操作,可立刻重新获得各个轴的当前绝对位置值以及刀具的空间指向,因此可以即时从中断处恢复原有工序,提高数控机床的有效加工时间;并可对重要部件的状态进行实时监控,提高机床的可靠性;另外,还可随时确定机床运动部件所处的位置,通过在数控系统中作相应的设置可以省去行程开关,提高机床使用安全性。再如,通过位移传感器感知机床关键零部件的实际位置和反馈位置,可获取加工过程的跟随误差,一旦跟随误差超过系统的预设值便会触发报警,可对机械传动系统故障、电气系统故障以及数控系统参数局设置不合理等问题进行反馈,实现机床健康状况以及定位精度的监测,提高数控机床的加工精度。

(2) 速度数据

数控机床的加工速度会影响机械加工效率和加工精度,一些特殊的机械加工场景还对机床加工速度有着非常严格的要求。因此,数控机床主轴转速和切削速度的监测对零件加工质量和加工效率的优化至关重要。

速度数据在数控机床中主要是对于数控系统伺服单元的速度检测。例如,控制伺服系统进给机构的速度和位置时会产生摩擦力,影响实际刀具轨迹的准确性,产生的误差会影响预期加工效果,而根据数控机床轴位置和轴速度的趋势变化,构建进给系统位置-速度摩擦模型,可实现机械加工摩擦补偿,降低摩擦力对预期加工效果的影响。再如,在机床加工过程中,刀位点实际进给速度与加工程序预定进给速度存在偏差也会影响零件加工质量,通过速度传感器追踪实际进给速度并进行实时优化,可有效地降低实际进给速度和理论进给速度之间的偏差,这对于提高零件表面的加工质量和加工效率、延长刀具寿命具有重要的应用价值。

（3）压力数据

在数控机床中压力数据主要包括三种,分别是气压/液压、夹紧力和切削力。

气压/液压主要指润滑系统、液压系统、气压系统中油路或者气路中的压力,这些数据能反映它们的运行状态,数据出现异常即表明系统出现故障。例如,压力值一旦超出正常值的范围就表明液压系统工作压力不达标,其触点会动作,将故障信号送给数控系统进行控制,使液压系统无法正常工作,机床出现报警,产品生产线停止加工,以防安全事故产生。

夹紧力是在数控加工过程中夹具对零部件/工件的压力。在数控机床上加工某一零件时,往往需要频繁换刀,那么也就意味着夹紧机构需要不断夹紧、松刀,同时在加工过程中,必须保证刀柄被可靠夹紧,防止刀具脱落。通过夹紧机构提供稳定均匀的夹持力、换刀动作更快、操作时间更短,有助于机床提高加工精度及效率,同时避免安全事故。例如,实际生产过程中,夹紧力不到规定值,工具系统就没有被完全定位夹紧,可能会引发碰撞、刀具飞出等安全事故。

切削力是金属切削过程中刀具对工件的压力,其大小直接影响切削热、加工表面质量、刀具磨损及刀具耐用度等,加工过程中轴向分力的不断变化影响着工件表面质量,径向分力对工件形状精度的影响也很大,可见切削状态每一个细微的变化都可以通过切削力的数值反映出来,加工过程中出现的刀具磨损、机床发生的故障以及产生的颤振等现象也都可以通过切削力的监测及时发现。可以看出切削力的变化始终贯穿整个切削过程,因此实时、准确地监测切削过程中的切削力,对于研究加工过程的切削机理、优化切削工艺参数以及确定刀具的几何角度有着重要作用,同时对于提高机械制造水平也有着重大意义。

2）数控机床外部数据感知

传感器可将从数控机床获取的变量转换为可测量的信号,并提供给测控系统,是获取数控机床外部数据的有效手段。数控机床外接传感器存在安装复杂、成本高、防护等级要求高等缺点,导致其在工业应用中存在一定的局限性。但是,因为传感器具有信号敏感、数据品质高等优势,使其一方面在学术研究中具有重要且不可替代的地位;另一方面在工业应用中也是数控系统内部电控数据的良好补充。外接传感器在数控机床中的安装和使用必须要满足以下条件:①不影响数控机床正常加工;②与被测量点尽可能靠近;③不影响机床的静态及动态刚度;④容易更换、维修和成本低廉;⑤具备防尘、防切削液、防切屑、防电磁干扰及防热特性。

（1）温度传感器

在数控机床运行过程中,丝杠轴承、主轴、进给轴等部件会发生不同程度的热变形。机床本身无法在线检测部件热变形的分布特点,不能实时掌握机床工况的时变规律,无法针对工况温度变化即时决策而实现制造装备的自律运行,从而影响机床的加工精度,并且引发质量一致性难以保证等问题。

为检测数控机床的热变形信号,需要在机床的相应位置安装温度传感器。温度传感器(图 5-4)能够感受温度并转换成可用输出信号,是温度测量仪表的核心部分,主要工作原理为：通过接触或非接触的方式将温度测量出来,并将温度高低转变为电阻值大小或其他电信号进行传输。温度传感器类型繁多,常见的有以铂/铜为主的热电阻传感器、以半导体材料为主的热敏电阻传感器和热电偶传感器等。

图 5-4　温度传感器

在实际应用中,一般采取在适当位置打孔并封入温度传感器的直接测量手段。基于机床关键部件(如螺母副、电机等)的温度变化数据,可实现数控机床的过热保护或温度补偿,从而提高加工安全性,降低热变形对加工精度的影响。例如,华中科技大学李国民教授团队在刀具内部嵌入温度传感器,实时、精确地测量切削区域的温度,并基于有限、非均匀分布传感器温度信息在线重构刀具切削区域温度场,开发出了智能刀具工况温度在线监测系统,为数控机床的过热保护和温度补偿提供温度数据参考。

（2）振动传感器

数控机床在运行过程中不可避免地会发生不同程度的振动,处于正常状态的机床具有典型的振动频谱,但是当机床磨损、基础下沉或部位变形时,机床原有的振动特征将发生变化,并通过机床振动频谱正确地反映出来。因此,振动数据是反映零件加工精度的重要因素,振动信号的分析在数控机床状态监测与故障诊断中有着重要的作用。振动传感器(图 5-5)是通过检测冲击力或加速度实现机床振动信号检测的设备,检测方法包括机械式测量、光学式测量和电测量。其中,电测量是应用最为广泛的方式,是将机械振动的参量转换成电信号,再经放大后进行测量和记录,最终实现振动信号的采集。

为了检测机床振动的幅度和频率,需要在机床关键零部件处安装振动传感器,

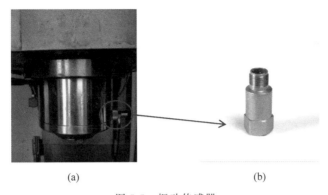

(a) (b)

图 5-5　振动传感器

(a) 振动传感器安装在主轴箱体；(b) 振动传感器实物

包括机床箱体、主轴、刀具等位置。振动传感器已被广泛应用于切削稳定性监测、刀具破损监测、进给系统波动分析、主轴健康监测与故障诊断等场景。在 2015 年米兰欧洲国际机床展(EMO MILANO)上，DMG MORI 展出了其"机床 4.0"的原型机 DMC 80 FD duoBLOCK® 铣/车复合加工中心，关键部件上共安装了超过 60 多个附加传感器，如图 5-6 所示。这些传感器持续记录设备加工过程中的振动、受力及温度数据，并将这些数据采集到一个特殊处理系统中进行处理及存储。

图 5-6　DMC 80 FD duoBLOCK® 铣/车复合加工中心及其中安装附加传感器的关键部位

（3）声发射传感器

材料或结构存在微观性的不均匀和缺陷，在应力作用下会导致局部产生应力集中，产生对应的弹性应力波。声发射传感器(图 5-7)负责将被传输到传感器表面的应力波信号转换为电信号，并传输至信号处理器完成电信号处理。在声发射检测系统中，声发射传感器是系统的核心部分，常用的有谐振式传感器和宽频带响应传感器等。声发射传感器采用动态无损检测技术，与振动等传统力学检测方法相比，对环境要求低，抗干扰能力强；与传统无损检测相比，被测能量来自于被测量物体本身，是一种实时、动态的信号监测方式。

声发射传感器可用于强度试验、疲劳试验、检漏及安全监测等一系列应用。例如,在数控加工过程中,由于刀具磨损存在随机性,刀具磨损寿命统计值与刀具磨损量之间的数学模型从理论推导难以验证其准确性;刀具在加工受力下产生变形或裂纹时,会释放出弹性应力波,通过声发射传感器监测刀具磨损及其高频弹性应力波信号,避开加工过程中低频区的振动和音频噪声,能够辅助理论模型准确地预测刀具磨损。

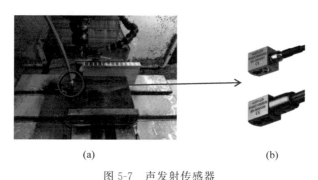

(a)   (b)

图 5-7   声发射传感器

(a) 声发射传感器与数控装置联接;(b) 声发射传感器实物

(4) RFID 传感器

RFID(Radio Frequency Identification,射频识别)是 20 世纪 90 年代兴起的一种自动识别技术,通过射频信号自动识别目标对象并获取相关的对象数据信息,具有非接触读写、能够自动识别对象、信息存储量大等优点。

RFID 技术可用于数控机床关键零部件使用寿命监测等一系列生产场景。例如,刀具的使用次数是有限的,当超过这个范围,刀具就需要被寄回厂家处理,或者直接报废。在刀具上植入 RFID 智能芯片,同时在机床内部安装 RFID 智能模块自动采集芯片信息,可实现刀具寿命的自动监管。此外,RFID 自动识别技术也可应用于车间制造过程,将车间日常的生产过程管理信息(如派工、加工、装配和零件出入库等信息),由原本的手工介入输入管理过程转化为自动信息采集与处理。通过手持 RFID 读写器对在制品的身份进行自动识别,为车间不同角色的操作人员快速、准确地提供物料信息,从一定程度上摆脱传统车间耗时的人工操作,减小制造过程的信息流动以及互动过程中的出错率(图 5-8)。

(5) 条码/二维码传感器

条码/二维码是一种通过某种特定的几何形体按照一定规律在平面上分布(黑白相间)记录信息的应用技术。从技术原理来看,条码/二维码在代码编制上基于构成计算机内部逻辑基础的“0”和“1”比特流的概念,使用若干与二进制相对应的几何形体来表示数值信息,并通过图像输入设备或光电扫描设备实现信息的自动识读。

其中,条形码具备以下特性:可标识数字、英文和符号,不能标识汉字,支持信

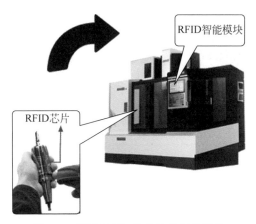

图 5-8　利用 RFID 采集数控系统信息

息高速输入；标签制作简易，扫描识别设备成本较低；只支持信息的横向记录，对纵向信息完整性无要求，抗破损能力高。在数控机床领域，条形码可用于物料管理、生产管理、设备标识等应用场景。与条形码相比，二维码最大的优点是支持汉字、图片、指纹等数字化信息的编码，信息容量较大，可达条形码信息容量的几十倍到几百倍；支持保密机制集成，信息保密性高；具备信息纠错功能，译码可靠性高。目前，二维码识别技术在移动支付、产品防伪、广告推送、信息传递等方面已得到广泛应用，其在数控机床领域的解决方案也正在逐步形成。

　　例如，通过二维码记录加工零件的生产信息，包括生产时间、操作人员、生产状态等，可实现对各产品生产过程的长期、有效监控，为生产企业带来极大的附加应用价值；将数控机床的生产信息以二维码的方式存储在数控系统中，通过移动设备扫码实现生产统计数据向云端上传，数据完整性不再受机床网络状态的影响；基于机床故障信息生成对应的二维码，通过移动设备扫码快速获取故障解决方案（图 5-9），可有效减少机床因故障导致的停机时间，降低机床的维护成本；还有人将二维码技术应用于汽车发动机缸盖加工自动化生产线，通过缸盖产品的二维码信息可显示当前零件的供应来源和生产批次，实现了零件在加工过程中信息的动态跟踪和质量监控。总之，二维码识别技术在零件标识、产品追溯、远程运维、生产统计、质量追踪等方面具有广泛的应用场景，正在数控机床领域形成更多的解决方法。

　　3）数控机床测量数据

　　数控机床运行过程中的感知、分析、决策等重要环节都离不开机床测量技术，刀具磨损、数控机床健康状态、几何量、智能传动装置及油液状态等都需要精密的测量，并通过误差补偿来提高机床的使用寿命以及工件的加工精度。

　　作为世界领先的测量与过程控制解决方案供应商，英国雷尼绍公司专门从事设计、制造高精度检测仪器与设备。雷尼绍公司的第一个产品是触发式测头，目的

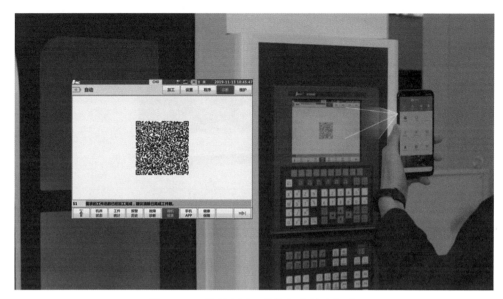

图 5-9　二维码应用于数控机床故障解决

是解决"协和式"飞机上使用的 Olympus 发动机的特殊检测要求。迄今为止,雷尼绍公司拥有测量、运动控制、光谱和精密加工等核心技术,始终致力于帮助制造业企业实现加工件与成品组件的精密测量,提高生产加工环节的相关质量控制。目前,雷尼绍公司的主要测量产品有三坐标测量机及数控机床用测头激光干涉仪、球杆仪、高速高精数字化扫描系统等。通过加工前的激光干涉仪和球杆仪、加工中的工件测头及对刀测头、加工后的三测机用测头等测量设备可实现一系列的精度测量及误差补偿,为机械制造的检测提供全生命周期的质量保证手段。

德国波龙(Blum-Novotest GmbH)是激光刀具测量设备公司,长期致力于在线测量设备及汽车专用测试设备等。其中,波龙在线刀具检测的新一代激光系统——Blum 激光刀具检测 NT 系统可以在产品加工开始时,对所使用的刀具进行直径、长度实时设定,测量程序与加工程序编排在一起,大大缩短机床辅助时间。该系统还可在刀具加工过程中对其磨损、断折进行测量与监控,并对刀具半径、长度磨损进行实时补偿,实现不同刀具不同转速下加工无接刀痕迹。Blum 高精度测头 TC 系列采用无磨损光学式测量系统,能够在 360°圆周的任意方向进行测量,并配合在线测量软件实现精确的机床模具测量,快速检测出模具加工过程中的偏差,并在初始装夹位修正工件。

目前,数控系统测量设备层出不穷,比较常用的有激光干涉仪和机床测头等。本章以激光干涉仪和机床测头为典型样例,帮助读者更加深入理解机床的测量数据感知。

（1）激光干涉仪

激光干涉仪是以激光波长为长度计量基准的高精度测量仪器,具有高强度、高度方向性、空间同调性、窄带宽和高度单色性等优点,可用于几何精度、位置精度、转台分度精度、双轴定位精度的检测及其自动补偿以及动态性能检测等。例如,在数控加工中,可检测数控机床直线度、垂直度、俯仰与偏摆、平面度、平行度等;定位精度、重复定位精度、微量位移精度等;利用雷尼绍双激光干涉仪系统可同步测量大型龙门移动式数控机床,由双伺服驱动某一轴向运动的定位精度,而且还能通过 RS-232 接口自动对两轴线性误差分别进行补偿;利用 RENISHAW 动态特性测量与评估软件,可用激光干涉仪进行机床振动测试与分析(FFT)、滚珠丝杠的动态特性分析、伺服驱动系统的响应特性分析、导轨的动态特性(低速爬行)分析等。

(2) 机床测头

在数控加工过程中,工件的装夹找正及刀具尺寸的测量往往会耗费大量人力与时间。工件测头系统可在机床上快速、准确地测量工件位置,并直接将测量结果反馈到数控系统中,从而修正机床的工件坐标系。对于具备数控转台的机床,机床测头能够自动找正工件基准面,自动完成诸如基面调整、工件坐标系设定等工作,从而简化工装夹具,节省夹具费用,缩短机床的辅助时间,大大提高机床的切削效率,并且可使切削余量均匀,保证切削过程的平稳性。在利用刀具半径补偿的批量加工过程中,机床测头可自动测量工件尺寸,并根据测量结果自动修正刀具的偏置量,补偿刀具的磨损,以保证工件的尺寸及精度的一致性。

例如,德国 Senking-Werke 公司主要生产大型工业清洗设备,产品尺寸较大,传统方案是用特制的大卡尺手工进行工件尺寸的检测,需要两个操作者爬到机床工作台上进行,既不准确,也很费时。通过 MP14 测头系统,所有主要尺寸的检测都可由测头在机床上自动进行,每件测量的时间由 25min 减少到 4min,工件的精度也得到大幅提高。

2. 数据传输

数据传输是数据从感知到应用的必需环节,主要表现为以通信技术为主的各种网络,依赖于物理设备的硬件互联和通信网络的协议互通。其中,硬件互联是指数控系统通过各类硬件接口与外部通信模块实现连接,主要包括主流数控系统均具备的 RS-232/422/485、USB 和 RJ-45 等接口。随着移动通信技术向工业领域的融合,移动通信网络也正在被广泛应用于工业数据传输,如窄带物联网、4G/5G 移动网络等。协议互通是指数据通过规范的协议进行通信,一方面是数控系统通过各类现场总线协议与底层驱动器进行互通,例如 Ether CAT、PROFINET、NCUC等,详情可见第 2 章;另一方面是数控系统通过各种互联通讯协议与数据应用进行数据传输,例如 MTConnect、umati、NC-Link 等,详情可见第 6 章。本章将重点介绍数控机床的硬件互联手段。图 5-10 所示是一种典型的基于 RS-232/422/485、USB 和 RJ-45 接口的车间物联网实施方案。

1) 数控机床的 RS-232/422/485 互联

串口通信具备简单成熟、性能可靠、价格低廉等特点,一般通过串口服务器实

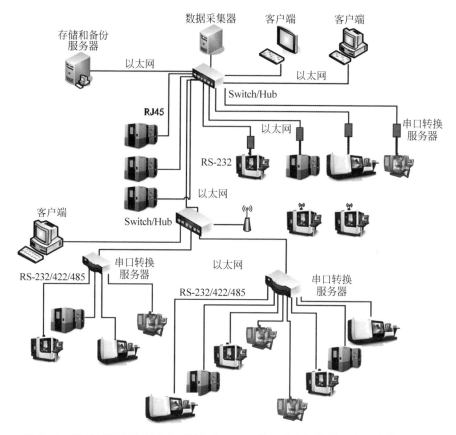

图 5-10　基于 RS-232/422/485、USB 和 RJ-45 接口的车间物联网实施方案示意图

现与计算机的网络连接,是数控机床最基本的数据传输方式。其中,串口服务器能够将 RS-232/422/485 串口转换成 TCP/IP 网络接口,使得数控机床基于串口具备 TCP/IP 网络接口功能,实现 RS-232/422/485 串口与 TCP/IP 网络接口的数据双向透明传输。RS-232 是数控机床最简单的一种串口通信方式,是由美国电子工业协会(Electronic Industry Association,EIA)制定的一种串行物理接口标准。RS-232 是对电气特性以及物理特性做出规定,只作用于数据的传输通路上,并不内含对数据的处理方式,也就是说,RS-232 接口可以实现点对点的通信,但不能支持数控机床的联网功能。于是,电信行业协会和电子工业联盟共同定义并推出了 RS-485 标准,采用差分传输方式,支持一点对多点的联网方案,以此实现一台计算机与多台数控机床之间的数据传输,具备抗噪声干扰性好、数据传输距离长、设备组网操作简单等特点。RS-422 的电气性能与 RS-485 完全一致,主要区别在于:RS-485 采用半双工模式,常用于数控机床总线网的数据传输;RS-422 采用全双工模式,数据收/发需要单独信道,一般适用于两个站之间星型网或环网的通信。

2) 数控机床的 USB 互联

USB(Universal Serial Bus)是 1994 年底由 Intel、Compaq、IBM、Microsoft 等世界著名的计算机和通信公司联合制定的一种开放式新型通用串行总线标准。USB 接口的集成使数控系统具有更大的开放性和灵活性,并且可以在生产过程中根据需要动态地增减外设,主要具备以下特点:

(1) 易用性。USB 支持通信设备的热插拔和即插即用。

(2) 可扩展性。理论上,通过 USB 集线器的使用,一条 USB 总线可以连接 127 个外设,支持通过 1 台工控机控制一条小型流水线上的所有数控机床。

(3) 快速性。USB 接口的传输速率比 RS-232/422/485 接口要高,目前 USB 已经发展到 USB 3.0,其中 USB 1.0 的最高传输速率为 192KB/s,USB 1.1 的最高传输速率为 1.5MB/s,USB 2.0 的最高传输速率为 60MB/s,USB 3.0 的最高传输速率可达 640MB/s。

(4) 可靠性。USB 总线具备可靠的硬件设计规范和数据传输协议,其中,USB 驱动器、接收器和电缆的硬件规范可消除大部分可能引起数据错误的噪声;USB 协议的差错校验和数据重传机制,可最大程度地保证数据传输的准确性。

(5) 简易性。USB 总线内置电源线,可满足大多数低功耗外设的电源要求,为数控机床边缘设备的集成提供支持。

由于 USB 总线的上述优势,其在工业级的实时通信和控制等方面也实现了广泛应用,例如机器人系统中示教盒与控制器的数据传输、动态图像的实时传输等。

3) 数控机床的 RJ-45 互联

RJ-45 接口是目前数控机床常用的以太网接口,通过 RJ-45 连接器(俗称“网络水晶头”)将数控机床快捷地接入工业以太网。RJ-45 信号电缆采用网状编织屏蔽层的屏蔽方式,内部组线时的差分电缆通常采用双绞传输,电缆两端需要增加磁环处理,并且磁环内径与电缆的外径要紧密结合。RJ-45 电缆走线时要求远离其他强干扰源,如电源模块,最好单独走线或与其他模拟以及功率线缆保持 10cm 以上距离,目的是保证数控机床的数据传输不受其他电磁干扰而导致数据丢包。

4) 窄带物联网

NB-IoT(Narrow Band Internet of Things,窄带物联网)是由 3GPP 标准化组织定义的一种技术标准,是专为物联网设计的窄带通信方式,工作带宽为 180kHz,主要具备覆盖广、连接多、速率快、成本低(比一般 4G 模块低 50%)、功耗低(电池使用寿命可达 10 年)、架构优、海量连接(比 2G/3G/4G 有 50~100 倍的上行容量提升)等特点。与现有无线技术相比,NB-IoT 可支持 50~100 倍的设备接入量,覆盖能力提高了 100 倍,可将数控机床的加工过程参数和影响运行可靠性的各种参数发送到数据信息平台,实现生产过程的远程实时监控。目前,华中数控已在山东大汉建设机械有限公司等企业实现了数控机床基于 NB-IoT 的互联通信。

5）5G 移动网络

第五代移动通信技术（5th Generation Mobile Networks，简称5G）是最新一代蜂窝移动通信技术，与前四代不同，5G 并不是一个单一的无线技术，而是现有的无线通信技术的一个融合。目前，LTE 峰值速率可以达到 100Mb/s，5G 的峰值速率将达到 10Gb/s，比 4G 提升了 100 倍。与现有的 4G 网络处理自发能力有限相比，5G 引入新型多天线、设备间直接通信、自组织网络等先进技术，通过更加高的频谱效率、更多的频谱资源，具备两个优点：一个是数据传输速率远远高于现有蜂窝网络；另一个是网络延迟低于 1ms。

瑞典爱立信公司利用 5G 技术的超低时延提供面向整体叶盘的 5G 解决方案。目前，整体叶盘加工面临的一大问题就是加工过程长并很难监测其质量，返工率通常高达 25％。爱立信 5G 试验系统与整体叶盘上的传感器相连，通过 5G 将振动频谱实时采集至评估系统，接近 1ms 的超低延迟使运维人员通过振动及时定位生产机械中的相应部件，从而迅速调整生产工艺，降低返工率。

3. **数据处理**

根据数据实时性或数据量等需求，数控机床大数据的处理方式一般有两种：云端数据处理和边缘数据处理。图 5-11 展示了云计算和边缘计算数据处理的典型架构。其中，云端数据处理是指各种底层设备（如数控机床、机器人、AGV 小车等）通过网络连接将数据上传至云端，并在云端对数据进行存储和分析；边缘数据处理是指各种底层设备通过网络连接直接把数据存储于边缘端，以低延迟的方式对数据进行就近处理，从而及时向控制设备反馈处理结果。如果从仿生的角度来理解云端处理和边缘处理，可以做这样的类比：云端处理相当于通过人的大脑发送指令，边缘计算相当于人的神经末端直接进行控制，当针刺到手时总是下意识地

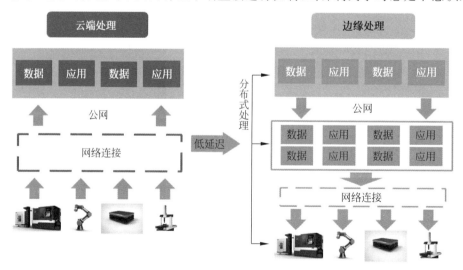

图 5-11　云端计算与边缘计算体系架构

收手,然后大脑才会意识到针刺到了手,因为将手收回的过程是由神经末端直接处理的非条件反射,这种非条件反射加快人的反应速度,避免受到更大的伤害,同时让大脑专注于处理高级智慧。

1) 云端数据处理方式

云端数据处理方式伴随着云计算技术的提出与发展得到了更加广泛的应用。云计算是一种"云-管-端"的计算模型,利用分布式计算和虚拟资源管理技术,通过网络将分散的计算资源(包括计算与存储服务器、应用运行平台、软件等)集中起来形成共享的资源池,并以动态按需和可度量的方式向用户提供服务。数控机床大数据的云端处理方式就是利用云数据中心超强的计算能力来集中式解决计算和存储问题,轻松实现不同机床设备间的数据与应用共享,具有集中管理、按需分配、扩展性、支持海量数据等优势。

在现有工业领域中,基于云计算的大数据处理平台的典型代表主要有MindSphere 和 Predix。其中,MindSphere 是西门子推出的基于云的开放式物联网操作系统,其智能网关可广泛地连接第三方设备,支持系统集成商把企业资源计划(ERP)、制造执行系统(MES)等涉及生产、物流或业务运营的不同系统的数据汇集到云端,在云端实现全面的系统集成和数据融合。制造商通过 MindSphere 网关可快速、高效地采集海量数据并挖掘数据中的价值,以最少的投入大幅提高生产设备的性能和可用性。Predix 是全球第一个专为工业数据采集与分析而开发的操作系统,由美国通用电气公司(GE)推出,它不仅能实时监控包括飞机引擎、涡轮、核磁共振仪在内的各类机器设备,还能捕捉飞机在运行过程中高速产生的海量数据,对这些数据进行分析和管理,实现对机器的实时监测、调整和优化,从而提升运营效率。目前,Predix 平台连接着以"数据湖泊"系统形式存储的逾 300 万次飞行数据和其他形式存储的大数据,为海量的工业设备提供着基于云端的数据分析服务。例如,在中国华能集团有限公司的云南大理龙泉风电项目中,每台智能风机均安装有传感器,并将数据传出至 GE 平台进行分析和管理。此外,海尔集团的COSMOPlat 平台利用 RFID 物联网技术,在云端提供数据分析、判断、指令下达等一系列服务。华为推出的 OceanConnect IoT 平台在云端提供设备连接、设备数据采集与存储、设备维护等功能,例如,中国第一汽车集团公司通过 OceanConnectIoT 平台实现了对千万级车辆的有效管理,可并发处理百万车辆的信息。

云计算技术在机床控制上的应用还处于探索阶段,主要体现为通过应用云计算技术的控制系统,以有偿的形式向机床提供技术服务;在营销服务体系上,与物联网相结合,对产品的流动进行全面掌控,增强商品信息的存储和库存的管理;从产品的原材料到产品出厂,进行企业级的云管理控制,注重不同设备和不同部件的无缝连接,减少部件转运过程中的时间。中国移动于 2014 年发布了 OneNET 平台,探索将其在数字技术和通信技术领域的优势与工业场景相结合,支持基于数字孪生实现智能制造。通过机床通信和加装传感设备获取机床实时数据,并通过 4G

移动蜂窝网络直接上传 OneNET 云端。OneNET 平台对采集上传的数据进行存储,并对生产设备及流程进行建模,实现数控加工过程的数字孪生功能,监测机床的实时状态,对产品质量进行实时控制与分析,对车间能耗进行优化与预测。华中数控推出的 iNC-Cloud 平台是专门面向数控系统的工业互联网平台,支持工业设备的快速接入,并基于云端数据分析服务,为数控机床提供智能优化、智能决策、智能维护等功能。

2) 边缘数据处理方式

随着数控系统采集能力和采集频率的不断提高,数控机床产生的数据量呈几何级数增加,这对数控机床大数据的传输带宽提出了更高的要求,推动了边缘计算在工业数据处理中的应用。中国边缘计算产业联盟定义:边缘计算是指靠近物或者数据源头的网络边缘侧,融合了网络、计算、存储、应用等核心能力的开放平台,就近提供边缘智能服务,满足行业数字在敏捷连接、实时业务、数据优化、应用智能、安全隐私等方面的关键需求。通俗来说,边缘计算就是将云端的计算存储能力下沉到网络边缘,用分布式的计算与存储技术在本地直接处理或解决特定的业务需求,从而满足不断出现的新业态对于网络高带宽、低延迟的硬性要求。边缘计算的主要特征可以总结为以下几个方面:

(1) 在边缘进行数据的计算处理,可以减少边缘设备和数据中心的数据传输量和带宽压力,从而减少数控生产中由网络、数据中心计算和存储带来的成本。

(2) 在靠近数据生产者处做数据处理,不需要通过网络请求云计算中心的响应,大大减少系统延迟,增强服务响应能力。

(3) 边缘计算将用户隐私数据存储在网络边缘设备,可以避免数据向云数据中心传输导致的数据暴露等安全隐私问题,减少数据泄露的风险,保护用户设备数据安全。

目前,边缘处理在机械加工领域正在得到深入应用。研华科技公司推出设备边缘智能联网解决方案——IoT 边缘智能服务器(EIS),在边缘端对数据进行采集与处理,并做出实时反馈。西门子即插即用数据接入网关 NanoBox 和 Nanopanel 利用边缘计算设备来分析传感器数据,并借助人工智能分析机器运行参数,实时监测生产过程中的异常,判断未来出现故障的可能性。华中数控在 2019 年第十六届中国国际机床展览会展出了基于 AI 芯片的边缘计算方案。

边缘计算与云计算在数据应用中呈现出不同的优势与局限性,边缘与云端之间进行协同,构建边-云协同的海量数据采集与分析应用的服务体系是数控机床大数据处理的最佳有效方式。边云协同可合理优化任务分配策略,拆解智能算法,利用云端强大的计算能力承担公共的计算任务,减轻边缘的计算压力,并基于边缘计算的实时响应能力,为数控机床提供实时反馈。

5.2.4　数控机床大数据存储技术

1. 数控机床数据存储分析

数控机床大数据具备大数据典型的"4V"特征,即:Volume(海量)、Variety(多样性)、Velocity(实时性)、Veracity(真实性)。其中,Volume 是指大数据量较大,特别是在高频采集环境下,机床产生的数据将出现指数级的增长;Variety 是指产生的数据类型多,从设计阶段的零件设计、制造工艺到生产加工中各种工作任务、状态信息,以及使用过程中机床的保养计划、故障维修等;Velocity 不仅是指数据采集速度快,而且要求处理速度快;Veracity 是指因为机械加工生产环境的复杂、实施成本等,可能会导致部分关键量难以准确采集,以及某些数据具有固有的不可预测性,例如人的操作失误、天气、经济因素等,这些因素都会真实地反映在数据里。

另外,数控机床大数据还具备三个特有的特点,即可见性、价值性和时序性。其中,可见性是指通过大数据分析使以往不可见的重要因素和信息变得可见;价值性是指通过大数据分析得到的信息应该被转化成价值;时序性是指机床大数据的产生具备严格的时序关系,并可基于时序关系"复现"历史加工过程。前 4 个 V 是网络化与工业化融合过程中的必然产物,而后 3 个特点则代表了机床大数据推动传统制造业向智能制造转型过程中所追求的目的和意义。从技术层面来看,机床大数据更聚焦于能够解决什么样的问题以及最终能够提供什么样的服务,这关系到大数据如何在数控系统中进行应用。

其中,实时性、时序性、海量和多样性是数据存储需要考虑的主要因素。因此,本节将从数据存储需求的角度为读者介绍几种典型数据库技术。

由于机床大数据主要来源于工控网络和传感设备,要求动态分析实时性强、稳定性高,内存数据库可为工业大数据实时存取提供有效的解决方案,将所有的数据操作全部控制在内存中,数据全局共享,减少和磁盘之间的交互频率,相比于传统的关系型数据库,极大地提升数据读取速度。目前常用的内存数据库有 Redis、Altibase、Oracle Berkeley DB 等。

根据机械加工流程,数据需要持续不断地进行采集存储,具有鲜明的动态时序特性。时序数据库将海量数据的时间信息与数据本身绑定在一起,按照时间先后顺序存储,并可以通过数据的时间信息快速找到某一时间段产生的数据,大大提高了数据的查询速度。此外,它还可以通过数据的时间信息判断数据的有效性,删除已存储很久的无效数据。目前常用的时序数据库有 InfluxDB、DolphinDB 等。

由于采集频率的不断提高,数控加工产生的数据呈几何级数的增长,最终会汇聚为海量数据。为了解决海量数据的分析难题,传统意义上有两种方案:纵向扩展和横向扩展。纵向扩展是通过直接升级计算设备的硬件配置,如硬盘容量,以此提高存储设备的数据存储能力。但是这种硬件升级方式会受到计算设备本身架构的约束,同时所需的升级成本也会快速上升,因此纵向扩展方案存在局限性,不能彻底解决大数据存储的问题。横向扩展是联合多台存储设备构建一个"超大存储系统",也就是同时使用多台存储设备并行地完成同一个大数据存储任务,这便是分布式存储。

分布式存储起源于 2003 年,当时 Google 发布了 The Google File System,提出一个面向海量数据集、可扩展、高容错的分布式文件系统 GFS。该系统将文件切分为等大的块,分别存储在多台廉价的普通机器上,这便是分布式存储的核心思想。从此,分布式存储思想被广泛应用于各种存储系统的开发,大数据技术也迎来一次高潮。目前用于海量数据持久化的常用分布式存储系统有 HDFS、FastDFS、MogileFS、GlusterFS 等。某些内存数据库(如 Redis)和时序数据库(如 InfluxDB)也提供分布式架构。

对于数控机床来说,数据库的应用并不是面向某一种数据类型(如设备状态、负载电流、主轴转速等),而是面向数据的应用场景或应用需求,这是与每一种数据库的特性紧密关联的。

2. 内存数据库 Redis

Redis 是利用 C 语言编写的开源、基于内存的 Key-Value 数据库,凭借极高的读写速度以及高并发性能被广泛用于高速缓存和消息中间件等领域。为什么 Redis 可以实现极高的读写速度以及高并发访问呢? 原因可总结为以下几个方面:

(1) Redis 将数据读写操作控制在内存,避免了磁盘读写的速度瓶颈;

(2) 单线程操作,避免出现多线程模型中线程上下文切换的损耗时间,提高执行效率;

(3) 非阻塞 I/O 多路复用机制,解决进程或线程阻塞到某个 I/O 系统调用的问题,提高并发性能;

(4) 高效的数据结构,数据以键值对的形式存储,大幅提高索引查询效率。

Redis Cluster 是 Redis 的分布式解决方案,在 Redis 3.0 版本中正式推出,解决了 Redis 单机的内存、并发、流量等瓶颈。Redis Cluster 采用"虚拟槽"实现数据分区,并将数据分区向多个节点进行有序分配,具体原理为:虚拟槽分区使用分散度良好的哈希函数,将所有数据映射到一个固定范围内的整数集合,一个整数定义为一个槽(slot); Redis Cluster 将 slot 范围指定为 0~16 383,每条 Key-Value 记录通过式(5-1)的计算结果决定放置在哪一个 slot 中。式(5-1)表示将 key 值通过 CRC16 校验并对 16 383 取模。

$$slot = CRC16(key) \& 16\ 383$$

图 5-12 展示了由 5 个节点构成的 Redis Cluster,每个节点大约负责 3276 个槽。槽是集群内数据管理和迁移的基本单位,采用大范围槽的主要目的是方便数据拆分和集群扩展,每一个节点负责维护一部分槽以及槽所映射的键值数据,这也是 Redis Cluster 的基本思想。

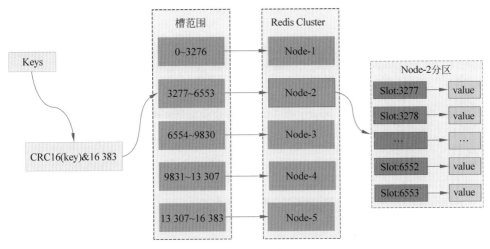

图 5-12　节点的 Redis Cluster 示意图

因此,分布式 Redis 数据库可为工业大数据的高速存取提供很好的解决方案, 主要应用在数据高速缓存和高并发访问等方面,如状态监控、高频采样、信号实时追踪等。图 5-13 展示的是数控机床各个轴的实时负载电流变化,横坐标是 G 代码行号,纵坐标是各个轴的实时电流值。

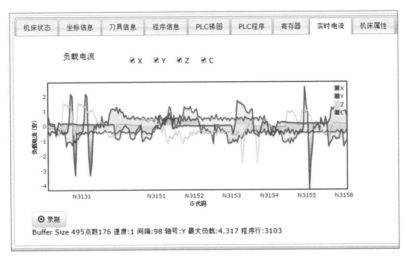

图 5-13　主轴和进给轴的实时负载电流

3. 时序数据库 InfluxDB

InfluxDB 是利用 Go 语言编写的开源时序型数据库,着力于高效率地存储与查询海量时序型数据。InfluxDB 的最高管理单元为 database(数据库),每个 database 可建立多个 measurement,可以理解为传统关系型数据库中的 table(表)。 measurement 描述数据具体的存储结构,描述元素有 field(数值列)、tag(维度列)、

timestamp(时间戳)。图 5-14 是某一个 measurement 数据可视化结果(参考 InfluxDB 官网),其中:

(1)"census"为 measurement 名称;

(2)"time"为 timestamp,记录每一条数据记录的写入时间,图 5-14 中以 "RFC3339 UTC"的格式展示每条数据记录的 timestamp,该字段必须非空,可由用户指定,也可由 InfluxDB 自动生成并与数据记录绑定(缺省情况下);

(3)"location"和"scientist"及其数值统称为 tags,是数据记录的标签,用于数据记录的标识及索引;

(4)"butterflies"和"honeybees"及其数值为 fields,是真正的时序数据。

name: census				
time	butterflies	honeybees	location	scientist
2019-11-06T09:09:22.1080579Z	12	23	1	langstroth
2019-11-06T09:09:44.3269391Z	1	30	1	perpetua
2019-11-06T09:09:55.1984434Z	11	28	1	langstroth
2019-11-06T09:10:06.512764Z	3	28	1	perpetua
2019-11-06T09:10:21.2488677Z	2	11	2	langstroth
2019-11-06T09:10:33.8428066Z	1	10	2	perpetua
2019-11-06T09:10:44.4894143Z	8	23	2	langstroth
2019-11-06T09:10:52.8707274Z	7	22	2	perpetua

图 5-14　InfluxDB 数据记录示例

InfluxDB 支持历史数据的时序清洗策略,即每个 measurement 设置 RP (Retention Policy,存储策略),并根据 RP 定期清除过期的数据,可以通过时间来快速定位到要查询数据的相关资源,加速查询的过程,并且让批量删除数据的操作变得简单且高效。

InfluxDB 内置常见的度量函数,可用于时序数据的时间统计、查询过滤等,适合数控机床的状态时序、产量统计、效率分析等应用场景。图 5-15 根据时间属性统计设备注册量、设备运行率等,可为车间的可视化生产管理提供有效手段。

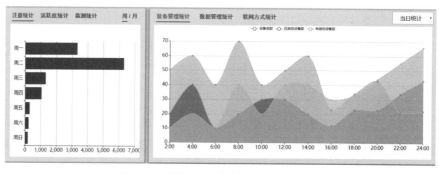

图 5-15　根据时间属性统计设备注册量

4. 分布式文件系统 HDFS

HDFS 具有海量数据存储、良好容错机制、数据流式访问、数据一致性、成本低廉等优点,可以运行在廉价的商用服务器上,用于解决流式访问和海量数据的存储与管理。

HDFS 采用 Master/Slave 架构,主要由四个部分组成:Client、NameNode、DataNode 和 Secondary NameNode,如图 5-16 所示。

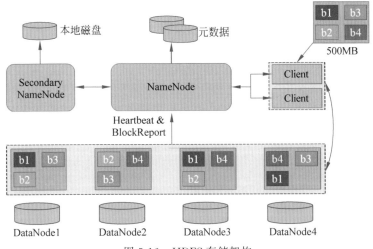

图 5-16　HDFS 存储架构

(1) Client:客户端,数据的提供方(数据写入)或使用方(数据读取)。

(2) NameNode:集群的管理者(Master),负责管理整个系统的名称空间、数据块(Block)映射信息(即数据块的元数据)、配置副本策略、客户端读写请求等。

(3) DataNode:数据节点(Slave),存储真正的数据块,执行数据块的读/写操作。HDFS 系统对海量数据的弹性存储能力就是通过 DataNode 节点集合体现的。

(4) Secondary NameNode:当 NameNode 出现故障时,辅助 NameNode,分担其工作量。

HDFS 系统是如何实现海量数据存储呢? 以图 5-16 中所示的 500MB 数据文件为例,假设备份数量为 3,数据写入流程如下:

(1) Client 将数据拆分为 4 个数据块:b1、b2、b3、b4,分块机制本章不再介绍。

(2) Client 向 NameNode 请求写入数据块 b1。

(3) NameNode 查询 DataNode 信息池,将可用的 DataNode 集合反馈给 Client,如图 5-16 中的 DataNode 1、DataNode 3、DataNode 4。

(4) Client 与 DataNode 1 建立通信(默认为物理链路最近的),将 b1 写入 DataNode 1。

(5) DataNode 1 向 DataNode 3 和 DataNode 4 复制数据块 b1 的副本。

（6）数据块 b2、b3、b4 的写入与数据块 b1 相同。

从 HDFS 数据存储与管理机制来看，HDFS 可以将大型数据文件自动拆分为多个小数据块，分布存储在 HDFS 集群中，为海量工业数据的持久化存储提供有效、可靠的解决方案。与 Redis 和 InfluxDB 相比，HDFS 虽然在实时性和查询效率方面无法比拟，但是在海量数据的持久化方面具有很大的优势，可为机床大数据提供更高数量级的历史数据存储方案，例如现场监控的历史视频数据、设备的历史时序数据、报警数据、调机数据等。

5.3 智能数控机床"互联网＋"服务平台 iNC Cloud

iNC Cloud 是武汉华中数控股份有限公司面向智能数控系统构建的工业"互联网＋"服务平台，是云管端一体化的工业互联网体系，提供集数据采集、存储、分析、可视化等全环节应用于一体的整体解决方案，可覆盖数控机床、机器人、柔性生产线、各类传感器等核心工业设备，也支持 MES、CAPP、ERP、APS 等第三方信息化平台的数据互通。

5.3.1 体系构成

根据工业大数据在智能数控系统中的应用架构（见 5.2.2 节），iNC Cloud 平台对应地构建了数据感知层、数据存储层、数据分析与应用层。

（1）数据感知层采集面向制造全流程的生产数据，对属性数据、参数数据、逻辑数据、任务数据和状态数据进行全面覆盖。iNC Cloud 平台基于 NC-Link 协议（详见 6.4 节）支持多源异构数据集成，实现面向产线、车间、工厂等制造单元数据的横向融合。

（2）iNC Cloud 平台在云端构建"分布式混合数据库"，即存储层由多个分布式数据库组件构建，满足工业数据海量、实时、时序等需求，并基于工业互联网为数据应用提供稳定、可靠的数据服务。

（3）数据分析与应用层是工业数据从抽象到实例化的映射过程，是数据发挥自身价值的支撑性手段。该层从存储层获取所需数据，并基于这些数据的分析处理结果，实现工业智能化应用的创新与集成。

5.3.2 存储模型

从数据结构角度来看，数控机床是由多种部件组成的机、电、力、热的综合性复杂系统，各个部件通过有序装配共同构成数控机床的整体，如图 5-17 所示。数控机床的各个部件（运动轴、主轴、控制器、伺服驱动等）都具有自己的数据（属性数据、参数数据、状态数据等）。数控机床的各个部件都可以通过数据化形成其虚拟镜像,各个部件的"虚拟镜像"进行有序组合可以构建整个数控机床的"虚拟镜像"。

因此,数控机床实质是多个独立部件的有序集合,每个部件可包括一个或多个子部件。其数字化模型中可使用"聚合"来表达这种装配关系。如图 5-17 所示的树状结构,每个"树节点"代表一个部件或子部件,"树节点"与"树节点"之间的关系代表部件或子部件的聚合关系。如图 5-17 所示的数字化模型表示:数控机床由主轴、控制器、X 轴、Y 轴、Z 轴等部件构成,其中,X 轴由联轴器、伺服电机、丝杠、导轨等子部件构成。

数控机床的每个部件或子部件可通过自身的特征数据进行描述。例如,伺服电机的运行特征可通过电流、功率、指令位置等数据项进行描述,控制器的运行特征可通过 G 代码和 PLC 程序信息进行描述。也就是说,这些特征数据通过有序"聚合"共同构成同一个部件或子部件的"虚拟镜像"。因此,特征数据项可以作为拓扑模型中的一个虚拟节点,本书将其称为"数据节点",如图 5-17 中所示伺服电机具有电流、功率、指令位置等三个数据节点,丝杠以实际位置作为数据节点。

综上所述,iNC Cloud 平台的数控机床数字化模型可根据数控机床的构造装配关系,将机床、部件、子部件集合形成与物理本体一致的树形结构,并根据数据产生的部位将数据以数据节点的方式构建在响应部件之下。

从静态角度来看,iNC Cloud 平台的数控机床数字化模型体现的是物理部件及其数据节点的聚合关系,直观上适合用图形数据库进行数据存储。图形数据库是一种非关系型数据库,其应用图形理论存储实体之间的关联信息,可解决关系型数据库处理组合爆炸式关联型数据查询复杂、周期较长等问题。虽然图形数据库可以满足 iNC Cloud 平台数控机床数字化模型中"数据聚合关系"的描述需求,但实际上并非如此。因为数控加工是一个有序且连续的过程,单个数据并不能反映机床在某时刻的工况,它同时依赖于前后时刻产生的数据。因此,"聚合关系"只是数据的静态表象,数据的主要体现方式为时序关系。

基于上述设计理念,iNC Cloud 平台主要采用基于聚合关系和时序关系的数据存储结构,从而构建数控机床全生命周期的数字画像。它首先根据聚合关系计算出当前数据的"聚合路径",如数控机床 X 轴的丝杠实际位置表示为"MACHINE/AXISX/SCREW/POSITION",然后将数据按照时间顺序先后写入时序数据库 InfluxDB。基于"聚合路径"和"时序关系"的数据存储系统可为智能化应用提供高效、快捷的数据查询服务。

InfluxDB 最终是在磁盘完成数据持久化,对高实时数据的支持能力有限,为此 iNC Cloud 平台集成内存数据库 Redis 实现数据实时存取,并采用"多次采集、一次传输"的方式保证数据在数控系统计算能力、通信网络等因素制约下的完整性。图 5-18 所示为 iNC Cloud 平台实时性数据采集的参考模型:"多次采集"在数控系统端完成,并以"数据组合"的形式向数字孪生传输一次。

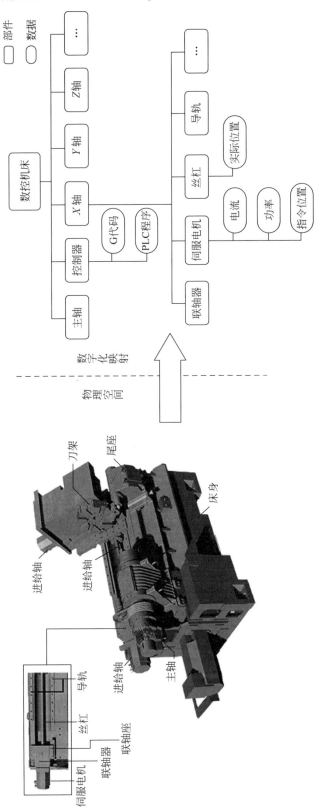

图 5-17 iNC Cloud 平台的数控机床数字化模型结构示意图

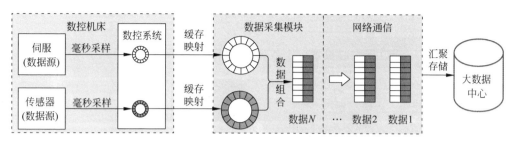

图 5-18　指令域大数据采集参考模型

1. "多次采集"阶段

（1）在数控系统端，采用环形缓存，提供数据缓存能力，并控制数据容量，避免采样数据过多占用数控系统资源，影响数控系统原有加工性能。

（2）采用缓存映射技术，将数控系统的环形缓存区映射到数据采集模块的环形缓存区。数据采集模块的缓存区结构与数控系统的缓存区结构一致，容量比数控系统的缓存区大。

（3）数据采集模块将缓存区的数据进行组合，形成一行"组合数据"，组合数据中隐含各个数据项的拓扑结构信息；多行组合数据按照时间序列进行排序。

2. "一次传输"阶段

（1）采集模块将排序后的多行组合数据一次性向云端大数据中心上传。

（2）大数据中心将数据顺序存储在数据库中。

生产制造是一个长期连续的过程，InfluxDB 和 Redis 最终将汇聚形成海量数据，这不利于数控机床大数据的高效查询和实时存取，为此 iNC Cloud 平台引入分布式文件系统 HDFS，专门解决海量大数据的持久化问题。因此，iNC Cloud 平台的最终存储模型为"Redis ＋ InfluxDB ＋ HDFS"。数据在这三种数据库中的一种典型流向为：数控机床的实时性数据首先写入 Redis，以提高数据存取速度，保证数据完整性；Redis 数据按照时间或事件触发"流"向 InfluxDB，构建数据的时序关系；InfluxDB 数据最终"流"向 HDFS，实现海量数据持久化存储。三种数据库组件相辅相成，共同构成支持实时存取、高效查询、海量持久化的数据分布式存储系统。

为实现存储资源池中的数控机床大数据的高效管理，iNC Cloud 平台提供高效的数据分层管理机制，构建三级云数据中心（图 5-19）：系统厂云数据中心、机床企业云数据中心和用户厂云数据中心。平台网络互联设计理念为：

（1）设备数据传输流向为：用户厂云数据中心→机床厂云数据中心→系统厂云数据中心。

（2）用户厂具备设备数据的最高访问和管理权限，并决定哪些数据向机床厂或系统厂开放，以保护机床用户的机密生产信息。

（3）机床厂云数据中心建立一个或多个用户厂分组，决定数据向系统厂云数据中心的开放性。

（4）系统厂云数据中心设置一个或多个机床厂分组/用户厂分组。

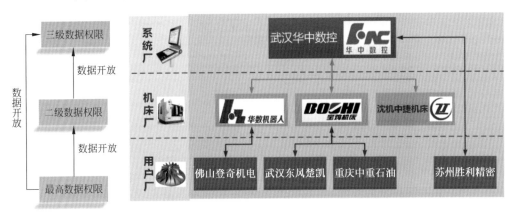

图 5-19　iNC-Cloud 平台网络互联架构

5.3.3　平台应用

iNC Cloud 平台的实质是数控资源集聚共享的有效载体，为工业智能化应用的创新与集成提供数据和平台，推进传统制造业向智能制造的转型升级。如图 5-20 所示，应用可分为数据传输、数据存储、数据分析和智能决策四大模块。数据传输模块支持多种设备联网模式，包括窄带物联网、移动网络、二维码、扫码枪等，并提供丰富的工业加持物联网渠道；数据存储模块对生产过程的大数据进行存储，包括设备属性、调机记录、故障记录、体检特征、机床状态、加工计件等；数据分析包

图 5-20　iNC Cloud 平台应用

括故障分类、机床能耗、产量统计等；智能决策包括智能报表、设备维护等。通过这四大模块实现 iNC Cloud 平台的智能化应用，下面对几种典型的应用进行介绍。

1. 产品全生命周期追溯机制

iNC Cloud 平台建立全生命周期机床数据档案（即机床档案库），如图 5-21 和图 5-22 所示，记录设备全生命周期（出厂、使用、维护、回收）的过程数据，包括系统信息、关键功能部件信息、维修保养信息、装配质量数据、系统联调数据（调机报表、铁人三项体检、标准出厂参数）等，形成产品全生命周期信息知识库，为系统或设备的性能优化、功能改进、运维保养等应用提供数据支持，助力专业化的管理和服务。

图 5-21　机床部件信息

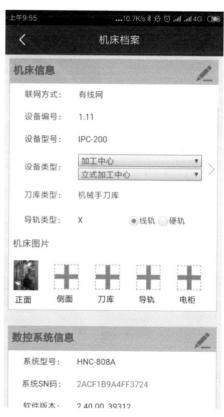

图 5-22　机床出厂信息

2. 设备定位

iNC Cloud 平台提供机床位置和分布展示功能，设备位置分布一目了然，方便用户实时查看定位情况，进行精准化资产管理，建立弹性的售后服务制度，指引客服工程师提供精准的维修、回访服务。在 Web 端和移动终端可展示机床的地理分布情况。

3．机床自主维修

iNC Cloud 平台构建常见故障案例知识库（图 5-23 和图 5-24），为用户提供故障案例解决方案的快速获取通道，可以让用户及时获得设备资料，支持用户根据指导信息自行解决故障，使用户具有故障自我维护的能力而不用完全依赖设备商，在降低设备厂/系统厂运维成本的同时，极大地缩短设备停机时间，大大提升设备的可用率，降低企业因设备故障造成的经济损失。同时也支持用户及厂商将故障案例经验上传至故障案例知识库定向进行资源共享，而这些知识库同时也能为智能应用提供素材。

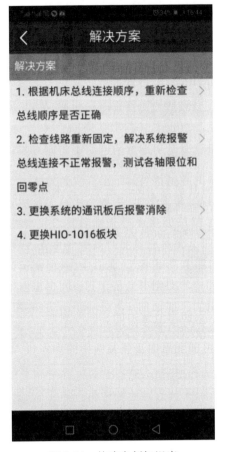

图 5-23　故障案例知识库

图 5-24　数控机床故障解决方案示意

4．故障在线报修

对于用户无法自助解决的故障，iNC Cloud 平台提供设备在线报修"通道"，在线报修可以更准确地向系统厂、机床厂反馈设备的状态和联络信息，通过文字、照片、视频等多种媒体方式采集和传递数据。用户将故障信息远程提交至机床厂或者数控系统厂家的相关部门,如图 5-25 所示。相关部门对故障订单进行在线派遣,并由维修工程师快速跟进,图 5-26 所示。该功能集故障报修、派遣、跟踪、完成、评价、回访等全流程服务于一体,打破了传统售后申请步骤繁琐的局限,提高设备运维效率。

图 5-25　故障在线报修　　　　　　图 5-26　用户报修订单管理

5. 生产过程实时监测

基于平台对机床数据高速存取的支持,对机床状态(如运行、待机、离线、报警)进行实时监测,随时随地查看产线、车间、工厂的生产情况。机床状态数据按照时间顺序向时序数据库进行持久化操作,建立机床状态时序图,为机床的生产效率统计提供数据支持。图 5-27 和图 5-28 分别是在 Web 端和移动终端展示某台数控机床生产过程的实时监测。

6. 生产效率分析

基于 iNC Cloud 平台根据机床的生产过程大数据构建生产过程的数字化"镜像",支持数控机床开机率、运行率、产量/产值等信息的分析统计,并通过饼状图、柱状图、折线图、时序图等方式进行可视化展示,将车间生产"黑箱"透明化,及时反馈企业车间的生产状况,帮助车间管理人员动态掌握资源利用,轻松找到影响生产

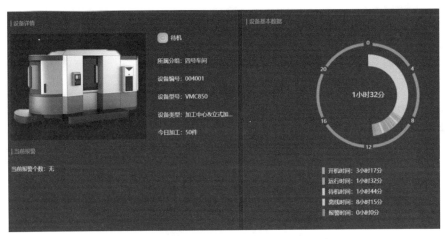

图 5-27　设备生产过程的实时监测（Web 端）

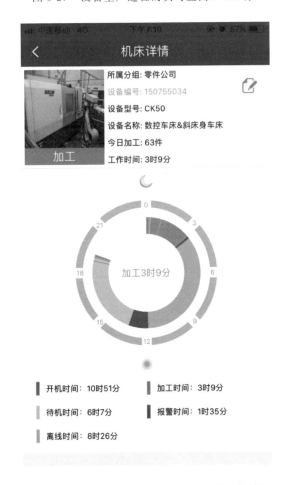

图 5-28　设备生产过程的实时监测（移动终端）

效率的瓶颈,并进行改进和跟踪,为车间的高效生产管理和排产提供信息依据。

目前,iNC Cloud 平台支持以产线或设备为统计单元,统计类型包括运行时间、产量、开机率、运行率、故障率等,统计周期支持周、月、半年、自定义。图 5-29 是某用户厂某条产线的本月生产统计全图。

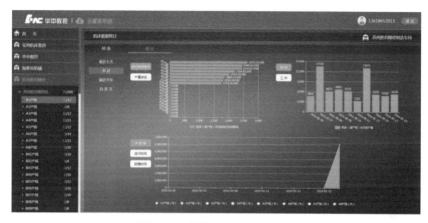

图 5-29　产线级生产统计全图

7. 预测性维修

数控机床预测性维修(Predictive Maintenance,Pdm)集机床状态监测、故障诊断、故障(状态)预测、维修决策支持和维修活动于一体,是指通过对机床关键零部件进行定期(或连续)的状态监测和故障诊断,判断零部件所处的健康状态,预测诸如零部件剩余使用寿命等关键指标,从而预测机床整机健康状态未来的发展趋势和可能发生的故障模式,为机床预先制定预测性维修计划。iNC Cloud 平台基于上述理念,通过监测机床的生产过程数据对机床关键功能部件(刀具、主轴、进给轴等)的加工状态进行实时感知,并通过大数据分析生成可视化的部件健康指数,直观地指出当前机床状态与基准状态之间的差距,判断其当前的磨损状况,预测其潜在的故障风险,如图 5-30 所示。维修人员根据机床健康状态和可能故障模式的预测结果,对机床进行停机检查、解体、零部件更换等维修操作,以预防机床损坏、继发性毁坏或生产损失。

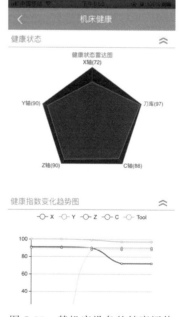

图 5-30　某机床设备的健康评估

5.4 本章小结

本章对智能数控系统的大数据技术架构与应用进行了介绍,通过对"智能制造""互联网＋"的解读,强调了将大数据技术和智能数控系统深度融合的重要性,并从数据感知和数据存储方面介绍了大数据如何在数控系统中进行应用。本章最后向读者展示了华中数控的工业"互联网＋"服务平台 iNC Cloud,并以此介绍了结合工业机理模型的数据分析与数据应用。

参考文献

[1] 陈吉红,杨建中,周会成,等.基于指令域电控数据分析的数控机床工作过程 CPS 建模及应用[J]. Engineering,2015,1(2):173-199.

[2] 张海燕,张丽香.传感器在发电厂中的应用[J].电子元件与材料,2014,33(2):92-93.

[3] 路松峰.NC-Link 标准及应用案例[J].世界制造技术与装备市场,2021(1):33-36.

[4] 赵敏.数控机床智能化状态监测与故障诊断系统[D].成都:西南交通大学,2011.

[5] 龚超.Schaeffler Technologies 与 DMG MORI 强强联合共同开发智能型生产系统[J].世界制造技术与装备市场,2017(2):103-105.

[6] 卢国纲.CIMT2017 展览会高精度绝对式位移传感器评述[J].世界制造技术与装备市场,2017(5):47-51.

[7] 陈晔,程龙,余嘉,熊晓航,等.基于机床原生信息的进给系统位置-速度摩擦模型[J].机械设计与研究,2019,35(4):173-177.

[8] 周小宇,林述温.四轴联动数控系统刀位点速度控制新方法的研究[J].机械制造与自动化,2017,46(6):1-4.

[9] 马华杰,袁永军,潘欢.二维码技术在汽车零部件加工生产线中的应用[J].组合机床与自动化加工技术,2018(11):120-122.

[10] 齐继阳,竺长安.基于通用串行总线的可重构数控系统的研究[J].计算机集成制造系统,2004(12):1567-1570.

[11] 曹世超.基于 NB-IOT 物联网的数控机床电控系统设计与实现[J].数字技术与应用,2019,37(7):10,12.

[12] 朱建芸.西门子推出针对边缘应用的 Simatic IPC227E 硬件平台[J].自动化博览,2018,35(12):5.

[13] 王侃,蒋延云,张毅.工业互联网环境下的大数据行业应用[J].信息通信技术,2017,11(4):15-20,33.

[14] 刘金.大规模集群状态时序数据采集、存储与分析[D].北京:北京邮电大学,2018.

[15] 成云平.刀具嵌入式薄膜微传感器切削力测量技术的基础研究[D].太原:中北大学,2015.

[16] 数控机床在机测量技术——雷尼绍测头在数控机床上的应用[J].制造技术与机床,2002(11):61.

[17] 杨晓.机床指示与测量系统技术综述[J].科技风,2019(14):154.

［18］　丁海鹜.雷尼绍：能够精准测量的产品质量［J］.CAD/CAM 与制造业信息化,2015(Z1)：40-41.

［19］　德国波龙科技有限公司.波龙机床在线测量专家［J］.航空制造技术,2009(14)：103-104.

［20］　杨有韦.GE：引领数字工业变革［J］.大数据时代,2016(2)：54-58.

［21］　黄莹,卢秉恒,赵万华.云计算在智能机床控制体系中的应用探析［J］.机械工程学报,2018,54(8)：210-216.

第6章

智能数控机床的互联通信

6.1 概述

在实际生产加工过程中,多品牌各型号的数控机床协同工作的情况难以避免,这些机床来自不同的厂家,遵循不同的通讯协议,多源异构数据横向融合以及制造全流程数据纵向打通的问题亟待解决。数控机床的互联通信便是要打通现场设备层,将智能装备通过通信技术有机连接起来,实现全生产过程的数据集成。

数控机床互联通信有利于打破数据壁垒,是实现资源共享与高效管理的核心环节,也是实现智能制造的关键基础,已成为当前各国的研究热点。2018 年,日本国际机床展览会(JIMTOF)以"IoT(Internet of Things)"作为展览主题。2019 年,中国国际机床展览会(CIMT),以"融合共赢,智造未来"为展会主题,将"设备互联"放在了主要位置。同年,工业互联网全球峰会将"万物互联"作为核心主题之一。

目前,国内外在机床的互联通信技术上已经取得了一定的成果。2006 年,美国机械制造技术协会(AMT)提出了 MTConnect 协议,用于机床设备的互联互通,并在其上海技术服务中心举办了"智能工厂-数控设备互联通讯协议"的介绍推广会。同年,标准国际组织 OPC 基金会在 OPC(OLE Process Control)基础上重新发展了 OPC UA(OLE for Process Control Unified Architecture,过程控制统一对象模型)工控互联协议。2017 年,德国机械工业协会(VDM)在 OPC UA 架构上提出了 umati——万能机床接口。2018 年,中国数控机床互联通讯协议标准联盟提出自主研发的 NC-Link(Numerical Control Links)协议。从机床大数据在数控机床和外部应用系统之间的流通需求(数据感知、数据传输、数据应用)来看,数控机床互联通讯协议可分为三个层次:感知层、通信层、语义层,如图 6-1 所示。

1. 感知层互联通讯协议

感知层互联通讯协议解决的是数控系统对以传感器件为代表的各类数据的采集与管理,主要以各类现场总线协议为主。当前常见的现场总线协议包括 Profibus、EtherCAT、TwinCAT、CANopen、ControlNet、Ethernet、PROFINET、Modbus、RS232/RS485、CC-Link 等 40 余种。

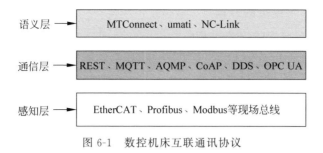

图 6-1　数控机床互联通讯协议

2．通信层互联通讯协议

通信层互联通讯协议负责实现从数控系统到应用系统之间的数据传输，主要以各类以太网协议为主。当前常用的以太网协议包括 CoAP（Constrained Application Protocol）、MQTT（Message Queuing Telemetry Transport）、DDS（Data Distribution Service for Real-Time Systems）、AMQP（Advanced Message Queuing Protocol）、OPC UA 等。

3．语义层互联通讯协议

语义层互联通讯协议具备面向应用集成的对机床模型含义的数据解释能力，主要指包含模型设计和数据字典的协议。当前，常用的语义层协议包括 MTConnect、umati 以及 NC-Link 等。

6.2　数控机床大数据的互联互通互操作

数控机床互联通讯实现了数控机床大数据的互联互通互操作，是沟通设备与数据应用的使能技术，是"让设备说话的技术"。互联（Interconnection），是指构成数控机床与数据应用信息交互系统的物理部件和介质，主要包括设备本体、传输介质、通信接口，类似于人类的信息交流系统的互联部分，主要包括发声器官（嘴巴）、收听器官（耳朵）、传输介质（空气）；互通（Intercommunication），是数控机床向外部传输数据的"数字化载体"，同样类似人类信息交互系统空气振动使发声器官发出信号，信号通过空气传播，最终被收听器官接收，也就是说"振动"是实现人类交流互通的一种信号；互操作（Interoperability），是将数控机床的数据进行"翻译"，使应用程序或其他设备可以理解数据的物理意义，为数据应用提供基础。在互联、互通、互操作三者之间，互联使数控机床与数据应用之间的信号传输成为可能，互通使得数据在互联的基础上可以准确无误地进行传输，在互联互通的前提下，完成数控机床与数据应用的互操作，从而实现数控机床与数据应用之间的信息交互与融合。也就是说，互联为前提，互通为基础，最终实现互操作。

1. 数控机床大数据的互联

数控机床大数据互联的实现基础是机床在物理上的连接，使数控系统与各控制单元、伺服驱动、I/O逻辑控制、应用程序物理载体等装置之间实现信号传递，为数据交互提供物质基础和条件。

随着计算机通信技术的不断发展，数控系统的通信方式经历了早期的I/O通信和串口通信，至今以太网凭借实时性、高可靠性等优势，已成为数控系统的主流互联方式。图6-2为一种典型的数控系统互联示例，数控装置配置专用的以太网接口，以网线作为互联介质。

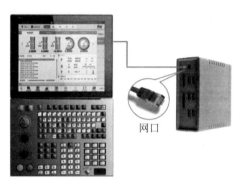

网口

图 6-2　数控系统上的以太网口

数控系统以太网中常用的有线传输介质包括双绞线、光纤，无线通信传输介质主要是无线电波。其中，双绞线通过电脉冲传输信号，物理上由两根具有绝缘保护层的铜导线组成，两根绝缘的铜导线按一定密度互相绞在一起，可降低信号干扰的程度，适用于干扰较大和数据远距离传输的生产控制；光纤是一种由玻璃或塑料制成的纤维，以光脉冲的形式来传输信号，因此不受外界电磁信号的干扰，信号的衰减速度很慢，传输距离比较远，信号实时性强，特别适用于电磁环境恶劣的生产环境；无线电波是一种在自由空间内进行信号传播的无线通信介质，数控机床NB-IoT数据传输便是基于无线电波实现的，具有支持覆盖力强、超低功耗、巨量终端接入的非时延敏感(上行时延可放宽至10s以上)的低速业务(支持单用户上下行至少160 bit/s)需求的能力。

综上所述，设备互联解决的是数控机床与内外部功能模块在物理层的信号传输使能，为数据层的互通提供前提。

2. 数控机床大数据的互通

无论什么类型的信号(电脉冲、光脉冲等)，最终都需要组织成某种形式的数据帧进行传输，设备互通便是负责完成"信号"到"数据帧"的转换，实现通信双方统一的数据交互方式，使得数据可以被数据交互双方正确解析。目前，数控机床大数据的互通层协议有TCP/IP、MQTT、TSN、CC-Link、OPC UA等。

TCP/IP(Transmission Control Protocol/Internet Protocol,传输控制协议/因特网互联协议)是以太网通信的基础,为终端接入互联网以及数据传输制定了统一的标准。工业现场的多数智能设备和 I/O 模块均配置有执行 TCP/IP 网络协议的标准以太网通信接口。例如,FANUC 的 FOCAS 动态链接库中封装了 TCP/IP 通信模块,华中 8 型数控系统的开放式二次开发接口也是基于 TCP/IP 协议实现机床与数据应用的数据互通。

MQTT(Message Queuing Telemetry Transport,消息队列遥测传输协议)是基于 TCP/IP 协议的轻量级的消息传输协议,可以极少的代码和有限的带宽,为远程设备连接提供实时、可靠的数据传输服务。华中数控"互联网＋"服务平台(iNC Cloud)与数控机床的数据互通便是基于 MQTT 协议实现的。

综上所述,数控机床大数据的互通解决是互联信号的传输和控制,实现端到端的数据流通,数据交互双方可以正确解析出接收到的数据,为数控机床大数据的互操作提供基础。

3. 数控机床大数据的互操作

互联与互通实现了大数据的流通,但未解决数据发生端和数据应用端的信息交互,即使数据可以被数据应用端(包括数控机床、各种智能应用等)获取,应用端也无法理解数据内所蕴含的信息。例如,某工艺参数优化模块基于 OPC UA 协议监测各个轴的电流数据,从互通层角度来看,工艺参数优化模块可以正确解析出采集的数据,但是无法识别数据的含义,包括是哪个轴的数据、数据值代表什么、数据单位是什么、数据精度是多少等。也就是说,互通层协议只能实现数据的解析,无法支撑数据接收方对数据的理解,不能形成数据交互双方之间的互操作行为。数据机床大数据的互操作需要对数据进行统一、明确的规范,以及将数据与数据产生的制造操作相关联的机制。

美国电气和电子工程师协议(IEEE)在 IEEE-SA 2011 中对互操作要求:数据交互双方完全理解信息的语义并正确使用已交换信息。国际标准化组织地理信息技术委员会(ISO/TC 211)将互操作定义为:"若两个实体甲和乙能相互操作,则甲、乙对'处理请求'均有相同的理解,并且如果甲向乙提出'处理请求',乙能对该请求做出正确反应,并将结果返回给甲。"数控机床大数据的互操作要求数据交互双方不仅能正确解析数据,还能够正确理解数据,并以正确的动作完成响应,这依赖于数控机床和智能应用之间统一的语义系统。语义系统是指语素按照一定的规则组成可以在交互双方得到共同认同的信息传递系统,主要由语素和语法两部分组成。

语素是构成语义系统的最小单位,如词典中定义了中文系统的各种语素。对于数控机床而言,数据采集的目的是数据应用,这个过程需要数据来源、物理意义和时间特性(采样时间、采样频率)。例如,NC-Link 协议的数据字典(见 6.4.4 节)构成该协议的语素部分,对数控机床的数据表达方式进行统一定义。

语法部分在计算机编程领域通常用"语法树"进行表达,就是按照某一规则进行推导所形成的树,树中的每个内部节点表示一个运算,而该节点的子节点表示该运算的分量。在数控系统领域,数控机床的语法树可以推导为数控机床数字化模型和数据交互方法,其中数控机床数字化模型指明数据是什么,数据交互方法则代表数据操作方法。以 NC-Link 协议为例,设备模型(见 6.4.3 节)和接口要求(见 6.4.5 节)共同构成其语法部分,其中,设备模型定义了数控机床的数字化描述方法,指明数控机床可以提供的数据是什么,接口要求定义了数据交互方法。数控机床数据种类繁多,每一种数据的用途、产生周期、产生部位都不同,但每一种数据都与某个特定的机床部件相关,而机床是各个部件通过有序装配组成的整体,NC-Link 协议基于这种装配关系将数据与部件进行关联,构建树状结构的设备模型,并以此自动标识各项数据的类型。NC-Link 接口要求定义数据的各种"操作"方法,包括查询、设置等。

因此,以 NC-Link 协议为例,其语义系统由数据字典、设备模型和接口要求构成,其中数据字典为语素部分,设备模型和接口要求为语法部分。假设"查询 X 轴的电流数据":

(1)数据字典定义了电流数据的表达方式,规定通过数据标识、数据名称、数据类型、数据描述、数据值、数据来源、数据单位等信息对电流数据进行统一描述。

(2)通过树状组织结构的设备模型,智能应用识别出数据是来源于数控机床的 X 轴的电流数据,并基于数据字典对数据意义进行"理解"。

(3)接口要求定义电流数据的操作方法,使得数控机床可以识别智能应用发送的是"查询"请求,并根据设备模型解析出智能应用查询的是 X 轴的电流数据,然后根据数据字典对数据进行组织和打包后,向智能应用发送。

综上所述,数控机床大数据的互操作是基于统一的语义模型实现"数据帧"的适配,使得交互双方能够正确"理解"交换的信息,并根据"理解"的结果做出正确的响应,实现数控机床与智能应用之间真正的数据"沟通"。目前,支持数控机床大数据互操作的通讯协议有 NC-Link、MTConnect、umati 等。

6.3 国内外常见的数控系统互联通讯协议

目前,数控机床互联通信技术研究主要集中在互通层和互操作层,这也是解决多源异构大数据融合应用的必然手段。OPC UA 协议是典型的互通层通讯协议,MTConnet、umati 和 NC-Link 是可实现互操作的典型通讯协议。

6.3.1 OPC UA 协议

OPC UA 是当前使用比较广泛的一个数控系统互联通讯协议,为工厂车间和企业之间的数据和信息传递提供一个与平台无关的互操作性标准。通过 OPC

UA，所有需要的信息在任何时间和任何地点对每个授权的应用、每个授权的人员都可用，这种功能独立于制造厂商的原始应用、编程语言和操作系统。"工业 4.0"环境下的 OPC UA，目的不是要取代机械装置内业已普遍使用的确定性通信的手段，而是为不同生产厂商生产的成套装置、机械设备和部件之间提供一种统一的通信方式使数据采集模型化，同时使工厂底层与企业层面之间的通讯更加安全、可靠，其已在 2017 年 9 月 5 日正式成为中国推荐性标准。本书对 OPC UA 技术的主要特点进行了总结：

（1）访问统一性。OPC UA 有效地将现有的 OPC 规范（数据访问（DC）、报警和事件（A&E）、历史数据访问（HDA）、命令、复杂数据和对象类型）集成进来，成为现在的新的 OPC UA 规范。

（2）标准安全模型。OPC UA 访问规范明确提出了标准安全模型，在提高互通性的同时降低了维护和额外配置费用。

（3）跨平台性。OPC UA 软件的开发不再受限于任何特定的操作平台，可在 Windows、Linux、UNIX、Mac 等平台上实现。

OPC UA 技术凭借其自身的上述优势使得越来越多的公司将其作为开放的数据标准，包括主流的自动化厂商，以及 IT 界的华为、CISCO、Microsoft 等都是 OPC UA 的支持者，还包括 Profibus/Profinet 的 PI 组织、POWERLINK 的 EPSG 组织、Ethernet/IP 的 ODVA 组织、SERCOS Ⅲ 的 Sercos International，以及 EtherCAT 的 ETG 组织等均支持与 OPC UA 技术的融合与开发，很多企业也已经实现了 OPC UA 应用程序的开发与应用，包括西门子、FANUC、倍福、GE、ABB、爱默生、洛克韦尔等。例如，西门子 IOT 2040 智能物联网网关通过内嵌 OPC UA 技术实现了不同数据之间的通讯协调，把大量的数据传输到应用层进行计算分析；ABB 公司在机器人通信中使用 OPC UA 技术实现数据的传输、存储与挖掘；德国在阿尔法文图斯海上风电厂并网发电项目中采用 OPC UA 技术在 SCADA 系统中进行数据采集和监控。目前国内市场上还很少出现成熟的 OPC UA 产品，但 OPC UA 技术已被国内许多工业控制软件开发者所认可，对其在离散制造车间监控、智能制造实时数据服务、统一化数据中心访问平台、冶金设备监测等方面的应用进行了研究与推进。

但是，OPC UA 在通信实时性上具有局限性，不适用于工业现场级的数据互通。目前，OPC UA 正在积极与 TSN（Time-Sensitive Networking，时间敏感网络）进行融合，构建"OPC UA over TSN 基于时间敏感网络的工业通讯协议"模式的通信架构，解决 OPC UA 不能很好地满足对时间敏感的工业应用需求的问题，实现海量设备之间大规模的实时确定性的数据互通。因此，OPC UA over TSN 可提供一个实时、高确定性、并真正独立于设备厂商的通信网络，将会在通信带宽、通信安全、数据互操作、通信延迟和同步等方面带来巨大改善，已成为 OPC UA 协议的重要发展方向，也是当前工业互联网领域重要的创新技术。"TSN＋OPC UA"模式的组合通信在工业领域的应用尚处于起步阶段,越来越多的工业供应商、ICT 厂商和芯片供应商也在共同加快对该通信模式的融合、测试和验证。例如,2017 年,NI与博世、英特尔、库卡机器人、施耐德电气等公司联手推动 OPC UA over TSN 网络在工业控制器与云通信中进行应用,并合作开发了全球首个 TSN 测试台;在2018 汉诺威工业博览会上,工业互联网产业联盟等超过 20 家国际组织和业界知名厂商联手发布了包含六大工业互联场景的 TSN＋OPC UA 智能制造测试床;在2019 年的上海华为全联接大会(HuaweiConnect)期间,边缘计算产业联盟(ECC)牵头 35 家国际有影响力的企业和组织,首次在国内展示了面向智慧工厂的边缘计算 OPC UA over TSN 测试床。TSN 与 OPC UA 融合技术可为数控机床大数据的采集、传输、融合与分享构建更高效的通信网络,正在成为 OPC UA 协议在工业预测性维护、远程运维、生产监控、可视化信息管理等方面进行应用的关键推动因素。

6.3.2　MTConnect 协议

针对制造设备中统一通信接口与标准的问题,美国制造技术协会 AMT 在2006 年开发了数控设备互联通讯协议 MTConnect。该协议允许不同来源的数据进行交流和识别,支持不同数控系统、设备和应用软件之间更广泛的互操作,创造了一种"即插即用"的应用环境。MTConnect 标准中的语义模型提供完整描述数据所需的信息,以支撑 MTConnect 协议的互操作能力:提供用于建模和组织数据的方法,允许软件应用程序轻松"解释"来自各种数据源的数据,从而降低应用程序开发的复杂性和工作量;提供设备相关信息的数据字典,为信息与制造操作之间的关系提供清晰的表示方法,提高设备的数据采集能力,并使软件应用和制造设备能够转向即插即用的环境,以便降低制造软件系统集成的成本,促进工厂设备的互操作性。因此,MTConnect 协议提供的不只是一种简单的专用软件或者硬件设备,而是一种开放、可扩展、支持互操作的设备互联通讯标准和技术,主要具备以下特点:

(1) 网络传输的跨平台能力好。

(2) 使用 XML 作为数据表示方式,使用 HTTP 协议作为传输方式。XML 高度的开放性、可读性、兼容性以及 HTTP 网络传输的跨平台能力,解决了数据跨平台交换、数据格式不兼容的问题,提高了企业的生产效率。

(3) 设备端负责数据的输出,由代理器(Agent)软件模块担任 XML 数据格式转换。应用系统直接读取数据。应用系统应用程序开发者也无须考虑底层数据的格式,直接使用 Agent 提供的统一数据访问接口,程序通用性良好,可移植性高。

(4) 协议涵盖数据的模型。解决了数据采集协议不一致、数据格式不兼容、数据响应方式不同等一系列问题,使异构制造设备数据集成的实现变得可行、灵活、简单。

（5）是一种只读协议，目前尚不支持工业设备的反向控制，安全性高。

自 MTConnect 协议被推出以来，其上述优势吸引了很多设备厂商纷纷推出支持 MTConnect 协议的接口，包括西门子、发那科、马扎克、海德汉等。目前，MTConnect 协议已经广泛融入国外很多设备厂商的设备中，成为其不可缺少的功能之一。例如，美国通用电气公司（GE）要求采购的数控设备支持 MTConnect 协议；日本马扎克公司也积极支持通过 MTConnect 协议提供完整的制造解决方案，在其产品中集成 MTConnect 适配器，以实现生产数据的采集与融合；NUM 公司开发的适用于其 CNC 系统的 NUMConnect 通信接口选项，完全符合 MTConnect 互操作性标准，简化 CNC 机床与第三方制造管理软件的集成，提高设备的实时数据采集能力，达到了生产过程监控和分析的目的，目前 NUM 公司正将 NUMConnect 通信接口扩展为覆盖整个 CNC 系统范围的选项；日本康泰克（CONTEC）在其 CONPROSYS 系列产品中集成 MTConnect 协议的适配器和代理器软件，支持 MTConnect 客户端与 CONPROSYS 控制器的快速连接，以实现工业设备的运行状况监测与生产过程可视化；FANUC 公司也在其机床通讯协议 FOCAS 接口中兼容了 MTConnect 协议，支持工业设备与应用软件通过 MTConnect 格式数据进行互操作。

6.3.3　umati 协议

基于机床数据采集和设备及工艺的监测对通用标准化接口的需求，德国机床制造商协会（VDM）联合德国八家知名机床制造商以及所有主要控制供应商在 2017 年开发了工业互联通讯协议 umati。umati 协议架设在 OPC UA 基础之上，是一种面向机床互联通讯的通用接口，核心是通过基于通信规范 OPC 统一架构的信息模型提供一种标准化的语义系统。也就是说，如果设备提供了 OPC UA 接口，umati 可以很容易地将语义与 OPC UA 的数据节点进行绑定，便捷安全地将机床等设备无缝连接到应用系统或用户端的 IT 生态系统（生产过程执行系统 MES、企业资源计划 ERP、云端等）中，实现数据的理解与互操作。对于非标准化的参数和数据接口，umati 支持机床生产商和用户的特定扩展，提供的规范在全球范围内具有普遍适用性。

目前，umati 协议尚未在国内外数控设备中实现广泛应用，这也与协议标准化历程尚短有关。2017 年，VDM 正式发起基于 OPC UA 协议的机床标准化的倡议并启动相关标准化工作。2018 年，德国和瑞士在德国斯图加特贸易展（GermanAMB Stuttgart 2018 Trade Show）上首次展示了 9 家企业用 5 种不同的控制器通过 umati 实现互联互通。2019 年 2 月，VDM 开始推动 umati 协议的国际标准化，由十大机床生产商共同参与标准编制，五大控制软件生产商支持标准的实施与验证，包括 BECKHOFF、CHIRON 等。2019 年 4 月，VDM 在 EMO 汉诺威国际机床展上展示了 umati 现有的全部功能，实现了与 NC-Link、iport 等通讯协议的互联互通。2019 年 9 月的 EMO 汉诺威金属加工世界展会上，umati 展示了与包括来自 70 个跨国企业和合作伙伴的 110 台设备的互联通讯，证明了 umati 通信接口在工业产品应用中的通用性。目前，西门子公司已通过 umati 通信接口实现了设备加工件数统计、零件加工时间统计、批量生产计划、加工零件质量评测等功能。

6.3.4　NC-Link 协议

NC-Link 协议是由"数控机床互联互通产业联盟"（下简称"联盟"）研发的具有自主知识产权的数控机床互联通讯协议标准。联盟由中国机床工具工业协会牵头，目前成员有武汉华中数控股份有限公司、华中科技大学等 33 家企事业单位、研究机构与高校，旨在打造中国自主知识产权的机床互联通讯标准，提供更加适合数控机床的互联通讯协议。NC-Link 协议提供标准化接口和标准化数据结构，支持多源异构数据采集、集成和反馈控制，可实现单个数控装备、智能产线和智能工厂的数据交互，以及多个云数据中心之间的互联通讯，主要具备以下特点：

（1）独特的数控装备信息模型。NC-Link 协议定义的数控装备模型采用 JSON(JavaScript Object Notation，对象简谱)树状结构化模型文件，能贴切地反映出机床及其各个功能部件的逻辑关系。JSON 具备丰富的数据类型，可完全覆盖数控机床各类信息的描述需求，因此 NC-Link 信息模型能够描述更多的设备数据，输出更多的设备及生产信息。

（2）支持自定义的组合数据。NC-Link 支持以多种标准在数控装备端把同一时间段（或者其他形式对齐方式）产生的一组数据组成一组数据块，在数据块内数据自然对齐，从而大大提高数据传输效率，也为数据的关联分析提供基础。

（3）轻量级数据交换格式。采用弱类型的 JSON 进行模型描述与数据传输，带宽压力低，实时性强，决定了 NC-Link 实时双向控制的特性。

（4）对异构设备或平台高度兼容。NC-Link 信息模型具备高灵活性和可扩充性，可以兼容现有的主流工业互联的数据交互协议，包括 OPC UA、MTConnect、umati 等。

（5）独特的安全性设计。NC-Link 协议支持数控装备端到端的安全通讯，支持设备与终端的接入安全、权限控制以及数据传输安全，并在设备端对数据操作权限实施严格的权限控制与身份授权。

相较于国际上已广泛应用的 MTConnect 和 OPC UA 协议，NC-Link 不仅具备上述特点所述的技术优势，更为关键的是实现了我国互联通信技术的完全自主可控，可改变我国在数控机床国际市场竞争中的被动局面，加快推动我国智能制造业的发展。目前，NC-Link 协议已经进入应用验证阶段，已实现与 MTConnect、OPC UA、iport 等通讯协议的互联互通，支持华中数控、i5、广州数控、科德数控等数控系统，应用设备对象可覆盖数控机床、机器人、AGV 小车、PLC 模块等。例如,iNC Cloud 是由武汉华中数控通过 NC-Link 协议实现的一种工业互联网平台,每天汇聚并处理上亿条数据,采集数控设备中上千个点位信息,涵盖设备状态、报警信息、加工计件、采样数据等各种工况,建立实体装备全生命周期的追溯体系。iNC Cloud 平台通过 NC-Link 协议实现数据开放,为预测性分析、远程故障诊断、工艺参数评估等业务提供数据服务,并通过基于 NC-Link 协议的反馈控制优化设备生产过程,实现整个数据交互系统的互操作。

6.4　NC-Link 标准

6.4.1　NC-Link 标准组成

NC-Link 标准由五个部分组成(图 6-3):通用要求、设备模型、数据字典、接口要求和安全要求。其中,通用要求是 NC-Link 标准的基础,对标准的定位、组成、基础软硬环境做整体描述;设备模型是 NC-Link 标准的核心,定义数控装备的数字化描述方法;数据字典是 NC-Link 标准的语义字典,描述数据的层次结构和语义表达;接口要求定义数据交互方法;安全要求定义设备接入、数据传输以及数据访问的安全规范。设备模型、数据字典和接口要求共同构成了 NC-Link 协议的语义系统,决定了 NC-Link 协议的互操作能力。

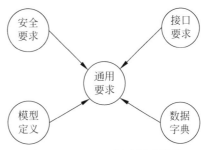

图 6-3　NC-Link 标准组成结构

6.4.2　NC-Link 体系架构

NC-Link 标准的体系结构如图 6-4 所示,主要由设备层、NC-Link 层以及应用层组成。数据的传输流向为“设备层→NC-Link 层→应用层”或“应用层→NC-Link 层→设备层”。设备层由独立的数控装备组成,是原始数据源;应用层是数据最终使用方;NC-Link 层在设备与应用层之间执行数据转发,是 NC-Link 体系架构的核心。

NC-Link 层是 NC-Link 体系架构的核心层,主要由 NC-Link 适配器层和 NC-Link 代理器层组成。NC-Link 适配器层由一个或多个相互独立的适配器组成,负责从数控装备上采集数据,并把采集到的数据传输到代理器;或者从代理器获取数据,并把数据传输至数控装备。适配器包括三个部分:与设备层通信的驱动模块、数据解析模块和通信模块,如图 6-5 所示。其中,驱动模块负责建立适配器与设备层的通信关系,为设备层与数控装备的数据交互提供传输通道;数据解析模块的实质是一个“数据翻译器”,负责完成数控装备专用语言和 NC-Link 标准语言

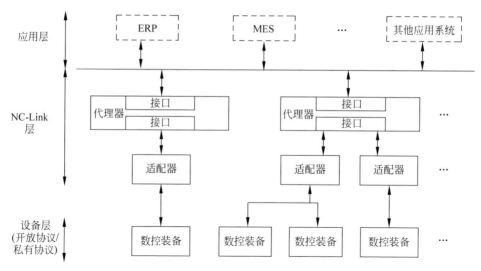

图 6-4　NC-Link 体系架构

的转换，将从数控装备采集到的数据转换为 NC-Link 数据，或者将 NC-Link 标准数据转换为数控装备可以识别的数据，该模块决定了 NC-Link 协议向多源异构设备的兼容；通信模块负责建立 NC-Link 适配器与 NC-Link 代理器的通信关系，支撑 NC-Link 适配器与 NC-Link 代理器之间的数据传输。

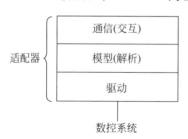

图 6-5　NC-Link 适配器架构

NC-Link 代理器层由一个或多个相互独立的 NC-Link 代理器组成，主要负责 NC-Link 适配器与应用层之间的数据路由及转发，支持基于 NC-Link 标准数据的双向通讯。NC-Link 代理器主要包括三个部分：应用系统接口、管理层和适配器接口，如图 6-6 所示。其中，适配器接口负责代理器与适配器之间的数据交互；应用系统接口负责代理器与应用层之间的数据交互；管理层提供身份认证、访问控制和传输安全等服务。

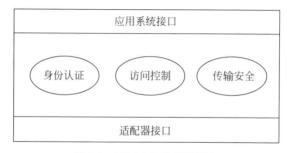

图 6-6　NC-Link 代理器架构

6.4.3　NC-Link 设备模型

1. 设备模型描述方法

建立统一、标准的设备模型是 NC-Link 协议实现数据互操作的前提。设备模型的构建需要综合考虑数据全面性和操作高效性。

1) 数据全面性

数据全面性要求设备模型必须具备数控机床所有部件的属性信息和状态信息,这样才能完整地描述数控机床,NC-Link 设备模型通过数控机床的装配关系保证对设备描述的完整性。数控机床由主轴、控制器、X 轴、Y 轴、Z 轴等一系列组件构成。其中,控制器可通过 G 代码、PLC 程序等数据项描述;运动轴(如 X 轴)又包括联轴器、伺服电机、丝杠、导轨等子组件,每一个子组件同样有自身的特征数据,如伺服电机的电流、功率、指令位置等数据项。因此,数控机床可以通过设备、组件和数据进行描述。

基于面向对象的设计理念,NC-Link 协议设计了设备对象、组件对象和数据对象。自动化生产线一般是由多个设备协调运行,设备之间存在集成关系。为了满足"设备成组"的需求,NC-Link 协议在设备对象上层构建一个虚拟节点——"根对象"。对于数据层而言,数据项之间具备内在关联性,如同一时刻产生的电流、功率、指令位置等,这些数据的关联描述更能准确地反映机床在该时刻的生产状况。为了保留这种数据关联性,NC-Link 协议在设备对象下层构建虚拟节点——"采样通道对象"。根对象、设备对象、组件对象、数据对象、采样通道对象的关系如图 6-7

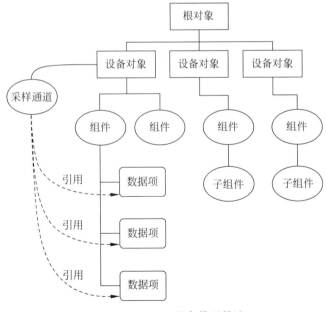

图 6-7　NC-Link 设备模型描述

所示。其中,根对象是设备模型的最外层对象,用来对设备组进行描述;设备对象用来描述数控机床的配置、组成和可提供的数据;组件对象用来描述设备对象的各种组件/子组件及其层次关系;数据对象用来描述设备、组件和子组件的特征数据;采样通道对象用来描述数据对象的组合关系,并定义组合数据的采样周期。

图 6-8 展示了某个三轴机床的设备模型:"Root"节点为根对象,定义一个华中数控设备组"devices";"device"是与特定机床关联的设备对象,通过组件组"components"描述;"component"为特定组件对象,如控制器对象、X 轴对象、主轴对象等;"dataitem"为特定数据对象,描述各个组件/子组件的特征数据,如控制器对象通过"STATUS"(控制器状态)和"WARNING"(报警信息)进行描述;"Samplechannel"定义了一组由"positionX""positionX"和"positionZ"构成的组合数据,适配器从数控机床的采样周期"sampleinterval"为 1ms,适配器向代理器的上传周期"queryinterval"为 100ms,也就是说,适配器以 ms 级对同一时刻生成的"positionX""positionX"和"positionZ"进行组合,可以称为"一行数据",每 100ms 形成 100 行数据上传至代理器。

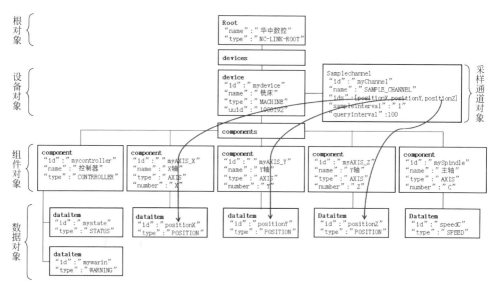

图 6-8　三轴铣床的模型描述方法示意

2) 操作高效性

NC-Link 设备模型的操作高效性体现在:NC-Link 设备模型采用 JSON 语言进行描述。JSON 是一种轻量级的数据交换格式,完全独立于编程语言,采用文本格式表示数据,层次结构简洁清晰,兼顾可读性和效率。相较于 XML(Extensible Markup Language,可扩展标记语言)需要严格的闭合标签,描述一个有效数据至少需要三个字符串,JSON 最少用一个字符串就可以表达,带宽占用远小于 XML,有利于支持数控机床的高频采集。

2. 设备模型具体描述

设备模型由定义到具体数字化描述主要由两个部分完成：模式文件和模型文件。其中，模式文件是 NC-Link 描述设备模型语法规则的文件，模型文件根据模式文件的语法规则对数控机床进行实例化，即模型文件通过具体数字化描述文件对数控机床的构成、功能、数据等进行描述，NC-Link 数据的采集、交互、解析都依赖于模型文件。按照 NC-Link 协议操作高效性的要求，模式文件和模型文件均通过 JSON 数据进行描述。本章附录 1 提供一种典型的四轴立式加工中心的设备模型文件，帮助读者更好地理解模型文件。

6.4.4　NC-Link 数据字典

1. 数据字典设计原理

NC-Link 协议通过设备层、组件层、数据层描述设备模型，对应地，数据字典从设备层、组件层、数据层进行定义，如图 6-9 所示。

（1）数据字典设备层：以数控机床为单位进行数据描述，位于数据字典的最上层，规定 NC-Link 协议支持的设备种类及设备语义标签。

（2）数据字典组件层：以机床的构成组件为单位进行数据描述，位于数据字典的第二层，规定 NC-Link 协议支持的设备组件及组件语义标签。

（3）数据字典数据层：以机床的具体数据项为单位进行描述，位于数据字典的最后一层，规定 NC-Link 协议支持的数据种类及语义标签。数控机床的数据提供能力主要是在数据层体现的，NC-Link 数据字典在数据层对属性数据、参数数据、逻辑数据、任务数据、状态数据实现了覆盖。其中，属性数据和参数数据是组件固有信息，逻辑数据、任务数据和状态数据与组件加工过程紧密关联。因此，NC-Link 协议将这些数据分别归纳为"配置"类和"运行"类，如图 6-9 所示。

从 6.4.3 节可知，NC-Link 协议通过根对象、设备对象、组件对象、数据对象、采样通道对象实现数控机床的数字化映射，但是采样通道对象只是对特定数据项的引用，反映的是数据对象的组合关系。因此，NC-Link 数据字典重点对根对象、设备对象、组件对象和数据对象进行定义。

2. 数据字典定义

NC-Link 数据字典设计采用自顶向下、逐层构建的方法，构建的顺序为"根对象→设备对象→组件对象→数据对象"。

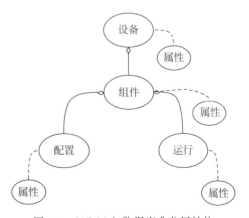

图 6-9　NC-Link 数据字典分层结构

1）根对象

根对象定义设备组的描述方法，属性和示例分别如图 6-10(a)和(b)所示。

(a)

```
{
"name":"华中数控设备模型",
"type":"NC_LINK_ROOT",
"description":"",
"devices":[]
}
```

(b)

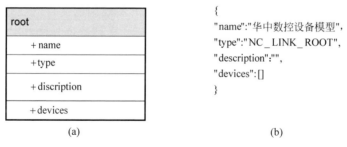

图 6-10　NC-Link 根对象属性定义和示例

（a）类图；（b）JSON 示例

NC-Link 根对象各项属性的定义见表 6-1。

表 6-1　NC-Link 根对象属性

字段	名　　称	含义描述	数值类型	可否忽略
名字	name	对象的名称	String	是
类型	type	只能为 NC_LINK_ROOT	String	否
描述	description	根对象的详细描述	String	是
设备组	devices	设备对象数组，描述多个数控设备	Array	否

2）设备对象

设备对象是“devices”数组中的一项，对应实际的物理设备，是物理设备的数字化表现形式。设备在设备组中的唯一标识需要以下两个信息：①是哪种设备，通过“type”属性进行描述；②是哪个具体设备，通过“id”属性进行描述。在 NC-Link 数据字典中，设备对象、组件对象、数据对象都以各自的“id”属性进行唯一标识，NC-Link 没有对“id”属性格式强行规定，但要求全球唯一。NC-Link 设备对象属性和示例如图 6-11 所示。

(a)

```
{
"name":"VMC-3Axis",
"id":7F9609FF-8B86,
"type":"MACHINE",
"configs":[],
"dataitems":[],
"components":[]
}
```

(b)

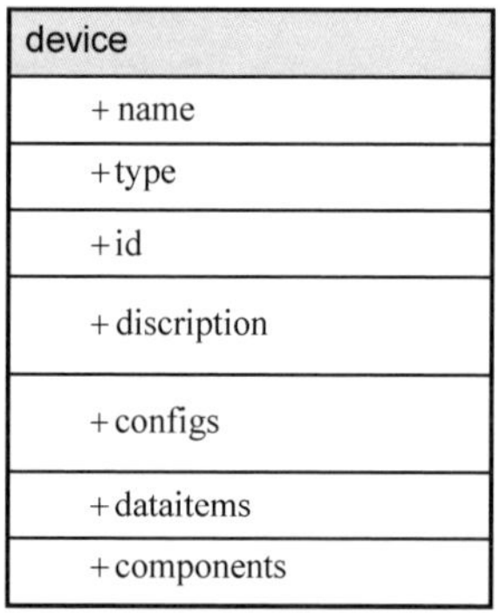

图 6-11　NC-Link 设备对象属性和示例

（a）类图；（b）JSON 示例

NC-Link 设备对象各项属性的定义见表 6-2。其中"type"属性值可为 MACHINE（机床）、ROBOT（机器人）、CLEANING（清洗装备）、AGV（自动物流）、CONVEYOR（输送线）、WAREHOUSE（自动料库）、MEASURE（检测装备）等。

表 6-2　NC-Link 设备对象属性

字段	名称	含义描述	数值类型	可否忽略
名字	name	数控设备的名称，用易于理解的词语或者词语的组合表示	String	是
标识	id	数控设备的标识号，全球唯一	String	否
类型	type	数控设备类型	String	否
描述	description	对数控设备的详细描述	String	是
配置	configs	描述设备的配置信息	Array	否
数据项	dataitems	描述数控设备数据项	Array	否
部件组	components	由组件对象形成的数组	Array	否

3）组件对象

组件对象是数控机床硬件模块、软件模块的数字化表现形式。多个组件形成"components"，共同描述数控机床的软硬件装配关系。"components"通过 JSON 数组进行表达，数组的每一个元素对应具体的组件对象。

与设备对象类似，组件在组件集合中的唯一标识需要以下两个信息：①是哪种组件，通过"type"和/或"number"进行标识。如图 6-12 所示，"type"属性值为"AXIS""number"属性值为"X"，则表示该组件为 X 轴。②是哪种组件，通过"id"进行标识。

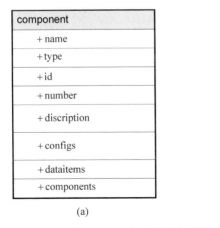

(a)　　　　　　　　　　　　(b)

图 6-12　NC-Link 组件对象属性和示例

（a）类图；（b）JSON 示例

NC-Link 组件对象属性定义见表 6-3。其中，"type"属性值可为 CONTROLLER(控制器)、AXIS(轴)、SCREW(丝杠)、SERVO(伺服)、MOTOR (电机)和 MAGAZINE(刀库)等。

表 6-3　NC-Link 设备对象属性

字段	名称	含义描述	数值类型	可否忽略
名字	name	组件的名称，用易于理解的词语或者词语的组合表示	String	是
标识	id	组件的标识号，在模型文件中唯一	String	否
类型	type	组件类型	String	否
描述	description	对组件的详细描述	String	是
编号	number	组件的编号，用以区分同类组件	String	是
配置	configs	描述组件的配置信息	Array	否
数据项	dataitems	描述组件的数据项	Array	否
部件组	components	子组件，是组件对象形成的数组	Array	是

NC-Link 组件对象也定义有"components"属性，反映的是机床特定组件由多个子组件构成。但对于 NC-Link 数据字典而言，组件和子组件没有本质区别。

4) 数据对象

数据对象是 NC-Link 数据字典的"重点层"，不具备任何"子节点"。从数据角度来看，根对象、设备对象和组件对象描述的是数据关系，而数据对象才是真正反映设备特征的数据。从图 6-12 可知，NC-Link 数据对象通过配置(config)和运行(dataitem)对设备特征进行综合描述，分别如图 6-13 和图 6-14 所示。NC-Link 数据对象属性定义见表 6-4。

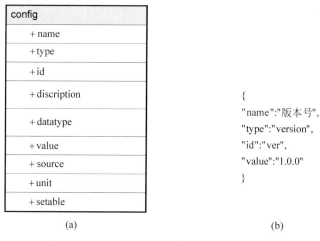

(a)　　　　　　　　　　(b)

图 6-13　NC-Link"配置"数据对象属性和示例

(a) 类图；(b) JSON 示例

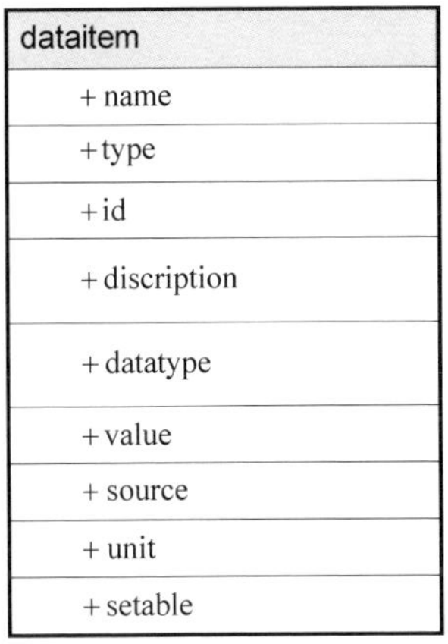

dataitem
+ name
+type
+id
+ discription
+ datatype
+ value
+ source
+ unit
+ setable

```
{
"name":"主轴转速",
"type":"SPEED",
"id":"10050",
"unit":"METER / SECOND"
}

{
"name":"寄存器",
"type":"VARIABLE",
"id":"10050",
"datatype":"LIST",
"setable":"true"
}
```

(a)　　　　　　　　　　　　　　　(b)

图 6-14　NC-Link"运行"数据对象属性和示例

(a) 类图；(b) JSON 示例

表 6-4　数据对象属性

字段	名称	含义描述	数值类型	可否忽略
标识	id	对象的标识号,模型文件中唯一	String	否
类型	type	数据对象类型之一,例如 CURRENT、VERSION 等	String	否
描述	description	数据对象的详细描述	String	是
数据类型	datatype	LIST 或 HASH,空值时由 JSON 标准确定	String	是
值	value	对象的数值,当模型文件中存在,则取模型文件中的值,当模型文件中不存在,则动态获取	JSON	否
来源	source	描述数据来源于哪个组件	String	是
单位	units	数据单位,仅当数据有单位且与默认值不一致时才需要指定	String	是
可否修改	setable	是否可修改,默认为 false,不允许修改	Boolean	是

表 6-4 中,"type"定义数据对象类型,属性值可为 VERSION(模型文件版本)、SPEED(轴指令/位置速度)、FEED_SPEED(进给速度)、VARIABLE(变量)、POSITION(位置)、CURRENT(电流)、STATUS(状态)、FEED_OVERRIDE(进给倍率)、SPDL_OVERRIDE(主轴倍率)、PART_COUNT(加工件数)等。"datatype"属性标识数据项类型,默认值为"false",具体数据类型由 JSON 标准指定。"setable"属性限定数据的可修改操作性,默认值为"false",表示数据不可修改,如从机床主轴采集的转速是不可修改的,而数控系统寄存器点位的值是可修改的,如图 6-14(b)所示。此外,"source"字段表示数据来源,是为简化模型层次结构

而设计,主要应用场景为很深(如 components→components→…→component)的组件对象中只有极少的数据对象,通过"source"属性,模型文件不再需要将其每一层 JSON 组件层次结构都显示描述。如图 6-15 所示,假设 X 轴的主轴位于很深的组件下,且该组件对象只有一个数据对象——负载电流,则可通过"source"属性值"AXIS#0: MOTOR",指定该数据对象来源于 X 轴的电机。此时,"components→components→dataitems"被简化为"dataitems"。

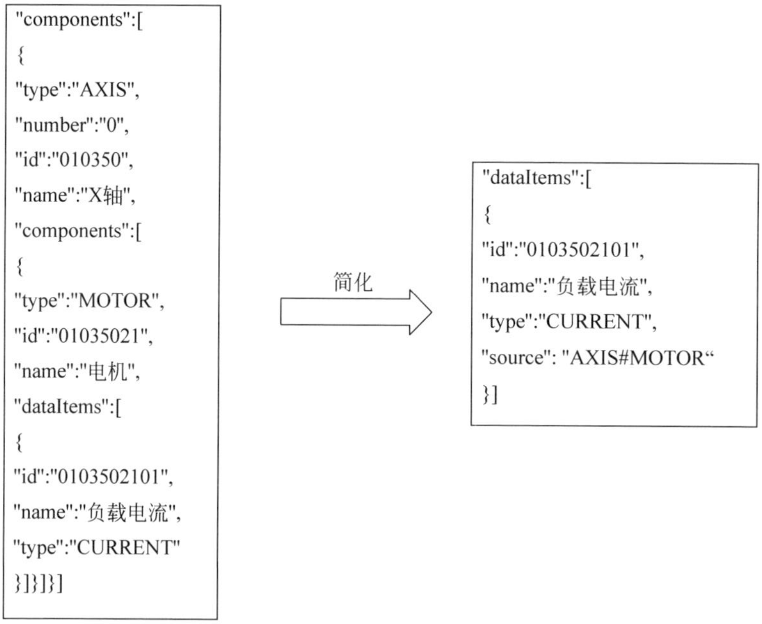

```
"components":[
{
"type":"AXIS",
"number":"0",
"id":"010350",
"name":"X轴",
"components":[
{
"type":"MOTOR",
"id":"01035021",
"name":"电机",
"dataItems":[
{
"id":"0103502101",
"name":"负载电流",
"type":"CURRENT"
}]}]}]
```

简化 →

```
"dataItems":[
{
"id":"0103502101",
"name":"负载电流",
"type":"CURRENT",
"source": "AXIS#MOTOR"
}]
```

图 6-15　"source"简化模型层次结构示例

6.4.5　NC-Link 接口要求

1. 接口设计原理

NC-Link 接口是 NC-Link 层与设备层/应用层进行数据交互的唯一通道。NC-Link 接口要求与设备模型共同构成 NC-Link 的语法部分。接口的设计主要有以下三个特性:

(1) 成组化。在数据交互时,总共分为四类操作: 模型文件的操作(包括查询与设置)、数据查询、数据下发、数据采样。

(2) 简约化。NC-Link 以尽可能少的接口覆盖所有交互需求。

(3) 效率性。NC-Link 接口在设计时考虑到数据变动特性和实际需求,整合请求/响应模型、订阅/发布模型,同时强制规定"只有不断变化的状态数据才可以进行采样"。

基于上述理念,NC-Link 适配器、代理器和应用系统之间的接口访问模型见

图 6-16。

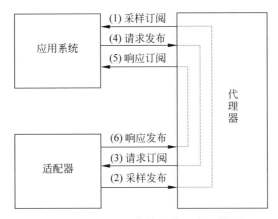

图 6-16　NC-Link 协议的接口交互模型

2．发布/订阅模型

NC-Link 协议采用发布/订阅与请求/响应相结合的模式实现数据访问与传输，这种混合模式能够增强信息交互的效率和实时性。为了使读者更加清晰地理解 NC-Link 协议的数据交互，本小节对发布/订阅模型进行简单介绍。

发布/订阅(publish/subscribe)模型涉及三种身份：发布者(publisher)、代理(broker)(服务器)和订阅者(subscriber)。如图 6-17 所示，发布者向代理发送消息，订阅者订阅消息，代理向订阅者推送消息。发布者与订阅者之间并没有绝对的对应关系：一个发布者可以对应很多个订阅者；一个订阅者可以向多个发布者订阅消息；消息发布者也可以同时是订阅者。在 NC-Link 协议框架下，NC-Link 适配器可以是发布者或订阅者，应用系统可以是发布者或订阅者，NC-Link 代理器即 broker。

图 6-17　发布/订阅模型

基于发布/订阅模式，NC-Link 协议实现了数据的双向传输和高频交互。

1）数据双向传输机制

"双向数据传输机制"是指适配器与应用程序均可发送、接收数据。在发布/订阅模式下，适配器的发送/接收通道和代理器的发送/接收通道是彼此独立的。NC-Link 适配器和应用系统可向彼此订阅数据并获取数据。数据双向传输机制为 NC-Link 协议向数控机床的反馈控制提供使能条件。

2）数据高频交互

发布/订阅模式支持数据的一次订阅、多次获取。对于数控机床的采样数据，应用系统只需要向代理器订阅一次，即可周期性地获取采样数据。发布/订阅方式的数据交互主要具备以下三个关键因素：消息主题（topic）、消息负载（payload）、消息服务质量（QoS）。

（1）消息主题（topic）

topic 描述传输数据的标签，可以理解为消息的类型。topic 命名采用指令树的方式，如"Query/Request/CURRENT/ID_HNC"。订阅者按照主题名进行订阅，发布者将消息发送给订阅所匹配标签的所有客户端（即订阅者）。

（2）消息负载（payload）

payload 可以理解为消息的内容，是指订阅者具体要使用的内容。

（3）消息服务质量（QoS）

发布/订阅模式提供三种服务质量。"QoS0"是最低级别，代表消息至多发送一次，即发送者发送完数据之后，不关心消息是否已经投递到了接收者那边；"QoS1"是中间级别，代表发送者至少发送一次消息，确保接收者接收到消息，可能出现消息的重复接收；"QoS2"是最高级别，代表接收者收到且仅到一次消息，代表"确保接收，并只接收一次"。

在发布/订阅模式具体应用过程中，订阅者有时需要订阅一批消息，为了简化订阅机制，发布/订阅模型设计了主题筛选器（Topic Filter）。Topic Filter 基于通配符实现，在订阅表达式中使用，表示订阅所匹配到的多个主题。常用的主题通配符主要包括多层通配符"♯"、单层通配符"＋"。例如，"Query/Request/CURRENT/ID_HNC"表示订阅设备 ID_HNC 的 CURRENT 数据，"Query/Request/♯"表示订阅请求所有设备的所有数据，"Query/Request/＋/ID_HNC"表示订阅设备 ID_HNC 的所有数据。需要说明，此处示例只作为讲解，并不与NC-Link 完全对应。

3. 接口指令

目前，NC-Link 协议定义以下 8 种接口：设备注册、校对版本号、设备发现、模型侦测、模型设置、数据查询和数据下发。实现某种接口，即表示提供该服务。例如，NC-Link 适配器实现数据采样接口，即表示该适配器提供数据采样服务；某应用系统实现数据查询接口，即表示该应用系统支持数控机床数据项的查询能力；NC-Link 代理器实现设备发现接口，即表示该代理器对应用层提供设备发现服务。表 6-5 对 NC-Link 接口指令进行了简要说明，表中的"dev_uuid"代表特定设备的编号，用于设备的唯一标识，如数控机床的 SN 码。

表 6-5　NC-Link 接口指令

指令分类	指　　令	含　　义	QoS
设备注册	Register/Request	注册请求	0
设备发现	Discovery/Request	终端发现请求	0
	Discovery/Response	终端发现响应	0

指令分类	指　　　令	含　　义	QoS
模型侦测	Probe/Query/Request/dev_uuid	模型文件查询	0
	Probe/Query/Response/dev_uuid	模型文件查询响应	0
数据查询	Query/Request/dev_uuid	数据查询	1
	Query/Response/dev_uuid	数据查询响应	1
数据下发	Set/Request/dev_uuid	数据下发	2
	Set/Response/dev_uuid	数据下发响应	2
数据采样	Sample/dev_uuid	采样上传	2
模型设置	Probe/Set/Request/dev_uuid	模型文件设置	2
	Probe/Set/Response/dev_uuid	模型文件设置响应	2
版本号校验	Probe/Version/dev_uuid	版本号校验	0

从表 6-5 中可以看出,NC-Link 指令分为三个部分:

(1) 指令,必须为 Register、Discovery、Probe、Query、Set、Sample 之一。

(2) 动作,必须为 Request、Response 之一。

(3) 设备,必须为设备标识(表 6-5"dev_uuid"),要求全球唯一。

NC-Link 协议具体的接口定义见本章附录 2。

4. 接口交互流程

NC-Link 接口交互主要包括两个部分:模型交互以及数据交互,其中模型交互是数据交互的基础,因为 NC-Link 数据的解析依赖对应的模型文件信息。适配器只负责信息(模型和数据)转发,因此 NC-Link 接口交互可以看作是适配器与应用系统之间的交互。本小节从设备信息的两个流向简单介绍 NC-Link 接口交互机制。

1) 从适配器到应用系统的模型文件交互流程

(1) 适配器向应用系统发布设备注册指令,完成设备向代理器的注册;

(2) 适配器向应用系统发布设备当前模型版本号,应用系统判断设备当前模型版本号与历史版本号(若存在)是否一致;

(3) 若版本号不一致(或不存在),应用系统向适配器请求订阅当前模型文件;

(4) 适配器向应用系统发布设备当前模型文件;

(5) 应用系统接收设备当前模型文件并解析。

2) 从适配器到应用系统的采样数据交互流程

(1) 应用系统向适配器订阅采样数据;

(2) 适配器定时向应用系统发布采样数据;

(3) 应用系统接收到采样数据,必要时根据设备当前模型文件的解析结果解析采样数据。

3）从适配器到应用系统的数据查询流程

（1）应用系统向适配器订阅指定数据查询响应；

（2）应用系统向适配器发布数据查询指令；

（3）适配器向应用系统发布数据查询结果；

（4）应用系统接收到数据查询结果。

4）应用系统向适配器设置模型

（1）应用系统向适配器发布模型文件；

（2）适配器接收到模型文件；

（3）应用系统根据模型设置响应判断是否设置成功。

5）应用系统向适配器设备数据

（1）应用系统向适配器发布数据设备指令；

（2）适配器接收到数据设置信息，向应用系统发布数据设置响应；

（3）应用系统根据数据设置响应判断是否设置成功。

图 6-18 展示了 NC-Link 接口整体的交互流程。

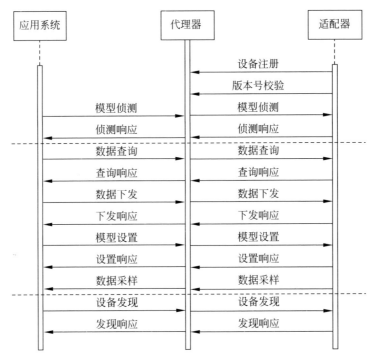

图 6-18　NC-Link 接口交互流程示意图

6.4.6　NC-Link 安全要求

安全性是 NC-Link 技术应用推广的关键基础，NC-Link 协议从设备接入、用户(应用)接入、数据权限等方面实现安全规范,如图 6-19 所示。

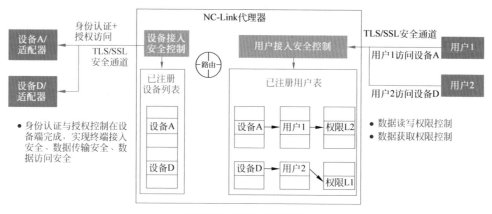

图 6-19　安全体系架构

1. 设备接入安全

NC-Link 代理器设计有协议数据的路由、转发、设备和应用的安全接入、用户认证和授权等安全机制。数控装备在与应用层传输数据之前,必须向代理器进行身份认证。

1) 数控装备身份认证信息

数控装备具备唯一的身份认证信息,包括但不限于设备序列号、MAC 地址,或其他不可仿制和更改的信息。

2) 数控装备身份认证机制

代理器层建立数控装备认证信息数据库,数控装备通过适配器向代理器层发送认证请求,代理器层响应认证请求对数控装备进行身份认证。只有通过身份认证的数控装备才能成功接入代理器层,并进行信息交互。

3) 数控装备安全连接通道

(1) 有线连接方式:采用专用网络或建立加密通道方式保护数据通信。

(2) 无线连接方式:采用专用无线网络或通道,并在采用公共移动通信网络时,建立虚拟专用拨号网(VPDN)或接入点(APN)。数控装备以间接接入方式连接安全接入系统,满足以下条件:①网关与安全接入系统均不应旁路;②网关能对数控装备的接入进行管理。

2. 数据传输安全

NC-Link 适配器与代理器之间、代理器与应用系统之间均通过安全通道(TLS/SSL)来实现数据传输安全,保证了数据保密性、数据完整性、数据时效性、数据不可抵赖性。

3. 数据访问安全

在设备端对数据访问进行权限控制,包括读写权限和获取权限。

（1）读写权限：一般用户不具备数据写入权限，只有最高权限用户发出的控制命令才能被设备端接受，有效防止工控系统信息被恶意篡改。

（2）获取权限：按照数据信息的敏感程度，对数据请求设置严格的身份鉴别与权限控制，以"最小授权"向用户开放数据获取权限。一般用户只能请求到设备的基本数据，如运行状态、报警内容等，而对于加工件数、加工程序、采样数据等生产信息，则需要更高级别的授权，特别是对于寄存器信息，必须以最高权限才能获取。

6.5　NC-Link Over MQTT

6.5.1　NOM 体系架构

NC-Link Over MQTT（简称 NOM）是由武汉华中数控实现的一种典型 NC-Link 协议应用架构。该架构以 NC-Link 协议为数据交互语言，以 MQTT 协议为数据传输规范。NOM 架构支持任意数控机床数据的接入和任意应用平台对接入机床数据的访问（数据权限控制机制下）。武汉华中数控基于该框架实现了远程运维、生产管理、产品溯源等智能应用。NOM 架构有三层：NC-Link 适配器、MQTT 代理器（也称"MQTT 服务器"）和智能应用，如图 6-20 所示。

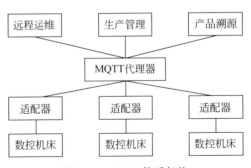

图 6-20　NOM 体系架构

（1）NC-Link 适配器基于开放式数控系统二次开发接口与设备进行交互，并基于 MQTT 协议向代理器转发，因此 NOM 框架下的 NC-Link 适配器软件也称为"NOM 模块"。

（2）MQTT 代理器是基于 MQTT 技术的数据网关，其作为消息代理，设置有消息筛选机制，将指定类型的消息从发布端转发给订阅端。

（3）应用系统是指包括一系列的智能化应用或信息化系统，可以发布或者订阅其他应用系统发布的消息，也可以向代理发布消息，或者退订/删除应用程序消息等，是数据的"真正使用者"。

6.5.2　NOM 数据交互方式

NOM 数据交互方式如图 6-21 所示,其中一次典型的 NOM 数据交互主要包括以下四步:

(1) NOM 软件模块提前订阅所有的 NC-Link 指令 Topic,以准备接收和处理来自数控系统或智能应用的请求。

(2) 智能应用提前订阅 NC-Link 指令的响应 Topic,然后以对应的请求 Topic 向 MQTT 代理器发布请求,并等待 MQTT 服务器向其返回请求结果。

(3) NOM 软件模块接收来自智能应用的请求,并将处理结果发布至 MQTT 代理器。

(4) MQTT 代理器将请求结果转发智能应用,完成一次数据交互。

智能应用对 MQTT 代理器进行数据访问,主要有以下三种方式:数据查询、数据采样和数据下发,数据交互流程分别如下所示。

(1) 数据查询的信息交互方向为 NOM 模块到智能应用,交互流程为:

① 智能应用向 MQTT 代理器订阅请求的响应;

② NOM 模块向 MQTT 代理器订阅请求;

③ 智能应用向 MQTT 代理器发送请求;

④ MQTT 代理器向 NOM 模块发送请求;

⑤ NOM 模块接收请求,进行处理,将结果封装,向 MQTT 代理器发布响应;

⑥ MQTT 代理器接收 NOM 模块发布的响应,向智能应用发送响应;

⑦ 智能应用接收响应,消费数据。

(2) 数据采样的信息交互方向为数控装备到智能应用,交互流程为:

① 智能应用向 MQTT 代理器订阅采样;

② MQTT 代理器转发订阅请求到相关的 NOM 模块;

③ NOM 模块从数控装备采集采样数据;

④ NOM 模块向 MQTT 代理器发布采样数据;

⑤ MQTT 代理器接收 NOM 模块的采样数据,发送至订阅该采样的智能应用;

⑥ 智能应用接收采样数据,消费数据。

(3) 数据下发的信息交互方向是从智能应用到数控装备,交互流程为:

① NOM 模块将与其连接的数控装备的信息模型文件传递给 MQTT 代理器;

② 智能应用从 MQTT 代理器上获取缓存的数控装备信息模型文件;

③ 智能应用发布数据下传命令;

④ MQTT 代理器获取相关的数据传送命令并进行转发;

⑤ NOM 模块从 MQTT 代理器获取相关的数据;

⑥ NOM 模块把数据进行解析后传送到相应的数控装备。

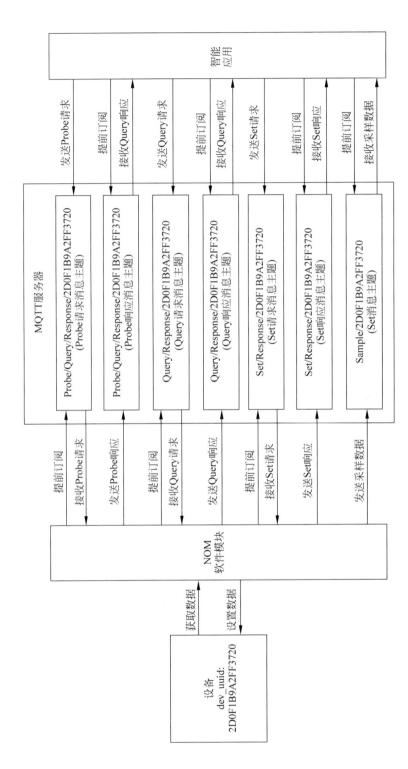

图 6-21 一次典型的 NOM 数据交互

6.6　本章小结

本章对智能数控系统的互联互通技术与应用进行了介绍。首先从数控加工领域存在"信息孤岛"的现状出发,简述了互联互通技术的重要性和必要性,并从互联、互通、互操作三个方面简述了数控机床互联通讯协议的作用,然后从体系架构、设计理念、交互模型、安全规范等方面对 NC-Link 协议进行介绍,最后通过 NOM 架构向读者展示了 NC-Link 的具体应用方式。

参考文献

[1]　江强.NC-Link 协议设备模型定义描述与规范检验研究[D].武汉:华中科技大学,2019.
[2]　张宏帅.基于 TCP/IP 协议的 FANUC-DNC 系统研究与开发[D].郑州:郑州大学,2016.
[3]　王丽娜.基于 MTConnect 的数控设备互联互通技术研究与实现[D].沈阳:中国沈阳计算技术研究所,2018.
[4]　张劭阳,张在龙,吴倩.互操作:概念、架构与评价体系综述[J].网络空间安全,2017,8(12):45-50.
[5]　方晓时,王麟琨.OPC UA 技术简介[J].中国仪器仪表,2014(8):45-47.
[6]　李金亮.OPC UA 客户端访问与测试功能研究及开发[D].北京:华北电力大学(北京),2011.
[7]　王弘扬,肖威,孙云辉,等.OPC UA 与 Node-red 技术在 IOT2040 物联网网关的应用[J].制造业自动化,2018,40(7):58-60.
[8]　融合共赢　智造未来——2019 机床制造业 CEO 国际论坛圆满落幕[EB/OL].http://www.meb.com.cn/news/2019_04/22/6932.shtml,2019/04/22.

附录 1　NC-Link 四轴立式加工中心设备模型

附录 2　NC-Link 接口定义

第7章

"智能+"——赋能技术

7.1 概述

从第 5 章和第 6 章对数控系统的"互联网+"在大数据的获取、汇聚、存储和管理等方面的全面阐述来看,互联网和数控系统的融合不断发展,互联网、物联网、智能传感技术开始应用到数控设备的远程服务、维护管理等方面,"互联网+传感器+"为"互联网+"数控系统的典型特征,它主要解决了数控系统感知能力不够和信息难以连接互通的问题。尽管"互联网+"数控系统已经发展了十多年,但到目前为止,尚未取得实质性突破,其根本原因在于:互联网和传感器技术提供了大数据,但没有提供从大数据生成知识的有效手段,只有数控系统具备自主学习、生成知识的能力,大数据的功效才能充分体现,人在加工过程中的脑力劳动才能得到更大程度的解放。

如果说替代人的感官功能、模板记忆和统计等初级脑力劳动属于"互联网+"数控系统的范畴,那么替代人的归纳学习、分析决策等高级脑力劳动,则是智能数控系统应该具备的功能。移动互联网、工业物联网、大数据、云计算等新一代信息技术飞速发展,推动了新一代人工智能技术的战略性突破,也形成了信息物理系统(Cyber-Physical System,CPS)和数字孪生(Digital Twin)等一系列将 Cyber 端和 Physic 端进行集成的具有划时代意义的新概念和新方法。其中数字孪生是与物理空间设备映射的数字化描述,具有与物理空间设备相同的状态及响应,具有感知、学习、决策和执行的能力。新一代人工智能则是构建数字孪生的重要手段之一,推动了智能制造由原来的基于知识驱动向当前基于数据和知识共同驱动的转变,也为数控系统发展到智能数控系统,实现真正的智能化提供了重大机遇。

因此,"智能+"数控系统可以利用自主感知与连接获取机床、加工工况、环境有关的信息,通过自主学习与建模生成知识,并能应用这些知识进行自主优化与决策,完成自主控制与执行,具备知识的生成、积累和运用的能力,实现加工制造过程的优质、高效、安全和低耗的多目标优化运行。

7.2 "智能＋"数控系统组成

"智能＋"数控系统原理如图 7-1 所示,主要包括两条主线,一条描述的是数控系统的编程加工优化过程,另一条描述的是数字孪生的运行原理。"智能＋"数控系统中数字孪生服务于数控系统的编程加工优化过程,数控加工过程产生的实时指令域大数据则反馈给数字孪生,使得数字孪生不断地学习和进化,提升数字孪生的性能,更好地为数控系统的编程加工优化过程服务。

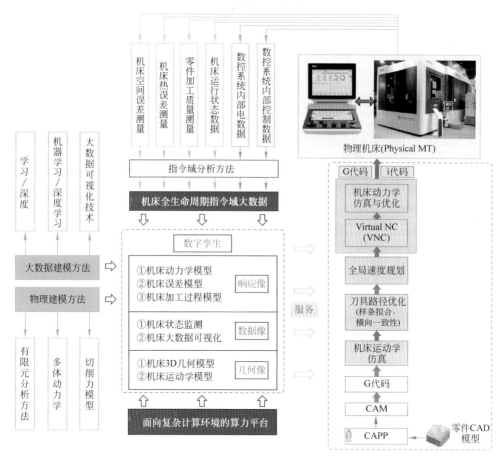

图 7-1 "智能＋"数控系统原理

7.2.1 数控系统的编程加工优化过程

数控系统的编程加工优化过程是数控加工过程中最基础、最关键的部分,是实现优质、高效加工的重要保障,如图 7-1 所示,这个过程总体可分为以下几个部分。

1. CAM 编程

这一环节,工艺人员根据加工零件的 CAD 模型,进行工艺规划得到加工零件的刀具路径,在此基础上根据机床的几何模型进行几何碰撞检测,依据检测的结果来修改刀具路径或是进入下一个阶段。碰撞检测通过后便可以结合机床的几何模型和运动学模型对切削力进行仿真,仿真的结果可以可视化的方式将不同地方的切削力表示出来进行评估,并据此对刀具路径进行优化(主要目的是提升加工的效率和机床的切削稳定性等)。此外,在工艺规划后不仅需要得到刀具路径,还需要获得刀位点的点面拓扑关系,以供后续刀具路径的优化。在这一个环节输出的是刀具路径和带有点面拓扑关系的 i 代码。

2. 刀具路径优化

在这一部分的刀具路径优化主要目的是提升加工的质量,根据上一环节得到的刀具路径和点面拓扑关系,可以计算刀位点的几何信息,提高样条的拟合质量和样条的分类准确性,保证相邻加工轨迹的横向一致性。在这一个环节输出的是优化后的刀具路径以及增加了路径相邻特征关系和特征点(拐点)等几何信息的 i 代码。

3. 全局速度规划

这一环节的主要目的是保证相邻轨迹速度的横向一致性,并进行限速区间的划分,减少在拐点处的速度波动,提升精加工的质量和效率。在这一个环节输出的是优化后的刀具路径以及增加了限速区间等信息的 i 代码。

4. 动力学仿真

在做完全局速度规划后,可由虚拟 NC 生成插补点,结合机床的运动学和动力学模型便可以进行轮廓误差的仿真,对得到的轮廓误差进行评估便可以对刀具路径进行优化补偿,得到的前馈补偿信息保存在 i 代码中。

5. 物理机床端的执行

通过上述过程得到的 G 代码和 i 代码,在物理机床进行实际加工。

7.2.2 "智能＋"数控系统的数字孪生

在加工过程中可以获取切削振动等信息,这些信息可以反馈到知识库中对 CAM 编程提供指导和优化,可以反馈到动力学仿真环节对机床的动力学模型进行修正。在加工完成后可以使用三坐标测量仪、形貌测量仪等测量仪器获取零件的轮廓误差,这些信息可以反馈到知识库中的全局速度规划环节对 CAM 编程和速度规划提供指导和优化,可以反馈到动力学仿真环节对机床的动力学模型进行修正。对于上述反馈过程,可以通过数字孪生进行实现,下文将对数字孪生进行介绍。

1. 数字孪生定义和分层

数字孪生是一个对物理实体或流程的数字化镜像,是充分利用物理模型、传感器更新、运行历史等数据,集成多学科、多物理量、多尺度、多概率的仿真过程,在虚拟空间中完成映射,从而反映相对应的实体装备的全生命周期过程,是单个产品的全面数字化表示。

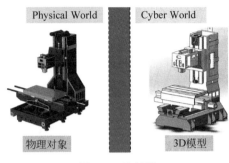

图 7-2　几何像

将上述定义与"智能＋"数控系统结合,"智能＋"数控系统的数字孪生分为几何像、数据像和响应像三个层级。

(1) 几何像:是指数字机床和物理机床在外观上一致,从几何的层面,实现虚拟空间与物理空间的同步(图 7-2)。其涉及的关键技术包括 3D 几何建模和运动学建模等。目前,基本上有三维造型能力的软件厂商都有能力做到几何像,它是机床几何外观的等价。几何像可以用于进行机床碰撞检测,同时也可用于几何参数的测量。

(2) 数据像:是指物理机床的全生命周期数据反映在数字机床上,从数据的层面,保证物理机床和实体机床在信息上的同步(图 7-3)。其涉及的关键技术包括机床状态监测、机床大数据可视化等。数据像可以用于机床状态的实时监控等方面。

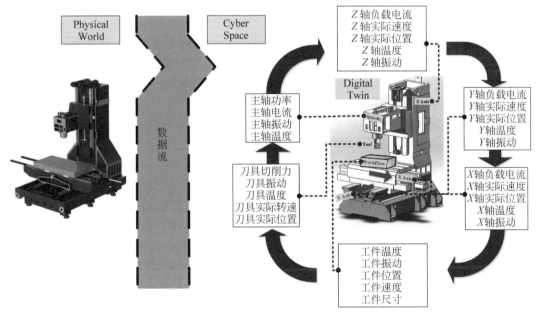

图 7-3　数据像

(3) 响应像:是指具有输入与响应的数字孪生,可以在虚拟空间进行机床动力学、加工过程、加工误差等的仿真(图 7-4)。其涉及的关键技术包括机床动力学模型、机床误差模型和机床加工过程模型等。在这个层级，数字孪生中含有多学科的物理知识，如果一个飞机的数字孪生在计算机中可以起飞，它在现实世界里面也能起飞的话，这个数字孪生就要包含空气动力学、结构力学、声学、热学、电磁学、控制理论等。

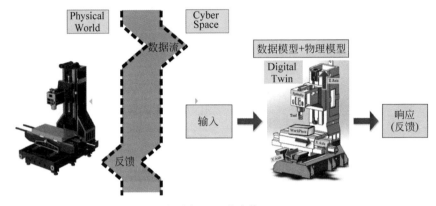

图 7-4　响应像

2. 数字孪生的关键技术

从图 7-1 可以看出，构建数字孪生的关键技术包括机床全生命周期指令域大数据、数字孪生建模技术和面向复杂计算环境的算力平台。

（1）机床全生命周期指令域大数据。机床全生命周期指令域大数据是机床全生命周期大数据通过指令域分析方法进行组织后的数据，可以准确、定量地描述大数据所对应的工况。机床全生命周期大数据包括数控系统内部的电控大数据和数控系统外部的数据。数控系统外部的数据包括测量数据和机床运行状态数据，其中测量数据包括机床空间误差测量数据、机床热误差测量数据、零件加工质量测量数据等。而指令域分析方法则是从指令域的角度，对数控机床全生命周期大数据进行描述，赋予了数据实际的工况信息，为数据的准确分析奠定了基础。

（2）数字孪生建模技术。数字孪生建模的对象主要是机床动力学模型、机床误差模型（含几何误差、热误差和动态误差）和机床加工过程模型（含切削工艺、切削稳定性）等。而针对上述对象，可以采用大数据建模方法和物理建模方法进行建模，其中大数据建模方法的关键技术包括大数据可视化、数据自动标记方法和新一代人工智能方法等，物理建模方法的关键技术包括有限元分析方法、多体动力学等。通过上述技术，可以实现数字孪生在虚拟空间的准确仿真。

（3）面向复杂计算环境的算力平台。数字孪生的建立可能面向大数据计算、大规模矩阵等复杂计算环境，为了保证数字孪生模型的响应特性，对于计算能力的要求较高，因此需要提供面向复杂计算环境的算力平台，主要包括边缘端算力平台、雾端算力平台和云端算力平台。

3．数字孪生的应用

从数字孪生的几何像、数据像和响应像的角度出发,数字孪生在数控设备的监控诊断、模拟预测与反馈控制方面发挥了重要的作用。

（1）监控诊断。从安装在物理设备上的传感器采集数据,并传输至虚拟空间的数字孪生体中,作用于与物理设备映射的采集部位,并通过数字孪生模型对数据进行分析,可以实时准确地反映物理设备的运行状态,并对物理设备运行的异常情况进行诊断。监控方面,以数控机床对机械零件进行加工制造的过程为例,对加工刀具进行磨损量监测,通过分布在数控机床各处的传感器采集切削加工过程中产生的力、振动、声、温度、功率等,采用特征工程的方法,分别从时域、频域、时频域等方面提取特征,进一步对特征进行分类、排序、筛选和组合,采用机器学习方法对刀具磨损量进行监测。故障诊断方面,图 7-5 描述了基于 PHM 的生产线的故障诊断过程,通过传感器采集生产线上的传感器的数据,并通过互联网传输至虚拟空间,结合历史数据库和实时数据库,进行虚拟模型仿真,分析故障类型,并形成故障预测性维护的解决方案反馈给物理生产线。

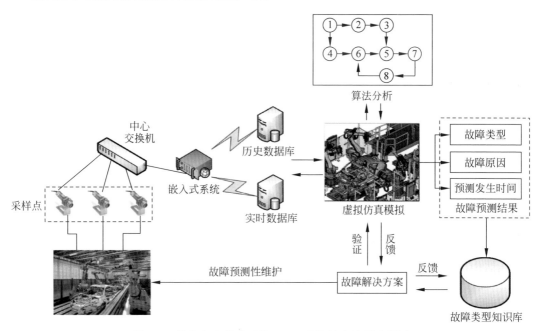

图 7-5　数字孪生驱动下的 PHM 系统故障诊断流程图

（2）模拟预测。利用数字孪生体对物理实体的几何参数、状态变化以及运动过程等的模拟是数字孪生技术中最基本也是最重要的应用之一,对物理实体的模拟不仅要考虑形状、尺寸、公差等物理几何特征,还要分析实际环境中的应力特征,还原物理实体的动力学、热力学特性,以及材料的强度、硬度、疲劳强度等物理性质,以实现数字孪生模型对特定输入所形成的响应进行准确的预测,进而保证模拟过程的高保真度。以数控机床加工机械零件为例,在加工机械零件之前,在搭建的虚拟仿真环境中对零件数字孪生模型进行模拟加工,尽可能掌握零件在实际加工过程中的行为方式、状态变化、物理参数和一些在工艺设计阶段没有考虑的问题,以此为后续实际加工工艺设计、参数设定以及面对突发故障的处理提供可靠依据。也可以通过改变虚拟环境的参数设置模拟零件在不同环境时的加工情况来进行诸多的模拟试验,如改变车刀的切削速度、进给量等来预测不同环境对零件加工质量的影响。还可以用来模拟和验证不同的故障对零件加工质量以及机床寿命等的影响。

(3)反馈控制。数字孪生模型通过对物理设备行为的模拟预测,可以形成对物理设备的全面评估,并将优化决策反馈作用于物理设备,虚实结合,实现对物理设备的闭环控制。通过反馈控制所形成的闭环结构,将在反复的迭代、优化过程中,提升物理设备的性能。图 7-1 所示的智能机床加工控制利用的是双码联合控制技术,即基于传统数控加工编程的 G 代码(第一代码)和基于数字孪生体分析形成的智能控制 i 代码(第二代码)的同步执行,G 代码是基于传统方式由加工零件的加工工艺形成,i 代码是智能机床在对零件进行加工时,由加工系统的数字孪生模型根据实时监测采集的数据与历史数据进行比对、分析、计算后形成的优化控制代码,对零件加工过程的偏离纠正及优化,使得零件加工过程按照最优化的方式进行。实现 G 代码和 i 代码的双码联合控制,使得智能机床达到优质、高效、可靠、安全和低耗数控加工。

7.2.3 数字孪生模型与 HCPS 系统的关系

1. CPS 和数字孪生

在探讨数字孪生和 CPS 的关系前,对 CPS 做一个简短的介绍。2006 年,美国国家科学基金会(National Science Foundation,NSF)的海伦·吉尔(Helen Gill)正式提出 CPS 的概念。中国制造 2025、美国工业互联网、德国工业 4.0,都把智能制造作为主攻方向,使先进信息技术和制造技术深度融合,以推进新一轮工业革命。虽然中国、美国、德国各方的战略侧重点不同,但关键技术均聚焦于信息物理系统(CPS)。如图 7-6 所示,CPS 由设备层、感知层、网络层、认知层和控制层组成,形成产品、物理空间和信息空间的深度融合。在 CPS 中,感知层从设备层获取数据和信息,通过网络层传输给认知层。数控机床工作过程的 CPS 模型位于认知层中,对大数据进行分析处理,并将结果传递给控制层,从而实现对设备层的智能化反馈控制与优化。CPS 将机、物互联,将实体与虚拟对象双向连接,实现以虚控实、虚实融合。

从图 7-6 可以看出,数字孪生是 CPS 的一部分,是实现 CPS 的基础,也是 CPS 发展的必经阶段。CPS 和数字孪生具有相同的基本概念,都是通过物理部分来影响网络部分,网络部分反馈控制物理部分,从而实现网络与物理的实时交互和深度合作,两者都是集成网络与物理、实现智能制造的首选方法。两者也有许多不同之

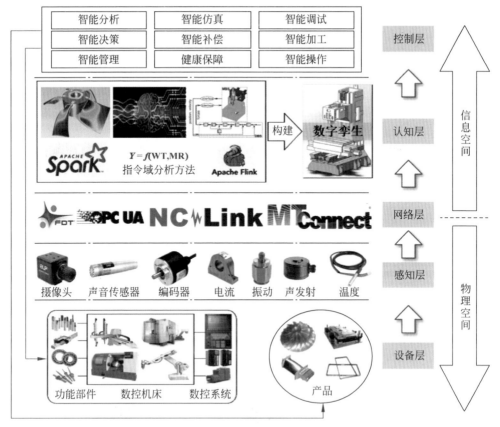

图 7-6 CPS 构成

处,下面从三个方面进行对比分析:

(1) CPS 类似于科学类别,而数字孪生类似于工程类别。当前对 CPS 的研究主要集中在概念、体系结构、技术和挑战的讨论上,而在工程实践中 CPS 的案例还处于起步阶段。与嵌入式系统、物联网、传感器和其他技术相比,CPS 更基础,因为它们不直接引用实现方法或特定应用。数字孪生发展则是为了解决日益复杂的工程系统问题,美国国家航空航天局(NASA)将数字孪生用于健康维护和预测航空航天器的剩余使用寿命。数字孪生技术开辟了一种将物理世界与虚拟世界同步的新方法,数字孪生已在各个行业中用于包括产品设计、生产线设计、车间设计、生产工艺优化以及健康管理等阶段。在一些大型企业中,例如通用电气、西门子、PTC、达索系统和特斯拉,也可以观察到数字孪生的工业实践,它们使用数字孪生来提高其产品性能、制造灵活性和竞争力。

(2) 实现功能不同。CPS 更加强调网络世界的强大计算和通信功能,它可以提高物理世界的准确性和效率,并且 CPS 的网络世界与物理世界之间的映射关系不是一对一的,而是一对多的对应关系。而数字孪生技术则是为物理世界的组件、产品或系统高仿真地再现几何形状、状态特征、行为方式等,数字孪生构建了物理世界和数字世界之间的一对一映射关系,用集成了几何结构、行为、规则和功能属性的虚拟模型表示特定的物理对象。

(3) 核心要素不同。CPS 的最重要特征是利用传感器和执行器与物理世界进行数据交换等的交互,因为它们负责从物理机器和环境中感应条件并执行控制命令。因此,可以将传感器和执行器视为 CPS 的核心要素。数字孪生的主要思想是为物理实体创建虚拟模型,以便通过建模和仿真分析来模拟和反映其状态和行为,并通过反馈来预测和控制其未来的状态和行为,因此,可以将模型和数据视为数字孪生的核心要素(图 7-7)。

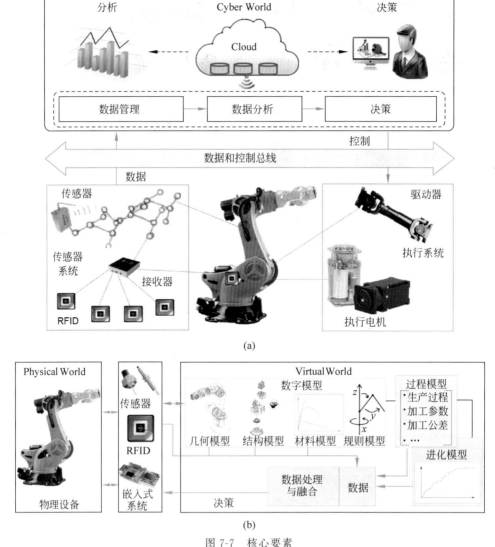

(a)

(b)

图 7-7　核心要素

(a) GPS 的核心要素;(b) 数字孪生的核心要素

比较数字孪生与 CPS 的概念和定义时可以发现两者都强调物理对象、虚拟系统数据以及物理对象与虚拟系统之间的互联互通，最终目标都是对物理对象或过程进行优化。数字孪生更专注于物理实体与虚拟模型的实时映射，而 CPS 则是针对整个制造系统包括产品、设备和车间等的信息收集、处理和反馈控制。

2．CPS 和 HCPS

在 2.2 节中详细介绍了数控机床及其 HCPS 模型，强调了智能制造始终都是由生产者(Human)、信息(Cyber)和机械物理(Physical)系统构成，即 HCPS(图 7-8)，其中，物理系统是主体，信息系统是主导，人是主宰，而智能数控系统是 HCPS 的典型代表，主要特征是赋予数控系统以自主学习的能力，可以生成并积累知识，一定程度上代替人的知识学习型脑力劳动。

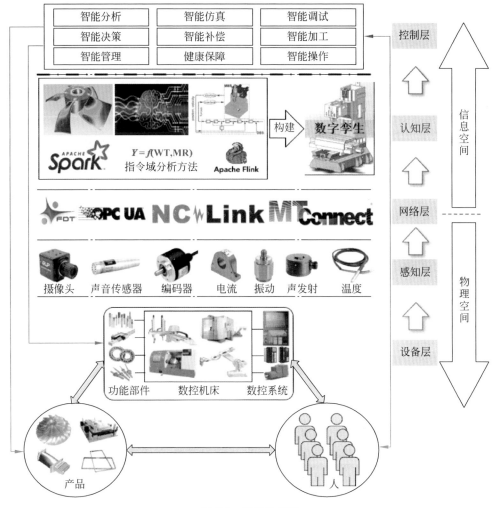

图 7-8　HCPS 构成

与图 7-6 中的 CPS 相比,图 7-8 所示的 HCPS 更加强调了人在系统中的主宰作用:①人将部分认知与学习型的脑力劳动转移给信息系统,因而信息系统具有了"认知和学习"的能力,人和信息系统的关系发生了根本性的变化,即从"授之以鱼"发展到"授之以渔";②通过"人在回路"的混合增强智能,人机深度融合将从本质上提高制造系统处理复杂性、不确定性问题的能力,极大地优化制造系统的性能。

因此,HCPS 相对于 CPS 而言,具有更加全面的考虑、更加优良的性能,以HCPS 为依托构建智能数控系统将实现人在系统中的深度融合,为智能数控系统的进一步性能提升奠定良好的基础。

3. 数字孪生与 HCPS

从 CPS 和 HCPS 的比较来看,HCPS 突出了人在系统中的主宰地位,"人在回路"从本质上增强了数控系统处理复杂性、不确定性问题的能力,极大优化了数控系统的性能,再综合 CPS 与数字孪生的关系,得到数字孪生与 HCPS 的关系主要体现在以下两点:

(1) 数字孪生仍然是 HCPS 的重要组成部分。数字孪生在 HCPS 中仍然起到了为物理世界的组件、产品或系统高仿真地再现几何形状、状态特征、行为方式等作用,给人提前反馈更多重要的设计、制造信息。

(2) HCPS 使得数字孪生模型更加精准。人的加入,促进了数字孪生处理复杂、不确定性问题的能力,而数字孪生模型的提前信息反馈,也增强了人决策的准确性,形成人与数字孪生相互促进的良性循环,也因此进一步巩固了数字孪生在CPS 中的重要地位。

因此,本章所述的数字孪生是第 2 章所述的基于 HCPS 的智能数控系统重点组成部分和智能化的重要实现手段。

7.3 "智能＋"数控系统的指令域分析技术

作为数控机床的"大脑",数控系统不仅是数控加工过程的指挥者,也是加工过程的观察者,是所有加工数据和信息的汇集中心。它依据加工程序中的工艺参数和刀具轨迹,控制机床刀具和零件毛坯的相对运动,把数字化的曲面模型成型为零件的物理形貌。在控制过程中,数控系统中有大量的中间数据通过控制算法从工艺参数和刀具轨迹中生成,同时也有大量的采样信号从机床、电机上的传感器上反馈回来。而受益于近年来计算机技术的飞速进步,现今的数控系统已经具备在插补或位置控制的周期中同步采集多项指令数据和反馈信号,采样频率至少可以达到 1kHz,并可连续长时间地把这些珍贵的过程数据记录并保存下来。更重要的,其中既有数控系统内部实时的电控数据,又有外接传感器的实时数据,数控系统内部的实时数据包括指令位置、实际位置、实际速度、跟随误差、进给轴电流、主轴功率等,外部的实时数据包括振动数据、温度数据、图像数据、音频数据等。由于数控系统外部数据的获取需要外接传感器,所以存在安装复杂、成本高、防护等级要求高等缺点,导致数控系统外部信号在工业应用中存在一定的局限性,但是由于其具有信号敏感、品质高等优势,使其一方面在学术研究中具有重要且不可替代的地位;另一方面在工业应用中也是数控系统内部数据的良好补充。

上述数控系统获取的实时数据,既是当前智能制造环境下实现大数据智能所亟需的珍贵数据源,也能为数控加工控制算法性能的改进、加工过程中刀具与工件物理作用机理的分析、加工效率与质量提升的方法研究提供依据。因此,对数控系统大数据的采集、传输、存储、管理和分析可以为提升数控系统的性能和功能奠定良好的基础,必须加以充分的应用和挖掘。

7.3.1　时域及频域数据的不足

时域分析和频域分析是信号处理的基石,包括丰富的处理方法和工具,拥有全面而坚实的理论基础,在生产实践中发挥了巨大的作用。但是,时域分析和频域分析能进行准确分析的前提是目标数据的任务信息是明确的,即时域数据或频域数据所对应的物理过程是明确的,否则,时域分析和频域分析的结果会因为没有针对性而缺乏有效性。

时域数据缺乏任务信息的描述,影响时域数据的准确分析。图 7-9(a)给出了刀具按照左图所示路径进行加工时所产生的时域系统响应数据(如主轴功率、进给轴电流、切削力等),从时域的系统响应数据中,无法准确获取不同加工过程中的数据,因而导致时域分析或频域分析的结果缺乏指导性。而图 7-9(b)给出了刀具按照左图所示路径进行加工时所产生的指令行映射的系统响应数据,即将系统响应数据和指令行进行关联,可以准确地实现对系统响应数据的任务标记,进而可以根据实际需求,对时域数据进行准确划分和提取,比如分析指令行 i_2 对应的圆弧加工过程中的时域信息和频域信息。

由于时域数据无法较好地反映任务信息,导致难以对时域数据进行价值评价。

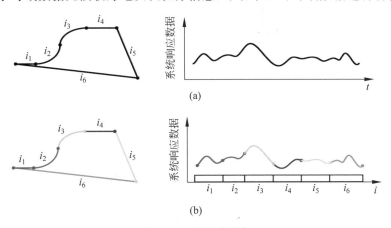

图 7-9　系统响应数据

(a) 时域系统响应数据;(b) 指令行映射的系统响应数据

如图 7-10(a)所示,通过 CMM 测量出的零件精度,无法与时域系统响应数据建立精准的映射关系,导致无法为时域数据提供数据的闭环。而从图 7-10(b)可以看出,通过指令行映射的系统响应数据,可以精准地与零件每个特征的加工精度建立映射关系,为指令行映射的系统响应数据建立价值评价的数据闭环。图 7-11 具体展示了指令行映射的系统响应数据的价值评价,每个指令行对应的加工特征以及相邻指令行的加工特征所对应的系统响应数据都可以与 CMM 测量值建立精准的映射关系,为每个加工特征对应的系统响应数据提供价值评价的闭环。而对数据进行价值评价是大数据分析的重要基础。

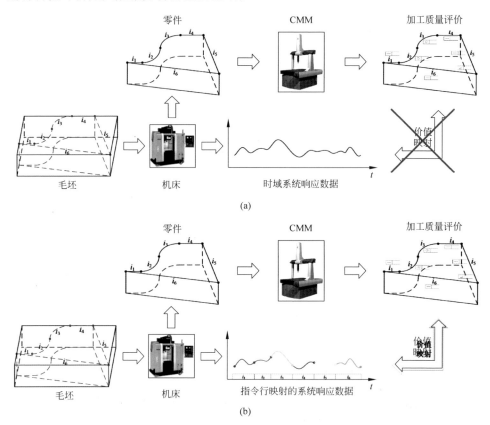

图 7-10　系统响应数据与价值评价

（a）时域系统响应数据无法与质量评价建立价值映射关系；

（b）指令行映射系统响应数据与质量评价建立价值映射关系

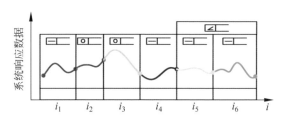

图 7-11　指令行映射系统响应数据的价值评价

上述时域数据的不足主要体现在任务的描述和价值评价上,而频域数据由于与时域数据是可以进行相互转化的,频率分析的结果也同样存在与时域数据类似的影响,频域分析的结果同样存在无法进行准确的任务描述以及价值评价的问题。综上所述,需要针对任务描述和价值评价的问题提出新的分析方法。

7.3.2 指令域的概念

在信号分析中,域提供了从不同角度描述、观察和分析信号的手段,比如时域和频域。时域是描述数学函数或物理信号对时间的关系,即 $y=f(t)$,如图 7-12 所示的时域数据。频域指的是数学函数或物理信号的特征(如幅值、相位等)相对于频率的关系,如图 7-12 所示的频域数据。基于上述时域和频域的定义,本书提出指令域的定义。

指令域是描述数控系统中的数学函数或物理信号对指令的关系,而指令数据为时域的函数,即 $y=f(i(t))$。指令域的定义是对时域的继承和发展,继承体现在指令域的定义是以时域为基础,在数据分析时,可以全面继承时域、频域及时频域的分析方法;而发展是指由于指令域是对机床工况的定量的精确描述,使得数据的分析具有更强的物理意义和针对性。

指令域、时域和频域的相互关系如图 7-12 所示,指令域在时域和频域的基础上,增加了工况索引空间,完备了数据分析域,增强了数据分析的维度。

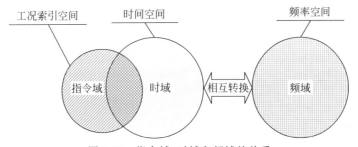

图 7-12 指令域、时域和频域的关系

如图 7-13 所示,从系统的输入与响应的角度来分析,指令域实现了系统输入对系统响应的标记,天然具有了数据标记的属性,是人工智能时代的重要技术基础。

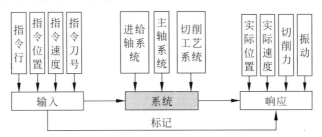

图 7-13 指令域标记属性

以指令行为例,指令域、时域和频域的相互转换过程如图 7-14 所示。指令域和时域相互投影,相互转换。时域可以与频域相互转换。指令域和频域间相互转换需要借助时域作为"桥梁",进行间接转换。

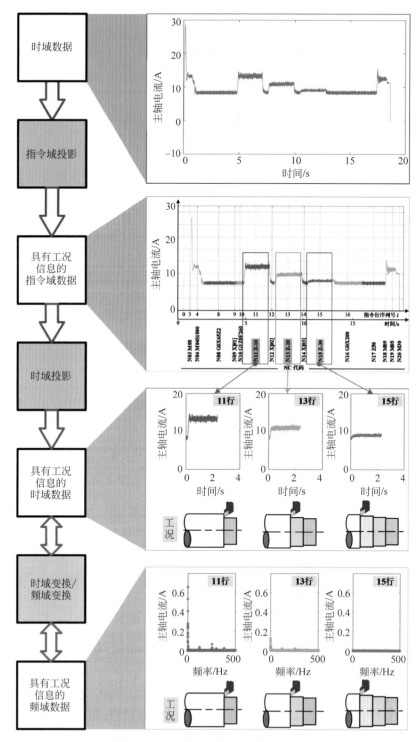

图 7-14　指令域、时域与频域转换过程

7.3.3　数控机床工作过程中的工况与响应

本小节将介绍数控机床工作过程的任务及其与数控机床工作过程中的响应关系。

数控机床工作过程的工况是指工作任务执行的内容及参数和完成工作任务所依赖的外部条件。数控机床工作过程的响应是数控机床在工作任务完成过程中所表现出的活动。工况确定后,数控机床的响应也将确定,因此工况与机床响应具有一一对应的映射关系。

数控机床工作过程的工况主要包括工艺工况和设备工况。

工艺工况是从工作任务内容的角度定义的,其描述了数控机床工作任务的内容及参数,主要包括指令行(i)、指令位置(x,y,z)、指令速度(进给速度(F)、主轴转速(S))、切削厚度、顺铣/逆铣、执行任务等,将对工艺工况的描述定义为工作任务数据,记为 WT。以图 7-15 所示的台阶零件车削为例,其 NC 代码和走刀路径如图 7-16 所示,通过分析图 7-16 的 NC 代码及其刀具路径,可以得到表 7-1 所示的指令行、任务、F、S 和切削厚度等工作任务数据的详细信息。

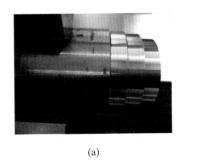

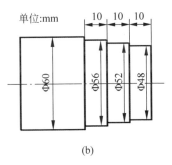

图 7-15　台阶零件及其尺寸

(a) 实际零件；(b) 零件尺寸

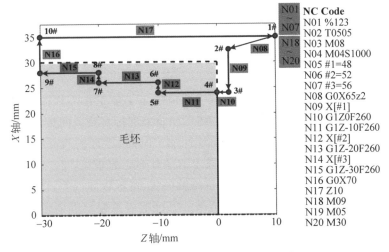

图 7-16　台阶零件的 NC 代码及其刀具路径

表 7-1　工作任务数据

编程点	指令行	任务	$F/(\text{mm/min})$	$S/(\text{r/min})$	切削厚度/mm
1#	N01	程序名	0	0	0
	N02	换刀	0	0	0
	N03	开启切削液	0	0	0
	N04	主轴反转	0	1000	0
	N05～N07	宏变量赋值	0	1000	0
2#	N08	快移(1#→2#)	1000	1000	0
3#	N09	快移(2#→3#)	1000	1000	0
4#	N10	直线(3#→4#)	260	1000	0
5#	N11	直线(4#→5#)	260	1000	6
6#	N12	直线(5#→6#)	260	1000	0
7#	N13	直线(6#→7#)	260	1000	4
8#	N14	直线(7#→8#)	260	1000	0
9#	N15	直线(8#→9#)	260	1000	2
10#	N16	快移(9#→10#)	1000	1000	0
1#	N17	快移(10#→1#)	1000	1000	0
	N18	关闭切削液	0	1000	0
	N19	主轴停转	0	0	0
	N20	程序结束	0	0	0

设备工况则是从工作任务完成的角度定义的，其描述了完成数控机床工作任务所依赖的外部条件，既包含由机床、刀具、夹具、工件、材料等组成的工艺系统，又包含温度、振动等数控机床工作的外部环境因素。将对设备工况的描述定义为制造资源数据，记为 MR。以加工图 7-15 所示的台阶零件为例，制造资源数据如表 7-2 所示。

表 7-2　制造资源数据

机床	车刀刀柄	车刀刀片	零件材料	零件直径	环境温度
CK4055	MCLNL2525M12	CNMG120408	45 钢	60mm	15℃

与工况一一映射的是机床的响应，而响应决定了加工出零件的结果。系统响应数据可以对数控加工的零件的质量、精度和效率进行直接或间接的定量描述，记为 Y。直接描述即为对结果的描述，如零件加工时间、零件的表面粗糙度、零件的形位误差和零件的尺寸精度等；间接描述则是对响应的描述，是一个过程量，如零件加工过程中的主轴功率、主轴电流、进给轴电流、位置跟随误差、切削力、振动、温度等。在上述系统响应数据中，反映结果的系统响应数据全部依赖于外部的测量设备，可以为数控系统提供真正的数据闭环；而反映过程的系统响应数据一部分依赖于外部传感器，如切削力、振动、温度等；另一部分则是可以直接从数控系统

内部获取,如主轴功率、主轴电流、进给轴电流等。以加工图 7-15 所示的台阶零件为例,系统响应数据为主轴电流,如图 7-17 所示。

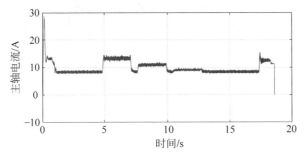

图 7-17 系统响应数据(主轴电流)

7.3.4 基于指令域的分析方法

1. 指令域分析方法模型

指令域分析方法是以指令域为基础,建立系统响应数据 Y 与工作任务数据 WT 和制造资源数据 MR 间映射关系 $Y=f(\text{WT},\text{MR})$,通过 WT 和 MR 实现对 Y 的工况标记,并利用标记的工况实现对 Y 的反向分离,进而利用分离后的数据进行工作任务优化和制造资源状态监测的方法。指令域分析方法是属于"关联关系"驱动的数据模型,与"因果关系"驱动的理论建模相比,其利弊关系如表 7-3 所示。数控机床是一个机、电、液、热、材料和控制一体化的复杂动态系统,特别适于采用指令域分析方法进行建模和分析。

表 7-3 指令域分析方法与理论建模方法优缺点对比

方法	优　　点	缺　　点
指令域分析方法	适用于复杂系统,如机床系统;可借助人工智能的方法,具有自学习的特点	需要完备的数据样本集;由于"黑盒"效应,缺乏对系统运行原理的解释
理论建模方法	适用于简单系统,如球杆系统;对系统运行原理有更清晰的解释	难以精确地、完整地对复杂系统进行建模,不适用于复杂系统

以加工图 7-15 所示的台阶零件为例,以指令行为 WT 的典型代表,构建如图 7-18 所示的 $Y=f(\text{WT},\text{MR})$ 映射关系,再结合表 7-1 的工作任务信息和表 7-2 的制造资源信息,使得图 7-18 所示的指令域主轴电流相比于图 7-17 所示的时域主轴电流具有了更丰富的工况信息,因而可以通过指令行实现对数据的工况标记 (表 7-1),进而通过指令行实现对数据的反向分离,如对图 7-18 中第 11 行、13 行和 15 行加工的数据进行分离,而利用分离的数据则可以有针对性地进行车削的进给速度优化和车刀的状态监测。

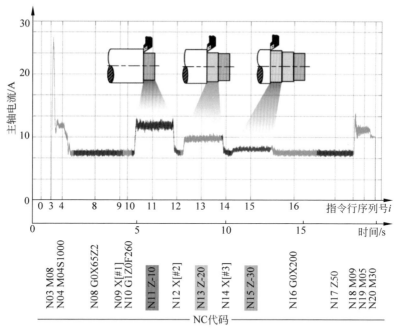

图 7-18　指令域主轴电流

2. 指令域数据的典型结构及性质

以 WT 中的指令行为典型数据类型,结合指令域分析方法中的映射关系,得到指令域数据典型结构如图 7-19 所示。

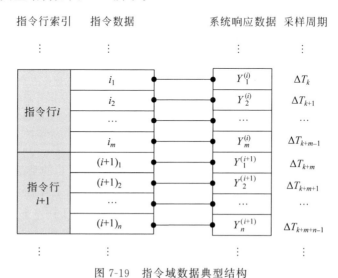

图 7-19　指令域数据典型结构

以指令行为分析单位,指令域分析方法的性质主要分为三类。

性质 1：相同的指令行具有相同的工况。对于任意两个相同的加工任务,相同的指令行对应的运行状态数据的工况是相同的,具体体现在三个方面:

性质 1.1：数据具有可比性。无论加工任务采用何种工况,两个相同的加工任务的运行状态数据是可以比较的。

性质 1.2：具有相同的加工工艺参数。对于同一指令行,其主轴转速、进给速度及切削厚度都是相同的。特别是切削厚度的数据,由于切削厚度不能直接从数控系统获取,该参数复用的价值尤其重大。

性质 1.3：具有相同的加工路程。对于同一指令行,刀具加工的路程是相同的,这一点对于优化加工时间具有重要意义。

性质 2：确定的指令行具有确定的工况。对于同一个工作任务,每一个指令行所代表的工况是确定的,加工过程中所包含的工况有主轴加减速、进给轴加减速、空运行、特定加工工序和顺铣/逆铣等,根据此条性质,可以通过指令行实现对目标数据的分离、提取及针对性分析。

性质 3：时序数据可按照指令行拆分。由于指令域的定义是对时域的继承和发展,因此对于时序数据可以按照指令行进行拆分,逐行对时序数据进行分析,扩展了数据分析的粒度及灵活性。

以加工图 7-15 所示的台阶零件为例,从确定的指令行分离出确定的工况(如包含切削厚度信息的数据),结合表 7-1,通过对指令行号进行索引,分离行号为11、13 和 15 的时域数据,得到如图 7-20 所示的工艺级系统响应数据。

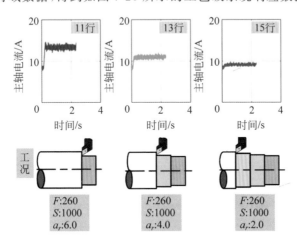

图 7-20 指令域分析方法性质示例

3. 指令域分析方法的应用模式

指令域分析方法的应用模式包括工作任务优化和制造资源状态监测,如图 7-21 所示。

如图 7-21(a)所示,工作任务优化是利用 MR 与 WT 对 Y 进行工况标记的特点,进行数据分离,得到包含工艺信息的Y,并在此数据的基础上,通过相关优化算法,实现对工作任务的优化。

如图 7-21(b)所示,制造资源状态监测是利用 MR 与 WT 对Y进行工况标记的特点,进行数据分离,得到具有相同工况的Y,并在此数据的基础上,对可比较的Y进行数据分析,实现对制造资源状态监测。

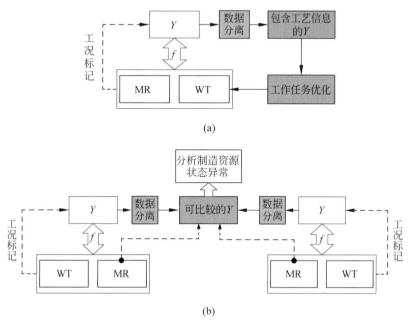

(a)

(b)

图 7-21 指令域分析方法应用模式

(a) 工作任务优化;(b) 制造资源状态监测

指令域分析方法为工作任务优化和制造资源状态监测等应用领域提供了基本的分析范式。

7.4 面向"智能＋"数控系统的数字孪生建模技术

7.4.1 基于物理模型的数字孪生建模方法

物理模型是建立数字孪生模型的基础和关键之一,建模的基本思想是利用数学或者物理模型来类比模仿现实。物理理论模型是建立和研究数控系统的数字孪生体的基础,物理建模不仅能帮助我们更清晰更全面地表达机床的外部响应和内在联系,同时因为物理模型所用到的规律、特性、结构等都是客观存在的,所以只要对研究的系统有足够的理解和正确的认识,就能够通过算法在数字孪生体中快速建立出系统对应的物理模型,从而方便快捷地对系统的各方面性能进行研究分析及优化设计,降低产品的试错成本,减少产品迭代周期,满足产品个性化需求。

此外,物理建模是白盒建模,其建模过程及仿真结果是可解释的,而且其建模过程无须各态历经,即可对系统的响应做出准确的预测,实现使用前的仿真,降低试错成本。物理模型的这种特性,使得其在环境恶劣、样本难以得到的场景下,相对于大数据建模具有显著优势。

本书的数字孪生体以数控机床为对象,并针对机床动力学模型、机床误差模型和机床加工过程模型三个主要的方面介绍数字孪生的物理建模。机床动力学模型从机床结构、性能的角度进行建模,机床误差建模则从静态误差(几何误差)、准静态误差(热误差)和动态误差(零件轮廓误差)的角度进行建模,机床的加工过程建模则从加工稳定性角度进行建模,覆盖了机床设计、运行和加工全生命周期的过程,基本涵盖了机床建模过程。

1. 物理建模的国内外现状

随着科学技术的迅速发展,各种物理系统也变得愈加复杂,工程领域需要分析越来越复杂的、包含不同领域元件的系统,这就使物理建模的地位更加重要。物理建模技术应用的领域不再局限于某些尖端学科技术研究领域,而成为一项被众多学科领域广泛采用的通用性技术。

1) 机床动力学建模现状

近年来计算机技术的进步以及各种功能强大的仿真分析软件的不断发展,尤其是以 SolidWorks 为代表的三维绘图软件和以 ADAMS 为代表的仿真分析软件的相继出现,使得机床结构动力学仿真研究在机床结构设计、优化与动态分析研究中发挥着越来越重要的作用。图 7-22 所示是机床整体的动力学模型,目前在机床动力学建模仿真方面,学者们做了大量的研究。

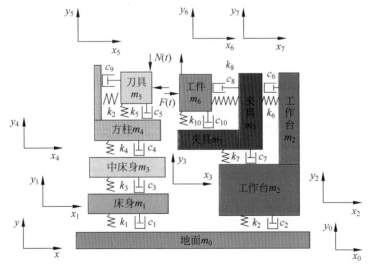

图 7-22 机床动力学模型

进给系统的动力学建模方面,武汉理工大学范维建立了基于重心驱动的双驱进给系统混合参数模型,根据系统辨识试验和理论计算得到动力学模型的关键参数,并对进给系统的固有频率和振型进行了预测;通过模态试验检测所研发双驱进给系统的固有特性并与仿真预测结果进行对比,验证了所建立模型的正确性;分析了重心移动对系统固有特性和动态特性的影响,为其下一步的研究工作提供理论基础。机床结合部动力学建模方面,华中科技大学肖魏魏运用有限单元法、试验模态分析法和现代优化设计方法,对机床结构动力学建模中的结合部建模、模型参数获取、影响因素分析和应用技术四个关键技术展开深入研究。机床主轴系统动力学建模方面,天津城建大学冯吉路、汪文津,东北大学田越采用集中质量法对机床主轴-滚动轴承系统进行了简化,基于 Hertz 接触理论计算了轴承组的等效接触刚度,建立了考虑弹性主轴刚度、阻尼和滚动轴承非线性接触力的十自由度数控机床主轴非线性振动分析模型,分析了在非平衡力作用下主轴-滚动轴承系统的非线性动力学特征。西安交通大学曹宏瑞、何正嘉提出一种基于频率响应函数法的有限元模型修正方法来辨识结合面或未知边界条件的动态参数,将提出的有限元模型修正方法应用到一台高速立式加工中心,通过辨识高速主轴与机床主轴座之间结合面的动态参数,对主轴与机床耦合模型进行修正,使其能准确预测高速主轴安装到机床上以后的动态特性。

2）机床加工过程物理建模现状

20 世纪 80 年代,随着仿真技术的发展,学者们开始逐渐应用加工过程系统仿真对切削过程建模进行研究。Sata 等对正常切削状态下刀具与工件的相对振动进行了模拟,并用简化的颤振预报模型来仿真加工过程的颤振情况。Tsai 建立了基于刀具几何模型的棒铣刀瞬时切削力模型,结合刀具磨损和再生机理的影响,来预测切削颤振。

有限元方法逐渐发展成为加工过程物理建模的重要手段。日本的 Sasahara 等忽略温度和应变速率的效果,通过采用弹塑性有限元方法来模拟低速连续切削时的残余应力和应变。美国俄亥俄州立大学近净成型制造工程研究中心的 Altan 与意大利布雷西亚大学机械工程系的 Ceretti 合作,进行了大量的切削工艺有限元模拟研究。

20 世纪末,对加工过程物理建模的研究越来越受到重视。国际生产工程学会(CIRP)在 1995 年开始组织一个由来自荷兰代尔夫特理工大学、美国肯塔基大学、德国亚琛工业大学、英国利兹大学、香港城市大学、英属哥伦比亚大学、澳大利亚墨尔本大学等的学者组成的研究小组针对"Modelling of Machining Operation"问题进行研究。研究小组讨论会的主题报告对当时全球切削加工领域的过程建模进行了总结和分析,并指出人工智能等新的技术将是加工过程建模的重要发展方向。

国内也有不少学者对加工过程物理建模进行了深入的研究。华中科技大学杨扬提出了基于贪婪随机自适应搜索过程的基因表达式编程(GGEP)加工过程物理建模方法,深入研究了切削力建模技术,设计了基于 GGEP 的数控铣削加工切削力的建模与预测方法,有效地挖掘高精度、显式的切削力模型并将其应用于切削力预测,同时采用单因素分析法、方差分析(ANOVA)和田口(Taguchi)方法对切削力的影响因素进行了分析。

综上所述,加工过程物理建模研究,建模对象主要有切削力、表面粗糙度、振动、切屑形成、加工误差等;优化目标主要有生产成本、生产时间、生产效率等;建模方法大致经历了从机械理论仿真到有限元再到人工智能的发展历程。人工智能的方法是公认的加工过程建模方法的发展趋势。

3) 机床误差建模现状

数控机床误差源框图如图 7-23 所示,主要包括几何误差、热误差和动态误差,构建误差模型是进行误差补偿的前提条件。经过国内外科研人员几十年的研究,数控机床误差建模的理论逐渐成熟。以下分别对几何误差、热误差、轮廓误差三种主要误差建模的国内外现状进行介绍。

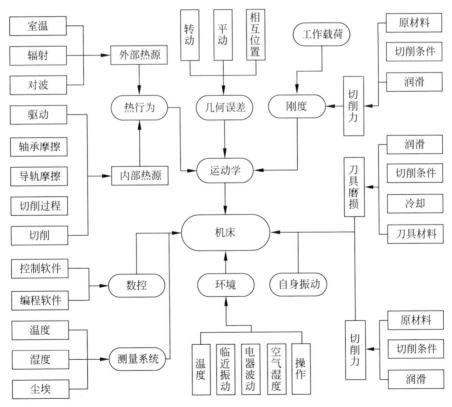

图 7-23　数控机床误差源

几何误差建模方面,我国对于数控机床几何误差的研究逐渐深入,现在基本上与国际上保持了同步发展。章青等利用多体系统理论建立机床空间定位误差通用计算模型；何耀雄等建立了数控机床运动学误差模型，该模型可应用于具有任意拓扑结构的数控机床和数控通用后置处理；香港理工大学孔令豹和张志辉基于多体系统理论建立了具有较好精度和较高效率的超精密机床误差模型并进行了误差补偿实验。

热误差建模方面，由于热误差对于机床加工精度尤其是精密和超精密机床的影响越来越大，所以国内外专家学者对机床热误差都做了大量研究。2011年，Kadir、Holkup、Mian等分析了机床的热变形对机床加工精度的影响，并将有限元应用到多轴机床热误差建模中，实验结果验证了有限元模型的有效性和准确性，使机床热误差研究又发展到一个新的阶段。我国机床热误差的研究与发展速度比较快，许多院校和研究机构都设立了相关专业，并取得了大量研究成果。2016年，大连理工大学马跃、王洪福等基于IFCM-GRA对温度测点进行优化，大大减少了温度测点的数量，提高了热误差模型的鲁棒性及准确性。

轮廓误差建模方面，中国台湾国立交通大学Ming-Yang Cheng等认为降低轮廓误差的有效方法之一就是建立基于轮廓误差实时估计的误差控制器，并且提出了一种轮廓误差实时估计模型，该模型能够根据执行机构的速度不断更新修正估计误差值并将修正后的结果按照交叉耦合控制的方法反馈给单轴进给伺服系统进行补偿。合肥工业大学肖本贤在其博士论文中指出，单纯的交叉耦合控制器所能取得的控制效果有限，因此将模糊控制、神经网络与耦合控制器结合，建立了不依赖于被控对象模型的模糊神经网络控制器，实现了轮廓误差对于各轴的动态分配，构造了能够预测干扰信息对各轴影响的干扰观测器。此外，众多学者也进行了相关方面具有代表性的研究。Lee等建立了数控系统非线性、具有自适应能力的轮廓误差控制模型。Zhong等搭建了一个轮廓误差线性补偿模型，该模型在机床高速加工时性能优越。

2. 物理建模的关键方法

物理建模的主要关键方法如下：

1) 有限元分析方法

有限元分析方法是一种成熟的建模方法，在机床物理建模中应用非常广泛。有限元是那些集合在一起时能够表示实际连续域的单个离散单元。所谓有限元分析指的是用较简单的问题代替复杂问题后再进行求解。它将求解域看成是由许多称为有限元的小的互连子域组成的，对每一单元假定一个合适的（较简单的）近似解，然后推导求解这个域总的满足条件（如结构的平衡条件），从而得到问题的解，图7-24所示为箱体网格划分

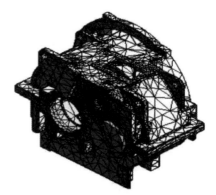

图 7-24　箱体网格划分

结果。

在机床建模中使用有限元分析时,先对机床结构实体进行离散化处理,划分有限个单元,再对此进行分片插值,分析得到单元特征矩阵,最后把各单元特征矩阵组装成总特征矩阵,得到整个机构的方程组进行求解。由于大多数实际问题难以得到准确解,而有限元不仅计算精度高,而且能适应各种复杂形状,因而成为行之有效的工程分析手段。有限元方法最初被称为矩阵近似方法,由于其方便性、实用性和有效性而引起从事力学研究的科学家的浓厚兴趣。同时随着计算机运算频率的提高和大容量存储计算机技术的发展,大型有限元商用软件的不断开发和功能强化,有限元建模和分析方法的优势明显展现。经过短短数十年的努力,随着计算机技术的快速发展和普及,有限元方法迅速从结构工程强度分析计算扩展到几乎所有的科学技术领域,成为一种丰富多彩、应用广泛并且实用高效的数值分析方法。

2) 多体系统动力学方法

经典力学方法原则上可用于建立任意系统的微分方程,但随着系统内分体数和自由度的增多,以及分体之间约束方式的复杂化,方程的推导和求解过程变得极其烦琐。而当前的制造系统越来越复杂,经典力学方法已经难以解决日益复杂的系统问题。随着现代计算技术的飞速发展,将传统的经典力学方法与现代计算技术结合,形成了多体系统动力学的新分支,主要研究多体系统(一般由若干个柔性和刚性物体相互连接所组成)运动规律。

多体系统动力学主要任务包括:

(1) 建立复杂机械系统运动学和动力学程式化的数学模型,开发实现这个数学模型的软件系统,用户只需输入描述系统的最基本数据,借助计算机就能自动进行程式化的处理。

(2) 开发和实现有效地处理数学模型的计算机方法与数值积分方法,自动得到运动学规律和动力学响应。

(3) 实现有效的数据后处理,采用动画显示、图表或其他方式提供数据处理结果。

多体系统动力学可以用于数控机床的设计阶段、运动控制阶段。设计阶段,利用多体系统动力学的分析,仿真系统的行为,优化系统的参数和结构。运动控制阶段,利用多体系统动力学建立运动对象的物理模型,仿真运动对象的响应,在运动控制阶段进行前馈补偿,提升控制系统性能。

以有限元分析方法和多体系统动力学方法为基础,还可以进行切削力建模、机床的模态分析等进一步的分析,为机床的设计、运行和加工过程的分析提供分析手段。

3. 物理建模常用工具

应用于数控机床物理建模的建模工具非常多,其中常用的有 ANSYS、

ABAQUS、RecurDyn、MWorks、Simulink、ADAMS、CATIA DMU 等。

ANSYS 是机床进行有限元建模最常用的工具,它是美国 ANSYS 公司研制的大型通用有限元分析(FEA)软件,是世界范围内增长最快的计算机辅助工程(CAE)软件,能与多数计算机辅助设计(Computer Aided Design,CAD)软件接口,实现数据的共享和交换,如 Creo、NASTRAN、Algor、I-DEAS、AutoCAD 等,是融结构、流体、电场、磁场、声场分析于一体的大型通用有限元分析软件,在核工业、铁道、石油化工、航空航天、机械制造、能源、汽车交通、国防军工、电子、土木工程、造船、生物医学、轻工、地矿、水利、日用家电等领域有着广泛的应用。ANSYS 功能强大,操作简单方便,现在已成为国际最流行的有限元分析软件,在历年的 FEA 评比中都名列第一(图 7-25)。

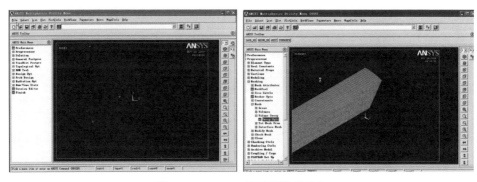

图 7-25　ANSYS 界面及模型建立

ABAQUS 是一套功能强大的工程模拟的有限元软件(图 7-26),其解决问题的范围从相对简单的线性分析到许多复杂的非线性问题。ABAQUS 包括一个丰富的、可模拟任意几何形状的单元库,并拥有各种类型的材料模型库,可以模拟典型工程材料的性能。作为通用的模拟工具,ABAQUS 除了能解决大量结构(应力、位移)问题,还可以模拟其他工程领域的许多问题,例如热传导、质量扩散、热电耦合分析、声学分析、岩土力学分析(流体渗透、应力耦合分析)及压电介质分析。ABAQUS 被广泛地认为是功能最强的有限元软件,可以分析复杂的固体力学结构力学系统,特别是能够驾驭非常庞大复杂的问题和模拟高度非线性问题。

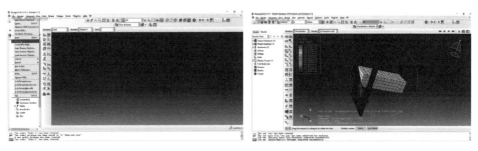

图 7-26　ABAQUS 界面及模型建立

ABAQUS 不但可以做单一零件的力学和多物理场的分析,同时还可以做系统级的分析和研究。ABAQUS 的系统级分析的特点相对于其他的分析软件来说是独一无二的。

RecurDyn(Recursive Dynamic)是由韩国 FunctionBay 公司开发的新一代多体系统动力学仿真软件(图 7-27)。它采用相对坐标系运动方程理论和完全递归算法,非常适合于求解大规模的多体系统动力学问题。RecurDyn/Professional 包括前后处理器 Modeler 及求解器 Solver。基于 Professional 提供的各种建模元素,用户可以建立起系统级的机械虚拟数字化样机模型,并对其进行运动学、动力学、静平衡、特征值等全面的虚拟测试验证,通过判断仿真测试的数据、曲线、动画、轨迹等结果,据以进行系统功能改善实现创新设计。

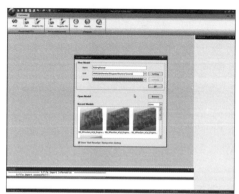

图 7-27　RecurDyn 界面及模型建立

MWorks 是新一代多领域工程系统建模、仿真、分析与优化通用 CAE 平台(图 7-28),基于多领域统一建模规范 Modelica,提供了从可视化建模、仿真计算到结果分析的完整功能,支持多学科多目标优化、硬件在环(Hardware-In-the-Loop, HIL)仿真以及与其他工具的联合仿真。利用现有大量可重用的 Modelica 领域库,

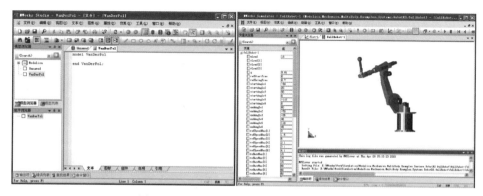

图 7-28　MWorks 界面及机器人模型仿真

MWorks可以广泛地满足机械、电子、控制、液压、气压、热力学、电磁等专业，以及航空、航天、车辆、船舶、能源等行业的知识积累、建模仿真与设计优化需求。MWorks作为多领域工程系统研发平台，能够使不同的领域专家与企业工程师在统一的开发环境中对复杂工程系统进行多领域协同开发、试验和分析。

Simulink是MATLAB中的一种可视化仿真工具，是一种基于MATLAB的框图设计环境，是实现动态系统建模、仿真和分析的一个软件包（图7-29），具有适应面广、结构和流程清晰及仿真精细、贴近实际、效率高、灵活等优点，被广泛应用于线性系统、非线性系统、数字控制及数字信号处理的建模和仿真中。Simulink提供一个动态系统建模、仿真和综合分析的集成环境。在该环境中，无须大量书写程序，只需要通过简单直观的鼠标操作，就可构造出复杂的系统。构架在Simulink基础之上的其他产品扩展了Simulink多领域建模功能，也提供了用于设计、执行、验证和确认任务的相应工具。Simulink与MATLAB紧密集成，可以直接访问MATLAB大量的工具来进行算法研发、仿真的分析和可视化、批处理脚本的创建、建模环境的定制以及信号参数和测试数据的定义。

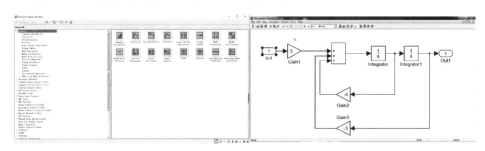

图7-29　Simulink界面及模型构建

ADAMS，即机械系统动力学自动分析（Automatic Dynamic Analysis of Mechanical Systems），是美国机械动力公司（Mechanical Dynamics Inc.，现已并入美国MSC公司）开发的虚拟样机分析软件（图7-30）。ADAMS软件使用交互式图形环境和零件库、约束库、力库，创建完全参数化的机械系统几何模型，其求解器采用多刚体系统动力学理论中的拉格朗日方程方法，建立系统动力学方程，对虚拟机

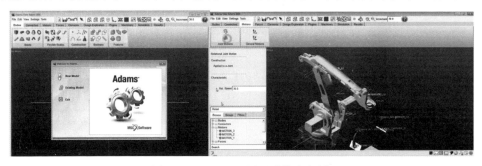

图7-30　ADAMS界面及仿真实例

械系统进行静力学、运动学和动力学分析,输出位移、速度、加速度和反作用力曲线。ADAMS 软件的仿真可用于预测机械系统的性能、运动范围、碰撞检测、峰值载荷以及计算有限元的输入载荷等。ADAMS 一方面是虚拟样机分析的应用软件,用户可以运用该软件非常方便地对虚拟机械系统进行静力学、运动学和动力学分析;另一方面,又是虚拟样机分析开发工具,其开放性的程序结构和多种接口,可以成为特殊行业用户进行特殊类型虚拟样机分析的二次开发工具平台。

Dymola 全称是 Dynamic Modeling Lab(动态建模实验室),是一套完整工具,用于对汽车、航空航天、机器人、加工及其他应用领域内使用的集成复杂系统进行建模和仿真(图 7-31)。在 Dymola 面向原理图的可视化交互建模仿真集成环境下通过 Modelica 面向对象语言强大继承能力,可以实现模块化的建模过程,模型的建立、继承和扩展非常方便。Dymola 与其他仿真软件相比,有着自己的特点:具有丰富多领域模型库并可利用简单易懂的 Modelica 语言开发专属部件;图形化界面对模型进行参数配置或与 PLM 参数对象关联;通过连接部件快速建立多层级复杂系统模型;强大的仿真引擎以及开箱即用的后处理、可视化和三维展示;独有的方程符号处理器及数字求解器并可输出高质量代码用于基于模型的预测控制设计;环境完全开放,即用户除了可以构建新部件以外,还采用延展和复制的方式二次开发新模型。同时,Dymola 还可以通过一些接口与其他软件(如 MATLAB/Simulink)实现联合仿真,还能够与 D Space 连接进行硬件在环实验。

图 7-31　Dymola 界面及模型建立

4. 物理建模的发展趋势

传统的物理建模方法尽管已经相对成熟,但仍然存在一些问题,例如在机床的动力学建模中,机床结合部往往无法准确建模,导致整个系统的模型质量难以保证;另外,机床几何误差、热误差、切削力误差等分别属于静态误差、准静态误差、动态误差等不同性质误差的综合数学模型,如何实现综合误差的解耦补偿也是一个难题。因此,未来物理建模将会结合最新的科学研究成果,向着更全面、更高效和更精密的方向发展:

一方面,结合最新的物理学研究成果,尽可能多地覆盖系统的各个环节,从基本面上提升物理建模的效果。

另一方面,结合最新的人工智能研究成果,通过大数据建模方式对机床模型的高阶非线性的未建模动态部分进行建模，从混合的角度提升物理建模的效果。下一节将专门针对大数据建模展开介绍。

7.4.2 基于大数据模型的数字孪生建模方法

上一节提到的物理模型是利用因果关系进行建模，形成了可解释的建模过程和输出结果，对于系统的可建模部分具有非常好的解释意义，但是对于数控机床而言，由于数控机床、刀具、夹具和工件等组成的工艺系统是一个机、电、液、热、材料和控制一体化的复杂动态系统，一方面可建模环节有限；另一方面理论模型中的大量参数，如机床的阻尼、刚度、材料特性等，会因机床装配质量、加工工况的不同而无法准确定量，最终导致用物理模型难以完整、精确地描述数控机床的数字孪生模型。

大数据、云计算等技术的高速发展，促进了人工智能技术的革命性进步，为数字孪生的建模提供了新的手段，指出了新的方向。采用大数据建模的方法，通过黑盒建模的方式，构建输入和响应之间的关联关系模型，由于数据的输入和响应是实际的数据，因此模型可以更准确地逼近物理世界，实现更准确的建模。需要指出，大数据模型并不是对物理模型的替代，而是对物理模型的良好补充。

本节将围绕大数据建模的国内外现状、技术路线、关键技术和未来发展趋势展开介绍。

1. 大数据建模的国内外现状

大数据模型在数控机床领域应用广泛，主要针对刀具状态监测、机床热误差、机床动态误差、机床健康保障、工艺优化等领域进行了应用。

1) 刀具状态监测研究现状

自动化、智能化生产线中，由于无人值守，刀具的异常状态不能及时被发现，往往会影响生产线的自动生产和零件的加工质量，导致生产线的良品率得不到保证。刀具状态监测则正是在此种工业环境背景下提出的。

采用单一的学习算法进行刀具状态监测：王涛等使用经验模态分解（EMD）将AE信号分解成若干固有模态函数的和，然后将每个固有模态函数的能量作为SVM的输入特征向量，建立刀具状态识别模型，识别精度达 90%。

采用多个学习算法进行集成判别：Jun-Hong Zhou 利用 SVM 根据输入特征量判别刀具磨损等级，进而选择与刀具磨损等级对应的自动回归滑动平均（ARMAX）模型，预测刀具磨损量，流程图如图 7-32 所示，基于 SVM 的 ARMAX模型的预测精度最小为 91.5228% 且稳定性非常好。

随着计算机算力的提升，深度学习得到快速发展，张新建提出了改进的卷积神经网络刀具磨损检测算法，该算法能以很高的识别率对刀具的磨损状态进行识别，训练所消耗的时间也在可接受范围内。谢阳阳提出采用堆叠降噪自编码器和卷积神经网络两种深度学习模型的刀具状态识别方法，通过实验对比分析可以发现，相

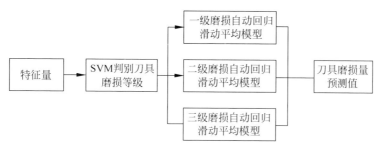

图 7-32　SVM-ARMAX 流程图

较于传统智能诊断方法,深度学习算法能够更加高效精准地实现刀具状态识别。

综合上述研究可以看出,刀具状态监测实际上是一个模式识别问题,其发展过程如图 7-33 所示。目前在刀具状态识别方面用得较多的模式识别方法有神经网络、SVM,通过采用这种黑箱处理方式,忽略复杂的切削过程分析,根据系统的输入和输出建立识别模型,为解决刀具状态监测中的非线性映射提供了有效解决方案。由于每种模式识别方法各具有优缺点,故近年来,很多学者对不同模式识别方法的融合也做了大量研究,因此刀具状态监测技术正朝着多特征融合和多分类器融合方向发展。此外,利用特征自学习的深度学习模型进行刀具状态监测也成为发展方向之一。

图 7-33　刀具状态监测大数据模型发展过程

2) 机床热误差补偿研究现状

热误差作为准静态误差,对机床精度具有重要影响。而热误差由于机床结构复杂、散热条件差、内部耦合关系复杂,很难用物理模型准确描述,因此国内外学者开始使用大数据建模的方法来预测热误差,并根据预测值进行补偿以提高加工精度。

Chen 等采用多元回归分析方法和人工神经网络方法进行机床热误差建模。汪样兴等采用灰色神经网络创建机床热误差预测模型,分析了灰色理论和 BP 神经网络建模方法,结合二者优点建立新的组合热误差预测模型,通过实验测量数据验证了该方法的可行性。辛宗需提出一种两步热误差预测方法,以 BP 神经网络对丝杠热变形量进行建模,然后通过多项式插值拟合来求得平台轴向热误差 y 与丝杠实际热变形量 x 之间的关系,构建出热误差预测模型,得到了比单独以 BP 网络训练平台轴向热误差方法更好的预测精度。余永维等提出了一种基于时序的长短时记忆(LSTM)网络的数控机床运动精度建模方法(其预测模型结构如图 7-34所示),通过自动提取时空特征,挖掘时间序列前后关联信息实现对机床误差的预测,其最大相对误差不大于 7.96%。

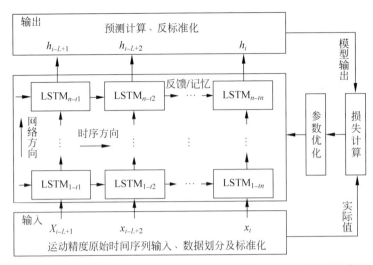

图 7-34　基于 LSTM 无限深度学习网络的数控机床运动精度预测模型

　　综合上述研究可以看出，在机床热误差补偿领域通过应用机器学习算法已经取得了相当良好的应用效果，并且近年来越来越多的学者将深度学习算法应用到机床热误差建模中，实验表明其具有更准确的预测精度。

　　3）机床动态误差补偿研究现状

　　上一节讨论的利用物理模型构建轮廓误差的方法，存在难以完整、精确地描述非线性要素的问题，因此，也有一些学者基于机床内部历史数据和人工智能方法建立进给系统大数据模型，来预测轮廓误差。Jyh-Shing 和 Roger Jang 基于自适应神经网络框架，提出一种基于人类知识的进给系统模糊推理系统（ANFIS），建立进给系统模型，预测误差约 $8\mu m$。Feng Huo 和 Aun-Neow Poo 利用非线性自回归网络、编码器数据为基准制作数据集，分别建立两轴的模型。类似地，Erwinski 等基于非线性自回归网络，建立双轴模型，轮廓误差的预测误差约 $9\mu m$。在实际机床运行过程中，虽然每个轴的指令形式都不断变化，但是这些变化总是可以分成启动、停止、反向、高加速、低加速几种典型的运动状态，不同运动状态下由于惯性力、反向间隙、摩擦力等因素的变化，进给系统的动态特性会发生变化。

　　4）机床健康保障研究现状

　　机床的健康保障主要包括事后的机床故障诊断和事前的机床健康预测性维护。机床的故障诊断是在机床发生故障以后，通过数据分析判断机床故障类型的一种方法。而机床预测性维护则是在机床发生故障以前，通过数据的分析对机床的早期异常进行检测，进而在故障发生之前对潜在故障进行提前的维护保养，杜绝机床的意外宕机，保证机床持久的健康运行。

　　在故障诊断方面，赵光权等将滚动轴承原始时域信号进行归一化后，训练深度置信网络（DBN）并实现了对于机床的故障诊断。Feng 等利用深度神经网络的数据学习和特征提取能力,直接从频域信号中学习故障特征,用于轴承的故障诊断。Meng Gan 提出了一种基于深度学习的层次诊断网络用于机床滚动轴承的故障诊断,可以识别故障类型、故障位置和严重程度,相比基于传统人工神经网络算法(Artificial Neural Network,ANN)或 SVM 的机床故障诊断模型,该模型判断准确率更高。

在故障预测方面,周丹提出了基于危险剧情和神经网络联想记忆的数控机床故障监测模型,并对建立的神经网络模型解算进行了深入讨论,达到了故障预测的效果。徐志军提出了采用粒子群算法优化支持向量机(PSO-SVM)进行数控机床故障预测。王建利采用自组织网络评价模型及支持向量机等实现混合智能预测模型(其模型结构如图 7-35 所示),提高了轴承性能退化趋势预测精度。

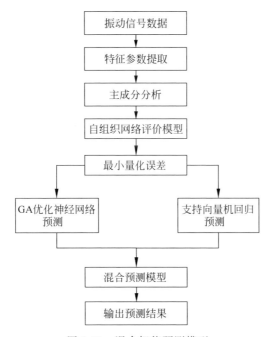

图 7-35　混合智能预测模型

5) 机床工艺优化研究现状

机床的工艺优化指对加工的工艺参数进行最优化选择,以达到充分发挥机床和刀具性能的目的。数控机床加工工艺参数影响因素如图 7-36 所示,可以看出影响加工工艺参数中存在许多非独立变量,使物理建模的建立难以保证较高的准确性,因此,现在大部分学者基于机床内部历史数据和人工智能方法建立数控系统大数据模型来计算加工的最优工艺参数。Rai 等以机床和刀具的技术性能等为约束条件,以最大工件材料去除率为优化目标,建立了粗加工铣削用量优化模型,运用遗传算法对优化模型进行研究,分析比较了当背吃刀量与侧吃刀量分别固定时优化结果的变化。谢东等基于 BP 神经网络搭建数控机床能耗与切削参数的模型,以数控机床能耗为目标函数,利用遗传算法对切削参数进行了优化。Li 等以最短加工时间、最小加工能耗、最小工件表面粗糙度作为优化目标,运用 BP 神经网络对雕刻件加工的切削参数进行了预测和优化。

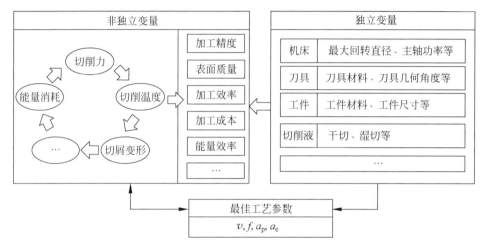

图 7-36　数控加工过程工艺参数影响因素

从上述国内外大数据建模在机床领域应用的状况可知,机器学习、深度学习等人工智能的方法在机床领域的应用越来越广泛,同时也取得了良好的效果,凸显人工智能方法的重要作用。

2．大数据建模的关键技术

大数据建模主要的关键技术包括工业大数据预处理技术、工业大数据可视化分析技术、工业大数据标记技术、特征工程技术和人工智能技术。

1）工业大数据预处理技术

本节所述的工业大数据的预处理技术区别于数据搜集时的数据清洗技术,数据清洗技术面向的是大数据中存在的错误数据、冗余数据和异常点,而本节所述的工业大数据技术则是在数据清洗以后进行的数据预处理工作,其目标是从高质量的数据中提取出与目标问题相关的分量,其主要手段为滤波。

滤波的主要方法有滑动平均滤波、IIR 和 FIR 滤波器滤波、基于小波分析的滤波和基于 EMD 的滤波方法。

滑动平均滤波方法的本质是通过平均实现低通滤波,将波形加以平滑,减少信号中的高频振荡成分,其优点是对相位保持得较好,缺点则是没有针对具体的频带进行滤波。

IIR 和 FIR 滤波器则是设计脉冲响应函数的频响特性,进行特定频段的滤波,可以实现频段的精准分离,包括低通滤波器、高通滤波器、带通滤波器和带阻滤波器;其缺点是会影响原始信号的相位,对于原始信号相位有要求的分析需要谨慎使用。

基于小波分析的滤波和基于 EMD 的滤波方法，都是通过对信号的分解，再剔除信号不相关的成分，剩下的信号成分即为目标数据。这种滤波方式更加具有针对性，但是代价是计算量较大。

上述方法各有利弊，可以结合具体的应用进行合理的选择。

2）工业大数据可视化分析技术

研究表明，人类获得的关于外在世界的信息 80% 以上是通过视觉通道获得的，因此伴随着大数据时代的来临，对目前大量、复杂和多维的数据信息进行可视化呈现具有重要的意义。

数据可视化技术诞生于 20 世纪 80 年代，其定义可以概括为：运用计算机图形学和图像处理技术，以图表、地图、标签云、动画或任何使内容更容易理解的图形方式来呈现数据，使通过数据表达的内容更容易被理解。如图 7-37 所示为某车间工业大数据的可视化界面。

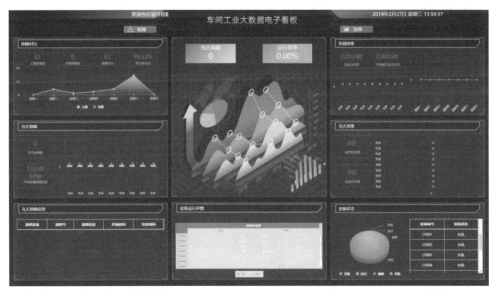

图 7-37　车间工业大数据可视化

所谓数据可视化（Data Visualization），是对大型数据库或数据仓库中的数据的可视化，它是可视化技术在非空间数据领域的应用，使人们不再局限于通过关系数据表来观察和分析数据信息，还能以更直观的方式看到数据及其结构关系。数据可视化技术的基本思想是将数据库中每一个数据项作为单个图元元素表示，大量的数据集构成数据图像，同时将数据的各个属性值以多维数据的形式表示，可以从不同的维度观察数据，从而对数据进行更深入的观察和分析。

（1）数据空间：是由 n 维属性和 m 个元素组成的数据集所构成的多维信息空间。

（2）数据开发：是指利用一定的算法和工具对数据进行定量的推演和计算。

(3) 数据分析：指对多维数据进行切片、切块、旋转等动作剖析数据，从而能多角度、多侧面观察数据。

(4) 数据可视化：是指将大型数据集中的数据以图形图像形式表示，并利用数据分析和开发工具发现其中未知信息的处理过程。

新技术和新平台的出现，使可视化技术可以实现用户与可视化数据之间的交互，从采集分析数据到呈现数据可视化也做到一体化实现。目前数据可视化已经提出了许多方法，这些方法根据其可视化的原理不同可以划分为基于几何的技术、面向像素技术、基于图标的技术、基于层次的技术、基于图像的技术和分布式技术等。

近年来，人们在数据挖掘的理论和方法上进行了大量的研究工作，并以此为基础开发出不同种类的数据挖掘工具。但是，这些工具在处理大型的多维数据集方面仍然没有取得令人满意的挖掘效果。于是，人们开始在数据挖掘中借助可视化技术，使用丰富的可视化方式将多维数据直观地表示出来，进而利用人类特有的认知能力来指导挖掘过程。

因此，工业大数据可视化分析领域中产生了一个新的方向：可视化数据挖掘。利用可视化技术建立用户与数据挖掘系统交互的良好沟通通道，使用户能够使用自己丰富的行业知识来规整、约束挖掘过程，改善挖掘结果，从而打破传统挖掘算法的黑盒模式，使用户对挖掘系统的信赖程度大大提高。在可视化数据挖掘技术中，可视化的直接交互能力是挖掘过程成败的关键，对可视化技术在数据挖掘中应用形式和使用方法的研究是数据挖掘可视化急需解决的问题。

3) 工业大数据标记技术

在人工智能时代，人工智能算法中，相对于无监督学习算法，有监督的学习算法更为常用和有效，究其原因在于，有监督学习的算法的训练阶段是有标记的数据，使得算法融入了知识，进而使算法具有更好的精度和稳定性，因此，从算法的选择角度来讲，使用有标记的数据进行有监督的学习显然是更好的选择。此外，随着深度网络的不断发展，模型的参数动辄成千上万，为了防止模型的过拟合，必须输入更多的带有标记的样本，这就对样本的标记提出了更大的挑战，甚至衍生出人工智能时代的蓝领工人——数据标记员，既要求他们具有良好的体力，又要求他们在某些专业领域具有极强的专业性，因此大数据时代的数据标记成为一项既重要又难以实施的技术。

为了克服人工标记带来的问题，需要采用自动标记的方式进行数据的标记。7.3节谈到的指令域大数据是将系统的输入数据标记在系统的响应之上的数据形式，天然地具有数据标记的属性，是人工智能亲和算法。但是标记的类型往往还涉及具体的事件，指令域大数据的输入有时囊括不了此种事件，因此仍然需要其他的标记方法进行补充。

其他自动标记方法，一般建立在现有的少量已经标记的数据基础之上，例如

SMOTE 算法和 GAN 网络。SMOTE 算法通过对特征向量在特征空间进行插值处理,通过采样的方式形成新的样本。而 GAN 网络则是通过生成和对抗网络进行拉锯式的博弈,形成新的具有标记的样本。SMOTE 算法适用于一维数据,而 GAN 网络则在二维数据的生成中具有较好的效果。

4) 特征工程技术

特征工程技术是用目标问题所在的特定领域知识或者自动化的方法来得到能够使机器学习算法达到最佳性能的特征的技术。通过将原始数据转化为特征,可以获取更好的训练数据,使预测模型更好地处理实际问题,提升预测模型的准确率。它对于传统的浅层学习器(如支持向量机、逻辑回归等)而言是不可或缺的技术,因为数据和特征决定了机器学习的上限,而模型和算法只是逼近这个上限而已。对于深层学习器(如卷积神经网络),由于存在特征自学习的隐藏层,可以自动学习原始数据中的敏感特征,对特征工程依赖较少。但是,隐藏层的特征自学习在深层学习的应用范围是有限的,特征工程在深度学习中依然有着不可替代的作用。特征工程主要对原始数据进行特征提取(Feature Extraction)、特征选择(Feature Selection)和特征降维(Feature Dimension Reduction)这三个方面的工作。

特征提取主要是从信号处理的层面,对原始数据从时域、频域和时频域的角度进行特征提取,其目的是将原始数据转换为一组具有明显物理意义(如 Gabor、几何特征、纹理特征)或者统计意义的特征。时域上一般可以提取最大值、最小值、峰峰值、平均值、方差、RMS、偏度、斜度、裕度等特征,还可以进行相关性分析得到相关系数。频域上一般可以提取频率中值、频谱能量和核心频率等特征。时频域上一般可以得到特定成分的能量值等。这些特征从更稀疏的角度描述了致密的原始数据,某种程度上已经进行了极大的数据量削减。

特征选择主要是从提取到的众多特征中提取出与目标问题敏感的特征,其目的是去除无关特征,降低学习任务的难度,让模型变得简单,降低计算复杂度和所需时间。在提取的众多特征中,有较多的特征与目标问题关联性小,在实际的应用中这些特征会加重模型训练负担,有时甚至会干扰模型准确度,因此进行特征的筛选在特征工程中具有重要意义。常见的特征选择方法分为以下三种:

(1) 过滤式(filter)

过滤式特征选择是一种不考虑后续机器学习算法,只设计了一个相关统计量来度量特征的重要性作为选择指标的方法。

(2) 包裹式(wrapper)

包裹式特征选择是使用随机策略将各个特征都分别作为输入量输入到所使用的机器学习模型中,并最终以机器学习模型的误差作为特征的评价标准进行选择的方法。

(3) 嵌入式(embedding)

嵌入式特征选择类似深度学习的隐藏层的特征自学习,是将特征选择与学习器训练过程融为一体,两者在同一个优化过程中完成,即学习器训练过程中自动进行了特征选择。

特征降维主要是将原始高维空间的特征投影到低维度的空间,进行特征的重组,达到减少数据维度的目的。因为通过特征选择以后,还是存在特征矩阵维度大这一问题,会导致计算量增大、训练时间过长等对于模型不好的影响。并且特征矩阵维度大会导致在对于某些变量的函数进行准确估计时所需训练样本数量呈几何级增加。降维常用方法有以下两种:

① 主成分分析法(Principle Component Analysis,PCA)。

主成分分析法是通过构建原始特征的线性组合,形成组合内部最小关联的新组合,达到降低特征内部关联、降低维数的目的。

② 线性判别分析法(Linear Discriminant Analysis,LDA)。

线性判别分析法是将带上标签的数据(点),通过投影的方法,投影到维度更低的空间中,使得投影后的点会形成按类别区分一簇一簇的情况,相同类别的点,将会在投影后的空间中更接近。其目的不仅仅是降维,还可以使得投影后的样本尽可能按照原始类别分开。相比较而言,PCA 主要是从特征的协方差角度去找到比较好的投影方式,LDA 更多考虑了标注,即投影后不同类别之间数据点的距离更大,同一类别的数据点更紧凑。

5) 人工智能技术

人工智能技术解决的是知识学习和决策问题,是大数据建模中最关键的核心技术。广义来讲,深度学习、迁移学习都属于机器学习(Machine Learning,ML)的大类。但是,目前往往从狭义的角度解释机器学习,特指浅层学习器,而深度学习(Deep Learning,DL)和迁移学习则属于深层学习器。因此,人工智能技术主要包括浅层学习,即机器学习(含增强学习);深层学习,包括深度学习、迁移学习。

(1) 机器学习

机器学习是赋予计算机学习能力,使之可以归纳知识、总结经验、推理预测,并最终可以像人一样从数据中积累"经验"的技术。

将机器学习算法应用于数字孪生建模中便实现了大数据建模。因此大数据建模可以理解为利用工业大数据来实现虚拟空间对物理空间的实时反映与预测,即以传感器收集的海量数据为基础,利用机器学习算法积累"经验"最终达到构建虚拟孪生空间的目的。

如图 7-38 所示,机器学习有 3 种主要类型:监督学习、无监督学习、强化学习,所有这些都有其特定的优点和缺点。

① 监督学习(有导师学习):输入数据中有导师信号,以概率函数、代数函数或人工神经网络为基函数模型,采用迭代计算方法,学习结果为函数。监督学习涉及一组标记数据。计算机可以使用特定的模式来识别每种标记类型的新样本。监督学习的两种主要类型是分类和回归。在分类中,机器被训练成将一个组划分为特

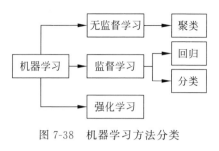

图 7-38　机器学习方法分类

定的类。在回归中,机器使用先前的(标记的)数据来预测未来。

②无监督学习(无导师学习):输入数据中无导师信号,采用聚类方法,学习结果为类别。在无监督学习中,数据是无标签的。由于大多数真实世界的数据都没有标签,这些算法特别有用。无监督学习主要用于实现聚类,聚类用于根据属性和行为对象进行分组。

③强化学习(增强学习):以环境反馈(奖/惩信号)作为输入,以统计和动态规划技术为指导的一种学习方法。强化学习使用机器的个人历史和经验来做出决定。强化学习的经典应用是玩游戏。与监督和非监督学习不同,强化学习不涉及提供"正确的"答案或输出。相反,它只关注性能。这反映了人类是如何根据积极和消极的结果学习的,很快就学会了不要重复这一动作。同样的道理,一台下棋的计算机可以学会不把它的国王移到对手的棋子可以进入的空间。然后,国际象棋的这一基本教训就可以被扩展和推断出来,直到机器能够打(并最终击败)人类顶级玩家为止。

(2) 深度学习

广义来讲,深度学习是机器学习领域中一个新的研究方向,强调通过增加学习的层数以提高算法的精确性,它被引入机器学习使其更接近于最初的目标——人工智能(Artificial Intelligence,AI)。深度学习是学习样本数据的内在规律和表示层次,这些学习过程中获得的信息对诸如文字、图像和声音等数据的解释有很大的帮助。

深度学习有两个主要特点:①含多隐藏层的神经网络具有优异的特征学习能力,学习得到的特征对数据有更本质的刻画,从而有利于分类;②深度神经网络在训练上的难度,可以通过"逐层初始化"预学习(Layer-wise Pre-training)来有效克服。如图 7-39 所示,典型的深度神经网络有卷积神经网络(Convolutional Neural Network,CNN)、深度置信网络、循环神经网络。

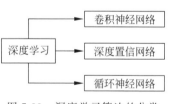

图 7-39　深度学习算法的分类

它的最终目标是让机器能够像人一样具有分析学习能力,能够识别文字、图像和声音等数据。深度学习是一个复杂的机器学习算法,在语音和图像识别方面取得的效果,远远超过先前相关技术。深度学习在搜索技术、数据挖掘、机器学习、机器翻译、自然语言处理、多媒体学习、语音、推荐和个性化技术,以及其他相关领域都取得了很多成果。深度学习使机器模仿视听和思考等人类的活动,解决了很多复杂的模式识别难题,使得人工智能相关技术取得了很大进步。

（3）迁移学习

机器学习作为解决分类问题的手段之一,已成为一种日渐重要的方法,并已经得到广泛的研究与应用。然而传统的机器学习需要做如下两个基本假设以保证训练得到的分类模型的准确性和可靠性：

① 用于学习的训练样本与新的测试样本是独立同分布的；

② 有足够多的训练样本用来学习获得一个好的分类模型。

但是,在实际的工程应用中往往无法同时满足这两个条件,导致传统的机器学习方法面临如下问题：随着时间的推移,原先可用的样本数据与新来的测试样本产生分布上的冲突而变得不可用,这一问题在时效性强的数据上表现得更为明显,比如基础部件随时间退化而产生的数据。而在另一些领域,有标签的分类样本数据往往很匮乏,已有的训练样本不足以训练得到一个准确可靠的分类模型,而标注大量的样本又非常费时费力,甚至不可能实现,比如大规模风电场的设备故障分类。

因此,研究如何利用少量的有标签的训练样本建立一个可靠的模型对目标领域数据进行分类,变得非常重要,并据此引入"迁移学习"的概念。迁移学习是指一种学习或学习的经验对另一种学习的影响,以深度卷积神经网络为基础,通过修改一个已经经过完整训练的深度卷积神经网络模型的最后几层连接层,再使用针对特定问题而建立的小数据集进行训练,以使其能够适用于一个新问题。其放宽了传统机器学习中的两个基本假设,目的是迁移已有的知识来解决目标领域中仅有少量甚至没有有标签样本数据的学习问题。

图 7-40 给出了传统机器学习和迁移学习过程的差异,可以看出,传统机器学习的任务之间是相互独立的,不同的学习系统是针对不同的数据分布而专门训练的,即当面对不同的数据分布时,已在训练数据集训练好的学习系统无法在不同的数据集上取得满意表现,需要重新训练。而迁移学习中不同的源领域任务之间不再相互独立,虽然两者不同,但可以从不同源任务的不同数据中挖掘出与目标任务

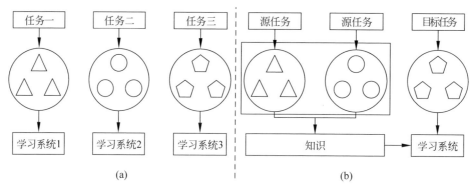

图 7-40　迁移学习与机器学习的差异

（a）传统机器学习；（b）迁移学习

相关的知识,去帮助目标任务的学习。

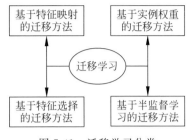

图 7-41 迁移学习分类

如图 7-41 所示,迁移学习可根据采用的不同策略大致分为四类:基于半监督学习的迁移方法、基于特征选择的迁移方法、基于特征映射的迁移方法和基于实例权重的迁移方法。

① 基于半监督学习的迁移方法。

半监督学习指的是学习算法在学习过程中不需要人工干预,基于自身对无标签数据的利用,在这些数据上取得最佳泛化能力。相比较而言,主动学习的学习过程需要人工干预,其尽可能通过学习过程中的反馈找到那些含有大信息量的样本去辅助少量有标签样本的学习。

② 基于特征选择的迁移方法。

基于特征选择的迁移学习方法主要通过寻找源领域与目标领域中的共有特征对知识进行迁移。

③ 基于特征映射的迁移方法。

基于特征映射的迁移学习方法通过把源领域和目标领域的数据从原始的高维特征空间映射到低维特征空间,使得源领域的数据和目标领域的数据在低维空间拥有相同的分布,进而实现知识的迁移。该方法与特征选择的区别在于映射得到的特征是低维特征空间中的全新特征。

④ 基于实例权重的迁移方法。

基于实例权重的迁移学习通过度量有标签的训练样本与无标签的测试样本之间的相似度来重新分配源领域中样本的采样权重。相似度大的,即对训练目标模型有利的训练样本被加大权重,否则权重被削弱。

3. 大数据建模的未来发展趋势

从技术发展的角度来讲,大数据建模一方面将会呈现特征工程与特征学习算法相结合的趋势,提升大数据建模的准确性;另一方面将会越来越多地探索无监督学习的算法性能提升和应用,解决数据标记问题的同时,赋予机器真正的类人学习行为。

从技术应用的角度来讲,由于物理建模在进行复杂系统建模时存在的不准确的问题,将会越来越多地将新一代人工智能的算法与数控机床相结合,以开辟新的技术路线,提升预测的稳定性与准确性,使得机床具有更好的知识学习、积累与应用的能力。

因此,一方面,大数据建模本身的内涵和外延将会得到极大的扩展和深化;另一方面,其将会在数控机床领域得到全面、广泛而深入的应用。

7.5 面向复杂计算场景的"智能＋"数控系统算力平台技术

数控系统大数据的接入呈现几何级数增长的同时,数字孪生模型所描述的对象也趋于复杂化,这对数字孪生模型在数控机床领域应用带来了沉重的计算负担,在单个数控系统上完成这些计算已经不现实,需要扩展其算力平台,以处理复杂计算场景下的计算。如图 7-42 所示,为了提升智能数控系统算力,主要从云端、雾端和边缘端进行算力的扩展,三者相互促进、相互融合,共同提升计算效率。

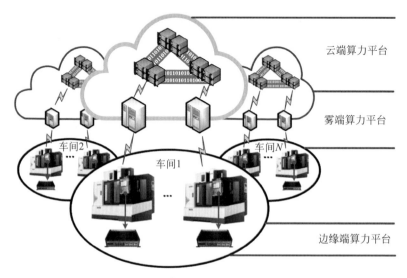

图 7-42 边缘端、雾端和云端算力平台

7.5.1 云端、雾端和边缘端三层立体式算力平台

1. 云端算力平台

云计算平台是通过互联网对大量的数据进行分布式计算的平台,具有容纳性强、运行速度快等特点。在对大量的复杂型数据进行处理时,云计算将按照一定的准则把不同的数据分布到不同的计算机中进行处理,不仅拥有在短时间内处理大量的数据信息的能力,还能够提升数据处理速度,特别适合数据密集型的计算处理。如前所述,智能数控系统正面临着海量数据和复杂计算模型的巨大压力,而相比于边缘计算而言,云计算具有更加强大的存储和计算能力,更适合于模型的训练过程,是与边缘计算能力同等重要的计算平台。

常见的云平台有 Hadoop、Spark、Flink。

(1) Hadoop 平台。Hadoop 提供了可靠的、可扩展的、分布式的计算能力,通过集群的方式解决 PB 规模以上大数据的存储和分布式计算的问题。使用者可以放心地将大规模数据集存储在 HDFS 文件系统中,并使用 MapReduce 并行编程模型来快速处理存储在 HDFS 中的数据。

(2) Spark 平台。Spark 具有计算的中间输出结果可以直接缓存在内存中,不再需要像 MapReduce 那样频繁读写本地磁盘的特点。因此 Spark 在分布式迭代运算方面的速度要远远优于经典的 HadoopMapReduce 框架。Spark 的核心思想是将数据抽象为弹性分布式数据集,与普通数据集不同,弹性分布式数据集(Resilient Distributed Datasets,RDD)达到数据的并行处理的目的是采用分区存储数据的形式。因此,Spark 处理数据的过程即是先由需要处理的数据创建 RDD,然后对 RDD 进行相应的转换和行动操作并最终得到运算结果。

(3) Flink 平台。随着信息数据的愈发丰富,人们很多时候对数据反映信息的获得的时间要求越来越短,在这样背景下产生一个实时计算平台 ApacheFlink,其支持分布式流计算和批量计算两种方式。ApacheFlink 是一个分布式的计算系统。dataflowFlink 是最根本的计算模型,最后的批处理和实时流计算都要转化为 dataflowgraph 来进行计算。数据流计算模型定义了一些基本的数据操作、基于窗口操作以及触发器操作等,这些操作都能描述批处理、微批处理和流模型甚至混合处理模型。

云麦平台是一个用于机床行业的大数据并行处理和计算的云计算平台,集成了 Spark、Flink 等主要的学习平台,其主要构架为数据采集与存储模块、数据处理模块以及应用模块,如图 7-43 所示,其核心模块是大数据的分析和处理。大数据处理模块一方面进行大数据分布式计算;另一方面封装了机器学习、深度学习和信号处理等相关算法,提供了大数据分析与挖掘的重要工具。

云端算力平台在数控机床中的典型应用主要是解决本地控制器的存储和计算能力不足的问题。叶瑛歆提出采用云计算的架构,解决智能加工工艺规划中涉及的神经网络的复杂计算问题。重庆大学利用云计算与贝叶斯网络推理技术相结合,解决不确定多阶段多目标优化决策问题,提出机床装备资源优化选择方法。不仅智能加工工艺规划需要处理复杂的计算,其他涉及使用深度神经网络、复杂物理模型的方法均需要较强的计算能力,云端算力平台将在这些智能化的应用中发挥重要的作用。

2. 边缘端算力平台

《边缘云计算技术及标准化白皮书(2018)》中提出边缘计算是一种将主要处理和数据存储在网络的边缘节点的分布式计算形式。边缘计算产业联盟对边缘计算的定义是指在靠近物或数据源头的网络边缘侧,融合网络、计算、存储、应用核心能力的开放平台,就近提供边缘智能服务,满足行业数字化在敏捷连接、实时业务、数据优化、智能应用、安全与隐私保护等方面的关键需求。欧洲电信标准化协会 ETSI 的定义为在移动网络边缘提供 IT 服务环境和计算能力,强调靠近移动用户,以减少网络操作和服务交付的时延,提高用户体验。这些定义虽然表达上各有差

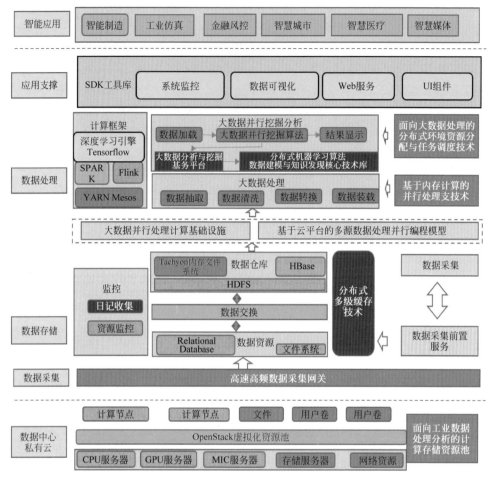

图 7-43 云麦平台架构

异,但基本都在表达一个共识：在更靠近终端的网络边缘上提供服务。

自 2018 年,在人工智能的推动下,"边缘计算"首次出现在 Gartner 发布的"十大战略技术趋势"中,并迅速成为年度最热科技词汇。而随着 5G 技术的逐渐成熟,为边缘计算的技术描绘了更加宏伟的蓝图,边缘计算技术正在被前所未有地关注着。当前边缘计算在制造业的应用仍处于提出概念阶段。图 7-44 所示是西门子提出的工业边缘平台,西门子将其视为数字自动化的下一代。

从 7.3 节和 7.4 节可以看到,目前的智能数控系统正面临着海量数据和复杂计算模型的巨大压力,而边缘计算则一方面为数控系统扩展了终端的计算能力,保证低延时的服务响应,另一方面通过边缘端针对性的数据计算与降维,也为雾端、云端降低了数据流量和计算负担。因此,边缘计算模块通过更快、更安全、更高效的计算,有效提升了数控系统的算力。

边缘计算技术目前方兴未艾,未来有可能给机床智能化领域带来深刻变革。

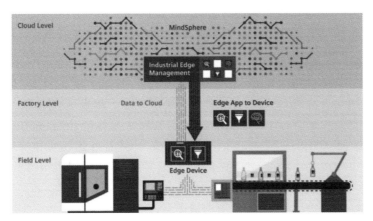

图 7-44　西门子边缘平台架构图

边缘计算模型将逐步打破数控系统单一以网络数据中心（Internet Data Center，IDC）为中心的云计算模型，并最终形成云计算与边缘计算互补的局面。随着海量智能设备在存储、计算、安全、传输等方面能力的升级，"云-网-端"基础设施资源配置将趋于下沉，"端"的作用会变强。边缘计算将会引领计算模型"去中心化"的趋势，协同计算将是未来技术的发展方向。海量边缘计算终端将对人工智能、机器学习等技术产生影响，促进微内核技术的发展，方便算法、模型等将会嵌入到海量设备的固件当中，使前端智能更具发展前景。

3. 雾端算力平台

如图 7-43 所示，雾计算是一种介于边缘计算与云计算之间的平台，能够分配从云到边缘端这一连续区域内任何地方的计算、存储、控制和网络的资源和服务，是对边缘端计算服务的重要补充。其可以在边缘计算的基础上，使得智能数控系统的算力场景及算力层次更加丰富与灵活，更好地处理智能数控系统所面临的复杂计算问题。

相对于边缘计算，雾计算更靠近云端，具有一定的层次性，可以在云端和边缘端之间进行多层的部署，而边缘计算则比较单一，主要就是指靠近终端的计算设备。在智能数控系统中，第 2 章所述的总线级智能模块即属于边缘端计算模块，网关级智能模块即属于雾端计算模块。相比传统云计算的服务方式，雾计算具有扩展性强、低延时、低带宽、低能耗和系统安全的特点。

在智能制造领域，云端计算平台主要用于进行复杂的运算以及大数据的存储和分析，相比于边缘端和雾端，具有最强的存储和计算能力，但是由于体量过大，导致数据的存储和计算是以巨大的硬件资源、网络资源为前提的，在实时、半实时任务的应用场景下显得不合时宜。相反，针对实时的应用场景，采用边缘端计算平台，则具有先天的优势。而在云端计算和边缘端计算进行折中，对计算、存储和带宽的要求适中的情况下，雾端计算将发挥巨大的作用，且由于雾端计算平台可以具有多层次的丰富结构,在进行服务的部署时具有更好的弹性。因此,智能制造环境下,针对资源需求适中、服务复杂、实时/半实时的应用场景,雾计算将会是较优的选择。

7.5.2 协处理器芯片

作为通用处理器的CPU芯片在计算性能和能效上越来越难以满足日益庞大、多样化的数据处理需求,例如主流的深度学习算法卷积神经网络(Convolutional Neural Network,CNN)训练时的数据访问量很大(数百万神经元和上亿的参数),分布在多核上处理时,对多核之间通信和内存访问带宽都提出了很高的要求,已经超出了通用CPU的设计要求。因此,借助由GPU、FPGA、NPU和ASIC等协处理器与CPU一起组成的异构计算平台来提升计算性能,已成为当下学术界和工业界的研究热点。

图7-45展示了GPU芯片与CPU芯片的差异,CPU的控制单元(Control)和缓冲(Cache)相对于GPU而言占据了较大的芯片空间,表明CPU针对通用任务、复杂逻辑具有更好的性能,但是也可以看到GPU的计算逻辑单元(Algorithm Logic Unit,ALU)相对CPU要多很多,表明GPU具有较好的并行处理能力。

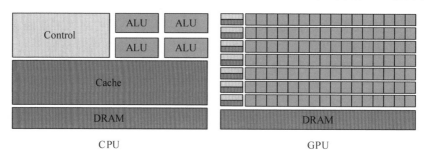

图 7-45　CPU 芯片与 GPU 芯片对比

上述以GPU为例,介绍了其与CPU的差异,与GPU类似的协处理芯片还有FPGA、ASIC、NPU等,表7-4对它们的优缺点进行了比较。

表 7-4　协处理芯片优缺点比较

协处理芯片	优　　点	缺　　点
GPU(图形处理器)	能够进行大量并行处理,比CPU更适合深度学习的需求	为通用芯片,指令执行过程由取指令、指令译码与指令执行三部分组成,制约了算力
FPGA(现场可编程门阵列)	FPGA比GPU的能量效率更好,还可以提供顶级的浮点运算性能。可重复编程,具有灵活性	每次更换代码都需要进行烧写,缺乏灵活性

续表

协处理芯片	优 点	缺 点
NPU(神经网络处理器)	与 CPU、GPU 相比,NPU 的最大不同是具备很强的学习能力,特别擅长处理视频、图像类的海量多媒体数据	不支持对大量样本的训练
ASIC(专用集成电路)	为特定需求定制,能最大程度发挥芯片计算能力	设计制造完成后无法改变,灵活性较差

通过 CPU 和上述协处理器建立异构计算平台,一方面,可以加速计算速度,尤其适用于可以进行并行计算的场合;另一方面,可以让深度学习在轻量化的平台上(如数控装置、手机等)进行部署。如图 7-46 所示,武汉华中数控股份有限公司在 2019 年的北京国际机床展上发布了基于 NPU 芯片的边缘端智能模块,服务于华中 9 型数控系统,为其提供总线级的边缘算力,解放数控装置端的计算负载。

图 7-46 基于 NPU 芯片的边缘端模块

7.6 "智能＋"数控系统的智能应用概述

智能数控系统通过感知全生命周期的指令域大数据,建立精准的数字孪生数学模型,求解复杂计算问题,构建面向智能数控系统的数字孪生,从质量提升、工艺优化、健康保障以及生产管理等方面服务于数控机床的全生命周期,实现数控加工的优质、高效、绿色、低成本。

"智能＋"数控系统的智能应用以数字孪生为基础,体现自主感知、自主学习、自主决策与自主执行的特点,尤其突出知识的学习、积累和运用。

本节从质量提升、工艺优化、健康保障以及生产管理四个方面对智能化应用进行了划分,并且对每一个方面按照三个层次进行了进一步的区分,如图 7-47～图 7-50 所示。

质量提升智能化功能主要包括误差补偿、自适应控制、参数优化、刀具管理、尺寸评估等部分。

工艺优化智能化功能主要包括代码优化、工艺参数优化、工艺积累、优化控制等部分。

健康保障智能化功能主要包括机床调试、维护保养、健康诊断等部分。

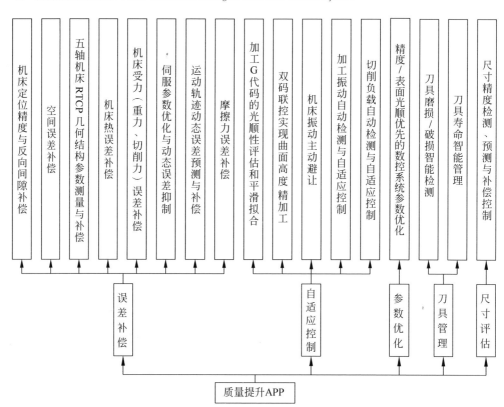

图 7-47　质量提升进一步细分图

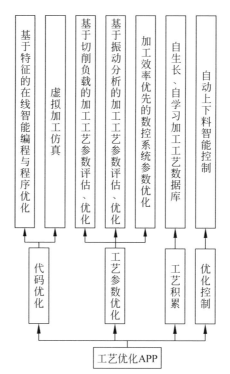

图 7-48　工艺优化进一步细分图

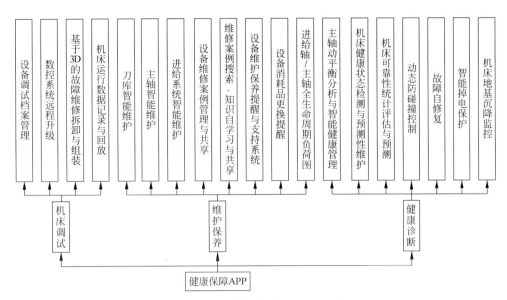

图 7-49　健康保障进一步细分图

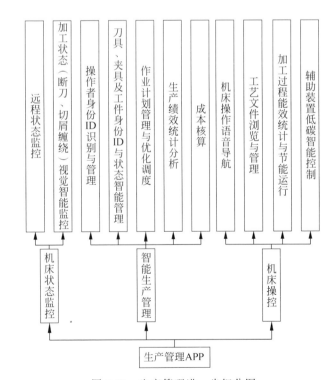

图 7-50　生产管理进一步细分图

生产管理智能化功能主要包括机床状态监控、智能生产管理、机床操控等部分。

本书后续章节将针对一些典型的智能化应用进行详细的讲解。

7.7 "智能＋"数控系统的发展趋势

7.7.1 新技术在"智能＋"数控系统中的应用

随着先进的信息技术、新一代人工智能技术的不断发展,数字孪生混合建模技术、AR/VR 的人机交互技术和语音驱动技术等将会和数控系统进行深度的结合,使得数控系统焕发出新的生机与活力。

1. 基于混合模型的数字孪生模型在数控系统中的应用

复杂系统的响应分析在一定程度上依赖于高质量的系统模型。7.4 节提到了大数据模型和物理模型,其优缺点如表 7-5 所示。

表 7-5 物理模型和大数据模型的优缺点比较

方　法	优　点	缺　点
物理模型	反映过程的内部结构和机理,内插性、外延性和可移植性好	对于复杂系统,建模困难
大数据模型	仅需要正常工况下的过程数据,方法简单	外延性差,需要大量数据,容易过拟合,变量的物理意义不明确

对于复杂系统,单一建模方法具有局限性。于是,Psichogins 和 Ungar 于 1991 年提出将机理模型与数据驱动模型相结合的混合建模技术,优势互补,既能保证模型有明确的物理意义,又能保证模型具有较高的精度,既有良好的局部逼近性能,又有较好的全局性能。而由于当时的计算能力、大数据技术未得到充分发展,限制了此种方法的推广和应用。随着大数据、云计算、人工智能等算法日新月异的发展,为混合建模的思路提供了良好的基础条件,使得混合建模方法逐渐成为一种更优的选项。

假设一个非线性动态过程的模型如下:

$$x(k+1)=f(x(k),u(k),d(k))$$
$$y(k)=g(x(k))$$

其中,$x(k)$ 为状态量,$u(k)$ 为输入量,$d(k)$ 为扰动量,$y(k)$ 为输出量,$f(x)$ 和 $g(x)$ 均为非线性函数。在实际过程中,$f(x)$ 和 $g(x)$ 难以直接得到,此时可以对系统的已知机理部分进行物理建模,采用数据驱动建模方法对系统的未知机理部分进行辨识,物理模型与数据驱动模型相互补充。也就是说,一方面物理模型为数据驱动模型提供了过程的先验知识,降低对样本数据的要求;另一方面数据驱动模型补偿了物理模型的未建模特性。这就是混合建模的思想。

混合模型从连接方式上可以分为三种：串联方式、并联方式、混联方式。

1) 串联方式

某些系统中,物理模型的结构确定,但含有未知变量或未知函数,这就限制了机理模型在实际系统中的应用,如果能够利用系统的测量数据,对物理模型中的未知部分进行辨识,提高系统的"白化"程度,将大大提高模型的精度,并且便于过程的控制以及故障的检测与诊断。

假设公式中的非线性函数 $f(x)$ 包含非线性参数 p,有

$$f(x)=k(x,u,p,d)$$

其中,非线性参数 p 很难从物理模型(如平衡方程)中得到。

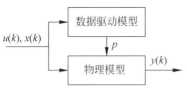

图 7-51 串联方式的混合模型

图 7-51 给出了机理与数据相结合的串联型混合模型的结构,利用先验知识建立系统的机理模型后,利用基于数据的方法对非线性参数 p 进行辨识,并将已辨识的参数 p 代入机理模型中,从而建立了串联型混合模型。

一般来说,对于非线性强的复杂系统,只要其机理模型的结构确定,便可以采用串联型混合模型的方法进行建模,但是,当非线性参数过多时,时间消耗和算法复杂度也将随之增加。

2) 并联方式

机理模型的建立通常都基于一定的假设条件,机理模型与实际过程之间存在建模误差。建模误差是系统不确定性、扰动等的综合影响结果,如果能够估计出建模误差,将其叠加到机理模型的输出上,将大大提高系统模型的精度。

将公式中的非线性模型简化为线性形式,则

$$x_L(k+1)=f_L(x(k),u(k),d(k))$$

$$y_L(k)=g_L(x(k))$$

其中,x_L 为线性化后的状态量,y_L 为线性化后的输出量,f_L 和 g_L 为线性化后的函数,简化后的模型忽略了系统的非线性,其输出与实际输出之间必定存在误差。

在并联型混合模型中,数据驱动模型主要用来补偿简化机理模型中的未建模部分(即建模误差),充当着误差估计器的角色,最终混合模型的输出是机理模型输出与数据驱动模型输出的叠加和,即

$$y(k)=y_L(k)+y_{data}(k)$$

其中,$y(k)$ 为数据驱动模型的输出。图 7-52 给出了机理与数据相结合的并联型混合模型的结构。

3) 混联方式

混联型混合模型就是将机理模型和数据驱动模型通过串、并联方式结合在一

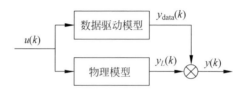

图 7-52　并联方式的混合模型

起而得到的模型,如图 7-53 所示,该方法试图最大限度地利用系统的机理知识和历史数据,保证混合模型的可解释性和建模精度,但是,当模型过于复杂时,将会增大故障检测与诊断的难度,得不偿失。

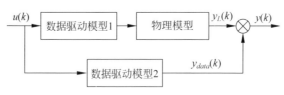

图 7-53　混联方式的混合建模

将混合建模的方法运用于数字孪生的建模过程中,将有效地提升数字孪生模型的准确性,使数字孪生更好地逼近物理设备的行为,使数字孪生在智能制造中发挥更大的作用。

2. 虚实融合的沉浸式体验技术在数控系统中的应用

随着最新的虚实融合的沉浸式体验技术的发展,其在数控机床中的应用已经成为一种趋势。增强现实(Augmented Reality,AR)和虚拟现实(Virtual Reality,VR)是全新的人机交互技术,可以实现虚实融合的沉浸式体验。通过 AR 技术,让参与者与虚拟对象进行实时互动,从而获得一种奇妙的视觉体验,而且能够突破空间、时间以及其他客观限制,感受到在真实世界中无法亲身经历的体验。VR 技术通过计算机技术生成一种模拟环境,同时使用户沉浸到创建出的三维动态实景中,可以理解为一种对现实世界的仿真系统。AR 和 VR 的区别如表 7-6 所示。

表 7-6　AR 与 VR 的区别

技术	场景	设　　　　　备	技　　　　　术
AR	半真半假	摄像头为主,手机/iPad/AR 眼镜等	光学投影、光场显示
VR	全假	头显设备、oculus rift 等	沉浸体验

在机床调试方面,AR 技术可以用于进行机床的虚拟调试。AR 技术将数字孪生构建的虚拟实体生成为可视的影像实体,使得虚拟世界的相关内容在真实世界中得到叠加处理,通过人机交互,促使机床虚拟调试有效实现。DMG MORI 将数控机床的加工与 VR 技术结合,推出了数控加工联合实时仿真与增益现实系统(Co-Simulation),如图 7-54 所示,使用增强现实技术在数控机床上构建随动的虚

拟工件与虚拟刀具,建成实施于真实设备的仿真数控加工系统,该系统可以降低机床调试时间和调试风险。

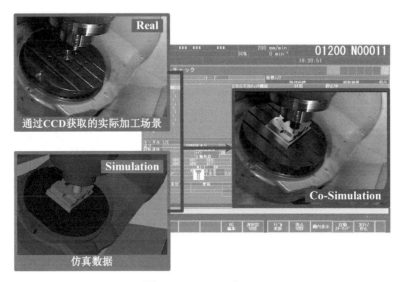

图 7-54 Co-Simulation

在机床操作方面,在 VR 仿真系统中,通过构建虚拟数控系统和虚拟数控机床,通过虚拟数控系统的操作,实现对虚拟数控机床的控制,通过沉浸式的方式感受真实的机床加工控制过程,一方面可以提前检验机床是否可正常运行,提高操作的安全性;另一方面,在数控机床的人员培训中可以发挥积极的作用。约翰斯·霍普金斯大学计算感应和机器人实验室开发了一套使用 VR 虚拟界面对工业机器人进行操纵和交互的系统。用户能够在 VR 环境通过输入动作轨迹在虚拟演示状态直接地对工业机器人进行操作。如图 7-55 所示,用户能够以机械手的视角通过环境传感器的辅助执行对应项目。

图 7-55 VR 虚拟界面对工业机器人交互系统

未来,随着沉浸式体验技术的不断发展,以及其与数控机床结合的不断深入,必将促进数控机床在人机交互方面具有更好的用户体验,保证安全生产、高效生产。

3. 语音驱动下的数控系统

语音驱动的数控系统的需要主要有以下两个:

(1)语音数控机床可以突出机床的人性化、智能化。以前编制数控加工代码主要是由人工通过计算机直接编写数控加工程序,或者由人工根据加工图纸在 CAD/CAM 软件中绘制零件图,然后由其自动生成加工代码。这两种方法都受到人工、地点和设备的限制。例如，人们可以在商贸谈判现场用电话说出加工参数以及零件轮廓信息，加工中心的计算机通过语音识别自动生成数控加工 G 代码传输给机床，机床就会直接加工出所需零件，谈判所需零件随即送到，效率之高可见一斑，谈判成功率也大大提高。

（2）降低机床操作门槛。对于简单的加工中心、车床而言，尚且需要一定的培训，才能使得操作者可以准确高效地操作机床，而对于复杂的多轴机床，则在需要更费时的培训的同时，对操作者的知识水平也有更高的要求，这样导致操作人员的培训成为一个成本较高的工作。而有了语音驱动的数控系统后，操作工不需要深入了解相关领域知识，只需要熟悉加工过程，通过语音控制的方式即可方便、准确地控制机床（图 7-56）。

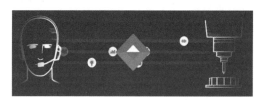

图 7-56　语音驱动数控机床

图 7-57 展示了德国倍福 TwinCAT 的 TwinCAT Speech 功能，通过语音的输入，后台利用深度学习的方法对语音进行辨识，并转换为控制系统可识别的控制指令，即可实现电机系统的升降速控制。

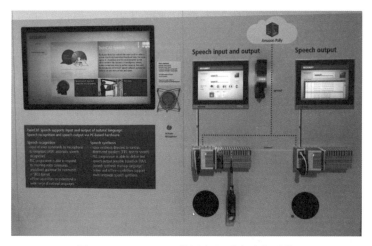

图 7-57　TwinCAT 的语音驱动自动化系统

此外，日本 Makino 也开发了一款语音交互软件 ATHENA（阿西娜），如图 7-58 所示。ATHENA 是一种专为加工制造设计的语音操作辅助技术，该系统允许操作人员使用语音命令与机床进行交互，这是对常规人机操作机床交互方式的创新性补充。操作人员戴上耳机，直接用麦克风说出需要做的事项，ATHENA 就能够接受语言指令,并且执行对应的工作。利用 ATHENA 使所有技能水平的操作者都可以很容易地掌握机床的加工设置,技师无须详细了解设备也能准确操作,因此,ATHENA 可以大大减少工厂对培训新人所需的时间和投入,将会让工厂的加工流程更流畅、错误率更低。ATHENA 还可以通过与用户的互动学习,不断扩展自己的技能来帮助操作员更好地使用机床。

图 7-58　ATHENA 应用于多个加工领域

7.7.2　从单一过程到全生命周期数字孪生的整合

数控机床全生命周期包括设计、制造、使用三个重要的环节,数控系统在构建数控机床的数字孪生模型时,往往集中在使用的环节,通过构建使用环节的数字孪生模型,为客户提供服务,提升机床使用的精度、效率,降低能耗和使用成本。针对使用环节,建立数字孪生的数控系统企业以武汉华中数控股份有限公司为代表,其研发的华中 9 型数控系统,通过对机床使用期间的电控数据、外部传感数据进行实时采集,并通过 NC-Link 协议进行数据的汇聚和管理,采用新一代人工智能方法和物理建模方法对数控机床的客观规律进行描述,建立数控机床的数字孪生,实现对数控机床行为的提前预测、仿真和优化,较大地提升数控机床的使用性能。

而随着建模、仿真和优化工业软件的纵向集成,企业的价值将从单一环节向整个价值链整合的趋势发展,即将数控机床的设计、制造和使用三个环节的价值进行整合,形成面向数控机床完整生命周期的数字孪生。这方面的代表性企业是德国的西门子。如图 7-59 所示,西门子数字孪生将机床的设计、生产和使用进行了全面的集成。

西门子的数字孪生主要包括五个过程:

(1) 机器概念设计。此阶段主要是进行机器的设计,包括结构设计、电气设计、自动化设计,并利用多体动力学仿真、有限元仿真对设计结构进行分析(图 7-60)。

(2) 机器工程。此阶段是将概念设计阶段的机械部分、电气部分和自动化部分进行整合。西门子推出的 TIA Portal 提供了完整的整合框架,实现整个过程的全面整合(图 7-61)。

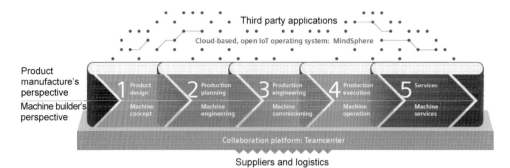

图 7-59　西门子数字孪生

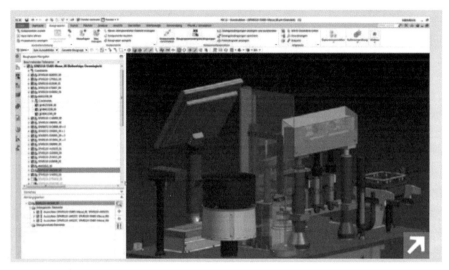

图 7-60　NX 用于机器设计

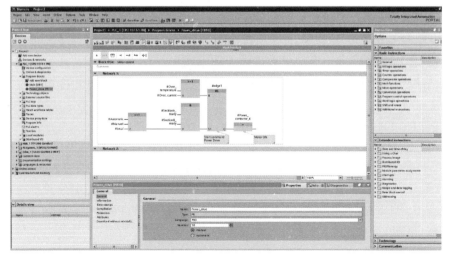

图 7-61　TIA Portal

（3）机器交付。完成过程（2）中的整合后，需要进行实际交付前的虚拟交付和必要的仿真调试，以保证实际交付机器及系统的正常运转。西门子推出的 SIMIT 软件即可实现虚拟交付，较大提升了交付的成功率（图 7-62）。

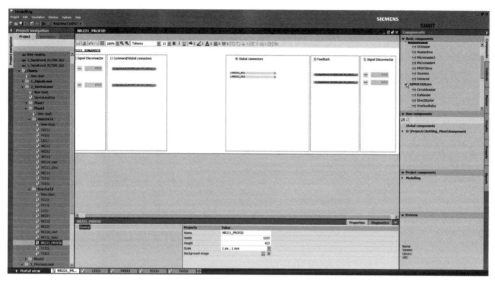

图 7-62 SIMIT

（4）机器操作。机器交付后，就进入到使用过程中。而机器的使用过程中，应尽量避免出现撞刀、过切和误操作，提高操作的安全性。西门子推出了 Run MyVirtualMachine 的虚拟仿真模块，可以通过软件来校验操作及 G 代码的正确性（图 7-63）。

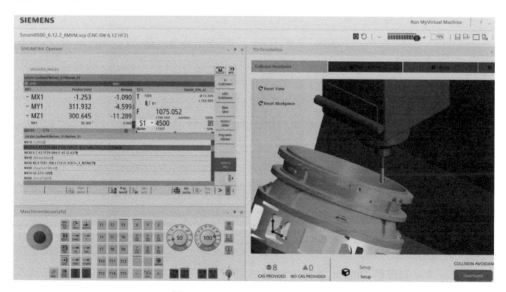

图 7-63 Run MyVirtualMachine

（5）机器服务。机器服务专注于机器的使用过程中，通过搜集机器使用该过程中产生的有价值的数据，以连续分析机器、产品行为和生产设备，评估后的数据可洞悉机器、产品和整个工厂的状况。西门子还推出了 MindSphere 平台——基于云的开放式物联网操作系统，如图 7-64 所示，用户可以在平台上进行第三方应用程序的开发，用户的需求可以在上述平台中加以实现。

图 7-64　MindSphere 平台应用

随着大数据、云计算、物联网、新一代人工智能技术的不断发展以及工业软件的不断整合，智能数控系统的数字孪生内涵将不断扩展，实现整个价值链的整合，并更好地服务于机床的使用、加工和价值创造。

7.8　本章小结

本章首先对"智能＋"数控系统进行了概述。在"互联网＋"的基础上，"智能＋"数控系统融合了新一代信息技术，并采用数字孪生的新方法，具备了知识的学习、积累和运用的能力，实现了高阶脑力劳动的替代。然后介绍了"智能＋"数控系统的实现原理，从数据、算力和算法三个层面提出了"智能＋"数控系统的关键技术："智能＋"数控系统的指令域分析技术、面向复杂计算场景的"智能＋"数控系统算力平台技术和面向"智能＋"数控系统的数字孪生建模技术。阐述了"智能＋"数控系统的数字孪生的概念与应用，并分析了其与 HCPS 的关系。

大数据的采集是"智能＋"数控系统的基础，而"智能＋"数控系统的大数据接入与分析技术部分首先介绍了外部数据的接入技术，丰富了数控系统的数据来源，然后介绍了指令域数据及其分析方法，提出了指令域分析方法，对采集的数据工况进行了定量准确的描述。

对于客观世界的建模描述和对知识的学习、积累和运用是"智能＋"数控系统的重要关键技术之一，可以实现对客观世界的预测仿真和适应性生长，而当前尤其以数字孪生建模技术最为关键。本章介绍了基于物理模型的数字孪生建模方法和基于大数据模型的数字孪生建模方法。

在大数据环境下和大规模物理建模方面,往往面临复杂的计算场景,因而提出了面向复杂计算场景的"智能＋"数控系统算力平台,包括基于边缘端算力平台、雾端算力平台和云端算力平台,从全方位多角度全面提高算力。

最后,本章从新技术和新模式的角度阐述了"智能＋"数控系统的发展趋势,包括新技术在"智能＋"数控系统中的应用和从单一过程到全生命周期数字孪生的整合。未来的"智能＋"数控系统将会实现更多新技术的集成、更多新模式的创造,为中国智能制造的发展贡献力量。

参考文献

[1] 孙惠斌,潘军林,张纪铎,等.面向切削过程的刀具数字孪生模型[J].计算机集成制造系统,2019,25(6):1474-1480.

[2] 苏新瑞,徐晓飞,卫诗嘉,等.数字孪生技术关键应用及方法研究[J].中国仪器仪表,2019(7):47-53.

[3] 陈吉红,胡鹏程,周会成,等.走向智能机床[J].Engineering,2019,51(4):186-210.

[4] TAO F,QI Q L,WANG L H,et al. Digital twins and cyber-physical systems toward smart manufacturing and industry 4.0: correlation and comparison[J]. Engineering,2019,5(4):132-149.

[5] 周济.走向新一代智能制造[J].中国科技产业,2018(6):20-23.

[6] 鲁恒.超精密机床动力学建模及分析[D].哈尔滨:哈尔滨工业大学,2007.

[7] 范维.双驱进给系统的动力学建模与同步控制技术研究[D].武汉:武汉理工大学,2018.

[8] 肖魏魏.机床固定结合部动力学特性与整机动力学建模研究[D].武汉:华中科技大学,2015.

[9] 冯吉路,汪文津,田越.数控机床主轴系统动力学建模与频率特征分析[J].组合机床与自动化加工技术,2017(8):29-32,36.

[10] 曹宏瑞,何正嘉.机床-主轴耦合系统动力学建模与模型修正[J].机械工程学报,2012,48(3):88-94.

[11] SATA T,LI M,TAKATA S,et al. Analysis of surface roughness generation in turning operation and its applications[J]. CIRP Annals-Manufacturing Technology,1985,34(1):473-476.

[12] TSAI M D,TAKATA S,INUI M,et al. Prediction of chatter vibration by means of a model-based cutting simulation system[J]. CIRP Annals-Manufacturing Technology,1990,39(1):447-450.

[13] SASAHARA H,OBIKAWA T,SHIRAKASHI T. FEM analysis of cutting sequence effect on mechanical characteristics in machined layer[J]. Journal of Materials Processing Tech,1996,62(4):448-453.

[14] CERETTI E,TAUPIN E,ALTAN T. Simulation of metal flow and fracture applications in orthogonal cutting, blanking, and cold extrusion [J]. CIRP Annals -Manufacturing

Technology,1997,46(1)：187-190.

[15]　杨扬.基于改进 GEP 的数控铣削过程物理建模及工艺参数优化方法研究[D].武汉：华中科技大学,2013.

[16]　刘又午,刘丽冰,赵小松,等.数控机床误差补偿技术研究[J].中国机械工程,1998(12)：54-58,5.

[17]　何耀雄,周云飞,周济.可补偿任意结构数控机床几何误差的通用后置处理[J].应用科学学报,2002(1)：84-89.

[18]　张志辉,何丽婷,孔令豹,等.超精密抛光自由曲面光学的表面生成[J].红外与激光工程,2010,39(3)：496-501.

[19]　MIAN N S,FLETCHER S,LONGSTAFF A P,et al. Efficient thermal error prediction in a machine tool using finite element analysis[J]. Measurement Science & Technology,2011,22(8)：085107.

[20]　HOLKUP T,CAO H,KOLÁ P,et al. Thermo-mechanical model of spindles[J]. 59(1)：365-368.

[21]　KADIR A, XU X, HÄMMERLE E. Virtual machine tools and virtual machining—a technological review[J]. Robotics and computer-integrated manufacturing,2011,27(3)：494-508.

[22]　马跃,王洪福,孙伟,等.基于 IFCM-GRA 的空间多维热误差温度测点优化[J].大连理工大学学报,2016,56(3)：236-243.

[23]　CHENG M Y,LEE C C. On real-time contour error estimation for contour followingtasks[C]//Proceedings of 2005 IEEE/ASME International Conferenceon Advanced Intelligent Mechetvonics,2005：1047-1052.

[24]　肖本贤.多轴运动下的轮廓跟踪误差控制与补偿方法研究[D].合肥：合肥工业大学,2004.

[25]　LEE J,DIXON W, ZIEGERT J. Adaptive nonlinear contour coupling control for a machine tool system[J]. The International Journal of Advanced Manufacturing Technology,2012,61：9-12.

[26]　ZHONG Q,SHI Y,MO J,et al. A linear cross-coupled control system for high-speed machining[J].International Journal of Advanced Manufacturing Technology,2002,19(8)：558-563.

[27]　袁侃.复杂系统的故障诊断及容错控制研究[D].南京：南京航空航天大学,2010.

[28]　何翔,任小洪.基于改进 BP 神经网络的刀具磨损状态检测[J].工业控制计算机,2015,28(10)：49-51.

[29]　王涛,徐涛.EMD 和 SVM 在刀具故障诊断中的应用[J].沈阳航空工业院学报,2010,27(5)：4245.

[30]　YAN H C,PANG C K,ZHOU J H. Precognitive maintenance and probabilistic assessment of tool wear using particle filters[C]//39th Annual Conference of the IEEE. Industrial Electronics Society,2013：7380-7385.

[31]　行鸿彦,郭敏,张兰,等.基于改进 SPSO-BP 神经网络的温度传感器湿度补偿[J].传感技术学报,2018,31(03)：380-385.

[32]　陈洪涛.基于多参量信息融合的刀具磨损状态识别及预测技术研究[D].成都：西南交通大学,2013.

[33] CHEN J S,YUAN J X,NI J,et al. Real -time compensation for time-variant volumetric error on a machining center[J]. ASME Joumal of Engineering for Industry,1993,114：472-479.

[34] 汪样兴,王树林,张云峰,等. 数控机床热误差灰色神经网络补偿应用研究[J]. 机械设计与制造,2014(7)：236-239.

[35] 辛宗霈,冯显英,杜付鑫,等. 基于 BP 神经网络的机床热误差建模与分析[J].组合机床与自动化加工技术,2019(8)：39-43.

[36] 余永维,杜柳青,易小波,等.基于时序深度学习的数控机床运动精度预测方法[J].农业机械学报,2019,50(1)：421-426.

[37] JANG J R,MIZUTANI E. Levenberg-Marquardt method for ANFIS learning[C]//Proceedings of North American Fuzzy Information Processing Society,1996：87-81.

[38] JANG J. Neuro-fuzzy modeling for dynamic system identification[C]//Proceedings of the 1996 Asian Fuzzy Systems Symposium,1996：320-325.

[39] HUO F,POO A N. Precision contouring control of machine tools[J]. International Journal of Advanced Manufacturing Technology,64(1-4)：319-333.

[40] KRYSTIAN Erwinski,MARCIN Paprocki,ANDRZEJ Wawrzak,et al. Neural network contour error predictor in CNC control systems[C]//21st International Conforence on Methods and Models in Automation and Robotics,2016：537-542.

[41] 赵光权,葛强强,刘小勇,等.基于 DBN 的故障特征提取及诊断方法研究[J].仪器,2016,37(9)：1946-1953.

[42] FENG J. Deep neural networks：A promising tool for fault characteristic mining and intelligent diagnosis ofrotating machinery with massive data[J]. Mechanical Systems& Signal Processing,2016,72-73：303-315.

[43] GAN M,WANG C,ZHU C. Construction of hierarchical diagnosis network based on deep learning and its application in the fault pattern recognition of rolling element bearings[J]. Mechanical Systems and Signal Processing,2016,72-73：92-104.

[44] 周丹. 基于危险剧情的数控机床故障诊断模型研究[J]. 机械设计.2013(12)：21-24.

[45] 许志军. 基于粒子群算法优化支持向量机的数控机床状态预测[J]. 现代制造工程,2011(7)：46-49.

[46] 肖文斌. 基于耦合隐马尔可夫模型的滚动轴承故障诊断与性能退化评估研究[D].上海：上海交通大学,2011.

[47] RAI A,UPADHYAY S H. A review on signal processing techniques utilized in the fault diagnosis of rolling element bearings[J]. Tribology International,2016,96：289-306.

[48] 谢东,陈国荣,施金良.基于 BP 神经网络数控机床切削能耗的研究[J]. 机床与液压,2012,40(1)：54-57.

[49] LI L,LIU F,CHEN B,et al. Multi-objective optimization of cutting parameters in sculptured parts machining based on neural network[J]. Journal of Intelligent Manufacturing,2015,26 (5)：891-898.

[50] 韩晶. 大数据服务若干关键技术研究[D].北京：北京邮电大学,2013.

[51] 任磊,杜一,马帅,等.大数据可视分析综述[J].软件学报,2014,25(9)：1909-1936.

[52] 张钧波. 面向大数据的高效特征选择与学习算法研究[D].成都：西南交通大学,2015.

[53] Spearhead Cai. 特征工程[EB/OL]. (2019-02-23)[2020-03-12]. https://blog. csdn. net/

lc013/article/details/87898873. 2019-02-23.

［54］ 卢宏涛,张秦川.深度卷积神经网络在计算机视觉中的应用研究综述[J].数据采集与处理,2016,31(1)：1-17.

［55］ 谭勇.Spark 和 Flink 的计算模型对比研究[J].计算机产品与流通,2019(4)：152-153.

［56］ 叶瑛歆.基于云知识库的数控机床智能控制器加工工艺规划方法研究[D].济南：山东大学,2019.

［57］ 龚小容,李孝斌,尹超.云制造环境下基于贝叶斯网络的机床装备资源优化决策方法[J].中国机械工程,2018,29(20)：2438-2445.

［58］ 中国电子技术标准研究院.边缘云计算技术及标准化白皮书[R/OL].(2018-12-12)[2018-12-14].http://www.cesi.cn/201812/4591.html.

［59］ 徐婧.简述边缘计算的特征和应用[J].中国新通信,2019,21(17)：84-85.

［60］ 傅耀威,孟宪佳.边缘计算技术发展现状与对策[J].科技中国,2019(10)：4-7.

［61］ PSIEHOGIOS D C, UNGAR L H. A hybrid neural network first principles process modeling[J]. J. AIChE. ,1991,38(10)：1499-1510.

［62］ 王雷,陈宗海,张海涛,等.复杂过程对象混合建模策略的研究[J].系统仿真学报,2004(8)：1794-1796＋1804.

［63］ 马登哲,高斯迈埃尔.Virtual Reality & Augmented Reality in Industry [M].上海：上海交通大学出版社,2010.

第 8 章

典型智能化功能及其实践

8.1　概述

本书前面章节已经集中阐述了智能数控系统的体系架构和四个智能化特征：自主感知与连接、自主学习与建模、自主优化与决策、自主控制与执行，并从"互联网＋""智能＋"两个方面描述了智能数控系统的大数据技术和关键赋能技术。基于这些智能化特征和关键使能技术，本章将通过五个典型智能化案例（机床进给系统跟随误差建模、数控机床热误差建模、数控加工工艺参数优化、数控机床健康保障、智能断刀监测），来集中体现智能数控系统是如何借助智能化的方法帮助数控机床实现质量提升、工艺优化、健康保障、生产管理四大类功能，达到高精、高效、安全、可靠与低耗的目标，从而显著提升数控机床的智能化水平。

8.2　机床进给系统跟随误差建模

8.2.1　背景及意义

数控机床作为工业母机，其加工精度决定着工业制造水平的高低。数控加工过程中的误差主要可以分为两类：静态误差与动态误差，前者主要由于机床自身结构误差造成，通过测量静态误差值，在加工过程中进行误差补偿能够减少这部分的误差；后者受加工过程中运动状态的影响，误差值的大小实时变化，对加工后工件的轮廓误差影响较大。对加工过程中动态误差的准确获取，是后续进行动态误差补偿的基础。

在数控系统运动控制过程中，各进给系统实际位置总是滞后于指令位置从而产生跟随误差，如图 8-1、图 8-2 所示。如果伺服系统的刚性不足，跟随误差就会较

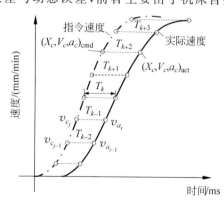

图 8-1　延迟关系图

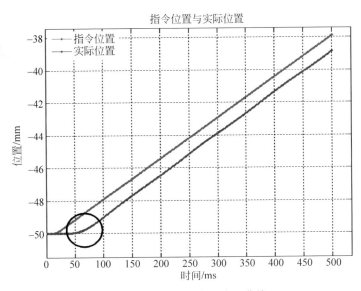

图 8-2　指令位置与实际位置曲线

大,各个单轴的跟随误差势必反映到加工曲线轮廓上,在多轴轨迹合成时实际轮廓与理论轮廓不一致,会形成轮廓误差。跟随误差属于动态误差,会随着时间和工况的变化而变化,难以采用类似静态误差那样先测量再补偿的方法,并且较难在数控机床初始设计、制造及装配阶段就对其进行消除或减少。如何通过精确预测并减小跟随误差从而控制轮廓误差是机床实现高速、高精的一个重要研究方向。

精确的进给系统模型能准确预测产生的跟随误差,因此针对进给系统的建模是轮廓误差补偿中重要的一环。目前的研究方法主要可以分为以下三种:

(1) 基于理论分析的物理建模方法。通过构建进给系统中各个部分的动力学模型,组合连接形成整个进给系统的动力学模型,并进行模拟仿真。这种方法便于对控制机理进行分析和优化,且仿真鲁棒性高。但也有其局限性:首先,进给系统是一个复杂的动态系统,用数学物理方法,基于简化和假设的控制规律,采用传统建模方式建立的微分方程及传递函数形式的动力学模型在机床非线性要素(反向间隙、润滑情况、阻尼等)的表达能力上存在不足,难以完整、精确地表征物理模型。另外,动力学模型存在模型复杂性与准确性的矛盾,采用低阶模型计算效率高、便于分析,但误差大,特别是在动态误差的预测上误差更大;采用高阶或有限元模型则带来计算效率低、模型参数辨识困难等问题。

(2) 机电联合仿真方法。不同于物理建模方法将进给系统全部抽象成为动力学模型,机电联合仿真的模型是将机械传动部分使用有限元仿真分析工具,如ANSYS、ADAMS 进行模型的建立,而伺服电机和伺服驱动还是使用动力学模型。这种方法考虑了实际系统中的接触弹性变形、预紧力、材料的刚度等,仿真精度更高,但是伺服驱动及电机部分为动力学模型,仍存在参数难以精确确定的问题;此外,使用有限元分析软件进行机械部分的建模,存在计算量较大的问题。

(3) 数据驱动的建模方法。通过对机床运行数据进行分析,利用神经网络等人工智能方法,构建数据之间的映射关系。这种方法具有建模精度高、预测准确的优点,但是目前仅有对半闭环控制部分进行建模,预测下一时刻的实际位置或轮廓误差值,没有包含机械传动部分的误差。

8.2.2　基于神经网络的机床进给系统跟随误差建模方法

在曲面加工中,轮廓误差的补偿是一个难点,实现的前提是能够对机床进给系统跟随误差进行精确的预测。针对这一问题,本节提出了一种基于神经网络的机床进给系统跟随误差建模方法。本方法通过自主感知机床进给系统运行过程指令域大数据,利用机床进给系统在进给过程中的跟随误差与指令数据进行学习与训练,建立机床进给系统跟随误差预测模型,在实际加工前能够准确预测指令轨迹的跟随误差,并有针对性地实现轮廓误差的补偿,可显著提高加工的精度。该方法的原理如图 8-3 所示。

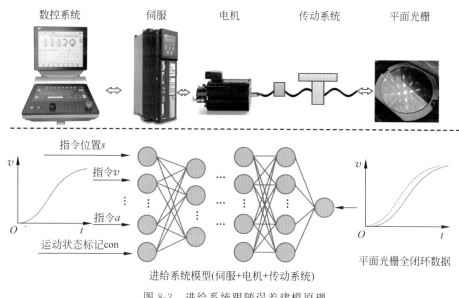

图 8-3　进给系统跟随误差建模原理

该方法主要包括两个部分:机床进给系统运行数据的分析与预处理、跟随误差预测模型的选择和构建过程。

1. 进给系统运行过程数据的分析与预处理

1) 数据的预处理

机床进给系统的运行数据记录了加工过程中的特征信息,反映了系统的输入与输出之间的对应映射关系。但是,机床进给系统的运行数据种类繁多,成分复杂,包含了许多无用的数据及干扰,数据之间的量纲往往不同,我们所关心的特征可能会由于其幅值较小,在原始数据中仅占很小的部分,直接对原始数据进行分析,不容易找到数据之间的关联关系。因此,在建立模型之前,需要对运行数据进行分析处理,找出数据之间的因果关系,以及数据的不同特征对实际响应的影响效果,尽量分离出原始数据中对建模无用的数据,有效避免各种干扰,放大特征,便于后续的建模过程。

本案例采用的数据预处理方法及流程主要如下:

(1) 跟随误差的分解。将跟随误差 E 分为两部分:稳态跟随误差 E_l 因与指令速度成比例关系可直接计算得到;非稳态跟随误差 E_{nl} 由于具有较强的非线性关系,需要构建预测模型。

(2) 数据的无量纲化。对数据进行归一化操作,转化成为"纯量"数据,各指标数据处于同一数量级,便于不同单位或量级的指标进行比较和加权,加快模型训练过程中梯度下降速度,改善模型的收敛性。

(3) 数据的滤波。采集得到的数据,如实际速度、实际位置、跟随误差等均存在着大量高频的波动值,其波动幅度小,频率高,规律性小。因此需要对数据进行滤波,去除高频波动干扰,再用于模型的训练。

(4) 运动状态区间划分与标记。非稳态跟随误差部分存在大量的突变值,尤其是在反向和启停阶段,这些都会影响模型预测的准确性,因此需要对运动状态进行划分,区分反向点、启动点、停止点,并予以标记作为后续模型训练的一个输入特征。

2) 输入/输出的确定

对进给系统而言,输入的指令数据主要包含指令位置、指令速度、指令加速度、指令加加速度,实际响应数据则包括工作台的实际位置、实际速度、加速度、跟随误差等。为筛选出对响应影响大的数据,进行了数据的关联性分析,结合上述提到的区间划分标记,对于非稳态跟随误差预测,选择以下特征作为构建非稳态误差模型的输入。

(1) 指令位置 s;

(2) 指令速度 v;

(3) 指令加速度 a;

(4) 区间状态标记 con。

对于非稳态跟随误差预测模型的输出为非稳态跟随误差 E_{nl}。预测得到的非稳态跟随误差 E_{nl} 与稳态跟随误差 E_l 求和即为跟随误差 E。

2. 机床进给系统跟随误差预测模型构建

前文对进给系统的运行数据进行预处理,对指令数据与非稳态跟随误差之间进行特征的提取与分析,确定了预测模型的输入、输出。接下来结合机床进给系统的动态响应特性,选择适合进给系统建模的神经网络类型。

1）神经网络的类型选择

神经网络适合于构建具有强非线性关系的输入与输出之间的映射关系,并在众多领域得到了广泛使用。对于机床进给系统,其响应规律具有明显的前后关联性,前面若干时刻的指令数据与当前时刻的实际响应密切相关,这与进给系统的物理特性有关。进给系统具有典型的时间序列式的控制及响应特征,由于其系统的惯性及响应的滞后性,当前时刻的实际响应与过去若干时刻的指令数据相关。而长短期记忆网络(Long Short-Term Memory,LSTM)是一种在解决时间序列问题中表现良好的网络类型,与进给系统的响应特性十分吻合。因此本方法选择LSTM,作为进给系统跟随误差预测的模型。

2）神经网络的模型构建

对于机床进给系统,其运行数据均是时间序列信号,按 1ms 的时间间隔采样。其控制的原理及结构特点,决定其实际的响应总是在跟随指令信号,且存在明显的响应滞后,通过对之前时刻状态信息的记录,能有效帮助预测当前的实际响应特征。

由于待建模的实际系统的复杂性,为表达系统内的映射关系,需要保证所构建的神经网络具备足够的复杂程度,以实现对系统中映射关系的表达。通过增加网络中的神经元个数或增加网络的层数,可增加整个神经网络的复杂程度,在满足建模需求的情况下,尽量减小模型中网络的层数及神经元数,可以减小模型训练时的时间耗费,避免模型陷入过拟合。

在模型中,网络的层数、各层的隐含神经元数的选择一般结合经验与实际训练中的表现进行调整。图 8-4 中,该网络结构包含两层隐含层,最后为以全连接构成的输出层 Dense,用于将隐含层中若干神经元的输出进行线性组合,转化为一个输出值即非稳态跟随误差值。

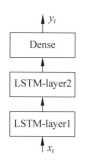

图 8-4　LSTM 网络
结构图

我们可以用函数关系 f 表达输入值 x_t 与输出值 y_t 之间的转化关系:

$$y_t = f(x_t, C_{t-1}) \tag{8-1}$$

其中,x_t 为选择的输入特征值,为该时刻模型的输出;C_{t-1} 为神经元内 cell 的状态信息,通过上文的分析,输入 x_t 分别为指令位置 s、指令速度 v、指令加速度 a、区间状态标记 con;y_t 为模型的输出值,即非稳态跟随误差 E_{nl},在 t 时刻可表示为

$$y_t = f(s_t, v_t, a_t, \mathrm{con}_t, C_{t-1}) \tag{8-2}$$

将 LSTM 网络按照时间步展开,即可看出在同层的神经元内,cell 状态的传递方式如图 8-5 所示,上一时刻的输出值 h_{t-1} 与 cell 状态 C_{t-1} 输入到当前时刻的神经元。

在本案例中,对于模型的结构,通过多次训练对比,选取每层隐含层的神经元

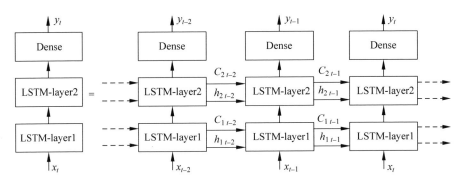

图 8-5　LSTM 按时间步展开示意图

个数为 80，全连接的 Dense 层节点数取为 80，LSTM 隐含层的激活函数为 sigmoid 及 tanh，全连接层激活函数为 linear，timestep 的长度大小表示当前时刻模型的输出由当前时刻之前若干时间长度数据预测得到，结合进给系统的控制原理及训练过程表现，经分析比较设置为 12。

依据分析选定的输入、输出特征，将每时刻对应的特征值制成一个数组，即 $x_t = [s_t, v_t, a_t, con_t]$，按照时刻先后顺序排列，输出值为单一值 $y_t = [e_{nl-t}]$，与输入特征值一样按时间的先后顺序排列，训练上述的 LSTM 模型，最终便可得到进给系统跟随误差的预测模型。

8.2.3　基于神经网络的机床进给系统跟随误差预测效果

为验证上述所构建的模型预测的精度，设计不同特征的验证图形轨迹，并在不同进给速度下进行验证。考虑到机床在实际加工过程中的加工特性，加工的进给轨迹主要由直线段、圆弧段、自由曲线等构成。因此选择直线、整圆、螺旋线、自由曲线类型的进给轨迹，用于验证进给系统跟随误差的预测模型的预测精度。四种类型的验证轨迹如图 8-6 所示。

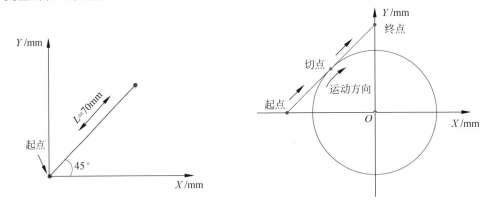

图 8-6　跟随误差预测模型实验验证的进给轨迹

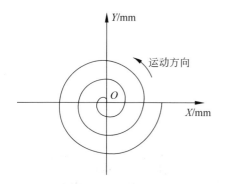

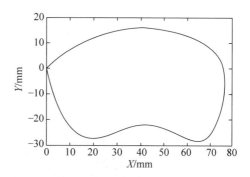

图 8-6 （续）

1. 直线轨迹预测效果

在进给速度 $F = 3000 \text{mm/min}$ 时，X、Y 轴上的实际跟随误差值、预测跟随误差值以及实际跟随误差与预测跟随误差之间的偏差分别如图 8-7、图 8-8 所示。

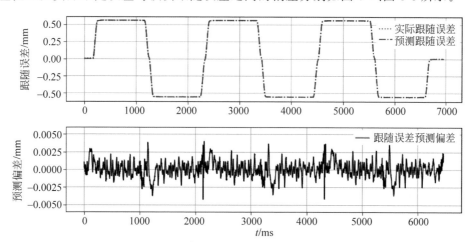

图 8-7 直线轨迹 X 轴实际跟随误差、预测跟随误差、跟随误差预测偏差

从图 8-7 可知，X 轴的跟随误差预测偏差在 0.0042mm 左右。

从图 8-8 可知，Y 轴的跟随误差预测偏差在 0.0048mm 左右。

表 8-1 给出各进给速度下跟随误差预测偏差的最大值。

表 8-1 直线轨迹在不同进给速度下跟随误差预测偏差最大值   mm

进给速度/ (mm/min)	1000	2000	3000	4000	5000	6000
X 轴	0.0047	0.0043	0.0042	0.0044	0.0046	0.0051
Y 轴	0.0052	0.0049	0.0048	0.0049	0.0051	0.0054

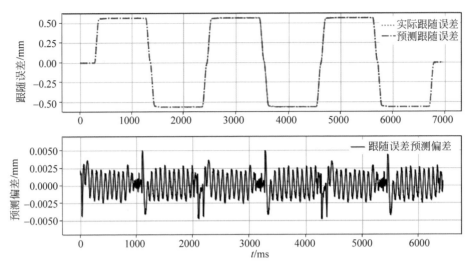

图 8-8　直线轨迹 Y 轴实际跟随误差、预测跟随误差、跟随误差预测偏差

由表 8-1 数据可知，X、Y 进给轴在不同进给速度值下的跟随误差偏差最大值在 0.005mm 左右，在不同进给速度值下存在一定的差别。

2.整圆轨迹预测效果

对整圆而言，为了表示跟随误差的预测精度，分别对 X、Y 轴方向上的实际跟随误差值与预测得到的跟随误差值进行对比，两者的差作为预测的偏差。将 X、Y 轴轨迹合成，得到整圆的二维平面轨迹，以对比轮廓误差的预测精度。

在进给速度 $F=3000\text{mm/min}$ 时，X、Y 轴上的实际跟随误差值、预测跟随误差值以及实际跟随误差与预测跟随误差之间的偏差分别如图 8-9、图 8-10 所示。

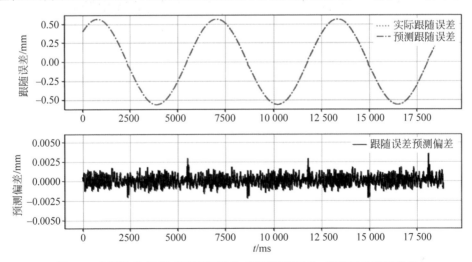

图 8-9　整圆轨迹 X 轴实际跟随误差、预测跟随误差、跟随误差预测偏差

从图 8-9 可知，X 轴的跟随误差预测偏差最大值在 0.0038mm 左右。

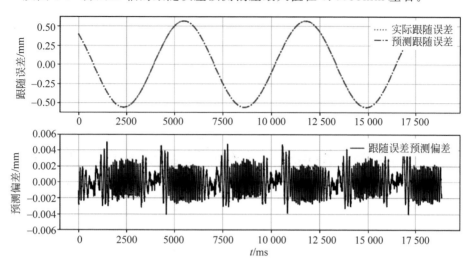

图 8-10　整圆轨迹 Y 轴实际跟随误差、预测跟随误差、跟随误差预测偏差

从图 8-10 可知，Y 轴的跟随误差预测偏差最大值在 0.0045mm 左右。

为了直观地表示进给系统的轮廓误差值，将 X、Y 轴轨迹合成，指令圆轨迹、实际圆轨迹、预测圆轨迹如图 8-11 所示。为方便查看，将轮廓误差沿径向放大 1000 倍显示。

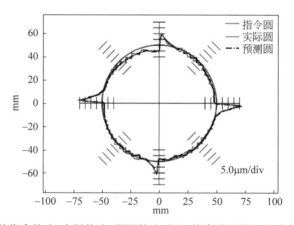

图 8-11　整圆的指令轨迹、实际轨迹、预测轨迹对比（轮廓误差沿径向放大 1000 倍显示）

由各单轴预测得到的跟随误差值及各轴的指令位置，计算得到预测轨迹，合成二维平面曲线，预测圆轨迹与实际圆轨迹在轨迹总体趋势上基本一致。

将整圆的轨迹沿周长展开，绘制展开的实际轮廓误差曲线、预测轮廓误差曲线以及实际轮廓误差与预测轮廓误差之间的偏差曲线，如图 8-12 所示。

整圆的实际轮廓误差曲线与预测轮廓误差曲线具有很高的重合度，轮廓误差的偏差最大值在 0.0049mm 左右。

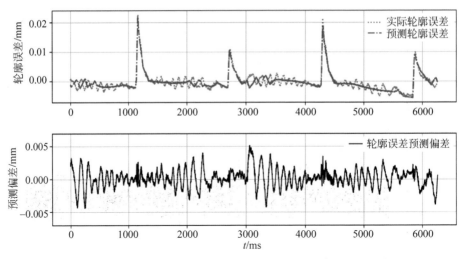

图 8-12　整圆轨迹实际轮廓误差、预测轮廓误差、轮廓误差预测偏差

整圆在其他进给速度值下的跟随误差及轮廓误差预测偏差的最大值在表 8-2 中给出。

表 8-2　整圆轨迹在不同进给速度下跟随误差及轮廓误差预测偏差最大值　mm

进给速度/ (mm/min)	1000	2000	3000	4000	5000	6000
X 轴	0.0044	0.0041	0.0038	0.0040	0.0045	0.0051
Y 轴	0.0051	0.0047	0.0045	0.0046	0.0049	0.0053
轮廓误差	0.0054	0.0051	0.0049	0.0050	0.0052	0.0055

由表 8-2 数据可知，X、Y 进给轴在不同进给速度值下，跟随误差及轮廓误差的预测偏差最大值在 0.005mm 左右，在不同进给速度值下存在一定的差别。

3. 螺旋线轨迹预测效果

对螺旋线而言，为了表示跟随误差的预测精度，分别对 X、Y 轴方向上的实际跟随误差值与预测得到的跟随误差值进行对比，两者的差作为预测的偏差。将 X、Y 轴轨迹合成，得到螺旋线的二维平面轨迹，以对比轮廓误差的预测精度。

在进给速度 $F=3000$mm/min 时，X、Y 轴上的实际跟随误差值、预测跟随误差值以及实际跟随误差与预测跟随误差之间的偏差分别如图 8-13、图 8-14 所示。

从图 8-13 可知，X 轴的跟随误差预测偏差最大值在 0.0038mm 左右。

从图 8-14 可知，Y 轴的跟随误差预测偏差最大值在 0.0047mm 左右。

为了直观地表示进给系统的轮廓误差值，将 X、Y 轴轨迹合成，指令轨迹、实际轨迹、预测轨迹如图 8-15 所示。为方便查看，将轮廓误差沿法向放大 200 倍显示。

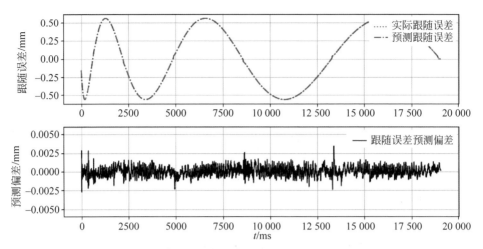

图 8-13 螺旋线轨迹 X 轴实际跟随误差、预测跟随误差、跟随误差预测偏差

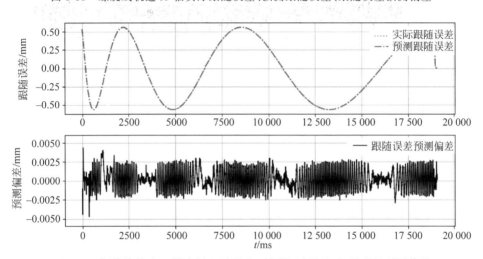

图 8-14 螺旋线轨迹 Y 轴实际跟随误差、预测跟随误差、跟随误差预测偏差

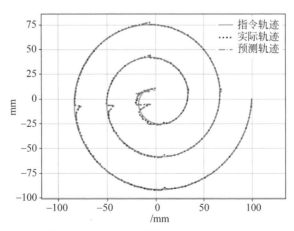

图 8-15 螺旋线指令轨迹、实际轨迹、预测轨迹（轮廓误差沿法向放大 200 倍显示）

预测轨迹与实际轨迹在轨迹总体趋势上是相同的,在每个过象限处的轮廓误差存在一定的突变,预测轨迹也能较为准确预测。

将螺旋线的轨迹沿周长展开,绘制展开的实际轮廓误差曲线、预测轮廓误差曲线以及实际轮廓误差与预测轮廓误差之间的偏差曲线,如图 8-16 所示。

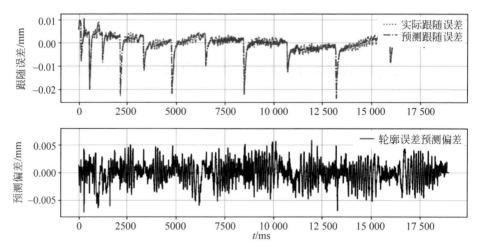

图 8-16　螺旋线轨迹实际轮廓误差、预测轮廓误差、轮廓误差预测偏差

螺旋线的实际轮廓误差曲线与预测轮廓误差曲线具有很高的重合度,轮廓误差的偏差最大值在 0.0052mm 左右。

螺旋线在其他进给速度值下的跟随误差预测偏差、轮廓误差预测偏差的最大值在表 8-3 中给出。

表 8-3　螺旋线轨迹在不同进给速度下跟随误差及轮廓误差预测偏差最大值

mm

进给速度/ (mm/min)	1000	2000	3000	4000	5000	6000
X 轴	0.0043	0.0041	0.0038	0.0040	0.0044	0.0052
Y 轴	0.0052	0.0048	0.0047	0.0049	0.0050	0.0054
轮廓误差	0.0056	0.0053	0.0052	0.0051	0.0053	0.0057

由表 8-3 数据可知,X、Y 进给轴在不同进给速度值下,跟随误差的预测偏差最大值在 0.005mm 左右,轮廓误差的预测偏差最大值在 0.0053mm 左右。

4. 自由曲线轨迹预测效果

选用护目镜形状自由曲线,以验证模型在自由曲线上的跟随误差预测精度。分别对 X、Y 轴方向上的实际跟随误差值与预测得到的跟随误差值进行对比,两者的偏差作为预测的偏差。将 X、Y 轴轨迹合成,得到自由曲线的二维平面轨迹,以对比轮廓误差的预测精度。

在进给速度 $F=3000\mathrm{mm/min}$ 时，X、Y 轴上的实际跟随误差值、预测跟随误差值以及实际跟随误差与预测跟随误差之间的偏差分别如图 8-17、图 8-18 所示。

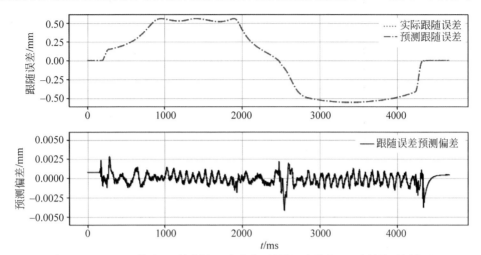

图 8-17 Goggles 轨迹 X 轴实际跟随误差、预测跟随误差、跟随误差预测偏差

从图 8-17 可知，X 轴的跟随误差预测偏差最大值在 $0.0043\mathrm{mm}$ 左右。

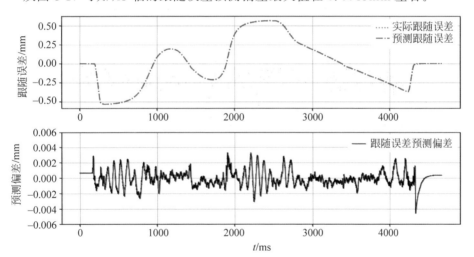

图 8-18 Goggles 轨迹 Y 轴实际跟随误差、预测跟随误差、跟随误差预测偏差

从图 8-18 可知，Y 轴的跟随误差预测偏差最大值在 $0.0046\mathrm{mm}$ 左右。

为了直观地表示进给系统的轮廓误差值，将 X、Y 轴轨迹合成，指令轨迹、实际轨迹、预测轨迹如图 8-19 所示。为方便查看，将轮廓误差沿法向放大 200 倍显示。

预测轨迹与实际轨迹在轨迹总体趋势上是相同的，在每个单轴过象限处的轮廓误差存在一定的突变，预测轨迹也能较为准确预测。

将自由曲线的轨迹沿周长展开，绘制展开的实际轮廓误差曲线、预测轮廓误差曲线以及实际轮廓误差与预测轮廓误差之间的偏差曲线，如图 8-20 所示。

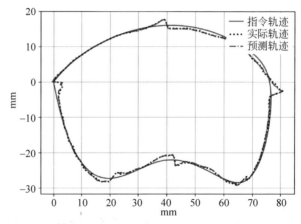

图 8-19　Goggles 曲线的指令轨迹、实际轨迹、预测轨迹对比（沿法向放大 200 倍显示）

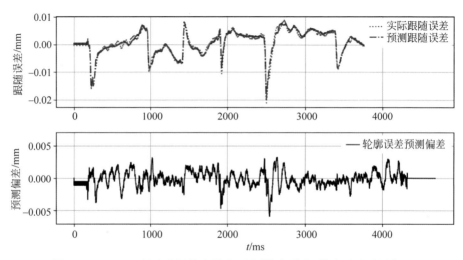

图 8-20　Goggles 轨迹实际轮廓误差、预测轮廓误差、轮廓误差预测偏差

　　自由曲线的实际轮廓误差曲线与预测轮廓误差曲线基本重合，轮廓误差的偏差最大值在 0.0053mm 左右。

　　自由曲线在其他进给速度值下的跟随误差预测偏差、轮廓误差预测偏差的最大值在表 8-4 中给出。

表 8-4　自由曲线轨迹在不同进给速度下跟随误差及轮廓误差预测偏差最大值

mm

进给速度 /（mm/min）	1000	2000	3000	4000	5000	6000
X 轴	0.0046	0.0045	0.0043	0.0044	0.0047	0.0053
Y 轴	0.0051	0.0048	0.0046	0.0049	0.0051	0.0054
轮廓误差	0.0057	0.0054	0.0053	0.0053	0.0054	0.0056

由表 8-4 数据可知,X、Y 进给轴在不同进给速度值下,跟随误差的预测偏差最大值在 0.005mm 左右,轮廓误差的预测偏差最大值在 0.0055mm 左右。

上述实验结果表明,所提出的机床进给系统跟随误差建模方法,可以较为精准地预测机床进给系统的跟随误差。

8.2.4　小结

本节提出了一种基于机床内部数据的进给系统跟随误差预测方法,并在整圆、自由曲线等情况下取得了较高的轮廓误差预测精度,表明了本书提出的机床进给系统跟随误差建模方法的可行性。在后续的研究中,可以基于预测的跟随误差,开展误差补偿方法的研究,实现轮廓误差的补偿。

8.3　数控机床热误差建模

8.3.1　背景及意义

当前,数控加工技术朝着高速、高精、高效的方向迅速发展,对数控机床的加工精度要求也越来越高。有研究表明,机床的热误差占所有误差的比例最大可达 40%～70%。因此,如何减少机床热误差,提高数控机床的加工精度,已经成为高档数控机床急需解决的问题之一。

为减少数控机床的热误差,需要通过测量或建模获取数控机床的热变形,建立热误差补偿的数学模型,并通过数控系统对其进行补偿。目前,热误差预测与补偿的研究主要通过在数控机床发热部件上安装多个温度传感器,通过算法寻找出温度敏感点,再以这些温度敏感点的温度作为模型的输入,建立热变形与温度场之间的映射关系。该方法需要在数控机床上安装多个温度传感器,成本高且降低了机床的稳定性。另一种方式是在加工前数控机床进行空运行,达到热平衡状态后再进行加工。在该方法中,热机过程通常时间较长(2h 以上),降低了运行效率,造成了大量的热机能量损失,因此,该方法缺乏经济与环保性。

8.3.2　基于环境温度与能耗数据的热变形预测模型

在实际加工中,影响机床热变形的热源来自两个方面:外部热源和内部热源。外部热源主要指的是随着机床周围的环境温度的变化,通过辐射和空气对流的方式,使得机床部件的温度也随之发生变化,从而引起热变形。内部热源主要指机床各个传动件如机床内部的轴承、电机、齿轮副、离合副、导轨等运转时产生的摩擦热和机床在加工过程中产生的切削热;在实际生产过程中,控制电机是通过控制电流来实现的,电流中特别是力矩电流可以反映做功的情况,机床加工过程中产生的热量与做功情况密切相关。基于以上分析,如果能实时采集到反映机床做功情况的电流等相关数据,并结合环境温度数据,通过对这些数据进行分析以及建模,从理论上就可以实现对热误差的实时预测以及补偿。

因此,本书提出了一种基于环境温度与机床能耗数据的机床热误差预测方法,通过获取环境温度与数控机床运行过程中的内部能耗数据,建立机床 Z 轴丝杠热误差预测模型与主轴热误差预测模型。

1. 基于环境温度和能耗数据的 Z 轴丝杠热误差预测模型

如前文所描述的环境温度的变化会引起机床热变形,因此,本书在模型建立过程中,考虑环境温度并在模型中引入环境温度变量,使模型能够适应环境温度的变化,提高模型鲁棒性。此外,从热误差产生的根源上分析,机床热误差的产生与做功情况息息相关,因此,在模型的建立过程中引入了机床内部能耗数据。基于这两点本书建立了基于环境温度和内部能耗数据的 Z 轴丝杠热误差预测模型,其具体过程如下。

机床在运行过程中,运动摩擦产生的热量为

$$Q_发 = k \sum_{i=0}^{\tau} I_i \times v_i \tag{8-3}$$

式中,$Q_发$ 为从初始 0 时刻到当前时刻 τ 产生的热量总量;I_i、v_i 为任意时刻 i 的 Z 轴电流和速度;消耗的能量不仅仅用来克服相对运动的摩擦阻力,因此乘以了一个比例系数 k。在传热学理论中,把流体流过固体壁面情况下所发生的热量交换称为对流换热,当丝杠的温度高于环境温度时,就会与周围空气发生对流散热。由于丝杠与外界环境直接接触,在本节的模型推导中,丝杠的散热主要考虑对流散热。其中,对流散热分为自然对流散热和强制对流散热。当丝杠静止时,空气流动是由布朗运动和空气的内部密度差引起的,属于自然对流散热;当丝杠运动时,空气流动是由丝杠的旋转和螺母的移动引起的,属于强制对流散热。

丝杠与周围空气发生自然对流散热,其散热量为

$$Q_{自散} = \sum_{i=0}^{n_z} 0.11\lambda A \left(\frac{g\alpha Pr}{v^2}\right)^{1/3} \Delta t_i^{4/3} = k_z \sum_{i=0}^{n_z} \Delta t_i^{4/3} \tag{8-4}$$

式中,$Q_{自散}$ 为从初始 0 时刻到当前时刻 τ 丝杠与周围空气发生自然对流换热消散的热量;$k_z = 0.11\lambda A \left(\frac{g\alpha Pr}{v^2}\right)^{1/3}$,为影响对流散热强度的常数系数;$n_z$ 为当前时刻 τ 中丝杠处于静止的总时间,ms;Δt_i 为在任意时刻 i,丝杠温度与环境温度之差。丝杠与周围空气发生强制对流散热,其散热量为

$$Q_{强散} = \sum_{i=0}^{n_q} \frac{0.133\lambda A}{l} \left(\frac{d^2}{v}\right)^{2/3} Pr^{1/3} v_i^{2/3} \Delta t_i = k_q \sum_{i=0}^{n_q} v_i^{2/3} \Delta t_i \tag{8-5}$$

式中,$Q_{强散}$ 为从初始 0 时刻到当前时刻 τ 丝杠与周围空气发生强制对流换热消散的热量;$k_q = \frac{0.133\lambda A}{l} \left(\frac{d^2}{v}\right)^{2/3} Pr^{1/3}$ 为影响对流散热强度的常数系数;n_q 为 0 时

刻到当前时刻 τ 中丝杠处于运动过程的总时间，ms；Δt_i 为在任意时刻 i，丝杠温度与环境温度之差。丝杠吸收的热量转为丝杠内能，导致丝杠伸长，其内能的积累量为

$$\Delta\phi = \rho c V \Delta t_\tau \tag{8-6}$$

式中，$\Delta\phi$ 为丝杠吸收的内能总量；ρ 为丝杠材料的密度；c 为丝杠材料的比热容；V 为丝杠的体积；Δt_τ 为当前时刻 τ 丝杠温度与初始温度之差。若给定任意丝杠，上述的 ρ、c、V 均为常数值。根据能量守恒定律：

$$Q_{发} = Q_{自散} + Q_{强散} + \Delta\phi \tag{8-7}$$

得

$$k \sum_{i=0}^{\tau} I_i \times v_i = k_z \sum_{i=0}^{n_z} \Delta t_i^{4/3} + k_q \sum_{i=0}^{n_q} v_i^{2/3} \Delta t_i + \rho c V \Delta t_\tau \tag{8-8}$$

式中，Δt_τ 为丝杠当前温度与初始温度之差；Δt_i 为丝杠当前温度与当前环境温度之差。

由于热胀冷缩这一现象的存在，物体的温度升高，导致物体在体积和长度方向上均会发生膨胀变形。其中，线膨胀系数是一个物体因温度变化而在长度方向上发生变形的物理量，其数值等于固体物质的温度每升高 1℃ 时，其单位长度的伸长量，其定义式为

$$\alpha = \frac{l - l_0}{l_0 \Delta t} = \frac{\Delta l}{l_0 \Delta t}$$

因此，为了计算丝杠在轴向上的伸长量，可以利用线膨胀系数来计算：

$$\Delta l = \alpha l_0 (t - t_0) = \alpha l_0 \Delta t \tag{8-9}$$

式中，Δl 为热变形；l_0 为温度为 t_0 时丝杠的长度尺寸；Δt 为温度差；α 为线膨胀系数。

由式（8-9）可以得出，$\Delta t = \dfrac{\Delta l}{\alpha l_0}$。当已知当前的热变形量 Δl 时，即可计算出丝杠温度 t 为

$$t = \frac{\Delta l}{\alpha l_0} + t_0 \tag{8-10}$$

代入式（8-8）可得

$$k \sum_{i=0}^{\tau} I_i \times v_i = k_z \sum_{i=0}^{n_z} \left(\frac{\Delta l_i}{\alpha l_0} + t_0 - t_i \right)^{4/3} + k_q \sum_{i=0}^{n_q} v_i^{2/3} \left(\frac{\Delta l_i}{\alpha l_0} + t_0 - t_i \right) + \rho c V \frac{\Delta l_\tau}{\alpha l_0}$$

可得

$$\Delta l_\tau = \frac{\alpha l_0 k}{\rho c V} \sum_{i=0}^{\tau} I_i \times v_i - \frac{\alpha l_0 k_z}{\rho c V} \sum_{i=0}^{n_z} \left(\frac{\Delta l_i}{\alpha l_0} + t_0 - t_i \right)^{4/3} - \frac{\alpha l_0 k_q}{\rho c V} \sum_{i=0}^{n_q} v_i^{2/3} \left(\frac{\Delta l_i}{\alpha l_0} + t_0 - t_i \right)$$

将常数量 $\dfrac{1}{\rho c V}$ 合进系数 k、k_z、k_q 中，得到最终 Z 轴丝杠热误差预测模型：

$$\Delta l_{\tau} = al_0 k \sum_{i=0}^{\tau} I_i \times v_i - al_0 k_z \sum_{i=0}^{n_z} \left(\frac{\Delta l_i}{al_0} + t_0 - t_i\right)^{4/3} - al_0 k_q \sum_{i=0}^{n_q} v_i^{2/3} \left(\frac{\Delta l_i}{al_0} + t_0 - t_i\right)$$

$$(8-11)$$

基于以上推理,建立了基于环境温度和内部能耗数据的 Z 轴丝杠热误差预测模型,式(8-11)中,模型的参数通过设计实验进行辨识。

2. 基于环境温度和能耗数据的主轴热误差预测模型

主轴作为数控机床加工过程中的核心部件之一,在很大程度上决定了机床的加工精度、工作效率以及运行的平稳性。随着机床向高速、高精、高效方向的发展,对主轴部件的热特性和精度均提出了更高的要求。由于运动摩擦和磨损等因素的影响,主轴内部热源产生大量的热量,导致轴心产生热变形,降低机床加工的稳定性和精度,严重影响了主轴在高速高精加工过程中所能达到的精度。由此可见,分析主轴的热量产生和传导,建立主轴热变形预测模型,减小主轴热误差对提高机床的精度有着重要意义。

1) 主轴系统的结构及热量传递

本案例研究的主轴结构如图 8-21 所示,该机床采用电机与主轴直连的方式驱动,从主轴的结构分析来看,在运转过程中最大的发热源来自主轴前后两个轴承处。热量的传递方式有三种,分别是热传导、热对流和热辐射。由于该主轴系统没有设置冷却系统,且与外界空气没有接触,因此基本无热对流,而热辐射的影响比较小。因此在本案例的分析中,主要考虑热传导。

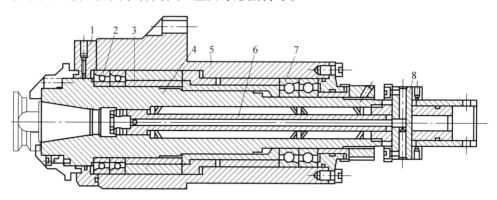

图 8-21　主轴系统结构

1—大螺母；2—前轴承；3—轴套；4—旋转轴；5—外壳；6—轴心；7—后轴承；8—联轴器

2) 基于环境温度和内部数据的主轴热变形模型及系数辨识

由于主轴在不同的运行状态下(加减速、匀速),产生热量的过程会有差异,因此本节在计算产热量时,将不同阶段的速度区分开来,分别计算。

（1）主轴旋转产生的热量

根据公式

$$W = P \cdot T = F \cdot v \cdot T \tag{8-12}$$

式中，W 为能量，J；P 为功率，W；T 为时间，s；F 为力，N；v 为速度，m/s。其中，力 F 的大小可以由主轴的电流 I 和主轴转速来反映。所以，有

$$W = k \sum Iv = k_a \sum_{a=1}^{n_a} I_a v_a + k_b \sum_{c=1}^{n_c} I_c v_c \tag{8-13}$$

式中，I_a、v_a 分别为在加速和减速时的主轴的电流和速度；I_c、v_c 分别为主轴匀速时的电流和速度；n_a、n_c 分别为主轴加速和匀速状态的采样点数；电流和速度的采样频率为 1kHz，因此 $T = 1\text{ms}$。由于式（8-13）中的热量是每毫秒时刻的数据求和，因此 T 可以省略。k_a、k_b 为两者的发热量系数。

（2）主轴与外部接触的零件的导热量

主轴为旋转部件，热传导形式可参照单层圆筒壁的导热规则，如图 8-22 所示。

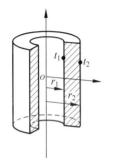

其传导热量计算为：如图 8-22 所示，假设单层圆筒壁的内半径为 r_1，外半径为 r_2，内表面温度为主轴轴心的温度 t_1，由轴承处的运动摩擦发热引起的外表面温度与环境温度 t_2 一致。为了简化分析，假设材料的导热系数 λ 为常数。

分析圆筒壁，建立圆柱坐标系，则问题就变为沿着半径方向的一维导热问题，导热微分方程为

$$\frac{\mathrm{d}}{\mathrm{d}r}\left(r\,\frac{\mathrm{d}t}{\mathrm{d}r}\right) = 0 \tag{8-14}$$

图 8-22　单层圆筒壁导热

边界条件为：当 $r = r_1$ 时，$t = t_1$；当 $r = r_2$ 时，$t = t_2$。

对式（8-14）求解，通过连续积分两次，得到

$$t = c_1 \ln r + c_2$$

式中，c_1、c_2 均为常数。

代入边界条件，求解得

$$t = \frac{t_2 - t_1}{\ln(r_2/r_1)}\ln(r/r_1) + t_1$$

对上式求导得温度随半径的分布为

$$\frac{\mathrm{d}t}{\mathrm{d}r} = \frac{1}{r}\frac{t_2 - t_1}{\ln(r_2/r_1)}$$

代入傅里叶定律得热流密度为

$$q = -\lambda\frac{\mathrm{d}t}{\mathrm{d}r} = \frac{\lambda}{r}\frac{t_1 - t_2}{\ln(r_2/r_1)}$$

则通过整个圆筒壁面的热流量 Q_d 为常量：

$$Q_d = 2\pi r l_0 q = \frac{2\pi\lambda l_0 (t_1 - t_2)}{\ln(r_2/r_1)} = -\frac{2\pi\lambda l_0}{\ln(r_2/r_1)}\Delta t_i \tag{8-15}$$

从式(8-15)可以看出,通过圆筒壁面的热流量 Q_d 与主轴轴心的温度 t_1 和环境温度 t_2 的差值 (t_1-t_2) 成正比。

从 0 时刻到 τ 时刻,主轴总共传导的热量为

$$Q=\sum_{i=1}^{n_\tau}-\frac{2\pi\lambda l_0\,(t_i-t_1)}{\ln(r_2/r_1)} \tag{8-16}$$

式中,t_i 为环境温度;n_τ 为 $0\sim\tau$ 时刻的时间,ms。

(3) 主轴热量的积累

因摩擦产生的热量,由于热传导消散一部分后,剩下的被主轴吸收,导致主轴热伸长。主轴吸收的热量利用下列公式计算:

$$Q_a=cm\Delta t \tag{8-17}$$

式中,c 为物体比热容,J/(kg・K);m 为物体质量,kg;Δt 为物体的温度变化量,K。

由式(8-9)可以得出,$\Delta t=\dfrac{\Delta l}{\alpha l_0}$。当已知 τ 时刻的变形量 Δl_τ 时,即可计算出温度差 Δt。代入式(8-17)便可求出主轴吸收的热量为

$$Q_a=cm\,\frac{\Delta l_\tau}{\alpha l_0} \tag{8-18}$$

τ 时刻的变形量为 Δl_i 时,主轴轴心的温度 $t_1=t_0+\Delta t=t_0+\dfrac{\Delta l_i}{\alpha l_0}$,代入式(8-16)得

$$Q=\sum_{i=1}^{n_\tau}-\frac{2\pi\lambda l_0\,(t_i-t_1)}{\ln(r_2/r_1)}=\sum_{i=1}^{n_\tau}-\frac{2\pi\lambda l_0\left(t_i-t_0-\dfrac{\Delta l_i}{\alpha l_0}\right)}{\ln(r_2/r_1)}$$

根据能量守恒定律,有

$$W=Q+Q_a \tag{8-19}$$

$$k_a\sum_{a=1}^{n_a}I_a v_a+k_b\sum_{c=1}^{n_c}I_c v_c=\sum_{i=1}^{n_\tau}-\frac{2\pi\lambda l_0\left(t_i-t_0-\dfrac{\Delta l_i}{\alpha l_0}\right)}{\ln(r_2/r_1)}+cm\,\frac{\Delta l_\tau}{\alpha l_0}$$

$$\Delta l_\tau=\frac{\alpha l_0 k_a}{cm}\sum_{a=1}^{n_a}I_a v_a+\frac{\alpha l_0 k_b}{cm}\sum_{c=1}^{n_c}I_c v_c-\frac{2\pi\alpha\lambda(l_0)^2}{cm\ln(r_2/r_1)}\sum_{i=1}^{n_\tau}\left(t_i-t_0-\frac{\Delta l_i}{\alpha l_0}\right)$$

$$\Delta l_\tau=\frac{\alpha l_0 k_a}{cm}\sum_{a=1}^{n_a}I_a v_a+\frac{\alpha l_0 k_b}{cm}\sum_{c=1}^{n_c}I_c v_c-\frac{2\pi\alpha\lambda(l_0)^2}{cm\ln(r_2/r_1)}\sum_{i=1}^{n_\tau}(t_i-t_0)+\frac{2\pi\lambda l_0}{cm\ln(r_2/r_1)}\sum_{i=1}^{n_\tau}\Delta l_i$$

令 $k_a=\dfrac{\alpha l_0 k_a}{cm}$,$k_b=\dfrac{\alpha l_0 k_b}{cm}$,$k_c=\dfrac{2\pi\alpha\lambda(l_0)^2}{cm\ln(r_2/r_1)}$,$k_d=\dfrac{2\pi\lambda l_0}{cm\ln(r_2/r_1)}$,便可得出关于主轴热变形预测模型的最终表达式:

$$\Delta l_{\tau} = k_a \sum_{a=1}^{n_a} I_a v_a + k_b \sum_{c=1}^{n_c} I_c v_c - k_c \sum_{i=1}^{n_\tau} (t_i - t_0) + k_d \sum_{i=1}^{n_\tau} \Delta l_i \qquad (8\text{-}20)$$

同样,为了确定模型中的参数,通过设计实验对参数进行了辨识。

8.3.3　基于环境温度和能耗数据的热变形预测模型实验验证

为了验证前面小节所建立的 Z 轴丝杠热误差预测模型与主轴热误差预测模型,本节以一台型号为 TD-500A 的小型钻攻中心为研究对象,如图 8-23 所示。基于环境温度和内部能耗数据分别建立了数控机床 Z 轴和主轴的热变形预测模型,并进行测试验证,在此基础上验证 Z 向的总热变形是 Z 轴和主轴热变形量的叠加。

图 8-23　实验机床 TD-500A

TD-500A 小型高速钻攻中心是一种工作台不升降式铣床,其工作台做横向纵向移动,主轴由 Z 轴带动做上下移动。该机床的 Z 轴丝杠的安装方式为上端固定,下端浮动,因此,丝杠发热发生热变形时,丝杠沿轴向向下伸长,由 Z 轴丝杠带动的上下运行的主轴系统由于发热也是沿轴向向下膨胀而伸长。所以,当主轴和 Z 轴同时发生热变形时,其沿 Z 向的总热变形应是两者的叠加。

1. Z 轴与主轴热误差预测模型验证

利用前文所建立的 Z 轴丝杠和主轴的热变形预测模型,以及分别标定的模型系数,对数控机床 Z 轴丝杠的热变形与主轴的热变形进行预测,结果如图 8-24、图 8-25 所示。

从图 8-24 可以看出,利用建立的 Z 轴热误差预测模型对不同的样本数据进行预测,预测残余误差在 0.01mm 以内。这表明,本书所建立的基于环境温度与机床能耗数据的 Z 轴丝杠热误差模型能够较为准确地预测 Z 轴的热误差。

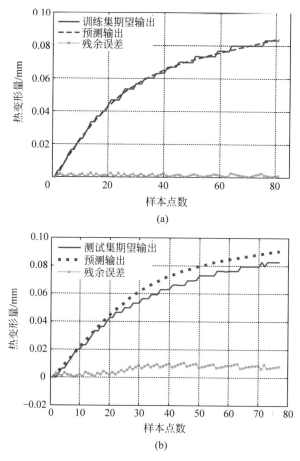

(a)

(b)

图 8-24　Z 轴热误差预测结果

（a）Z 轴热误差预测模型在训练集上的预测结果；（b）Z 轴热误差预测模型在测试集上的预测结果

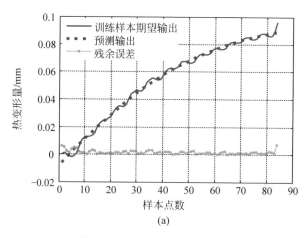

(a)

图 8-25　主轴热误差预测结果

（a）主轴热误差预测模型在训练集上的预测结果；（b）主轴热误差预测模型在测试集上的预测结果

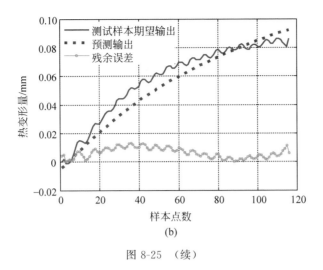

(b)

图 8-25 （续）

从图 8-25 可以看出，利用建立的主轴热误差预测模型对不同的样本数据进行预测，预测残余误差量在 0.013mm 以内，表明本书基于环境温度与机床内部能耗数据所建立的主轴热误差模型能够较为准确地预测主轴的热变形。

2. Z 向热变形量叠加验证实验

为了进一步验证 Z 向的总热变形是 Z 轴和主轴热变形量的叠加，设计了以下两组实验：

1) Z 轴和主轴分别单独运行

Z 轴运动时主轴停止，Z 轴在 0～—200mm 之间上下来回往复运动，如图 8-26(a) 所示，测得 Z 轴丝杠的热变形量如图 8-26(b) 所示。

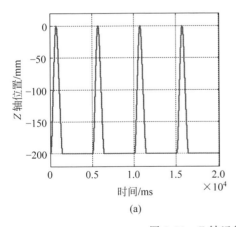

(a)

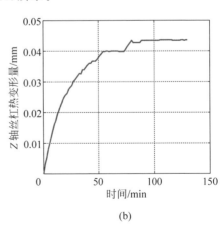

(b)

图 8-26 Z 轴运行示意和热变形图

（a）Z 轴运动状态；（b）Z 轴热变形量

主轴运转时 Z 轴静止，主轴不停地在启动和停止之间切换，速度变化如图 8-27(a)所示，测得主轴热变形量如图 8-27(b)所示。

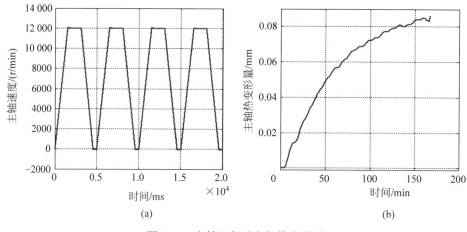

(a)　　　　　　　　　　　(b)

图 8-27　主轴运行示意与热变形图

(a) 主轴运动状态；(b) 主轴热变形量

从图 8-26 和图 8-27 可以看出，当 Z 轴运行、主轴停止时，Z 轴丝杠的最大热变形量为 0.043mm；当主轴运转 Z 轴静止时，主轴的最大热变形量为 0.086mm。

2）Z 轴和主轴同时运行

在实际加工中，数控机床的主轴和 Z 轴的运动并非是单独的，有时是同步的。在本组实验中，将上述 Z 轴和主轴的运动进行同步，即 Z 轴运动的同时主轴也同时进行运动，且保证两者同时运行之后的运动过程与同步之前的运动过程完全一致，同步之后的速度和 Z 向的热变形量如图 8-28 所示。

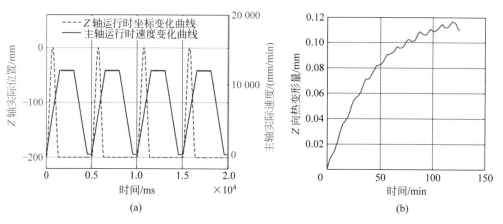

(a)　　　　　　　　　　　(b)

图 8-28　Z 轴和主轴同步运行时的速度和热变形量

(a) Z 轴和主轴运动状态；(b) Z 向热变形量

从图 8-28 可以看出，Z 轴和主轴同时运行时，Z 向的热变形量最大达到 0.116mm，大于两者单独运行时的热变形量，如图 8-29 所示。

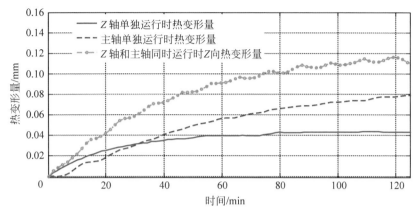

图 8-29　Z 轴和主轴同时运行和单独运行时热变形量

更进一步，为了验证基于建立的 Z 轴丝杠热变形预测模型和主轴的热变形预测模型可以实现对机床 Z 向热变形的预测，记录了 Z 轴和主轴同时运行过程中的机床内部数据、机床 Z 向的热变形数据以及环境温度数据。再根据 Z 轴丝杠的热变形预测模型和主轴的热变形预测模型对数控机床 Z 向的热变形进行预测叠加，与实际变形进行对比，结果如图 8-30 所示。可以得出结论：Z 向的总热变形近似等于 Z 轴和主轴热变形量的叠加。

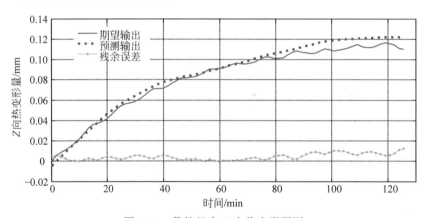

图 8-30　数控机床 Z 向热变形预测

从图 8-30 中可以看出，利用建立的 Z 轴丝杠和主轴的热变形预测模型可以较为准确地预测 Z 向的热变形量。

8.3.4　小结

本节基于机床在运行过程中的内部能耗数据和环境温度分别建立了数控机床

Z 轴丝杠和主轴的热变形预测模型,并通过设计实验证明了所建立的模型能够实现 Z 向热变形准确预测。这一方法的创新点在于仅依赖于机床内部的能耗数据和一个测量环境温度传感器,即可实现 Z 向热误差的精准预测。后续可在以下两个方面开展研究:①提升预测模型在不同机床上的普适性和预测精度;②开展热误差补偿方法的研究,采取有效措施补偿加工中的热误差。

8.4　数控加工工艺参数优化

8.4.1　背景及意义

零件数控加工是一个复杂的过程,而工艺规划又是数控加工制造的核心环节之一,加工工艺参数的好坏直接影响产品的加工质量和加工效率,工艺人员通常根据自身的经验或借助于加工手册、切削数据库,选择工艺参数。因此工艺人员的水平、加工手册以及切削数据库的适用性和完备性决定了数控编程的品质。由大量切削实验累积形成的切削数据库,只考虑了有限的刀具和材料,未考虑机床的实际工作能力。基于通用型切削数据库得到的工艺参数,可能出现加工效率低、表面质量差,甚至出现刀具和机床损坏等问题。

因此,在数控加工中工艺参数的优化至关重要,它们影响零件的加工质量、效率、机床和刀具等制造资源的寿命等,为了获得更佳的加工工艺参数,国内外学者已经开展了许多关于工艺参数优化的研究。一种方式是通过对机床加工过程中切削力、切削稳定性等的理论建模,来实现对工艺参数的优化。除基于理论分析建模的工艺参数优化外,近年来也出现了基于大数据模型的工艺参数优化方法。

8.4.2　数控加工工艺参数优化方法

本小节提出了一种基于大数据学习的车削加工工艺参数优化方法。通过自主感知车削加工过程中的工艺信息以及对应的数控加工过程指令域大数据,基于神经网络,学习并建立车床的工艺系统响应模型;基于建立的车床工艺系统响应模型,实现对新加工零件的工艺系统响应(主轴功率、切削力、振动等,本书以主轴功率为例)的预测,并进行迭代优化生成智能控制的 i 代码,基于双码联控技术,实现对车削工艺参数的优化。其总体框图如图 8-31 所示。

1. 车削加工工艺信息的自主感知

要实现对加工过程的学习与积累,首先需要实现对车削加工过程加工任务的感知,即工艺参数信息的感知。目前的 G 代码中只包含加工的路径及进给速度,而切深、切宽、材料去除量的行程变化率等工艺信息在编程阶段(CAM 软件或手工编程)都已经丢失或者无法直接获取。因此,对于智能数控系统来说,车削加工过程的工艺参数信息主要从以下两个方面来进行自主感知:①利用 G 代码和对应的毛坯模型,

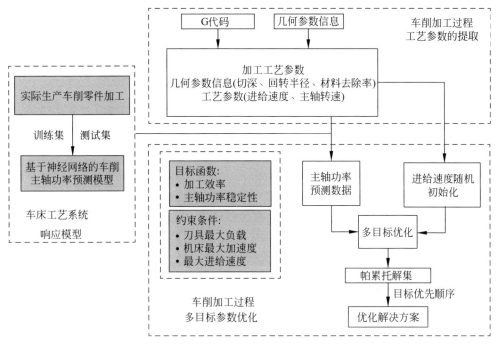

图 8-31　基于大数据的车削加工工艺参数优化方法流程

通过工艺参数提取功能,获取在编程(CAM 软件或手工编程)阶段丢失的工艺信息,如切深、切宽、材料去除率的行程变化率等,并且依据指令域方法建立工艺信息索引;②基于智能数控系统的大数据平台,获取加工中的机床内部响应数据,如主轴功率、切削力、振动等,并利用指令域分析方法,建立工艺信息与机床响应数据的映射关系,生成包含工艺信息与机床响应数据的工艺数据,从而为模型的建立提供样本集。

在车削加工中,G 代码指令主要采用固定循环和复合循环,在 G 代码背后包含大量的加工工艺参数,而数控系统在对 G 代码的解释过程中会生成数据块文件,包含指令位置、指令行号、加工阶段等信息。因此结合 G 代码、G 代码解释器、毛坯信息等可以实现对车削加工过程工艺参数信息的提取,其提取流程如图 8-32 所示。

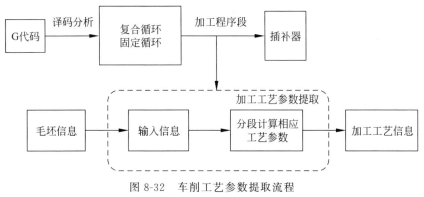

图 8-32　车削工艺参数提取流程

具体来说,通过解释器解析代码的功能,可以对 G 代码进行译码和程序段语法的分析,然后输出包含各种工艺参数的数据块。在从数据块中获取相应数据之后,便可根据不同的加工类型(固定循环或复合循环)基于指令行号以行程为单位对前述工艺参数进行计算。其中的行程是指刀具各个时刻移动距离的累计量。

1) 固定循环工艺参数的提取

在车削加工固定循环中解释器是通过调用数控系统中的宏程序来完成轨迹的计算,并且通过数据块输出信息将固定循环划分成为径向固定循环和端面固定循环,根据标记信息的不同进入各自对应的工艺参数计算阶段。

2) 复合循环工艺参数的提取

复合车削是一种特殊的车削固定循环,应用于非一次车削可以达到规定尺寸的加工场景。复合车削循环的工艺参数提取过程和固定循环类似:数控系统读入 G 代码并解析生产数据块之后,通过 G 代码中获取的标记信息 G71(外径复合循环)、G72(端面复合循环)、P 和 Q(循环程序开始段和结束段)来对应解释器输出的信息获取加工中的工艺参数,之后根据循环类型标识的不同进入各自的工艺参数计算阶段。

在车削加工中由于进给速度、主轴转速、切削半径参数实际上在解释器解析 G 代码时已经计算完成,实际上述工艺参数计算阶段主要进行的是切深和材料去除率的行程变化率计算,是行程在径向(端面切削时为轴向)方向上的计算结果,为方便后续的对应关系,根据该段线段类型和行程的值,可将输出的结果和本段切削的行程长度进行对应,将分段计算的结果整合起来可得到整个加工过程工艺参数和行程的对应关系。

2. 车床工艺系统响应模型的建模

在上一小节中,已经实现了对车削加工过程工艺参数信息的提取,得到了车床工艺系统响应模型的输入,接下来需要确定模型的输出,即车床工艺系统的响应(主轴功率、切削力、切削振动等)。

1) 车削加工切削力与主轴功率关系分析

在一般的优化过程中大多选用切削力来衡量加工状态,但在车削加工中获取切削力难度较大,需要借助专用的测力仪,价格昂贵,安装使用不方便,不适用于一般的工业生产中。同时,大多数测力仪主体是悬挂在刀塔或刀架外侧,这种安装方式会降低刀具系统的刚度,造成颤振,对加工过程产生不利的影响。相比之下,数控系统内部主轴功率数据的获取更为容易,可以实现在日常实际加工中的获取。

在车削加工过程中,工件在刀具的作用下发生弹性和塑性变形,产生的变形对刀具的前刀面和后刀面产生作用力,同时切屑沿着前刀面流出。切削力就是这一过程中由于刀具和工件之间相对运动产生剪切力、摩擦力等的合力。通常来说切削力的大小和方向不确定,为了便于进行测量分析,将切削力分解为 F_f(进给力)、F_p(背向力)、F_c(主切削力)。其中主切削力在数控机床中消耗的总功率占到 $95\% \sim 99\%$,是切削力中的主要部分,因此切削功率可以近似表示为

$$P_c = F_c \cdot V_c \cdot 10^{-3} (\text{kW}) \qquad (8\text{-}21)$$

而机床的主轴功率为

$$P_E = \frac{P_c}{\eta} \qquad (8\text{-}22)$$

式中，V_c 为切削速度；η 为机床传动效率，通常为 0.70～0.85。

综上所述，可以看到，主轴功率可以一定程度上反映切削力的大小，因此使用主轴功率来指导工艺参数的选择是可行的，选择车削主轴功率作为模型的输出。

2）机床工艺系统响应模型的构建

在本案例中基于并行式集成学习（Bagging）的神经网络方法对主轴功率进行建模。所谓并行式集成模型是指将多个人工神经网络单元并联，将各个工艺参数分别输入每个网络单元，分别得出模型响应量，在对预测结果进行结合时，对分类问题采用简单投票法，回归问题则采用简单平均法，得到的结果即为整个并行式集成模型的总输出。通过使用自助采样法获得训练集。对于每个训练集，以主轴转速、进给速度、切削深度、回转半径作为输入，以主轴功率为输出标签，运用 BP 算法建立神经网络模型，经过多次参数调试试验后，得到双隐藏层、每隐藏层四节点的网络结果和以["tansig"，"tansig"，"purelin"]为激活函数组合的基于神经网络模型，如图 8-33 所示。当一个新的工艺参数组合进入模型时，8 个基神经网络同时进

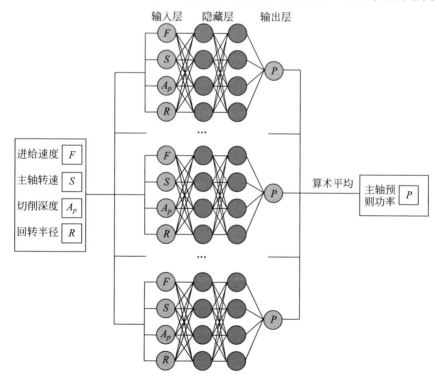

图 8-33 基于神经网络的主轴功率预测模型

行计算并输出各自主轴功率预测结果,对其取算术平均值即可得到该工艺参数组合下的数控机床主轴功率响应。

在模型建立后,通过不断使用实际日常生产过程中积累的工艺参数与指令域主轴功率训练该模型,使该模型逐渐具有了对加工主轴功率进行预测的能力,即自主生长出了一个针对特定机床进行主轴功率响应预测的模型。

3. 基于车床工艺系统响应模型的工艺参数优化

对于在相同制造资源下加工的新零件,与之前加工的零件不同,其形状和加工工艺参数都有变化,但是其主轴功率响应的规律应该具有一致性,因此针对新的车削加工零件,可以提取其对应的工艺参数,并使用在之前加工过程中建立的车削主轴功率响应模型进行仿真、迭代,然后根据仿真迭代结果对工艺参数进行优化,从而得到可以满足优化目标的工艺参数。由于本书在进行进给速度优化时,希望同时达到加工时间最少和负载波动最小的目标,属于典型的多目标优化问题,因此有必要对多目标优化问题的基本概念进行介绍,并提出车削进给速度的多目标优化模型。

1) 多目标优化的数学描述

定义多目标优化问题如下:

$$\begin{cases} \min(F(X)) = \{\min(F_1(X)), \min(F_2(X)), \cdots, \min(F_m(X))\} \\ \text{s.t.} \begin{cases} X = (x_1, x_2, \cdots, x_n), x_{i_{\min}} \leqslant x_i \leqslant x_{i_{\max}} \ (i=1,2,\cdots,n) \\ g_u(x) \leqslant 0 (u=1,2,\cdots,k<n) \\ h_v(x) \leqslant 0 (v=1,2,\cdots,p<n) \end{cases} \end{cases} \quad (8\text{-}23)$$

式中,X 为 n 维决策空间的决策变量,对于其中的变量 x_i 来说,其最大值、最小值分别为 $x_{i_{\max}}$、$x_{i_{\min}}$;$F_1(X), F_2(X), \cdots, F_m(X)$ 为 m 个目标函数;$g_u(x) \leqslant 0$,为不等式约束条件,共有 k 个;$h_v(x)=0(v=1,2,\cdots,p<n)$,为等式约束条件,共有 v 个。

由上述可知,在多目标优化问题中,解不是唯一值而是一个解集,解集中不同的解对各个目标有不同的效果,解集中元素称为帕累托最优解或非劣最优解(Non-dominance)。

2) 车削进给速度多目标优化模型

(1) 目标函数

进给速度优化的目的是提升加工效率的同时降低刀具负载的波动,因此需要建立两个目标函数。

① 加工时间目标函数。

数控系统在进行速度规划时按照 1ms 的周期进行离散,插补文件每 1ms 输出一行信息,其中包含行号信息,因此统计插补文件中各行号的数量即可估算出以初始进给速度加工下的加工时间。初始仿真加工总时间为插补点数与离散周期的乘

积,即

$$t^0 = n^0 \cdot 1 \tag{8-24}$$

式中:t^0 为首次仿真时间,ms;n^0 为首次仿真插补点个数。

在工艺参数提取过程中生成的工艺信息表以行程为单位,离散精度为最小间隔。在不改变刀路轨迹的情况下,加工过程中每行行程点的个数不变,计算出第 j 次迭代后加工时间为

$$t^j = \sum_{N=1}^{num} \sum_{k=1}^{l_N} \frac{F^0_{(N,k)}}{F^j_{(N,k)}} \frac{t^0_N}{l_N} \tag{8-25}$$

式中,N 为行号,共 num 行;$F^j_{(N,k)}$ 为第 j 次迭代中第 N 行 k 个行程点的进给速度;l_N 为第 N 行行程点的数量;t^0_N 为初始仿真中第 N 行加工时间。

② 负载波动目标函数。

为评价主轴功率的稳定性,设某一行程处的预测功率为 P_i,建立波动评估公式如下

$$C_i = \arctan \frac{P_i - P_{i-1}}{L_i} \tag{8-26}$$

$$fluc = \frac{1}{n-2} \sum_{i=3}^{n} |C_i - C_{i-1}|^2 \tag{8-27}$$

$$P_m = \frac{1}{n} \sum_{i=1}^{n} P_i \tag{8-28}$$

$$var = \frac{1}{n} \sum_{i=1}^{n} (P_i - P_m)^2 \tag{8-29}$$

式中,C_i 为 P_i 和 P_{i-1} 点间斜率和水平线夹角;L_i 为第 i 行程点和第 $i-1$ 行程点的刀具行程长度;fluc 为 C_i 差值的均方差;P_m 为平均功率;var 为均方差;n 为行程离散点的个数。

降低主轴功率波动即同时降低 fluc 和 var 的值,其中 var 限制功率整体波动,而 fluc 限制功率曲线相邻点的角度变化,并通过平方计算放大后防止发生功率突变。

(2) 约束条件

本研究的优化对象主要是切削过程中的进给速度,若进给速度过大可能导致机床稳定性差、机床振动、表面出现振纹等不良后果,而进给速度过小会降低加工效率,因此进给速度需在一个合适的范围内。在刀具厂家说明书中常有每转进给量的范围限定,因此有

$$f_{min} \leqslant f_r = \frac{F}{n_w} \leqslant f_{max} \tag{8-30}$$

另外,由于进给速度的突变可能会造成刚性冲击,影响加工质量,降低机床刀具寿命,因此需要使得进给速度平滑过滤,保证进给速度变化时所需要的加减速距

离小于相应的刀具行程,即

$$L_n \geqslant S_n = \frac{(F_n - F_{n-1})^2}{7.2 \times 10^6 \times a} \tag{8-31}$$

式中,F_n 为第 n 行程点处进给速度;a 为刀具移动的最大加速度;S_n 为进给速度变化的最小加减速距离;L_n 为第 n 行程点和第 $n-1$ 行程点的刀具行程长度。

在一次加工过程中,主轴功率最大的位置是机床负载最大的位置,即切削用量的极限位置,优化进给速度后,所有功率应小于刀具能承受的最大功率,即

$$P_i \leqslant \eta P_{max} \tag{8-32}$$

式中,η 为安全系数。

综上所述,约束条件包括

$$\begin{cases} f_{min} \leqslant f_r = \frac{F}{n_w} \leqslant f_{max} \\ L^N \leqslant S^N = \frac{(F^N - F^{N-1})^2}{7.2 \times 10^6 \times a} \\ P_i \leqslant \eta P_{max} \end{cases} \tag{8-33}$$

综上可得本案例中车削工艺参数优化问题的数学描述如下:

$$\begin{cases} \{\min(t(F)), \min(\mathrm{fluc}(F)), \min(\mathrm{var}(F))\} \\ \mathrm{s.t.} \begin{cases} F = \{F^1, F^2, \cdots, F^N, \cdots, F^L\} \\ f_{min} \leqslant f_r = \frac{F^N}{n_w} \leqslant f_{max} \\ L^N \leqslant S^N = \frac{(F^N - F^{N-1})^2}{7.2 \times 10^6 \times a} \\ P_i \leqslant \eta P_{max} \end{cases} \end{cases} \tag{8-34}$$

对于优化算法来说,随着迭代次数的增多,进给速度会趋向一个上下限间隔很小的稳定区间内,当加工效率或主轴功率的稳定性提升不明显时停止迭代,预设 e_t、e_{fluc}、e_{var} 分别表示加工时间、主轴功率曲线角度变化率、主轴功率方差的最小提升率,设定最大迭代次数为 iter_max,则有迭代终止条件如下:

$$\begin{cases} \frac{t_{j-1} - t_j}{t_{j-1}} \leqslant e_t \\ \frac{\mathrm{fluc}_{j-1} - \mathrm{fluc}_j}{\mathrm{fluc}_{j-1}} \leqslant e_{\mathrm{fluc}} \\ \frac{\mathrm{var}_{j-1} - \mathrm{var}_j}{\mathrm{var}_{j-1}} \leqslant e_{\mathrm{var}} \\ \mathrm{iter} = \mathrm{iter\_max} \end{cases} \tag{8-35}$$

式中,t_{j-1}、fluc_{j-1}、var_{j-1}、t_j、fluc_j、var_j 分别表示预测加工时间、预测功率曲线角度变化率、预测功率方差在第 $j-1$ 和第 j 次迭代的值;iter 为当前迭代次数。

式中四个条件满足其一则停止迭代。

3）多目标优化算法

为解决上述车削进给速度多目标优化问题，本书选取了 NSGA-Ⅱ算法作为车削工艺参数多目标优化算法，其基本流程如图 8-34 所示。

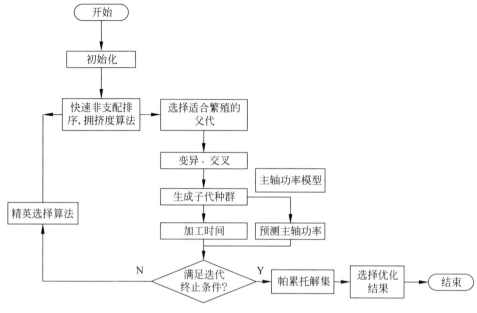

图 8-34　NSGA-Ⅱ算法流程图

算法具体步骤如下：

（1）根据式(8-30)及主轴转速计算满足切削刀具条件的各行程点处进给速度的极限值 $F_n^{\max}$ 和 $F_n^{\min}$；

（2）在满足约束式(8-30)和式(8-31)的条件下对进给速度随机初始化；

（3）对种群进行快速非支配排序；

（4）选择适合繁衍的父代种群 $POP^i = \{POP_1^i, POP_2^i, \cdots, POP_N^i\}$，其中 N 为种群数量，i 为当前迭代次数；

（5）进行变异，交叉操作生成子代种群 $Q^i = \{Q_1^i, Q_2^i, \cdots, Q_N^i\}$；

（6）预测新的主轴功率并估算新的加工时间；

（7）判断是否满足迭代终止条件，若不满足，生成子代种群和父代种群合并，即新种群为 $R^i = POP^{i-1} \bigcup Q^{i-1}$，返回步骤(3)，否则停止迭代，生成进给速度的帕累托解集 $F = \{F_1, F_2, \cdots, F_N\}$，其中 N 为种群数量，根据加工效率优先或主轴功率平稳性优先选择进给速度最优解 $F_i \in F$；

（8）对 F_i 进行平滑处理，比较初始值和优化后的结果。

8.4.3　数控车削加工工艺参数优化实验验证

为了验证上述所提出的车削加工工艺参数优化方法，设计了一个车削加工的典型零件，如图 8-35 所示。

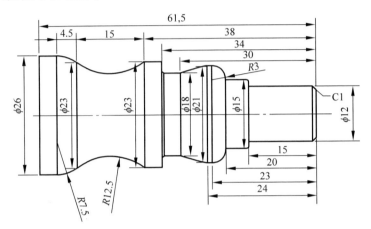

图 8-35　车削加工典型零件

1. 车削加工工艺参数信息提取效果

为验证上述的车削工艺参数提取算法的效果，针对图 8-35 所示的零件运用8.4.2 节中的提取算法，提取的部分结果(切削深度、回转半径)如图 8-36 所示。提取的工艺参数信息可以作为主轴功率预测模型的输入，便可预测得到该零件加工过程中的主轴功率。

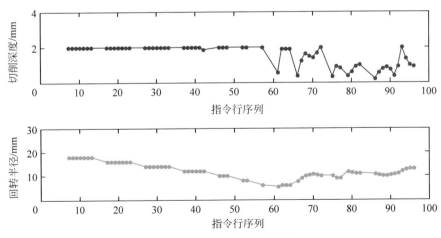

图 8-36　提取的部分工艺参数信息

2. 车削进给速度多目标优化算法效果

针对图 8-35 中的新型零件,利用建立的 NSGA-Ⅱ 优化算法,输出最优进给速度解集。具体优化算法过程为:首先设置算法中的交叉率、突变率和最大迭代次数等参数,随后在约束条件范围内进行随机初始化,进行快速非支配排序、选择新种群、交叉、变异,利用主轴功率预测模型预测出功率曲线,通过式(8-26)估算出新进给速度的加工时间,持续上述过程直至满足迭代终止条件。

经过优化算法后得到的帕累托解集如图 8-37 所示。

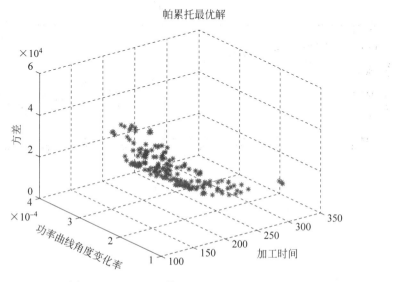

图 8-37 NSGA-Ⅱ 算法生成的帕累托解集

在确定以加工效率为首要优化目标后,可以得到相应的进给速度优化集 F_1。分别使用优化前的进给速度和优化后的进给速度进行车削加工后,得到的优化结果如图 8-38 和表 8-5 所示。结果表明,在满足约束条件的情况下,优化前加工时间为 3min7s,优化后加工时间为 2min15s,加工效率提升约 27.8%。

表 8-5 优化结果

优化零件	优化前加工时间	优化后加工时间	加工效率提升
	3min7s	2min15s	27.8%

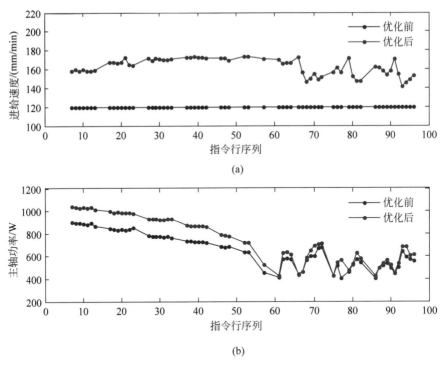

(a)

(b)

图 8-38　优化前后主轴功率及进给速度对比

（a）进给进度对比；（b）主轴功率对比

为进一步验证建立的主轴功率模型的准确性,将优化后的工艺参数作为预测模型的输入,预测优化后的主轴功率,并采集优化后的实际主轴功率。通过对比可知,优化后预测的主轴功率和优化后实际加工的主轴功率基本一致,如图 8-39 所示,这进一步说明了前面建立的主轴功率预测模型的准确性。

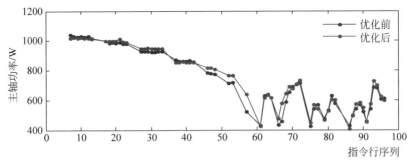

图 8-39　优化后预测功率与实际功率对比

8.4.4　小结

本节利用数控加工过程数据,建立了车床主轴功率的工艺系统响应模型,基于所建立的模型实现了车削进给速度的优化,并设计了典型车削零件进行验证。初步实验结果表明,零件加工效率提升 27.8%。本案例验证了基于加工过程大数据的工艺知识学习和运用方法的可行性与有效性;同时,也较为完整地体现了智能数控系统的四个自主的主要特征,证明了通过机器学习可实现数控加工的智能化。

8.5　数控机床健康保障

8.5.1　背景及意义

随着市场日益激烈的竞争和制造技术的快速发展,尤其是在高度自动化、柔性化的先进制造企业中,生产设备的故障预测和健康管理水平正成为制造企业的核心竞争力和利润源泉之一。据不完全统计,每年因机床故障造成的损失达数千亿元,机床故障诊断与预测性维护显得极其重要。由于加工条件和生产环境不同,机床状态变化程度各不相同,定期维修的策略既不科学也不合理,故障后修复更显被动,经济损失更大。在此背景下,以健康状态评估和预测为核心的生产制造设备故障预测和健康管理技术,在提高制造系统可靠性和稳定性水平、减少非计划停机时间和提升生产设备可用度等方面体现出巨大的经济效益,正成为制造企业降低生产成本、增强核心竞争力的重要手段,得到工业界和学术界的密切关注。

故障预测和健康管理(Prognostics and Health Management,PHM)是一种广泛应用于各个领域的健康状态管理的方法,通常包括故障诊断和预测、故障隔离和检测、部件寿命追踪、健康管理等能力。通常来说,PHM 实际应用时一般包含设备状态的监测、设备数据的采集、设备信息的处理、设备健康评估、设备故障的预测以及设备保修的策略六大部分,通过综合运用以上数据信息,对被监测装备的健康状态进行评估和预测,给出建议并在被监测装备功能失效以前采取合适的维修措施。

设备健康状态评估的理论与方法大体可分为五类:

(1)基于解析模型的方法。通过深入研究对象本质,设计、建立能描述影响生产设备劣化趋势过程的数学模型,从而实施可靠的健康状态评估。一般需要理解设备退化机理和故障成因,并且难以进行动态的高精度建模,模型泛化能力相对较差。

(2)基于信号处理的方法。利用设备的输出信号在幅值、相位和频率等方面与设备健康状态的相关性,并采用数学模型表达这种相关性。一般需要额外安装传感器,且需要一定量的试验进行建模和标定,应用成本相对较高。

(3)基于退化分析的方法。通过获取设备健康状态特征参数的时间序列,对特征参数进行退化建模,从而预测未来时刻的特征参数分布,实现设备健康状态评估和寿命预测。一般基于设备特征参数的时间序列,假设设备健康状态变化是一个平稳的随机过程,不能考虑实际生产中的各类突发因素。

（4）基于知识的方法。通过已有的专家经验和知识构建知识库，然后对设备实施知识获取和知识表达，并构建模型，从而实现设备的故障预测和健康状态水平评估。在知识库的完善、知识的规则化表达等方面存在较大技术难点。

（5）基于数据驱动的方法。从大量的样本集数据中，通过数理统计等数据挖掘方法，得到设备健康状态演化的内在规律，最终实现对设备的故障预测和健康状态评估。一般依赖训练集对模型进行训练，训练集的选取将直接影响模型的好坏，但随着与大数据、人工智能等前沿技术的结合，基于数据驱动的方法不断发展，正成为健康评估领域最有前景的方法之一。

8.5.2 数控机床健康状态评估方法

由于数控机床结构的复杂性，故障状况愈发复杂，常规维护方法也无法有效应对，因此本书提出了一种基于健康指数的机床健康状况评估方法。通过运行机床健康状态评估的 G 代码，智能化数控系统自主感知表征机床健康状态的运行数据，作为建立的机床健康状态量化评估模型和机床健康状态分级模型的输入，即可实现对机床的健康状态的评估和分级，机床用户根据评估结果进行有针对性的维修决策。本方法的总体框架如图 8-40 所示。

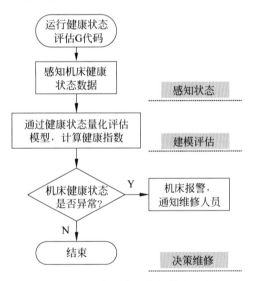

图 8-40　机床健康状态评估流程图

1. 数控机床健康状态概述

健康状态评估是机床健康保障技术的一个重要方面，开展生产设备的健康状态评估，不仅可以有效地识别设备健康状态水平，及时对潜在故障进行处理，还可以为制定维修决策提供技术依据。

目前，数控机床的健康状态研究领域涉及人员广，涵盖数控机床的设计、制造、使用、维修、管理等不同领域人员,难以对数控机床健康状态的定义达成一致。因此,对于数控机床的健康状态还未有十分明确的定义。

本书从数控机床用户的角度出发,结合数控机床自身的特点,将数控机床健康状态定义为:数控机床执行其设计功能的能力水平。从统计数学的角度来讲,该定义反映了数控机床将其设计功能保持在规定范围内的概率水平。为了能够在数控机床使用过程中对机床整体健康状态变化趋势进行持续监控,需要一个定量的、能够综合评判数控机床整体健康状态的综合特征参数:健康指数(Health Index, HI)。

将反映数控机床健康状态退化的性能指标集合记为$\{x_1, x_2, \cdots, x_n\}$,则数控机床健康指数 HI 的定义表达式为

$$HI = f(x_1, x_2, \cdots, x_n) \tag{8-36}$$

一般规定,健康指数 HI 的取值范围为$[0,1]$,HI 数值越大表明机床健康状态越好。并且规定当 HI=0 时,数控机床处于严重故障状态;当 HI=1 时,数控机床处于完全健康状态。

在数控机床健康状态劣化的过程中,数控机床的健康状态水平偏离机床理想工作状态越来越远,且越来越接近故障状态。因此,可以用机床健康状态与理想状态和故障状态的相对距离作为健康指数,来定量分析机床的健康状态水平,如图 8-41 所示。

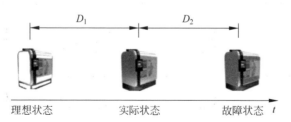

图 8-41　健康指数的距离度量法

在图 8-41 中,机床与理想状态间的距离 D_1 和机床与故障状态间的距离 D_2 都可以用于量化表达机床的健康状态水平。综合考虑 D_1、D_2,并结合健康指数的一般规定,将数控机床健康指数 HI 定义为

$$HI = \frac{D_2}{D_1 + D_2} \tag{8-37}$$

由上述定义可知,$HI \in [0,1]$;当数控机床处于理想状态时,$D_1 = 0$,HI=1;当数控机床处于故障状态时,$D_2 = 0$,HI=0。

此外,健康评估可以分为两个层次:一是单台设备从生产出厂到最终失效的纵向历史比较,如图 8-42 所示;二是同一批次设备的横向历史状态比较,如图 8-43 所示。

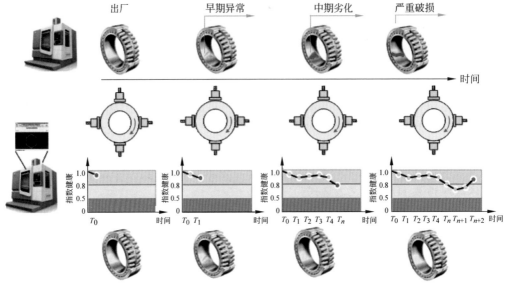

图 8-42　单台机床健康状态监控

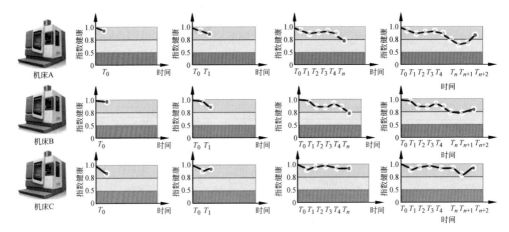

图 8-43　机床健康状态横向比较

2. 数控机床健康状态量化评估模型

前面小节已经对数控机床的健康状态进行了定义,并提出了健康指数的概念。为进一步实现对数控机床健康状态的量化评估,本书提出了一种基于逼近理想解法的健康状态量化评估模型,通过利用采集得到的健康状态数据训练集构建数控机床的正理想状态和负理想状态(故障状态),计算数控机床待评估性能特征样本数据与正理想状态、负理想状态的相对距离(健康指数),以此建立数控机床健康状态量化评估模型。

在数控机床健康状态评估的实际应用中,由于数控机床部分性能之间存在相互影响关系,将导致数控机床各项性能特征间并不完全满足线性无关的条件。为了消除数控机床各项性能特征间线性相关性的影响,可应用马氏距离对传统逼近理想解法进行优化。具体实施时,将传统逼近理想解法的欧氏距离替换成马氏距离即可。

在实际应用中,为实现机床健康状态评估,智能数控系统在数控机床上运行健康状态评估 G 指令,并自动获取 G 指令运行过程中数控系统的内部数据,包括与 G 指令相关的工作任务数据(如指令行号等)和外部传感器采集到的运行状态数据(如主轴电流、进给轴负载电流、位置、跟随误差、速度和加速度等),以指令域分析为方法基础,将时域信号按照 G 指令进行划分,并提取相关时域信号的特征值。这些数据即为健康状态量化评估模型训练和学习的样本。基于马氏距离改进后的健康状态量化评估可按照如图 8-44 所示步骤实施。

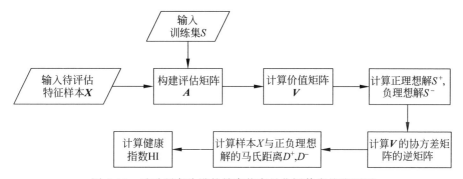

图 8-44　马氏距离改进的健康状态量化评估实施流程图

具体地,若存在待决策的单个方案 $X_i = (x_{i,1}, x_{i,2}, \cdots, x_{i,n})$ 包含 n 个评价指标,由 m 个方案构成方案集 $X = \{X_1, X_2, \cdots, X_m\}$,则基于逼近理想解法,对待决策方案集 X 内的各个方案的相对优劣程度进行量化排序和决策的实施步骤如下:

(1) 构建待决策方案集的评价矩阵 A:

$$A = (x_{ij})_{m \times n} = (X_1, X_2, \cdots, X_m)^{\mathrm{T}} = \begin{bmatrix} x_{11} & x_{12} & \cdots & x_{1n} \\ x_{21} & x_{22} & & x_{2n} \\ & & \vdots & \ddots \\ x_{m1} & x_{m2} & \cdots & x_{nm} \end{bmatrix} \tag{8-38}$$

式中,评价矩阵 A 的行数 m 是评价矩阵包含待决策方案的个数,列数 n 是单个方案包含的评价指标个数;x_{ij} 是第 i 个方案 X_i 的第 j 个评价指标($1 \leqslant i \leqslant m$, $1 \leqslant j \leqslant n$)。

(2) 为了解决方案内不同评价指标之间量纲和数量级有所差异的问题,需要对评价矩阵 A 进行规范化处理:

$$R = (r_{ij})_{m \times n}, \quad r_{ij} = \frac{x_{ij}}{\sqrt{\sum\limits_{i=1}^{m} x_{ij}^2}} \tag{8-39}$$

式中，$\boldsymbol{R}$ 为 $m \times n$ 维的规范化矩阵。

（3）计算价值矩阵 $\boldsymbol{V}$：

$$\boldsymbol{V} = \boldsymbol{RW} = \begin{bmatrix} r_{11} & r_{12} & \cdots & r_{1n} \\ r_{21} & r_{22} & & r_{2n} \\ \vdots & & \ddots & \vdots \\ r_{m1} & r_{m2} & \cdots & r_{mn} \end{bmatrix} \begin{bmatrix} w_1 & 0 & & 0 \\ 0 & w_2 & & 0 \\ \vdots & & \ddots & \vdots \\ 0 & 0 & \cdots & w_n \end{bmatrix}$$

$$= \begin{bmatrix} v_{11} & v_{12} & \cdots & v_{1n} \\ v_{21} & v_{22} & & v_{2n} \\ \vdots & & \ddots & \vdots \\ v_{m1} & v_{m2} & \cdots & v_{mn} \end{bmatrix} = (V_1, V_2, \cdots, V_m)^{\mathrm{T}} \tag{8-40}$$

式中，$\boldsymbol{W} = [\boldsymbol{W}_1, \boldsymbol{W}_2, \cdots, \boldsymbol{W}_n]$ 为权重矩阵，可根据专家经验确定，其中 $\boldsymbol{W}_j = (0, \cdots, 0, w_j, 0, \cdots, 0)^{\mathrm{T}}$；$w_j$ 为方案内第 j 个评价指标的权重，满足 $w_j \in [0, 1]$，且 $\sum\limits_{j=1}^{n} w_j = 1$。

（4）计算方案集的正理想解 S^+ 和负理想解 S^-：

$$S^+ = \{s_1^+, s_2^+, \cdots, s_n^+\} \tag{8-41}$$

$$S^- = \{s_1^-, s_2^-, \cdots, s_n^-\} \tag{8-42}$$

其中，对于效益型评价指标 J^+（即评价指标值越大所得绩效越高的指标）：

$$S_j^+ = \max\{v_{ij} \mid 1 \leqslant i \leqslant m\} \tag{8-43}$$

$$S_j^- = \min\{v_{ij} \mid 1 \leqslant i \leqslant m\} \tag{8-44}$$

对于成本型评价指标 J^-（即评价指标值越小所得绩效越高的指标）：

$$S_j^+ = \min\{v_{ij} \mid 1 \leqslant i \leqslant m\} \tag{8-45}$$

$$S_j^- = \max\{v_{ij} \mid 1 \leqslant i \leqslant m\} \tag{8-46}$$

（5）计算方案集内各个方案与正理想解、负理想解间的距离：

$$D_i^+ = \mathrm{dist}(\boldsymbol{Y}_i, \boldsymbol{S}^+) = \sqrt{(\boldsymbol{Y}_i - \boldsymbol{S}^+)\boldsymbol{\Sigma}^{-1}(\boldsymbol{Y}_i - \boldsymbol{S}^+)^{\mathrm{T}}} \tag{8-47}$$

$$D_i^- = \mathrm{dist}(\boldsymbol{Y}_i, \boldsymbol{S}^-) = \sqrt{(\boldsymbol{Y}_i - \boldsymbol{S}^-)\boldsymbol{\Sigma}^{-1}(\boldsymbol{Y}_i^+ - \boldsymbol{S}^-)^{\mathrm{T}}} \tag{8-48}$$

式中，$\boldsymbol{Y}_i$ 为方案 X_i 在价值矩阵 $\boldsymbol{V}$ 中对应的行向量；$\boldsymbol{S}^+$ 为正理想解；$\boldsymbol{S}^-$ 为负理想解；$\boldsymbol{\Sigma}^{-1}$ 为协方差矩阵 $\boldsymbol{\Sigma}$ 的逆矩阵。

（6）计算方案集内各个方案与正理想解、负理想解的相对距离：

$$C_i^+ = \frac{D_i^-}{D_i^+ + D_i^-} \tag{8-49}$$

（7）按照 C_i^+ 的大小进行排序后量化决策。相对距离 C_i^+ 反映了方案的相对优劣程度，C_i^+ 越大，则对应的方案越好，C_i^+ 越小，则越差；方案集 X 中 C_i^+ 最大对应的方案即为最优方案。

结合到本案例中,若数控机床性能特征向量 $X_i=(x_{i,1},x_{i,2},\cdots,x_{i,n})$ 包含 n 个性能特征,存在覆盖不同健康状态水平的训练集 $S=\{X_1,X_2,\cdots,X_m\}$ 包含 m 个特征向量和待评估的数控机床性能特征向量样本 $X_{m+1}=(x_{m+1,1},x_{m+1,2},\cdots,x_{m+1,n})$。

由训练集 S 和待评估的性能特征向量样本 X_{m+1} 构建用于健康状态量化评估的评价矩阵 A:

$$A=(x_{ij})_{(m+1)\times n}=\begin{bmatrix} x_{11} & x_{12} & \cdots & x_{1n} \\ x_{21} & x_{22} & & x_{2n} \\ & & \vdots & \ddots & \vdots \\ x_{m1} & x_{m2} & \cdots & x_{mn} \\ x_{m+1,1} & x_{m+1,2} & & x_{m+1,n} \end{bmatrix} \tag{8-50}$$

然后按照上述基本步骤(2)~(7),逐步求解得到评价矩阵 A 的正理想解 S^+ 作为数控机床的正理想状态,得到负理想解 S^- 作为数控机床的负理想状态(故障状态),然后计算待评估样本 X_{m+1} 与正理想解 S^+、负理想解 S^- 的马氏距离 D^+、D^-。根据上述对健康指数的定义,则待评估样本 X_{m+1} 的健康指数计算公式为

$$HI=\frac{D'^-}{D'^+ +D'^-} \tag{8-51}$$

8.5.3　数控机床健康状态评估方法验证

为了验证本书提出的健康状态量化评估模型的准确性与有效性,并进一步说明实际应用中的实施方法,通过在某智能车间数控机床上的实际应用案例对智能数控系统的健康状态评估功能进行进一步的说明和验证。

基于上述理论,为实现对机床健康状态的评估,分别在数控装置端和云端开发了机床健康保障功能并在软件中集成了上述健康状态量化评估算法,下面将以云端的机床健康保障为例进行说明。云端机床健康保障功能的界面如图 8-45 所示。

云端机床健康保障功能运行在大数据平台上,通过数控机床大数据接口可以实时获取机床的运行状态数据,并通过分析数控机床纵向的运行数据实现对单台数控机床健康状态变化趋势的分析,通过分析数控机床横向的运行数据实现对同批次同型号数控机床健康状态的横向对比分析。

在实际使用过程中,机床的健康保障功能模块效仿人体体检过程,正如人进行体检时往往会做一些标准的动作并通过肺活量等数据对人体进行健康判定,健康保障模块针对机床设计了一套标准自检 G 代码,使机床定期运行该自检 G 代码,同时在运行过程中记录机床内部电流信号、跟随误差等数据,将采样数据与 G 代码对应绑定,形成指令域特征,运用健康状态量化评估模型计算机床的健康指数,并在机床实际加工生产过程中定期体检。云端的健康保障模块将体检记录的健康指

数进行单台机床的纵向对比,得到机床健康状态判断,同时也能将单台机床体检记录的健康指数与同批次的机床进行健康状态的纵向对比,工作流程如图 8-46 所示。

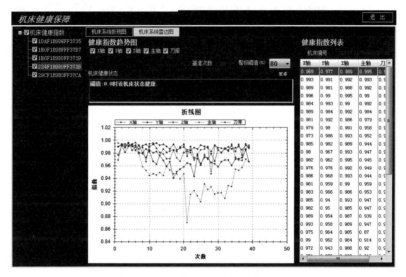

图 8-45　云端机床健康保障功能

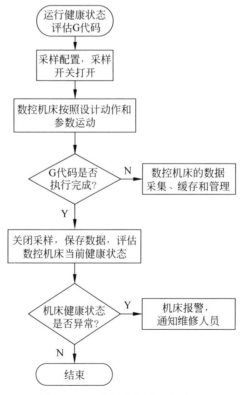

图 8-46　云端健康保障工作流程

1．使用流程

使用前,在数控装置端用户可通过自定义配置模块对需要进行健康状态评估的机床功能部件、机床运动控制参数等进行自定义配置,方便用户结合机床实际生产情况进行调整。用户可以自主对数控机床任意通道的直线轴、旋转轴、主轴、刀库等部件进行选择,如图 8-47 所示。

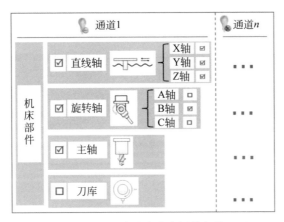

图 8-47　数控机床健康状态评估部件配置

完成自检部件配置后,就可以自动生成健康保障的 G 代码,程序名固定为 O99999,出现创建自检 G 代码成功字样代表 G 代码创建成功。图 8-48 为生成的 G 代码样例。

图 8-48　G 代码生成样例

自检 G 代码生成后，机床即可定期运行该自检 G 代码，实现对机床健康状态的评估。

2. 实验结果

依照上述过程，分别进行纵向比较与横向比较。此处仅以某智能化车间的实际应用案例来进行说明。

针对智能车间中某一台机床，定期运行自检程序，在进行第 383 次自检时可以发现机床的 Y 轴健康指数出现突然的下降，如图 8-49 所示。

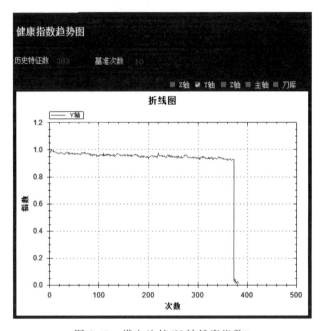

图 8-49　横向比较（Y 轴健康指数）

经过机械检修人员的检修，机床 Y 轴防护罩出现了松动的迹象，在维修人员维修防护罩后 Y 轴的健康指数又回到了正常的水平，如图 8-50 所示。

通过上述案例可以说明，本书提出的机床健康状态评估方法通过单台机床的纵向数据的比较，能够在机床部件出现故障前做出较为准确的评估，防止更严重的故障，损坏机床。健康保障的横向比较功能主要面向智能产线、智能车间，实现多台同型号机床的健康状态的比较。横向比较功能将在第 9 章中进行描述。

8.5.4　小结

本节通过利用机床运行过程的状态数据，学习并建立了机床健康状态的量化评估模型，利用这一模型，可以实现对机床健康状态的监控和健康状态变化趋势的跟踪，在故障发生前给出预警。在后续的研究中，可利用时序分析和历史健康数据对数控机床的进给轴、主轴和整机的健康状态进行预测。

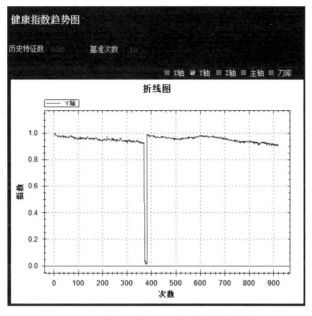

图 8-50　检修后的 Y 轴健康指数趋势图

8.6　智能断刀监测

8.6.1　背景及意义

自动化、智能化生产线中,由于无人值守,刀具的异常状态不能被及时发现,往往会影响生产线的自动生产,进而影响生产线的生产节拍,导致生产线无法正常工作。刀具状态监测正是在此种工业环境背景下提出的重要需求。通过刀具状态的实时、准确监测,可以在保证自动线正常生产节拍的同时,减少成本损失,提高生产线的良品率。

刀具状态监测方法包括直接法和间接法。直接法是直接测量刀具的磨损、破损和断裂,主要的测量方法有激光扫描法和机器视觉等。直接法虽然可以直接测量刀具的几何变形,但是无法在加工过程中在线监测刀具的状态,只能进行刀具状态的离线检测。间接法则是通过获取切削过程中与刀具磨损、破损或断裂具有较强内在联系的系统响应数据来分析刀具的状态,该方法可以实现对刀具状态的在线实时监测。

刀具状态判断的方法主要包括阈值法和人工智能方法。阈值法中的阈值是通过统计分析多次试切实验结果得到的。Ritou 等提出在 4 次试切所观测到的刀具偏心平均值 σ 的基础上,采用 3σ 原则确定阈值。断刀监测的商业软件,如意大利的 Artis Marposs、德国的 Komet 和法国的 Digital Way 等,通常采用阈值的方法进行刀具状态监测,其阈值通常需要人为地介入,并通过反复加工进行调整。阈值法的缺点一方面在于阈值需要反复地调整;另一方面在于阈值一旦设定难以根据实际样本分布动态变化。人工智能算法则可以通过样本的积累,从样本中自动和动态地挖掘阈值,形成基于人工智能的刀具状态监测系统。

8.6.2　基于指令域分析方法的断刀监测技术

1. 断刀监测系统概述

基于人工智能的刀具状态监测系统的关键在于数据的获取。而在工业应用中,刀具状态数据产生的过程如图 8-51 所示,具有如下三个特点:

图 8-51　刀具状态数据产生过程

（1）流式特点(Streaming)。工业化数据具有流式特点,数据会无间隔、无标记地进行传递。数据样本是一个一个产生,而不是同时产生多个。

（2）不均衡特点(Imbalance)。工业应用中,与正常的样本量相比,故障样本数量非常少,即工业样本集具有不均衡特点,如图 8-51 所示,故障样本的产生是十分稀疏的。在刀具状态监测过程中,正常加工的样本往往要显著大于刀具状态异常的样本,因此刀具状态监测是一个典型的样本不均衡问题。

（3）后发性特点(Posterior)。正常样本的数据先密集出现,而故障样本的数据(如断刀数据)后出现,即故障样本具有后发性特点。

结合上述工业数据的特点和在实际应用中的经验,发现基于人工智能的刀具状态监测系统面临如下挑战:

（1）目标数据自动标记与获取的挑战。工业数据的流式特点,导致目标数据存在难以自动辨识和自动获取的挑战。

（2）刀具异常样本获取的挑战。在使用新刀具加工初期,刀具异常的样本是无法获取的,这使得有监督的机器学习算法无法进行模型的训练,进而导致首次出现的刀具异常情况无法判断,造成生产上的损失。

（3）增量学习的挑战。工业数据的流式特点,导致数据样本是一个一个产生,不会同时产生多个样本,特别是对于刀具状态监测而言,随着加工的进行,样本的量是从无到有,这种样本的产生模式并不适用于离线批量学习。

（4）工业应用的实时性挑战。刀具状态监测对实时性有一定的要求,特别是断刀监测对实时性要求更高一些。

（5）样本不均衡的挑战。通常采用的基于人工智能方法的刀具状态监测方法往往忽略了数据集的不均衡性。

　　针对上面所提出的五个问题,本书提出了一种基于指令域分析方法的立铣刀断刀监测方法,本方法适用于铣削加工过程立铣刀柄断裂(Shank Breakage)的在线监测,本方法整体框架如图 8-52 所示。

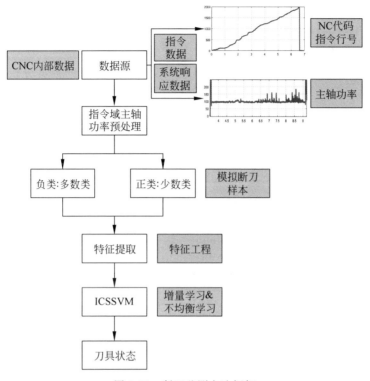

图 8-52　断刀监测方法框架

　　具体步骤如下:

　　(1) 数据感知。与传统的时序数据不同,本书获取的是指令域数据,对数控系统内部的指令行、主轴功率进行同步获取,其在时序的基础上,还提供了工况索引的维度,丰富了数据的内涵。

　　(2) 利用指令域分析方法对指令域主轴功率进行预处理。指令域分析的方法一方面可以实现对样本的工况标记和样本自动获取;另一方面可以对工况相同的数据进行比较分析,实现对与异常相关的本质数据的分析,提升数据的故障灵敏性。

　　(3) 断刀样本的仿真。利用刀具异常机理,建立仿真实际的断刀样本算法,为模型生成初始阶段提供正样本,保证数据集完备性。

　　(4) 特征提取。提取的特征包括均方根、平均值、方差、峰度、相关系数、一阶微分的均方根、一阶微分的方差和一阶微分的峰度。其中,一阶微分是为了突出主轴功率的脉冲特征。

（5）ICSSVM 模型训练及泛化。结合仿真的断刀样本及实际获取的正常样本，通过 ICSSVM 的学习，实现对模型有代价的训练，稳定模型的训练时间，提升少数类的分类准确性。再利用 ICSSVM 训练好的模型进行泛化，实现对刀具状态的判断。

2. 基于指令域分析方法的数据预处理

1）指令域数据的分段

7.3 节已经详细介绍了指令域的概念以及基于指令域的数据分析方法，具体到本案例中，原始的断刀数据中会包含对应于主轴加速和减速过程的两个脉冲，如图 8-53 所示，这两个脉冲的主轴功率数值较大，基本淹没了主轴匀速加工阶段的数值，也超过了刀具断裂时所产生的特征，会对断刀数据的分析产生干扰。因此，可以通过指令行的索引方便地剔除主轴加速段（对应 M03 的主轴旋转指令）和减速段（对应 M05 的主轴停止指令），以提升数据的故障灵敏性。同时，基于指令域分析的方法也解决了上文提到的目标数据自动标记与获取的问题。

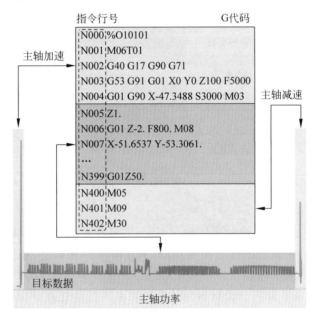

图 8-53　基于指令域的数据分段

2）指令域主轴功率的预处理

前面已经通过指令行对主轴功率数据进行了分段，剔除了与实际加工无关的数据，为进一步提升数据的故障敏感性，利用指令速度对主轴功率的运动控制级的标记，分离出主轴转速稳定的数据段，剔除了数据中惯性力的成分；此外，主轴功率为间接数据，包含了与主轴系统或进给轴系统热状态相关的成分，该成分是系统在不同热态下的摩擦响应特性，严重影响了数据的有效性，需要予以剔除，利用

EMD 分解以剔除主轴热态成分；最后进行比较分析以突出故障信息。整体流程如图 8-54 所示。

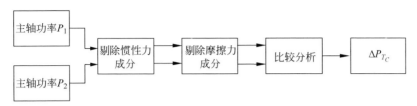

图 8-54 主轴功率预处理流程

3. 断刀样本生成算法

在实际加工的初始阶段，由于加工的刀具是全新的，因此刀具往往不易断裂，造成刀具断裂的正样本不易生成，进而无法保证有监督的学习模型所要求的数据样本的完备性。而刀具断裂的正样本的特点在于具有如图 8-55 所示的断刀的两个明显特征。本节通过分析图 8-55 的刀具断裂特征，提出了如下立铣刀断刀样本生成方法。

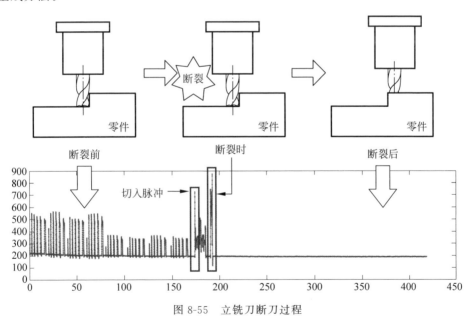

图 8-55 立铣刀断刀过程

令正常切削的系统响应数据 $\mathrm{sp}^{(\mathrm{Nor})} = \{\mathrm{sp}_1^{(\mathrm{Nor})}, \mathrm{sp}_2^{(\mathrm{Nor})}, \cdots, \mathrm{sp}_n^{(\mathrm{Nor})}\}$，空切削的系统响应数据 $\mathrm{sp}^{(\mathrm{Air})} = \{\mathrm{sp}_1^{(\mathrm{Air})}, \mathrm{sp}_2^{(\mathrm{Air})}, \cdots, \mathrm{sp}_n^{(\mathrm{Air})}\}$，立铣刀断刀样本生成的步骤如下：

（1）计算脉冲最大值 $\mathrm{sp}_{\mathrm{impulse,max}} = k \cdot \mathrm{sp}_{\mathrm{max}}^{(\mathrm{Nor})}$，其中 $\mathrm{sp}_{\mathrm{max}}^{(\mathrm{Nor})} = \max(\mathrm{sp}^{(\mathrm{Nor})})$，$k$ 为比例系数，令 $k = 1.5$。

（2）计算脉冲持续时间 Du，根据实验统计分析，令 Du＝0.1s。

（3）对正常切削和空切削的系统响应数据进行分段：

$$\mathrm{sp}_{\mathrm{seg}}^{(\mathrm{Nor})} = \{\mathrm{sp}_1^{(\mathrm{Nor})}, \mathrm{sp}_2^{(\mathrm{Nor})}, \cdots, \mathrm{sp}_m^{(\mathrm{Nor})}\} \tag{8-52}$$

$$\mathrm{sp}_{\mathrm{seg}}^{(\mathrm{Air})} = \{\mathrm{sp}_{m+1}^{(\mathrm{Air})}, \mathrm{sp}_{m+2}^{(\mathrm{Air})}, \cdots, \mathrm{sp}_n^{(\mathrm{Air})}\} \tag{8-53}$$

（4）利用步骤（1）和步骤（2）的结果，计算分段数据式（8-52）和式（8-53）之间的线性插值：

$$\mathrm{sp}_{\mathrm{int},q} = \begin{cases} \mathrm{sp}_m^{(\mathrm{Nor})} + \dfrac{2q}{f_s Du}(\mathrm{sp}_{\mathrm{inpulse,max}} - \mathrm{sp}_m^{(\mathrm{Nor})}), & 1 \leqslant q \leqslant f_s Du/2 \\[3mm] \mathrm{sp}_{\mathrm{impulse,max}} - \dfrac{(2q - f_s Du)}{f_s Du}(\mathrm{sp}_{\mathrm{impulse,max}} - \mathrm{sp}_{m+f_s Du/2}^{(\mathrm{Air})}), & f_s Du/2 < q \leqslant f_s Du \end{cases} \tag{8-54}$$

其中，$\mathrm{sp}_{\mathrm{int},q}$ 表示第 q 个插值点；f_s 为主轴功率的采样频率。

（5）合并式（8-52）、式（8-53）和式（8-54），得到模拟断刀数据：

$$\mathrm{sp}^{(\mathrm{sim})} = \{\mathrm{sp}_1^{(\mathrm{Nor})}, \mathrm{sp}_2^{(\mathrm{Nor})}, \cdots, \mathrm{sp}_m^{(\mathrm{Nor})}, \mathrm{sp}_{\mathrm{int},1}, \mathrm{sp}_{\mathrm{int},2}, \cdots, \mathrm{sp}_{\mathrm{int},k}, \mathrm{sp}_{m+k+1}^{(\mathrm{Air})}, \mathrm{sp}_{m+k+2}^{(\mathrm{Air})}, \cdots, \mathrm{sp}_n^{(\mathrm{Air})}\} \tag{8-55}$$

通过将刀具断裂的两种重要特征与正常切削和空切削的实际数据进行融合，形成基本可以反映断刀样本特征的模拟断刀数据，如图 8-56 所示，虽然两者之间存在误差，但是模拟的断刀数据具备了瞬时脉冲和空切削的特性，进而保证了模拟断刀数据的可用性。

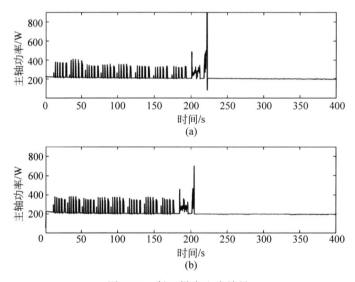

图 8-56　断刀样本生成效果
（a）实际断刀数据；（b）模拟断刀数据

生成 $m=\dfrac{1}{6}n,\dfrac{1}{3}n,\dfrac{1}{2}n,\dfrac{2}{3}n,\dfrac{5}{6}n$ 对应的模拟断刀样本,如图 8-57 所示,所形

成的模拟断刀样本保证了初始样本集的完备性。

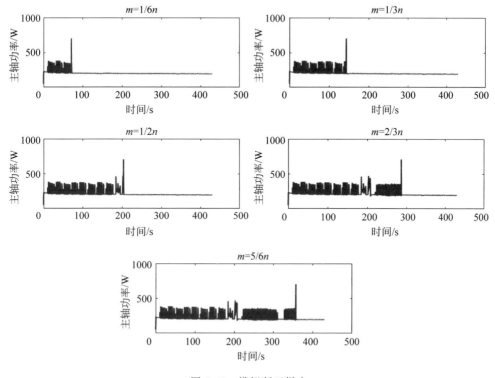

图 8-57　模拟断刀样本

通过这一方法解决了上文提到的刀具异常样本获取的问题,确保了有监督的

学习模型所要求的数据样本的完备性。

4. 增量式代价敏感支持向量机

如图 8-58 所示,ICSSVM 是一种将 CSSVM 和改进的 ISVM 有机组合在一起的支持向量机算法。CSSVM 通过改进损失函数,得到改进的 KKT(Karush-Kuhn-Tucker)条件,并在 KKT 条件的基础上,运用改进的 ISVM 算法增量求得支持向量机模型的最优解。

通过对刀具样本的特征提取,形成了 ICSSVM 模型的输入:$\{x^{(i)},y^{(i)}\}$,$i=1$,$2,\cdots,l$。

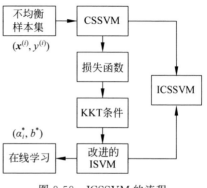

图 8-58　ICSSVM 的流程

1）代价敏感支持向量机

代价敏感支持向量机 CSSVM 可以提供处理不均衡样本集可分与不可分情况的决策规则，标准 SVM 的铰链误差为 $C\sum\limits_{i}^{m}\xi_i$，而 CSSVM 的铰链误差为

$$C\Big(C_1\sum\limits_{\{i\,|\,y_i=1\}}\xi_i+\frac{1}{\kappa}\sum\limits_{\{i\,|\,y_i=-1\}}\xi_i\Big)。$$

CSSVM 的原始问题如下：

$$\begin{cases}\underset{\omega,b,\xi_i}{\arg\min}\quad\dfrac{1}{2}\parallel\omega\parallel^2+C\Big(C_1\sum\limits_{\{i\,|\,y_i-1\}}\xi_i+\dfrac{1}{\kappa}\sum\limits_{\{i\,|\,y_i=-1\}}\xi_i\Big)\\[2mm]\text{s. t.}\qquad(\boldsymbol{\omega}^{\mathrm{T}}\boldsymbol{x}^{(i)}+b)\geqslant1-\xi_i;\qquad y^{(i)}=1\\[2mm]\qquad\qquad(\boldsymbol{\omega}^{\mathrm{T}}\boldsymbol{x}^{(i)}+b)\leqslant-\kappa+\xi_i;\quad y^{(i)}=-1\\[2mm]\qquad\qquad\xi_i\geqslant0\\[2mm]\qquad\qquad\kappa=\dfrac{1}{2C_{-1}-1},\quad0<\kappa\leqslant1\leqslant\dfrac{1}{\kappa}\leqslant C_1\end{cases}\tag{8-56}$$

其中，C_{-1}，C_1，C 均为正则化参数。式(8-56)可以简化为

$$\begin{cases}\underset{\omega,b,\xi_i}{\arg\min}\quad\dfrac{1}{2}\parallel\boldsymbol{\omega}\parallel^2+C_i\sum\xi_i\\[2mm]\text{s. t.}\qquad y^{(i)}(\boldsymbol{\omega}^{\mathrm{T}}\boldsymbol{x}^{(i)}+b)\geqslant\Omega_i-\xi_i\\[2mm]\qquad\qquad\xi_i\geqslant0\end{cases}\tag{8-57}$$

其中，$\Omega_i=\begin{cases}1,&i\in\{i\ |\ y^{(i)}=1\}\\[2mm]\dfrac{1}{2C_{-1}-1},&i\in\{i\ |\ y^{(i)}=-1\}\end{cases}$；$C_i=\begin{cases}CC_1,&i\in\{i\ |\ y^{(i)}=1\}\\[2mm]C(2C_{-1}-1),&i\in\{i\ |\ y^{(i)}=-1\}\end{cases}。$

比较式(8-56)和式(8-57)可以发现，这种铰链损失的最小化是标准支持向量机优化问题的推广，因此，可以通过相同的步骤来解决。具体如下：

（1）上述优化问题的拉格朗日函数如下：

$$L(\boldsymbol{\omega},b,\xi)=\frac{1}{2}\parallel\boldsymbol{\omega}\parallel^2+C_i\sum\xi_i+\sum\alpha_i(\Omega_i-\xi_i-y^{(i)}(\boldsymbol{\omega}^{\mathrm{T}}\boldsymbol{x}^{(i)}+b))-\sum\beta_i\xi_i\tag{8-58}$$

（2）令 L 相对于 ω 的梯度和 L 对 b 与 ξ 的偏导数为 0：

$$\begin{cases}\nabla_{\omega}L(\boldsymbol{\omega},b,\xi)=\boldsymbol{\omega}-\sum\limits_{i}\alpha_iy^{(i)}x^{(i)}=0\\[3mm]\dfrac{\partial}{\partial b}L(\boldsymbol{\omega},b,\xi)=\sum\limits_{i}\alpha_iy^{(i)}=0\\[3mm]\dfrac{\partial}{\partial\xi_i}L(\boldsymbol{\omega},b,\xi)=C_i-\alpha_i-\beta_i=0\end{cases}\tag{8-59}$$

（3）将式(8-59)代入式(8-60)并化简后得到原始问题的对偶问题：

$$\begin{cases} \underset{\alpha}{\mathrm{argmax}} \quad L(\boldsymbol{\omega},b,\xi) = \sum_i \alpha_i - \frac{1}{2}\sum_{i,j}\alpha_i\alpha_j y^{(i)} y^{(j)} K(x^{(i)},x^{(j)}) \\ \mathrm{s.t.} \qquad \sum_i \alpha_i y^{(i)} = 0 \\ \qquad\qquad 0 \leqslant \alpha_i \leqslant C_i \end{cases} \tag{8-60}$$

（4）根据 KKT 条件得到

$$\begin{cases} \alpha_i(\Omega_i - \xi_i - y^{(i)}(\boldsymbol{\omega}^{\mathrm{T}}\boldsymbol{x}^{(i)} - b)) = 0 \\ \beta_i \xi_i = (C_i - \alpha_i)\xi_i = 0 \\ \Omega_i - \xi_i - y^{(i)}(\boldsymbol{\omega}^{\mathrm{T}}\boldsymbol{x}^{(i)} - b) \leqslant 0, \alpha_i \geqslant 0 \\ -\xi_i \leqslant 0, \beta_i \geqslant 0 \end{cases} \tag{8-61}$$

令 $g_i = y^{(i)}(\boldsymbol{\omega}^{\mathrm{T}}\boldsymbol{x}^{(i)} + b) - \Omega_i$，得到如下结论：

① 当 $\alpha_i = 0$ 时，得到 $\xi_i = 0$ 和 $-g_i - \xi_i \leqslant 0$，因此，$g_i \geqslant 0$；

② 当 $0 < \alpha_i < C_i$ 时，得到 $\xi_i = 0$ 和 $-g_i - \xi_i = 0$，因此，$g_i = 0$；

③ 当 $\alpha_i = C_i$ 时，得到 $-\xi_i \leqslant 0$ 和 $-g_i - \xi_i = 0$，因此，$g_i \leqslant 0$。

进一步得到 CSSVM 的 KKT 条件如下：

$$\begin{cases} g_i = y^{(i)}(\boldsymbol{\omega}^{\mathrm{T}}\boldsymbol{x}^{(i)} + b) - \Omega_i \begin{cases} \geqslant 0, & \alpha_i = 0 \\ = 0, & 0 < \alpha_i < C_i \\ \leqslant 0_i, & \alpha_i = C_i \end{cases} \\ \sum_i \alpha_i y^{(i)} = 0 \end{cases} \tag{8-62}$$

根据式(8-62)，输入样本 $\{x^{(i)},y^{(i)}\}$ 可进行如下分类：

① 对于满足 $g_i \geqslant 0, \alpha_i = 0$ 的样本 $\{x^{(i)},y^{(i)}\}$，称为保留点（Reserve），用 R 表示（图 8-59）；

② 对于满足 $g_i = 0, 0 < \alpha_i < C_i$ 的样本 $\{x^{(i)},y^{(i)}\}$，称为边界支持向量点（Margin Support Vector），用 S 表示；

③ 对于满足 $g_i \leqslant 0, \alpha_i = C_i$ 的样本 $\{x^{(i)},y^{(i)}\}$，称为误差支持向量点（Error Support Vector），用 E 表示；

④ 令获取的数据集用 D 表示，即 $D = \{R \cup E \cup S\}$。

2）改进的增量式支持向量机

本书提出的改进 ISVM 是标准 ISVM 的一种推广，比权鑫等提出的增量学习算法更为简洁。

令 $\{\alpha_i,b\}, i = 1,2,3,\cdots,l$ 由原始数据集 D 计算得到，新的拉格朗日乘子 α_c 由新加入的样本 $\{x^{(c)},y^{(c)}\}$ 计算得到。改进的增量学习的步骤如下：

（1）计算增量表达式

增量式计算的前提是在增加支持向量点 $\{x^{(c)},y^{(c)}\}$ 时，保证 D 中各样本点满足

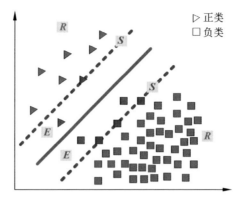

图 8-59　数据分类：R 代表保留点，E 代表误差支持向量点，S 代表边界支持向量点

KKT 条件，那么保留点和误差支持向量点的拉格朗日系数均保持不变，支持向量点则会在 $[0,C_i]$ 的范围内变动。令 $Q_{ij}=y^{(i)}y^{(j)}K(x^{(i)},x^{(j)})$，得到如下增量表达式：

$$\Delta g_i = g'_i - g_i = \sum_{j \in S} \Delta\alpha_j Q_{ij} + \Delta\alpha_c Q_{ic} + y^{(i)}\Delta b \tag{8-63}$$

$$\sum_{j \in S} \Delta\alpha_j y^{(j)} + \Delta\alpha_c y^{(c)} = 0 \tag{8-64}$$

（2）建立方程组

当 $i \in S$ 时，$\Delta g_i = 0$，即

$$\Delta g_i = \sum_{j \in S} \Delta\alpha_j Q_{ij} + \Delta\alpha_c Q_{ic} + y^{(i)}\Delta b = 0; \quad i \in S; i,j = s_1,s_2,\cdots,s_m \tag{8-65}$$

联立式（8-64）和式（8-65），得到如下方程组：

$$\begin{pmatrix} 0 & y^{(s_1)} & y^{(s_2)} & \cdots & y^{(s_m)} \\ y^{(s_1)} & Q_{s_1 s_1} & Q_{s_1 s_2} & \cdots & Q_{s_1 s_m} \\ y^{(s_2)} & Q_{s_2 s_1} & Q_{s_2 s_2} & \cdots & Q_{s_2 s_m} \\ \vdots & \vdots & \vdots & \ddots & \vdots \\ y^{(s_m)} & Q_{s_m s_1} & Q_{s_m s_2} & \cdots & Q_{s_m s_m} \end{pmatrix} \begin{pmatrix} \Delta b \\ \Delta\alpha_{s_1} \\ \Delta\alpha_{s_2} \\ \vdots \\ \Delta\alpha_{s_m} \end{pmatrix} = - \begin{pmatrix} y^{(c)} \\ Q_{s_1 c} \\ Q_{s_2 c} \\ \vdots \\ Q_{s_m c} \end{pmatrix} \Delta\alpha_c \tag{8-66}$$

进一步化简为

$$Q \begin{pmatrix} \Delta b \\ \Delta\alpha_{s_1} \\ \Delta\alpha_{s_2} \\ \vdots \\ \Delta\alpha_{s_m} \end{pmatrix} = - \begin{pmatrix} y^{(c)} \\ Q_{s_1 c} \\ Q_{s_2 c} \\ \vdots \\ Q_{s_m c} \end{pmatrix} \Delta\alpha_c \tag{8-67}$$

令矩阵 $\boldsymbol{U} = \boldsymbol{Q}^{-1}$，则有

$$\begin{cases} \Delta b = -\boldsymbol{Q}^{-1} y^{(c)} \Delta \alpha_c = -\boldsymbol{U} y^{(c)} \Delta \alpha_c = \beta \Delta \alpha_c \\ \Delta \alpha_i = -\boldsymbol{Q}^{-1} \boldsymbol{Q}_{ic} \Delta \alpha_c = -\boldsymbol{U} \boldsymbol{Q}_{ic} \Delta \alpha_c = \beta_i \Delta \alpha_c, \quad i = s_1, s_2, \cdots, s_m \end{cases} \tag{8-68}$$

将式(8-69)代入式(8-64)得到

$$\Delta g_i = \Big(\sum_{j \in s}^{s_l} \beta_i \boldsymbol{Q}_{ij} + \boldsymbol{Q}_{ic} + \beta \Big) \Delta \alpha_c = \gamma \Delta \alpha_c, \quad i \in D \tag{8-69}$$

其中，$i \in S, \gamma = 0; i \notin S, \gamma = \sum_{j \in s}^{s_l} \beta_i \boldsymbol{Q}_{ij} + \boldsymbol{Q}_{ic} + \beta$。

（3）确定 $\Delta \alpha_c$

如表 8-6 所示，只有不满足 KKT 条件的点需要进行分析和调整，因此如果新生成的样本点是保留点时，ISVM 则可以避开此次计算，节省了计算时间。随着 $\Delta \alpha_c$ 的增加，R, S 和 E 中的成分均会发生变化。通过计算样本恰好在中 R, S 和 E 迁移时的最大调整量 $\Delta \alpha_c^{\max}$，实现 R, S 和 E 样本分布的调整。如图 8-60 所示，有三种具体的迁移情况需要考虑。$\Delta \alpha_c$ 的选取规则如表 8-7 所示。

表 8-6　调整策略

当前计算值	KKT 条件	当前条件	调整策略
$g_c > 0$	$\alpha_c = 0$	$\alpha_c = 0$	满足 KKT 条件，结束
$g_c = 0$	$0 < \alpha_c < C_i$	$\alpha_c = 0$	不满足 KKT 条件，需要增加 α_c 的值以满足 KKT 条件
$g_c < 0$	$\alpha_c = C_i$	$\alpha_c = 0$	不满足 KKT 条件，需要增加 α_c 的值以满足 KKT 条件

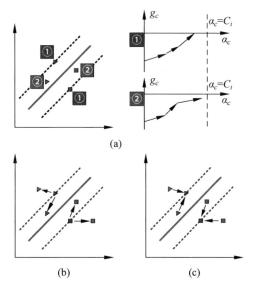

(a)

(b)　(c)

图 8-60　三种样本迁移模式

（a）新样本加入到 S 或 E 中；（b）S 中的样本迁移到 E 或 R 中；（c）E 或 R 中的样本嵌入到 S 中

表 8-7 $\Delta\alpha_c$ 选取规则

对象	指标变化	类别迁移	计算 $\Delta\alpha_c$（$\Delta\alpha_c > 0$）	后续处理
α_c	$g_c < 0 \to 0$	null$\to$S	$\Delta\alpha_c = \dfrac{0 - g_c}{\gamma} = \dfrac{-g_c}{\gamma}$	Terminate
	$\alpha_c = 0 \to C_i$	null$\to$E	$\Delta\alpha_c = C_i - 0 = C_i$	Terminate
$\alpha_i, i \in S$	$0 < \alpha_i < C_i \to \alpha_i = 0$	S$\to$R	$\Delta\alpha_i = 0 - \alpha_i = -\alpha_i$ $\Delta\alpha_c = \dfrac{\Delta\alpha_i}{\beta_i} = \dfrac{-\alpha_i}{\beta_i}$	Update U Repeat
	$0 < \alpha_i < C_i \to \alpha_i = C_i$	S$\to$E	$\Delta\alpha_i = C_i - \alpha_i$ $\Delta\alpha_c = \dfrac{\Delta\alpha_i}{\beta_i} = \dfrac{C_i - \alpha_i}{\beta_i}$	Update U Repeat
$g_i, i \in D$	$g_i < 0 \to g_i = 0$	E$\to$S	$\Delta g_i = 0 - g_i = -g_i$ $\Delta\alpha_c = \dfrac{\Delta g_i}{\gamma} = \dfrac{-g_i}{\gamma}$	Update U Repeat
	$g_i > 0 \to g_i = 0$	R$\to$S	$\Delta g_i = g_i - 0 = g_i$ $\Delta\alpha_c = \dfrac{\Delta g_i}{\gamma} = \dfrac{g_i}{\gamma}$	Update U Repeat

选择绝对值最小的 $\Delta\alpha_c$ 作为执行步距，即 $\Delta\alpha_c^* = \min|\Delta\alpha_c|$。

（4）更新矩阵 U

矩阵 U 应该在样本集 S 变化时进行更新。当有新的样本增加到 S 时，使用式（8-70）更新矩阵 U。当有样本从 S 中移出时，使用式（8-71）更新矩阵 U。k 是更新样本的索引。

$$U \leftarrow \begin{bmatrix} & & & 0 \\ & U & & 0 \\ & & & \vdots \\ 0 & 0 & \cdots & 0 \end{bmatrix} + \frac{1}{\gamma_k} \begin{bmatrix} \beta \\ \beta_j \\ 1 \end{bmatrix} \begin{bmatrix} \beta & \beta_j & 1 \end{bmatrix} \tag{8-70}$$

$$U_{ij} \leftarrow U_{ij} - U_{kk}^{-1} U_{ik} U_{kj} \quad \forall i,j \in S; i,j \neq k \tag{8-71}$$

3）ICSSVM 算法步骤

将新样本 $c = \{x^{(c)}, y^{(c)}\}$ 添加到 D 中，使得 $D^{l+1} = D^l \bigcup \{c\}$，具体步骤如下：

（1）确定 C_i，并计算 Ω_i。

（2）初始化 $\alpha_c = 0$。

（3）如果 $g_c \leqslant 0$，结束。

（4）如果 $g_c \leqslant 0$，采用表 8-7 的 $\Delta\alpha_c$ 选择规则，可能发生以下三种情况：

① $g_c = 0$：将新样本 c 加入到 S 中，并更新矩阵 U，结束；

② $\alpha_c = C$：将新样本 c 加入到 E 中，结束；

③ 根据情况，在 S,E 和 R 中移动 D^l 中的样本，同时当 S 改变时，更新对应的

矩阵 U，重新从步骤(4)开始，直到满足结束的条件。

8.6.3　数控机床断刀监测系统实验验证

1. 实验装置

断刀监测的实验验证是在一台立式铣床(XHK715)上开展的。实际的加工环境如图 8-61 所示。

由于本书所述方法的通用性，对于任意零件的加工过程均适用，即无须定义特定的切削用量(进给速度 F、主轴转速 S、轴向切深 a_p 和径向切宽 a_e)以达到覆盖尽可能多的切削情况，在这种前提下，不失一般性地选择加工如图 8-62 所示的零件，所选用的刀具、毛坯及加工条件如表 8-8 所示，其中切削液减半的目的是加速刀具断裂的进程，以获取加工中的断刀数据样本。

图 8-61　实际加工环境

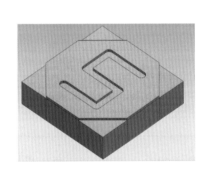

(a)

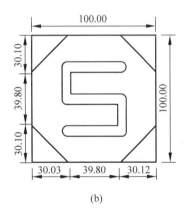

(b)

图 8-62　加工零件

(a) 三维模型；(b) 二维平面图

表 8-8　实验加工条件

刀具	直径/mm	毛坯材料	其他
三刃立铣刀	8	Al-7075	切削液减半
三刃立铣刀	6	Al-7075	切削液减半

实验过程是首次正常加工，第二次空运行，目的是利用第一次和第二次的系统响应数据，结合 8.6.2 节提到的断刀数据仿真的方法，产生模拟断刀的正样本。后续，则按照实验加工条件，在图 8-61 所示的实验环境下进行加工，实际的零件及断刀情况如图 8-63 所示。将断刀监测的功能集成于智能数控系统中，实施在线断刀

监测功能的验证。直径 8mm 刀具共有 199 个样本,包括 194 个实际加工样本和 5 个模拟断刀样本。直径 6mm 刀具共有 56 个样本,包括 51 个实际加工样本和 5 个模拟断刀样本。采用直径 8mm 刀具加工每个零件的时间是 8min,而采用直径 6mm 刀具加工每个零件的时间是 10min。数据集分布如表 8-9 和表 8-10 所示。

图 8-63 实际切削零件及断刀情况

表 8-9 直径 8mm 刀具样本分布

正样本	负样本	总样本数	不均衡比例
20	179	199	8.95

表 8-10 直径 6mm 刀具样本分布

正样本	负样本	总样本数	不均衡比例
11	45	56	4.1

需要指出,随着加工的不断进行,不均衡比例将会持续上升,导致样本的不均衡现象更加明显。

2. 实验结果

本节所述的断刀监测方法已经集成于智能数控系统中,并在 XHK715 机床上进行了实际的加工测试,得到了表 8-9 和表 8-10 所述的数据集。实际应用该过程分为两个阶段:第一个阶段是初始化阶段,主要是形成 5 个模拟断刀样本和 1 个正常加工样本,满足样本训练的完备性需求,进行 ICSSVM 模型的初始训练,此阶段无泛化过程;第二个阶段是训练与泛化阶段,主要是对新产生的样本进行增量式的学习和在线的有代价的判断。实际分类效果与实际样本间的关系如图 8-64 和图 8-65 所示。从图中可以看到,本节提出的方法在实际加工过程中具有非常好的效果,准确率为 100%,并且 ICSSVM 可以从无样本开始在线实时训练,说明本节提出的方法是有效的。

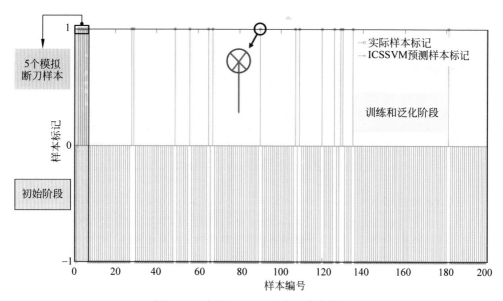

图 8-64　直径 8mm 刀具实际分类效果

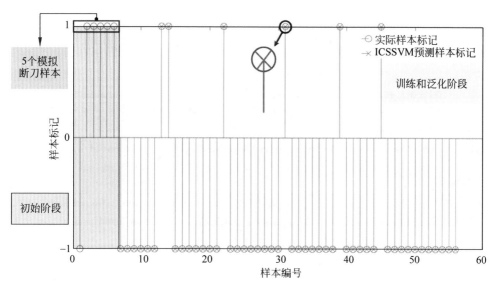

图 8-65　直径 6mm 刀具实际分类效果

8.6.4　小结

本节作为智能状态检测方法的典型应用,从自动化工厂现场需求最旺盛的断刀监测功能切入,提出了基于指令域分析方法的断刀监测技术。基于指令域分析方法,实现了数控系统响应数据的精准定位和分离,并实现了对断刀数据样本的在线、增量式学习。本案例充分证明了基于指令域分析方法的刀具状态监测方法的有效性,在刀具崩刃和刀具磨损的应用中具有很好的借鉴和示范作用。

参考文献

［1］ 聂鹏.基于运行数据的机床进给系统跟随误差预测方法研究［D］.武汉:华中科技大学,2019.

［2］ GUO H J,LI J G,MENG T T,et al. The research on virtual simulation of lead screw system［C］//2016 IEEE International conference on Information and Automation,2016:522-527.

［3］ PANDILOV Z,MILECKI A,NOWAK A,et al. Virtual modelling and simulation of a CNC machine feed drive system［J］. Transactions of FAMENA,2015,39(4):37-54.

［4］ 宋玉,陈国鼎,马术文.交流伺服进给系统数学模型研究及其仿真［J］.机械,2010,37(7):9-12.

［5］ 王菲,任正,罗忠,等.交流伺服进给系统的模型仿真与参数辨识［J］.组合机床与自动化加工技术,2016(10):105-107,116.

［6］ ADAMCZYK P G,GORSICH D,HUDAS G,et al. Lightweight robotic mobility:template-based modeling for dynamics and controls using ADAMS/Car and MATLAB［C］//SPIE,Unmanned Ground Vehicle Technology V,2003:63-74.

［7］ TANI G,RAFFAELE B,FORTUNATO A,et al. Dynamic hybrid modeling of the vertical Z axis in a high-speed machining center:towards virtual machining［J］. Journal of Manufacturing Science and Engineering,2007,129:780-788.

［8］ ERWINSKI K,PAPROCKI M,WAWRZAK A,et al. Neural network contour error predictor in CNC control systems［C］//21st International Conference on Methods and Models in Automation and Robotics,2016:537-542.

［9］ HUO F,MA Z,POO A. Neural network modelling for servo control systems［C］//Proceedings of 2015 International Conference on Informatics,Control and Automation,2015:5.

［10］ HUO F,POO A. Nonlinear autoregressive network with exogenous inputs based contour error reduction in CNC machines［J］. International Journal of Machine Tools & Manufacture,2013,67:45-52.

［11］ 邓合.基于历史数据的进给轴运动响应模型研究及应用［D］.武汉:华中科技大学,2015.

［12］ 毕丽娜.机床电主轴热管性能及其实验研究［D］.哈尔滨:哈尔滨工业大学,2008.

［13］ 韩家亮.数控机床主轴系统热特性分析及热补偿技术研究［D］.沈阳:东北大学,2011.

［14］ 李晓丽.面向多体系统的五轴联动数控机床运动建模及几何误差分析研究［D］.成都:西南交通大学,2008.

［15］ 郭前建,王红梅,李爱军.机床热误差建模技术研究进展［J］.河北科技大学学报,2015,36(4):344-350.

［16］ 尹玲.机床热误差鲁棒补偿技术研究［D］.武汉:华中科技大学,2011.

［17］ 张宝刚.数控机床关键部件的热误差补偿技术研究［D］.邯郸:河北工程大学,2016.

［18］ 谭慧玲,刘国安,杨祥,等.高速钻攻中心Z轴热变形的在线测量与补偿技术［J］.组合机床与自动化加工技术,2017(12):94-96,102.

[19] 谭慧玲.基于内部数据的数控机床热变形模型研究及应用[D].武汉：华中科技大学,2018.

[20] 杨世铭,陶文铨.传热学[M].4 版.北京：高等教育出版社,2006.

[21] 刘国安.基于机床实时数据的丝杆热变形预测模型研究[D].武汉：华中科技大学,2017.

[22] 卢荣胜,费业泰.材料线膨胀系数的科学定义及应用[J].应用科学学报,1996,14(3)：253-258.

[23] AN L B,FENG L J,LU C G. Cutting parameter optimization for multi-pass milling operations by genetic algorithms[J]//Advanced Materials Reasearch,2011：1738-1743.

[24] ZAIN A M,HARON H,SHARIF S. Application of GA to optimize cutting conditions for minimizing surface roughness in end milling machining process[J]. Expert Systems with Applications,2010,37(6)：4650-4659.

[25] SAFFAR R J,RAZFAR M R. simulation of end milling operation for predicting cutting forces to minimize tool deflection by genetic algorithm[J]. Machining Science and Technology,2010,14(1)：81-101.

[26] ZUPERL U,CUS F. Tool cutting force modeling in ball-end milling using multilevel perceptron[J].Journal of Materials Processing Technology,2004,153：268-275.

[27] ZUPERL U,CUS F,Reibenschuh M. Neural control strategy of constant cutting force system in end milling[J]. Robotics and Computer-Integrated Manufacturing,2011,27(3)：485-493.

[28] 周磊.基于加工过程主轴功率模型的车削粗加工进给速度优化[D].武汉：华中科技大学,2019.

[29] 刘波,李睿,付海.数控设备故障预测和健康管理的维修保障系统分析[J].现代制造技术与装备,2017(12)：166+168.

[30] XIA T,XI L,ZHOU X,et al. Dynamic maintenance decision-making for series-parallel manufacturing system based on MAM-MTW methodology[J]. European Journal of Operational Research,2012,221(1)：231-240.

[31] DONG M,PENG Y. Equipment PHM using non-stationary segmental hidden semi-Markov model[J]. Robotics and Computer Integrated Manufacturing,2010,27(3)：581-590.

[32] 吕琛,马剑,王自力.PHM 技术国内外发展情况综述[J].计算机测量与控制,2016(9)：1-4.

[33] DENG C,WU J,XIE S Q,et al. Health Status Assessment for the Feed System of CNC machine tool based on Simulation[C]//Proceedings of the 2015 10th IEEE Conference on Industrial Electronics and Applications,2015：1092-1097.

[34] ZHANG A H,KONG L J. Wavelet packet transform and principal component analysis for identifying sub-health state[J]. Computer Engineering and Application,2011,47(26)：238-241.

[35] 夏爽.基于维纳过程的机电装备性能退化建模与健康状态评估[D].武汉：华中科技大学,2016.

[36] STANEK M,MORARI M,Frohlich K. Model-aided diagnosis：an inexpensive combination of model-based and case-based condition assessment[J]. IEEE Transactions on Systems,Man and Cybernetics,Part C(Applications and Reviews),2001(2)：137-145.

[37] ANDREU-PEREZ J,POON C C Y,MERRIFIELD R D,et al. Big Data for Health[J]. IEEE Journal of Biomedical and Health Informatics,2015,19(4)：1193-1208.

[38] 孙旭升,周刚,于洋,等.机械设备故障预测与健康管理综述[J].兵工自动化,2016,35(1)：30-33.

[39] 夏唐斌.面向制造系统健康管理的动态预测与预知维护决策研究[D].上海：上海交通大学,2014.

[40] 潘成龙.基于逼近理想解法-灰色聚类的数控机床健康状态评估[D].武汉：华中科技大学,2018.

[41] ASHKEZARI A D,MA H,SAHA T K,et al. Application of fuzzy support vector machine for determining the health index of the insulation system of in-service power transformers [J]. IEEE Transactions on Dielectrics and Electrical Insulation,2013,20(3)：965-973.

[42] YANG F,HABIBULLAH M S,ZHANG T Y,et al. Health index-based prognostics for remaining useful life predictions in electrical machines[J]. IEEE Transactions on Industrial Electronics,2016,63(4)：2633-2644.

[43] AMBHORE N, KAMBLE D, CHINCHANIKAR S, et al. Tool condition monitoring system：A review[J]. Mater Today-Proc,2015,2 (4-5)：3419-3428.

[44] RYABOV O,MORI K,KASASHIMA N,et al. An in-process direct monitoring method for milling tool failures using a laser sensor[J]. CIRP Annals,1996,45 (1)：97-100.

[45] CASTEJÓN M, ALEGRE E, BARREIRO J, et al. On-line tool wear monitoring using geometric descriptors from digital images[J]. International Journal of Machine Tools and Manufacture,2007,47 (12-13)：1847-1853.

[46] LI X. Detection of tool flute breakage in end milling using feed-motor current signatures [J]. IEEE/ASME transactions on mechatronics,2001,6 (4)：491-498.

[47] RITOU M, GARNIER S, FURET B, et al. Angular approach combined to mechanical model for tool breakage detection by eddy current sensors[J]. Mechanical Systems and Signal Processing,2014,44 (1-2)：211-220.

[48] AXINTE D A. Approach into the use of probabilistic neural networks for automated classification of tool malfunctions in broaching[J]. International Journal of Machine Tools & Manufacture,2006,46 (12-13)：1445-1448.

[49] KAYA B,OYSU C,ERTUNC H M,et al. A support vector machine-based online tool condition monitoring for milling using sensor fusion and a genetic algorithm [C]// Proceedings of the Institution of Mechanical Engineers,Part B. Journal of Engineering Manufacture,2012,226(11)：1808-1818.

[50] TOBON-MEJIA D A, MEDJAHER K, ZERHOUNI N. CNC machine tool's wear diagnostic and prognostic by using dynamic Bayesian networks[J]. Mechanical Systems and Signal Processing,2012(28)：167-182.

[51] LENZ J,BRENNER D,WESTKAEMPER E. Model for cutting tools usage tracking by on-line data capturing and analysis[J]. Procedia CIRP,2016(57)：451-456.

[52] 许光达.基于指令域数据分析的机床智能化关键技术研究[D].武汉：华中科技大学,2018.

[53] 权鑫,顾韵华,郑关胜,等.一种增量式的代价敏感支持向量机[J].中国科学技术大学学报,2016,46(9)：727-735.

智能数控系统柔性产线集成应用

9.1 概述

在前面的章节中阐述了智能数控系统在机床加工中心上的应用,本章将探讨智能数控系统在柔性产线中的集成应用。与智能数控系统在机床端的应用不同的是,智能数控系统在柔性产线的应用所面对的并不是一个单一的加工过程,而是基于生产需要,实现一个产品所有的生产过程,是机床设备、刀具管理模块、物料管控等多个模块协同运作完成的生产过程,可以满足多种生产需求、完成复杂加工过程。智能柔性产线具有以下四个特征:

(1) 具有配合于完整生产线的数字孪生模型。前文中我们讲到了在生产单元端的数字孪生,而应用于产线端的数字孪生模型则是将生产单元端的数字孪生模型连接成网,不仅具有原有的功能,还增加了设备配置、物流管控、刀具管理等模块的相关信息,将上层资源规划系统等下发的资源信息,通过产线端的数字孪生模型传递到生产单元端,服务于上层资源规划系统与下层设备加工系统,形成一个整体的"产线数字孪生模型"。

(2) 大数据智能分析。基于生产线的数字孪生模型进行大数据智能分析,可以将下层生产设备的数据与产线的控制数据相结合,同时将生产过程中产生的新的数据加以反馈,形成车间的数据网络,这些数据既可以用于生产线生产过程的优化、生产设备的管理与监控,也可以用于产品的设计优化和工艺路径的优化。

(3) 智能工艺感知。传统的生产线往往只有单条的工艺路径,即一条生产线生产一个品种的产品对应一种工艺路线,当有多品种的加工需求时,重新制定工艺路径所付出的成本较高,因此很难适应小批量、多品种的加工要求。而在智能柔性产线中,系统可以自动基于加工设备的信息(设备可以进行的工序、工序的加工时间、设备的距离等)进行加工工序的分解并完成产品的工艺路径规划,在排产之前将工艺路径确定好,在加工时则可智能地切换工艺路径,满足多种生产需求。

(4) 智能动态排产。传统的生产线大多难以考虑到刀具的寿命、机床的工艺参数优化,以及在设备故障时的处理方法,而本章中即将介绍的智能柔性产线基于前文中智能数控系统采集、处理的数据信息,可以考虑得更加全面化、精细化、智能化,面对不同的生产要求可以进行针对性的自主分析,使排产更加合理,而在面对各种突发情况时,可以及时重新排查,以保证生产的连续性,提高生产效率。

本章首先详细介绍智能柔性产线的各个功能模块以及生产流程,然后重点介绍在构建智能柔性产线过程中所涉及的关键技术以及与多系统的集成,最后结合案例具体说明智能柔性产线的构建过程以及产线实施后的成果和经验。

9.2 柔性产线智能总控系统实现原理

9.2.1 系统主要功能

目前,一般的智能化柔性产线需要满足以下要求:

(1) 加工设备中的机床应尽可能相互独立,单台机床应尽量能够完成全序加工,实现不停机就可以加工不同工件的同一工序或同一工件的不同工序,可以接受系统对于工序顺序的调整。

(2) 能够根据客户不同阶段、不同工件、不同需求,随时调整和改进工艺流程,优化加工效率及质量。

(3) 工件的抓取、定位与夹紧过程中,机床应保持原有加工,无须停机等待。

(4) 物流(工件流和刀具流)的运输储存过程中应具备缓冲区,使机床能够及时、迅速地完成工件与刀具的加载和卸载,尽量缩短中间运输转换时间。

(5) 系统应可以实现对设备资源、工件、刀具、工艺和故障的监控和管理,能够随时随地查看了解生产线的生产状况和具体某一工件的加工状态与加工进度,能够根据情况自主安排、调度工件的加工顺序,优化工件的加工工艺流程,能够根据零件种类自动更换加工程序及刀具,保证加工流程的合理与顺畅。

为满足上述柔性产线系统需求,可以将该柔性产线系统划分为以下几个模块:设备资源管理、工单管理、工艺路线管理、排产调度、故障监控与诊断、工件在线测量质量管理以及大数据分析。系统各个功能模块如图 9-1 所示。

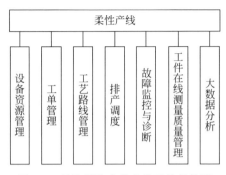

图 9-1　柔性制造产线总控系统架构图

（1）设备资源管理。设备资源管理一般包括对设备、刀具、夹具以及物料四部分的管理,总体上实现对设备状态的显示及监控,还可以根据加工需要对生产线上设备进行增、删、改。设备资源管理可以为下游的排产计划提供基础信息,设备、刀具、夹具的可用性以及生产物料的数量都会影响最终排产的结果。

（2）工单管理。工单管理用于管理工单的各项信息、工单的导入导出,以及工单信息检索。工单信息主要包括工单号、物料类型、加工数量、已完成路线、工单状态以及优先级等,工单管理系统可以基于这些信息进行检索。工单的导入可以在线上进行,也可以在线下由人工进行导入。

（3）工艺路线管理。工艺路线管理用于进行产品的工艺路径规划,包括产品的工艺分解和工艺排序,这些工艺路径主要由算法自动生成,同时也支持工程师对工艺路径进行修改。这些信息将同步至产品全生命周期系统（PLM）中,同时在加工过程中生产线也可以从 PLM 系统中获取现有的工艺路径。

（4）排产调度。排产调度是指生产线根据现有的生产设备资源信息、工单信息以及产品的工艺路线信息做出详细的生产计划,并且可以根据设备和订单的变化做出及时的响应。这一过程生产线可以代替人工,将订单序列转变成一个工序序列,再将工序合理地分配到不同的加工设备上。

（5）故障监控与诊断。故障监控与诊断模块用于监控生产线各个生产单元的运行情况,基于各个生产单元采得的数据,可以判断生产单元的运行状态、刀具的工作状态。生产单元采到的数据出现异常时,该功能模块可以分析出故障源并进行报告。

（6）工件在线测量质量管理。工件在线测量质量管理模块可以通过执行测试程序获取在线的测量值,通过什么数据计算获得公差范围,通过对比标准值判断加工是否合格。

（7）大数据分析。通过对各个加工单元采得的数据进行整理和分析,实现对加工产品和生产线自身生产过程的优化。对于处于研发设计阶段的产品,生产线需要面对一个批次多而批量小的加工任务,在不同批次的加工过程中调整加工参数,根据采集到的数据可以对产品的工艺路径进行调整和优化。

9.2.2 系统流程分析

柔性产线整个生产过程大致可以分为三个阶段：生产前的准备阶段、排产仿真阶段、实际生产阶段。生产过程的数据流图如图 9-2 所示。

1. 生产前的准备阶段

此阶段需要为系统准备两方面的数据,一方面是生产订单；另一方面是产品的工艺路线。

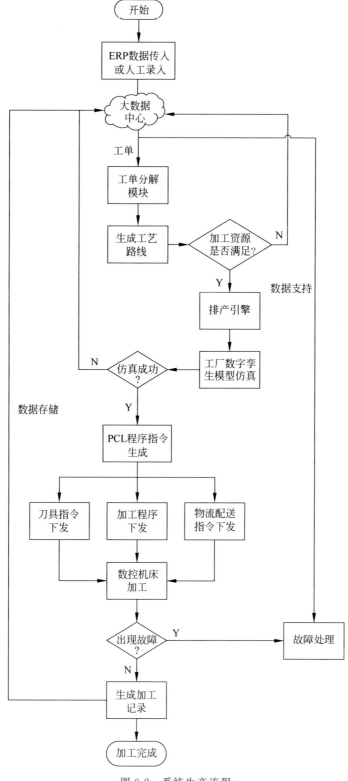

图 9-2　系统生产流程

企业资源计划(ERP)会根据产品的供应链系统和现有资源信息产生一个订单,订单导入系统的方式有两种,一种是产线系统的接口导入;另一种是人工导入。

工艺路线用来表示并指导产品加工制造和生产的整个过程,也是确定车间生产进度、制定工艺过程和进行车间分工的重要依据。同时,工艺路线还与机床、刀具和物料等车间资源紧密联系,是进行任务划分和设备负荷情况分析的基础。

工艺路线规划过程如图 9-3 所示。在生产制造系统中,工艺规划与车间调度二者密不可分,对于二者集成问题的研究也有很多,主要目的都是充分利用设备资源,使设备合理分配,提高设备的利用率,从而缩短产品的制造周期,提高产能和企业效益。针对二者集成的问题可以将工艺规划大致分为三种基本类型:非线性式工艺规划、闭环式工艺规划和分布式工艺规划。

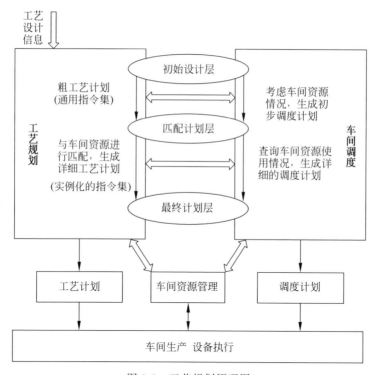

图 9-3　工艺规划原理图

根据工艺路线模型以及数据之间的交互关系,目前多采用分布式工艺规划,保证工艺规划与车间调度二者能够并行执行,在设备的选择决策过程中能够不断交互、协调与合作。其中,工艺规划与调度可分为初步规划和详细规划两个阶段。前一个阶段的主要任务是初步确定特征的加工方法和资源分配情况;后一阶段的主要任务是实现生产任务与设备信息之间的匹配,并生成完整、确定的工艺路线和调度计划。

2．排产仿真阶段

此阶段需要完成的工作是确定每一台加工中心需要完成的加工工序和进行各项加工工序的加工次序，并且将数据导入数字孪生模型进行实际生产前的仿真。

产线系统所得到的产品生产工艺的信息具体包括工单管理模块产生的工单信息、工艺路径规划产生的加工工件的工艺路径信息，以及设备资源管理模块产生的可用资源信息（加工设备、物料、刀具以及夹具）。系统将通过这些信息进行排产，明确每一台加工中心在何时进行何种工序的加工，并向各个模拟加工中心开立指令单进行模拟仿真。

为了使产线的效率更高，实际加工过程中要考虑更多的时间因素，包括转运物料所需要的时间、上料和卸料的时间、加工中心更换刀具所需要的时间等。排产过程中考虑的时间因素越多，碎片化时间的利用率越高，例如在物料转运的过程中更换刀具，根据加工工序的时长选择需要不同转运时间的加工中心（加工时间长的工序可以选择需要转运时间较短的加工中心进行）等。同时，调度排产是一个动态的过程，当订单发生变化或者有设备出现故障时，系统可以及时地重新进行排产。

3．实际生产阶段

1）数据流

在数字模拟仿真成功之后，产线系统根据排产的结果以及产品的工艺信息，向WMS（仓库管理系统）发布一个发料流程，然后WMS根据发料流程，向MES反馈一份配料单的信息（包括材料的位置、品质、出入库时间等），系统得到配料单的信息后，向AGV小车发布取料信息（从仓库取料）和送料信息（将物料运送至加工中心），AGV小车将物料运送至加工中心后，再向系统反馈一个交接信息，系统收到交接信息后，向加工中心发布加工指令，加工中心根据在排产阶段收到的制令单开始进行相应的加工。

当开始加工时，机床上安装的RFID阅读器识别电子标签并读取标签中的编码号，然后根据编码号查询数据库找到对应的工件及工件的记录，此时将工件的加工信息写入数据表中对应工件编号的记录下，从而采集到工件加工过程中的数据信息。

按照排产结果，如果工件在一台机床上完成部分工序，余下工序需要在另一台机床上完成，则机械手上RFID阅读器再次通过扫描标签确定工件编号，将工件送入下一机床或者暂存于立体库中。

若在加工过程中刀具调用、物流配送或者机床出现故障，则调用故障处理模块处理相应的故障，并将信息保存记录。

工件加工完成后，机械手将工件再次送至上下料站，此时工人将工件卸下并在软件操作界面完成"解绑"动作，这意味着标签编号与工件编号解除关系，此后工件信息通过工件编号在数据库中查询。与此同时，连接计算机的二维码打印机将成品工件的信息打印在"新的二维码"中，成品进入下一流程，而托盘（固定了标签）则循环使用。

整个加工过程完成后，生成的加工记录被保存并添加到数据中心，便于优化后续加工。

2）物流调度

通过对数据流的介绍可以发现生产过程中对物料的及时转运是一个十分重要的过程，生产线物料管理系统的总体技术框架如图 9-4 所示。

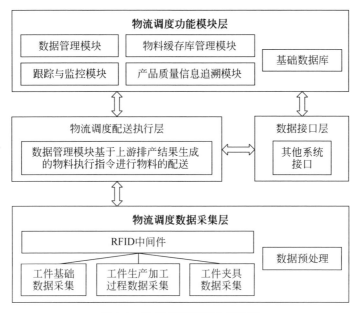

图 9-4　物料管理系统总体框架

该技术框架从系统实现的不同层面进行划分，将上述功能模块融入各层中，通过层与层之间的连接与作用来实现系统的功能。数据采集层对应数据采集模块，它是数据的重要来源之一，作为系统实现的基础，通过建立的 RFID 系统完成生产线数据的采集和处理；物料配送执行层对应物料配送执行模块，它是系统的核心功能之一，通过接口层接收上游排产系统生成的排产结果——物料执行指令，然后以执行指令实现对物料的配送任务；系统功能模块层包含物料缓存库管理、数据管理、跟踪与监控及产品质量信息追溯四个模块，这部分是在采集层和配送执行层的基础上实现的，通过各功能模块之间的协作，实现生产线物料的管理、监控等功能；数据接口层是实现物料管理系统与其他关联系统（如上游排产系统、故障诊断与管理系统等）的数据传输，主要通过接口实现。

9.3　柔性产线智能总控系统实现过程中的关键技术

9.3.1　智能化设备互联互通技术通信接口

前文中也讲到，当前生产线中存在不同厂家、不同总线、不同协议的设备无法互联的问题,由于各个不同总线系统存在技术保护壁垒,互不开放,大量的设备接入智能工厂系统需要经过复杂的解析适配。因此设备互联的问题是阻碍生产线智能化发展的一大难题,建立智能化设备互联互通技术通信接口,打破不同厂家不同总线之间的通信鸿沟,实现智能工厂设备单元的互联互通迫在眉睫。

前文中讲到,现有的数控系统互联互通通讯协议具备高灵活性和可扩充性,可以兼容现有的主流工业互联的数据交互协议,包括 OPC UA、MTConnect、umati等,能够满足工厂智能化互联互通的要求。集成工厂智能化互联互通技术是基于NC-Link 协议,利用多种工业无线网、多种现场总线相适配的模型和方法、边缘计算技术的"数据网关",建立和形成的设备互联互通通信接口,其关系如图 9-5所示。

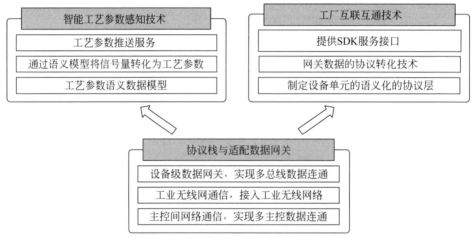

图 9-5　智能互联互通关键技术的联系图

工厂互联互通技术集成了以下技术:

(1)基于 NC-Link 的设备单元间的语义化协议层,基于 NC-Link 定义的数字装备的数字化描述方法以及其标准的语义字典,制定设备单元的语义化协议层,包括数据字典定义、语义数据模型定义、整体网络架构、设备/产品联网、工厂内部网络、工厂外部网络、网络资源管理、网络设备、互联互通等标准。

(2)网关数据的协议转化技术。智能工厂中不同的网元有不同的架构,这些不同的网元都可接入到"智能工厂边缘计算服务网关",将异构数据通过网关实现语义化的协议转换成生产线总控系统所需的工艺参数和过程数据。

(3)基于 NC-Link 通讯协议的微服务,能够提供管控系统访问设备的接口,实现和中央管控系统的集成。

工艺参数的智能感知技术则是 NC-Link 建立的工艺参数的数据字典、语义数据模型、接口规范等,定义智能工厂中各设备、服务器、客户端应用等之间数据交互的语法和语义,使得服务器、客户端应用能够自动解释来自各种设备的工艺数据。

通过数据网关获取设备信号,通过工艺参数测量、RFID、数据采集器等设备采集到设备参数、刀具、G 代码、坐标系、位置环、速度环、电流环、I/O 等数据,在智能工厂服务网关上对这些原始采样数据进行分析计算,将感知结果推送到各种过程控制应用中。

智能化的互通互联技术通信接口较好地解决了大数据时代下智能工厂中存在信息孤岛问题,实现了各种总线设备各类数据向主控端的汇聚。基于边缘计算技术的"数据网关"解决了多种现场总线及协议的集成问题,实现了智能工厂设备单元互联互通。

9.3.2　分布式执行控制

传统的串联式生产方案由于其串联特性,无法根据需要及时地调整工艺流程,若一道工序的设备故障,所有工序都需停机等待,调度系统无法柔性地对产线进行精细化控制,即采用分布式方案,可以大大提高产线的柔性和效率。

图 9-6 所示为产线控制系统的分布式说明,图(a)是非分布式,即所有类型的硬件都由一个系统完成;图(b)是分布式指令下发的产线控制系统,对比非分布式的产线控制系统指令下发,分布式指令下发的优点在于:

(1) 精简程序,功能分明,做到低耦合、高内聚。

(2) 降低耦合度,更改一个功能块不影响其他功能模块,开发时便于分工合作,维护时会减少工作量。

(3) 一个功能模块的失效不会导致整个系统崩溃,增加了鲁棒性和可靠性。

(4) 可降低对单台设备的要求,综合利用各处的资源。

(5) 多个模块并行,效率更高,可以同时调度机床、机械手或者二维码打印等不同类型设备动作,提高了产线效率。

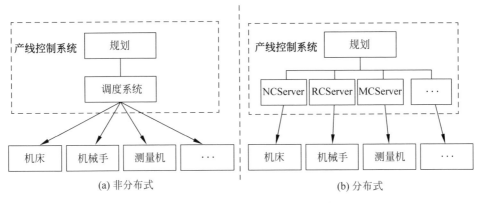

图 9-6　产线控制系统调度的分布式说明

柔性制造产线分布式控制系统总控部分主要由智能总控系统(IPC 模块)和现场控制系统(PLC 模块)组成,总控系统主要负责非实时控制的排序、调度,负责全局数据采集和监控,集成有生产计划模块、物料管理模块、刀具管理模块等部分,而PLC则主要负责实时的现场过程控制。

9.3.3　智能化调度排产

系统的排产调度要根据订单信息、产品工艺信息、资源信息等,通过合理的规则或算法,制定合理优化的详细计划,将订单分解成任务均衡地分配给各资源中心,并且将实时生产状态与计划结合,接收加工反馈信息,智能动态调整排产计划,达到交期产能精确预测、工序生产与资源供应最优的目的。

传统的自动化排产调度技术只能在单一场景中实现静态排产,而要实现智能化高级排产调度,在不同场景实现高级排产,动态排产需要考虑到生产线的各种调度影响因素,以现有可用资源、设备等条件,以最大效率、最节约资源等为优化目标,将生产任务分配到最合理的设备进行生产。

1. 调度排产实际需求

立足于产线现有设计,调度排产的实际需求总结如下:

(1) 紧急订单插队生产

当生产线正在生产时,如果遇到紧急订单,生产线能够使紧急订单优先生产。

(2) 特定任务指定机床生产

当工艺人员完成新产品 G 代码编制之后,根据公司规定需要进行新产品工艺试制,即检验新产品的工艺是否正确、合理。此时需要有工作人员参与,该任务需要在指定的机床上进行。

(3) 机床热插拔

机床热插拔指机床能够在生产线运行过程中动态地加入生产线的生产,也可以离线不生产。生产线中的机床需要定期检查与校正,也可能临时需要一台机床脱离生产线做其他任务,也可能生产过程中某台机床出现故障,为了不影响生产线其他设备正常工作,生产线需考虑机床的热插拔问题。

(4) 工件等待锁定

当工件加工任务已被导入控制系统时,可对其进行等待锁定,暂时不进行加工,待时机到来,可解除等待锁定。

(5) 任务按期完成

当控制系统导入工单时,可以设置任务的指定完成时间。对于有指定完成时间的任务,应保证其不超期完成,或超期时间最短。

(6) 效率高

使完成所有任务的时间尽量短。

针对以上需求,可以建立以 ExCode 执行指令建模的管控系统,通过 ExCode脚本化指令,实现设备资源的泛化、指令的依赖关系、流程的路径选择等功能,形成多智体的调度排产系统。

2．生产线调度影响因素分析

1）排产应考虑刀具的调度时间

柔性产线中每个加工中心的刀库都有容量限制。当加工不同种类的零件时，若新工艺所需刀具机床不具备，这时就需要调度刀具机械手进行换刀。换刀过程中，机床需停机等待，因此刀具准备的时间应该纳入排产调度的考虑因素。

2）一个工件一道工序

柔性产线工艺设置为一个工件一道工序，即输送进入生产线的物料只加工一次，完成加工后便作为成品送离生产线。对于多道工序的工件，将其每一道工序依次作为一个"工件"输入生产线，如先将工件 WP1 的第一道工序 Q_1 作为一个任务输入生产线，该任务完成后，将工件 WP1 的第二道工序 Q_2 再作为一个任务输入生产线……

采取"一个工件一道工序"工艺设置的主要原因如下：

（1）不同工件不同工序之间的装夹自动化实施较难

通常各工序间需要进行夹具的更换，而不同工件工序之间的装夹要求会存在差异。对于自动化生产线来说，其面向多品种零件，自动化更换夹具很难实施、装夹精度难以保证。而目标客户对零件的加工精度要求较高，不宜实施自动化装夹。

（2）加工中心拥有对许多零件一次加工到位的能力

由于该柔性生产线采用四轴和五轴加工中心作为加工主体，加工中心作为一种通用化机床，其对于许多零件具备一次加工到位的能力。

（3）一个工件一道序更具柔性

对于多品种、小批量零件，一个工件一道序更具有柔性，可快速地进行工序的切换。

3）扰动因素

紧急订单插队、机床热插拔等功能都要求排产系统在调度条件发生变化后进行重新计算，为了适应产线的生产环境变动，采用事件驱动重调度，当发生扰动因素时，重新进行排产计算。触发系统重调度的事件，即扰动因素有机床上下线、刀具信息变化、补充物料、待排产任务增加。

（1）机床上下线

当生产线在进行生产时，如果产线中某些机床由于故障、检修等原因需要停止生产，这时生产线会将此机床下线。如果原调度方案中分配了任务至该机床，则需要重新进行排产计算。当有新的机床接入产线时，如果待加工任务中有此台机床可以加工的，则也会重新进行排产计算。

（2）刀具信息变化

当生产线在进行生产时，如果某台机床发生刀具损坏，那么此时的排产条件已经发生变化。如果后续有需要此刀具的待加工任务，其排产方案已经不正确，此时需要重新进行排产。相反，如果生产线中刀库补充了一些刀具，而这些刀具又正是后面待加工任务所缺的,那么也需要进行重新排产。

（3）补充物料

对生产线进行物料补充后,可能会使一些生产任务的生产条件齐备,这样就会影响排产,此时应该进行重新排产。

（4）待排产任务增加

当有新的任务加入排产后,明显会对原来生成的调度方案产生影响,此时会进行重排。

3. 智能排产系统

排产规划问题,是基于有限的资源和指定的约束,有一个优化目标。优化目标可以是多种事务,例如,利润最大化、最大化员工或客户的满足度、消耗时间的最小化等。而实现这些目标的能力依赖于可用资料的数量,如人员数量、时间、预算、机器等。与这些资源相关的约束也必然计算在内,例如,一个人的工作小时数,他们可使用（操作）的机台数量,设备之间的兼容性等。排产系统可以帮助有效地解决约束满足问题,在本排产系统中,对每个有效的约束分数计算中,组合了启发式和元启发式算法。

上述大部分案例都属于 NP-complete/NP-hard 问题,其定义是：对于一个问题：①在合理时间内可以容易地验证一个给定的解；②在合理时间内,目前尚没有行之有效的解法能找到其绝对最优解。

目前针对这种问题,常见的有两种解决方法,但是这两种方法仍不足以解决此类问题。这两种方法分别是：①暴力求解算法（尽管是一些优化过、相对聪明的暴力算法变种）,但获得其解所需的时间非常长,尤其是时间复杂度非常高。②快速算法,例如在 Binpacking 问题中,先装入最大项,但得到的解离绝对最优解仍存在相当大的距离。而本排产系统集成了一些更智能的算法,尽可能缩小候选解的范围,可以在合理的时间内对这些规划问题找到相对较优解。

通常来说,一个规划问题至少包括两个约束：硬约束与软约束。硬约束指不可被违反的约束。例如,一名教师在同节的时间内不能同时上两门课、一个工件在一个时刻不能同时在两个机床上加工等。软约束指可以违反但是应该尽量避免的约束。例如,工件加工的总时间之和应该最短等。在排产系统中,会给每个硬约束和软约束相应的分数,对每一个计算出的解求出约束分数,相比较得到相对最优解。

本排产系统能处理工单任务分配、刀具路径规划、机器任务的分配等各种模型,结合一些较优的算法与模型的约束,在有限时间内得出相对最优的结果。以下为排产系统处理的一个模型——任务分配。例如,系统排产结果见图 9-7。

在柔性产线中,排产系统主要解决每个工件分配给哪台机床、加工的次序等问题。在该模型中,主要有两种约束：一种约束是硬约束,包括一台机床一次性只能加工一个零件,刀具的数量是有限的,所以多台机床不能在同一时间段使用同一把刀具,以及某些工件只能使用特定的机床加工;另一种约束是软约束,包括加工零件的优先级,工单总体加工时间尽可能短。

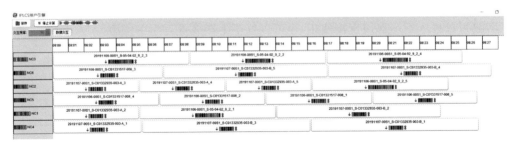

图 9-7　系统排产结果图

排产系统与其他系统间的数据交互依靠数据库。数据库能够有效管理数据,保障其一致性并能实现数据共享。对于应用于系统间数据交互的数据库,不需要复杂查询,但是希望能有较高的读写性能,因此选择非关系型数据库。

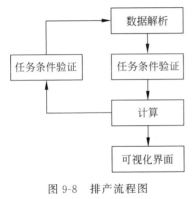

图 9-8　排产流程图

排产系统从功能上可以划分为数据解析、任务条件验证、计算和可视化,其流程如图 9-8 所示。

数据解析,主要功能就是解析从数据库提取过来的任务和机床信息,需要将任务和机床信息转化为编程对象;任务条件验证,主要是将暂时不生产的和物料、刀具条件不满足的任务排除;计算,此部分是排产算法的实现,将传送过来的任务进行排产计算;计算过后的任务结果,即写进了数据库供硬件控制系统生产使用,也进行可视化直观展示加工计划。

9.3.4　中央刀库系统

中央刀库系统作为柔性生产中重要的组成部分,直接影响加工计划的执行和产品的加工质量。结合柔性生产中刀具管理与配送问题,开发相应的程序接口,实现生产线上刀具信息的程序化、流程化管理,能够灵活、高效地对不同类型的刀具进行管理,满足车间生产线的用刀需求。同时,实现刀具的信息采集、信息存储、刀具配送、刀具的寿命分析、刀具标记识别、刀具监控、库存调整及刀具管理系统与其他模块通信等功能,降低加工的人员需求,实现生产线无人化的智能生产管理模式。

1. 刀具组装预调

在刀具投入生产线使用前需要进行组装预调,刀具组装预调是为了得到符合加工要求的刀具,同时得到刀补、刀偏等重要的加工参数。如图9-9所示,新刀具入库,在中央立体刀库中统一存储,刀具需要使用时,根据加工要求组装刀具,确定刀具编号、使用时间等信息,刀具组装完成后在对刀仪上进行刀具预调,预调后的刀具可以投入生产部门直接使用,也可以置于生产准备刀库中备用。

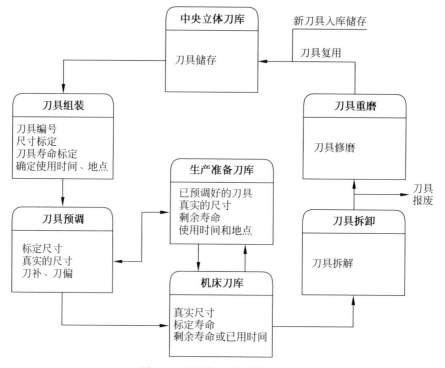

图9-9 刀具使用前后的刀具流

如图9-10所示,在进行刀具组装时,首先根据加工的精度要求对刀片进行选择,其次根据机床主轴类型的不同选择刀柄,并根据加工的直径选择刀头。刀头确定了加工的直径范围,使用时将刀片装在刀头上,然后将刀头与刀柄装配。最后考虑切削深度,如果组装后的刀具不能满足加工深度要求,还需要通过组合连接杆来满足加工要求。

2. 刀具配送方案

刀具管理系统收到刀具配送指令后,响应任务派发系统的调刀请求,快速、准确地完成刀具配送,并尽可能在时间和空间上合理利用系统的有限资源。根据生产需求,刀具会在中央立体刀库与刀具室、中央立体刀库与数控机床、机床与机床之间频繁流动变更,刀具在不同设备、不同位置间流动变更。如图9-11所示,当任务派发系统下发了刀具配送指令,并且刀具管理系统收到调刀指令时,刀具管理系统解析调刀指令,查询刀具的位置信息,并将查询结果反馈给任务派发系统,再由任务派发系统向机械手控制器下发PLC控制指令,并调用相应的程序模块,完成

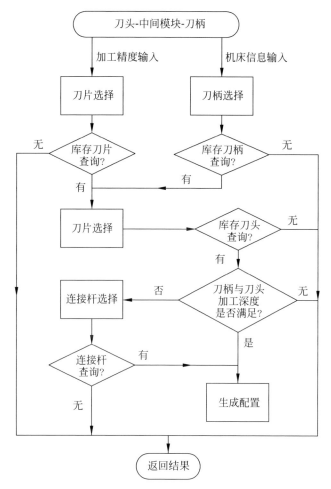

图 9-10　刀片、刀头、刀柄、连接杆的组装流程图

刀具配送和配送过程中的信息更新,最后将配送结果写入数据库并反馈。

3. 刀具执行指令

执行指令(Execution Code,ECode)是一种直接衔接上层排产计划与下层执行设备之间的执行命令语言,也叫执行指令,简称为 ECode。该指令经解析后,可通过函数调用的方式来操纵设备和访问系统,从而完成刀具加载卸载、G 代码程序实例化等事件。

如图 9-12 所示,任务派发系统根据工件的加工工艺、派工单信息、加工中心资源状态,将工件的工序进行排产分解,细分成多个执行指令,实际加工过程中,按照一定的规则下发执行指令来进行任务分配,把执行指令分发给多个功能模块。

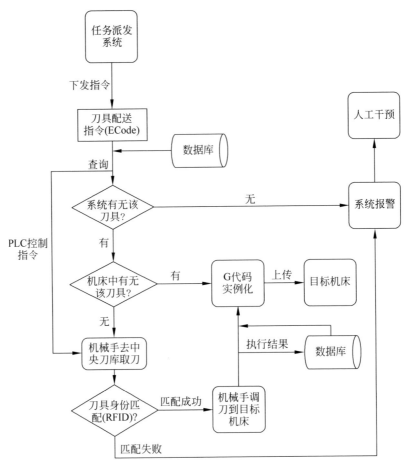

图 9-11　刀具配送逻辑图

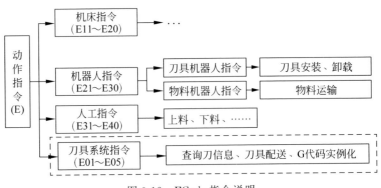

图 9-12　ECode 指令说明

如图 9-13 所示,当刀具管理及配送服务模块收到刀具配送指令时,根据指令中的刀具信息在数据库中查询,并将查询的刀具位置信息反馈,任务派发模块收到反馈的位置信息后,下发 PLC 控制指令,控制桁架机械手完成刀具的配送。

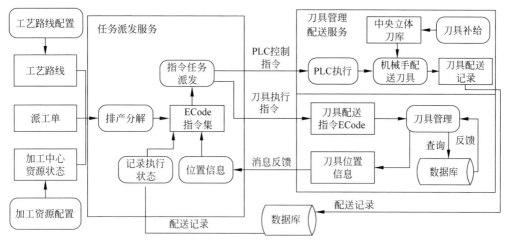

图 9-13　由执行指令完成刀具配送

当某一具体零件的排产文件生成之后,一个具体的加工工序被细分成多个执行指令。如图 9-14 所示,这些指令以消息的形式下发,服务器管理层解析指令后,调用相应的接口文件完成相应的操作,并将指令的执行结果以消息的形式反馈给任务派发系统,通过这一系列的指令去控制和管理一台或一组数控机床进行生产。

图 9-14　ECode 指令执行示例

如图 9-15 所示,当刀具管理系统收到任务派发系统下发的"刀具信息查询指令 E01"和"刀具配送指令 E02"时,首先根据指令中包含的刀具和目标机床等信息去数据库中查询所需的刀具信息,并将刀具送往指定的目标机床。如果刀具身份匹配不成功,系统会返回数据库继续查询,并根据需要选择符合加工要求的同类型姊妹刀,选定刀具后,将刀具送往目标机床。

4.G 代码刀具信息实例化

在柔性生产线控制系统中,泛化指令并不能直接被设备或单元控制模块所识别,其所包含的设备信息不明确也不充足,设备或单元控制模块无法根据指令进行相应设备调度,所以需要将指令实例化成为可执行指令,然后进行指令下发,实现对产线可用资源的调度。

G 代码刀具信息实例化的过程就是将通用 G 代码转化为符合机床实际的实例化 G 代码。通过实例化的方案可以提高通用 G 代码文件在机床组间的共享性,同

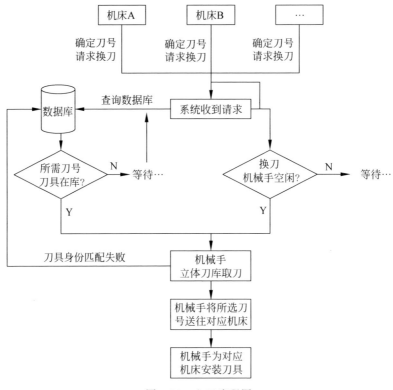

图 9-15　上刀流程图

时可以作为刀具配送的一种优化方案。

（1）G 代码刀具信息实例化提高了 G 代码的共享性。如图 9-16 所示，为了提高柔性生产中的机床柔性和机床利用率，同一工序可以根据机床的现场使用情况选择不同的机床来加工。先给刀具管理系统下发通用 G 代码文件，刀具管理系统

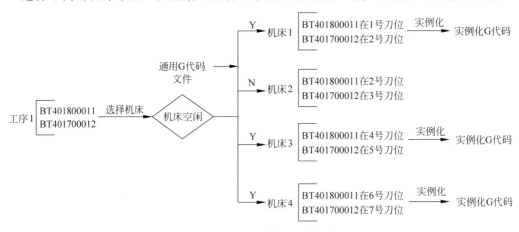

图 9-16　通用 G 代码的共享性

查询当前空闲机床,并根据机床中的刀具信息和刀位占用情况,将通用 G 代码更新为实例化 G 代码,最后将实例化后的 G 代码文件上传到目标机床。

（2）G 代码刀具信息实例化是刀具配送的一种优化方案。在进行刀具配送时,如果机床刀库中已经有所需目标刀具,但刀具不在其对应刀位时,则可采用 G 代码文件实例化的方式,通过程序化的方法自动更新 G 代码文件,不仅能很好地解决上述问题,同时也可避免同一机床不同刀位间的调度,减轻车间操作人员的工作强度。

图 9-17 所示为 G 代码文件实例化前、后的对比图。从图中可以看出,G 代码文件实例化前,通用 G 代码文件包含的是刀具型号信息,是直接与工艺对接编写的 G 代码文件,如图中的"BT401800011",该信息确定了刀具类型和规格尺寸信息,不能直接在数控机床中运行;而更新后的 G 代码文件,将刀具型号信息更新为机床的刀位信息,如图中的"T2M06",可以直接在数控机床中运行。

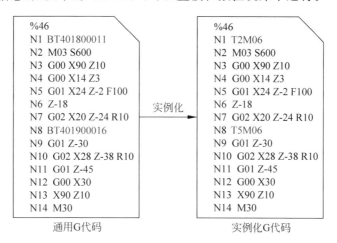

图 9-17　G 代码刀具信息实例化

9.3.5　工件全生命周期管控

工件的全生命周期管控对于柔性产线来说至关重要,具有无可替代的地位,具体是实现物料的配送、缓存及管理等功能。它由硬件设备和控制管理软件组成,其中,硬件设备由多种运输装置(传送带、工业机器人、上下料站、缓冲库、托盘等)搭建,是能够实现工件和刀具等供给、缓存与传送的硬件平台。而控制管理软件是指对配送、加工和缓存过程中的各种信息进行收集、处理和反馈,并通过计算机或其他控制装置,对运输设备进行有效控制的软件系统。

1. 数据采集与处理

生产线运行过程中的物料数据采集与处理是整个物料管理系统的基础环节。该模块要求能够及时、有效、准确、快速、完整地采集生产线加工运行过程中的数据信息。只有将生产过程中大量的物料现场数据完整、及时地传到数据服务中心,才能实现对生产线物流过程的实时监控和管理,使得预期的生产计划任务能够与实际加工进度一致。

RFID(射频识别)技术作为物联网核心技术之一,具有良好的适用性和强大的技术优势,是生产线物料数据采集方式的首选。利用 RFID 技术将物料与其编号进行绑定,在整个产线周期中,一个工件唯一对应一个编号,在工件离开产线时,将其编号信息通过二维码或其他方式等显示,便于工件的后续管理。

利用 RFID 技术对生产线运行过程中的物料进行数据采集和处理的过程如图 9-18 所示。

图 9-18　基于 RFID 技术的数据采集和处理流程

其中,数据过滤与处理的根本目的是获取对企业有用的数据信息,剔除无效的冗余信息。在实际加工过程中,物料管理系统的数据采集模块通过 RFID 阅读器采集到大量与电子标签关联的原始数据,然而,并不是所有的数据都是有用的、有价值的,因此需要对其进行过滤与处理。在 RFID 应用系统中,数据的过滤与处理是通过 RFID 中间件来完成的。

RFID 中间件是一种面向消息的软件中间件,它处于底层的阅读器与高层的企业应用系统之间,能够减少两层之间的耦合性,降低系统的复杂程度。它主要负责大量 RFID 事件的采集、过滤、传输、计算与抽象,同时保证数据的可靠性和安全性,是 RFID 系统的神经中枢。

如图 9-19 所示,RFID 中间件通过一组通用的应用程序接口实现与企业应用系统的连接。

通过 RFID 中间件对采集到的原始数据进行过滤、处理、缓存、备份及恢复等操作,提取对生产线物料管理系统有用的数据信息,为后续物料配送和物料缓存库管理提供数据来源。

而在工件进行加工时,将机床与被加工工件绑定,基于前文提出的智能数控系统的指令域分析技术,分析机床在加工时的加工工况,在加工完成后将加工数据传入数据中心。由于工件信息与 RFID 唯一绑定,因此可以得知参与加工此工件的机床设备、刀具等的状况,对后续机床的工艺参数优化提供良好的反馈效果,同时也便于跟踪工件生产设备的状态。其工件加工设备信息如图 9-20 所示,包含机床编号、使用的工件托盘以及加工工件所用的刀具等信息。

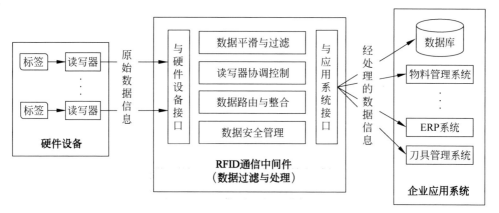

图 9-19　RFID 中间件数据处理模型

机床加工数据

图 9-20　工件加工信息

2．生产线物料配送方法

在柔性产线运行过程中,物料配送与管理要实现的是将工件由传送带运来,并在上下料站、加工机床群和物料缓存库三者之间进行合理转运,最后将完工的产品运送走的整个过程。为了实现这一过程,工人、物料机械手和机床都必须完成某些特定形式的动作。

上文中 ECode 执行指令的提出,不仅能够隔离排产计划调度层和设备执行层,解决因直接采用函数调用而产生的耦合度太高的问题,而且能使上游系统排产计划的结果按照自定义的执行指令以一种具体的、结构化的、易于理解的形式输出,并且能表示复杂的参数。

按照执行指令 ECode 的定义,实现工件配送过程的特定形式动作就是物料的执行指令。另外,根据对执行指令编码号的区段划分,关于物料执行指令的编码号和对应动作形式如表 9-1 所示。

表 9-1　物料指令编码号与指令动作对应关系

指令编码号	对应指令动作	执行动作对象
E04	物料机械手上料动作	物料机械手
E05	物料机械手下料动作	物料机械手

指令编码号	对应指令动作	执行动作对象
E06	人工上料绑定动作	工人
E07	人工下料解绑动作	工人
E15	机床加载工件动作	机床
E16	机床卸载工件动作	机床

上述指令编码号对应的物料实际配送过程如图 9-21 所示。

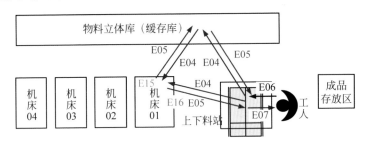

图 9-21　指令编码号与实际物流过程对应关系

将物料管理系统的所有接口定义好，当物料 ECode 指令下发到系统时，通过调用系统相应接口的 Web URL 地址的方式来驱动后续程序完成物料的信息更新和配送任务。

上游排产系统根据产品工单任务、产品加工工艺路线、设备加工资源等输入进行排产，将得到的排产结果以工件加工工序为单位生成实例化的执行指令集，然后对指令集进行分解，再由任务派发系统将执行指令按照对象（工件、刀具、机床、机器人等不同对象）划分后的一系列执行指令 ECode 下发给各个对应的管控子系统（物料管理系统、刀具管理系统等）。其中的物料管理系统通过定义好的接口接收物料的 ECode 指令，进而以 Web URL 地址的方式调用接口函数，然后在物料管理系统中对物料进行查询，并将结果反馈给指令派发系统。指令派发系统接收到反馈后再将 PLC 执行指令发给 PLC 寄存器，将数据写入寄存器中，最后 PLC 再去控制相应的机械手完成对物料的搬运配送过程。上述整个流程如图 9-22 所示。

3. 物料缓存库库存管理

如图 9-23 所示，生产线采用了基于中心物料缓存库的多机床并联布置方式，即多台机床并行排列且缓存库平行于机床群布置，缓存库对物料起缓冲存放作用，这种方式使得各个机床准备区的工件可以及时供应和取出，节省机床等待上下料时间，有效地保障了机床加工过程的连续性。

缓存库的结构按模块进行设计，模块间可组合拼接，每一模块分四层，每层包含多个库位，这种方式有利于企业根据自身需求对物料库进行拼接扩展。

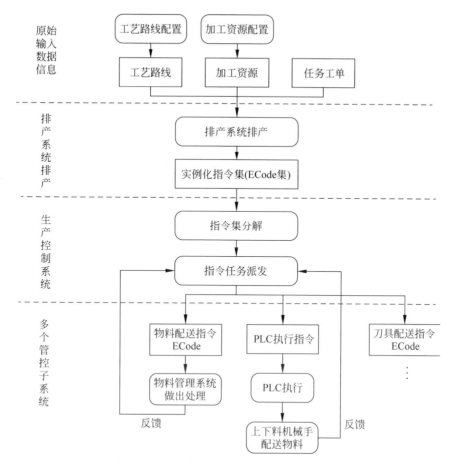

图 9-22　基于执行指令的物料配送实现流程

图 9-23　物料立体库(缓存库)物理结构

基于物料库的上述结构特征，本书将实体对象的“物料缓存库”转换为信息环境下的虚拟对象“数据表”，通过对数据表操作的方式实现对缓存库的库存管理。缓存库管理模块主要包括可扩展库位数量、显示库容量和盈满报警、显示和查询工件位置等功能。

一个数据库包含若干个数据表，每一个数据表通常对应现实世界的一个实体集。因此，可以将现实世界中的实体对象物料缓存库的库位按照某种方式编号，所有的库位合在一起就组成一个实体集，再抽象成一个数据表。

将上述所有库位组成的实体集合抽象成数据库中的一张数据表，如表9-2所示，该表以缓存库库位编码坐标为主键，其他字段如表所示。

表9-2　物料缓存库库位资源表

序号	字段名	字段描述	数据类型	必填	说明
1	StoragePos	缓存库库位编码坐标	varchar(20)	是	主键
2	StoragePosState	对应库位位置状态	varchar(10)	是	0 无托盘；1 有托盘无工件；2 有托盘有工件
3	PalletID	托盘标识 ID	varchar(20)	否	
4	WorkpieceSN	工件流水编号	varchar(50)	否	

在使用前，首先要对物料缓存库库位资源数据表进行初始化设置，将所有库位资源的坐标位置编码输入数据库对应数据表中。初始化结果如图9-24所示，将立体库中所有库位资源录入数据表中，还可以看到库位的使用状态。

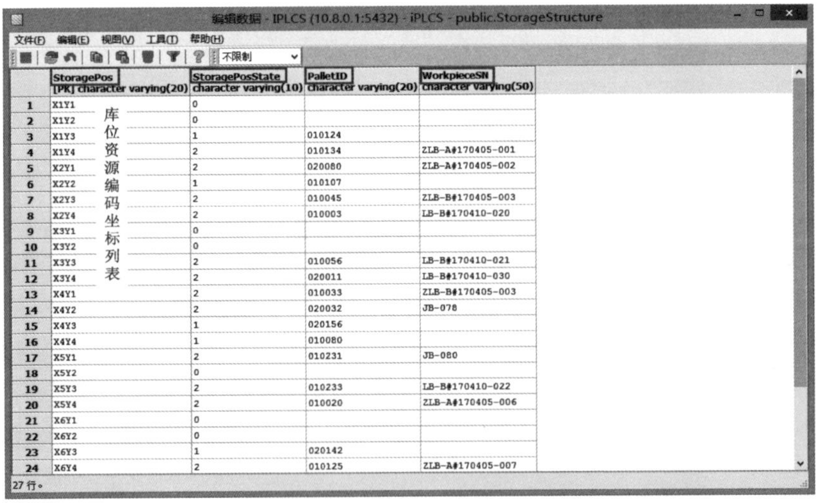

	StoragePos [PK] character varying(20)	StoragePosState character varying(10)	PalletID character varying(20)	WorkpieceSN character varying(50)
1	X1Y1	0		
2	X1Y2	0		
3	X1Y3	1	010124	
4	X1Y4	2	010134	ZLB-A#170405-001
5	X2Y1	2	020080	ZLB-A#170405-002
6	X2Y2	1	010107	
7	X2Y3	2	010045	ZLB-B#170405-003
8	X2Y4	2	010003	LB-B#170410-020
9	X3Y1	0		
10	X3Y2	0		
11	X3Y3	2	010056	LB-B#170410-021
12	X3Y4	2	020011	LB-B#170410-030
13	X4Y1	2	010033	ZLB-B#170405-003
14	X4Y2	2	020032	JB-078
15	X4Y3	1	020156	
16	X4Y4	1	010080	
17	X5Y1	2	010231	JB-080
18	X5Y2	0		
19	X5Y3	2	010233	LB-B#170410-022
20	X5Y4	2	010020	ZLB-A#170405-006
21	X6Y1	0		
22	X6Y2	0		
23	X6Y3	1	020142	
24	X6Y4	2	010125	ZLB-A#170405-007

图9-24　物料缓存库库位资源数据表

当完成物料缓存库数据表模型的建立后，实体对象的“物料缓存库”与数据对象的“缓存库库位资源数据表”就对应起来。另外，再经库位资源数据表的初始化配置,所有的库位资源录入系统中。

　　缓存库的库存管理就是要对上述过程中的缓存库储存物料情况进行管理,实质上就是对已建立的"缓存库库位资源数据表"中的各条数据记录进行管理操作,因此可以通过对数据表的操作来实现缓存库库存管理的功能。

9.3.6　可视化技术

1. 可视化的意义

　　可视化技术以直观清楚的图形图像表达信息,使用户快速地获取信息,可以使企业发现制造过程中隐藏的信息,提高生产线的执行效率。将可视化技术引入智能制造,可以使比较分散的各种信息整合起来,形成直观的图形图像进行显示,可以将系统中要表达的信息以简洁可视化的方式显示,可以将系统中异常的和与计划有差距的警惕信息醒目地显示出来,能够将比较抽象的数据表示成为可见的动态或者静态的图像,显示数据之间的逻辑关联、走势关系,有效标识出数据的变化和趋势,从而为企业理解那些大量繁杂的抽象数据信息以及做出决策提供帮助。可视化人机交互还可以减小实施系统的难度,方便用户接受。

　　可视化的实现可以实时监控生产过程中的各种状态,对生产线中的数据进行采集、存储与分析,针对可能会发生的异常报警数据进行分析,处理机床故障、刀具断裂等突发情况,通过动态的排产调度保障任务的顺利执行。

2. 显示方法

1) 大数据智能统计分析

　　可以通过大数据智能分析技术来生成机床在某段时间范围内机床状态、机床开机率、机床运行率、机床利用率、机床加工件数、机床报警次数、机床故障次数等统计数据,通过列表、折线图、柱状图、甘特图等形式统计表达,完善生产管理(图 9-25)。

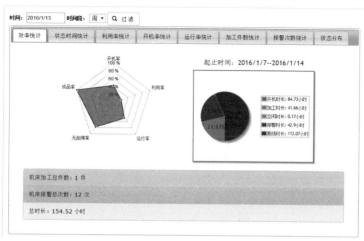

图 9-25　报表显示

2) 图形化显示

生产线加工状态、数控系统状态监控、数控系统参数管理、加工设备信息显示等皆可通过平面图或列表展示等方式显示，能够实时地显示机床与加工设备的当前状态信息。

通过模拟车间平面图查看车间机床状态（运行、离线、报警、空闲），用不同的颜色灯闪烁显示当前状态（图 9-26）。可以对机床进行查找，包括所属车间、机床型号、数控系统型号、关键字等进行机床快速定位搜索。

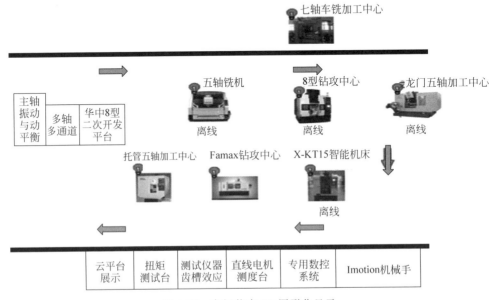

图 9-26　车间状态 2D 图形化显示

通过对程序仿真数据、工件加工时电流波形数据以及声音振动数据的分析，判断工件 G 代码的优劣，并定位可优化的 G 代码的行号，给出优化的建议（图 9-27）。

3) CPS 建模仿真

CPS 是在环境感知的基础上，深度融合计算、通信和控制能力的可控、可信、可扩展的网络化物理设备系统，通过计算进程和物理进程相互影响的反馈循环实现深度融合和实时交互，以安全、可靠、高效和实时的方式检测或者控制一个物理实体。而数字孪生是建设 CPS 的基础，以物理实体建模产生的静态模型为基础，通过实时数据采集、数据集成和监控，动态跟踪物理实体的工作状态和工作进展，将物理空间中的物理实体在信息空间进行全要素重建，形成具有感知、分析、决策、执行能力的数字孪生体，通过 CPS 数字组带将孪生模型与实际的智能制造系统连接。因此可以基于生产线的数字孪生模型，利用 CPS 仿真构建柔性制造产线总体结构布局，建立生产线虚拟场景，模拟真实的生产线状况，以达到用户实时监控生产线现场，并且实现远程诊断的可视化操作效果。

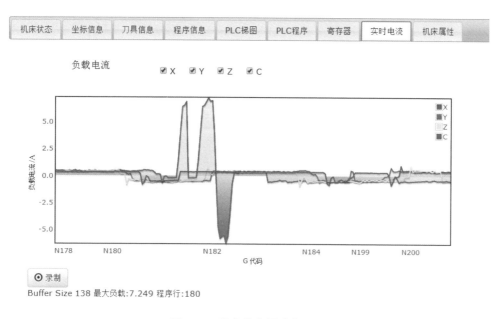

图 9-27　机床状态图形化显示

　　虚拟现实显示在可视化仿真显示中也具有重要的意义,设备是工厂的核心,设备的管理就显得非常重要。基于虚拟现实技术可以在虚拟三维场景里以完全沉浸式、自然化的方式对设备进行远程智能管理(图 9-28)。

图 9-28　虚拟三维场景

　　4)实时视频监控

　　通过视频系统查看生产线的运行状态,同时提供录制和回放的功能,可以随时查看任意时间段内生产线的运行状态,综合监控生产线,弥补数据化显示带来的对于生产线实际运行现场状况的监控不全面的问题(图 9-29)。

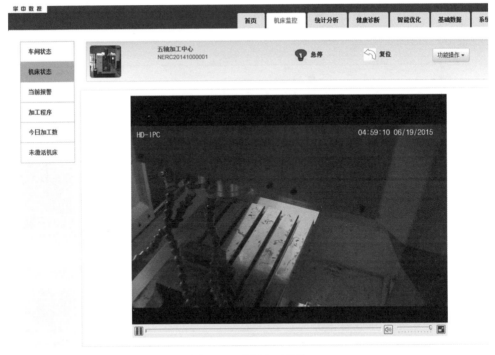

图 9-29　现场实时监控

9.3.7　智能故障管控机制

智能故障管理模块基于加工事件、刀具配送和物流配送,向上游排产计划反馈管理信息,实现的功能是:对系统异常、设备异常、质量问题实时监控,及时反馈信息,及时排除异常和调整排产计划;对异常信息、质量问题统计分析,可以帮助优化加工工艺及维护系统和设备。

柔性产线主要由数控机床、机械手、物料、托盘及夹具、刀具、生产线控制系统、上下料站等设备或系统组成。在实际运行过程中,设备的磨损、老化以及操作不当、环境温度变化等原因均会导致设备故障发生或者不可用,同时生产线控制系统、数控系统等系统软件也可能出现异常等造成系统不可用。基于前文中讲到的机床断刀监测与机床健康保障技术,生产线总控系统可以实时发现甚至提前预判生产设备所出现的故障,及时反馈给故障处理模块,以保证生产线生产的节拍与效率。

故障处理流程如图 9-30 所示。当柔性产线中已实例化的执行指令因设备故障执行失败后,为了能够快速处理设备故障,保持生产线能够继续运行,以及提高生产线的可用性,基于泛化指令的生产线故障处理机制可重新提取出执行出错的执行指令中所包含的设备需求信息,将已经下发执行失败了的实例化的执行指令重新进行泛化处理,该过程即为指令反泛化过程,重新生成泛化指令,并通过指令实例化获取新的可用设备来继续完成任务。

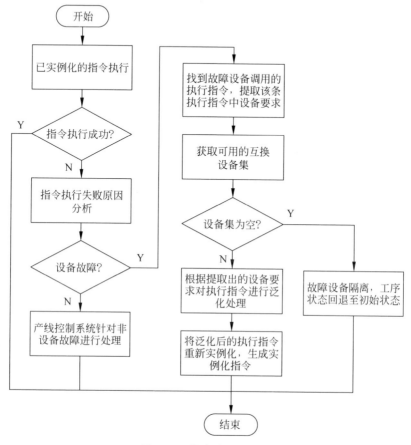

图 9-30　故障处理流程图

通过上述过程,可以实现对故障设备的快速切换,从而使生产线具有快速处理故障的能力,保证工序任务的继续执行,降低故障在线处理时间,进而一定程度上提高生产线的可用性。

接下来以刀具的故障处理过程为例,详细解释基于泛化指令的生产线故障处理机制。

在刀具配送过程中,刀具、刀具机械手、机床、刀库等设备的故障,均可能导致刀具调度指令执行失败,使指定的调刀任务无法完成,影响整个加工任务的进度。

表 9-3 所展示的即为刀具配送中的常见故障以及相应的解决方案,本节主要处理的故障为存在可替换资源的故障。

表 9-3　部分刀具调度中故障说明

故障类型	故障字段	错误码	说　　明	处理方式
RFID 识别问题	TOOL_ID_NOT_MATCH	510	刀具机械手未能读取到 RFID 标签的数据	重新扫描标签
数据库数据不一致	TOOL_NOT_IN_MACHINE	509	刀具不在机床刀库	更换刀具，更新数据库，人工查找刀具
	TOOL_NOT_IN_MAG	507	刀具不在中心刀库	
	TOOL_NOT_FOUND	506	刀库刀具身份未识别	
	TOOL_NOT_IN_BASKET	515	刀具不在机械手	
	…			
其他设备问题	MAC_TOOL_MAG_PLACE_LOCKED	522	机床刀库已锁	以其他设备故障进行相应处理，刀具调度失败
	MACHINE_ALARM	502	机床报警	
	S6RFID_OPEN_PORT_ERROR	70	RFID 打开出错	
	TOOLMAG_DEBUG_ENABLE	505	刀库故障不可用	
	…			

在调刀指令执行过程中，可能会因刀具等设备故障导致指令执行失败，面对不同的故障采取不同的处理方式，可以有效地保证故障处理的效率。接下来将介绍基于泛化调刀指令的刀具故障处理，其处理流程如图 9-31 所示。

通过对可重做指令进行重新下发，可以有效减少重新选刀、加刀等方面的开销。对实例化调刀指令进行反泛化-再实例化的处理，可以对支持更换刀具的故障进行快速故障切换，减少故障恢复的时间开销，提高生产线的效率及可用性。

9.3.8　平台化

1. 平台化概念

智能柔性产线是一种技术复杂、自适应能力强的生产系统，其优点在于对设备利用率高、生产能力稳定、产品应变能力大以及产品生产质量高，应对用户个性化需求的复杂多变，能极大程度地适应。然而尽管柔性产线系统能更好地适应产品生产改变所带来的影响，但由于一般柔性产线系统的扩展性差等问题，并不能完全发挥出柔性产线的潜力。

因此，柔性产线系统平台化对于柔性产线的发展而言是一项很重要的关键技术，平台化的发展可以解决柔性产线系统的扩展性以及跨平台等问题，能更好地发

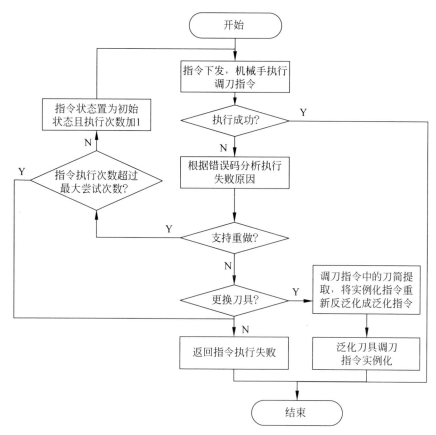

图 9-31　调刀指令执行异常处理流程图

挥柔性产线的优势,更能满足用户的个性化需求,提高生产线的柔性化。

2.平台化的要点

1)平台的基础框架

基于柔性智能总控系统的基础体系架构,将系统的各主要功能模块进行模块化和插件化,结合可模块化和可扩展的平台框架,搭建可模块化和可扩展的柔性智能总控系统平台。

柔性智能总控系统平台是可模块化和可扩展的,既可添加、删除和替换任何扩展,也可编写自己的扩展,或使用现有的扩展;另外,可定制的安全性、权限和角色安全功能允许用户灵活地控制对 Web 应用程序资源的访问。总之,柔性智能总控系统平台是一个面向对象的、易于开发、高性能的软件开发平台,可以构建 Web UI 和 Web API 的统一场景,集成现代客户端框架和开发工作流程,基于云的环境配置系统,形成轻量级、高性能和模块化 HTTP 请求管道。同时,平台采用模块化设计,具有良好的可扩展性,各功能模块以插件的形式存在,相互间以 Web API、消息队列等通信方式进行数据交互或信息传递,可进行 API 二次开发,形成新的功能插件,以满足系统平台柔性化需求。总体框架如图 9-32 所示。

集成化平台框架图如图 9-32 所示,建立基本核心功能,提供便捷的二次开发接口,形成可跨平台的柔性产线生态系统,主要组成包括:

(1) PC 端(操作系统)、移动端(Android/iOS)、微服务;

(2) Web App;

(3) 数据库、CPS、数据建模;

(4) 开发语义语言;

(5) 通信接口;

(6) 应用框架 MVC。

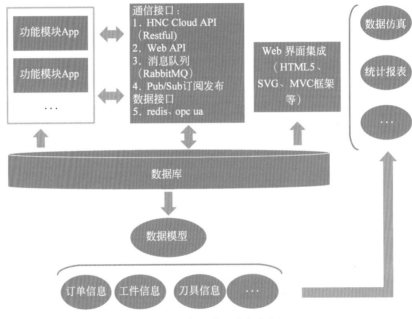

图 9-32　集成化平台框架图

2) 平台化内外部接口

(1) 内部接口:

平台是模块化和可扩展的,通过数据建模、功能模块插件化,各功能插件之间通过 Web API 或消息队列(RabbitMQ)等方式进行通信,降低功能模块间的耦合性,提供可二次开发的 API,形成新的功能插件,提高系统平台的可扩展性。

(2) 外部接口:

① 系统可以独立运行,也可以与企业其他 ERP、MES 或 PLM 系统集成协作运行,极大地提高柔性产线系统的拓展性,以及生产线的生产力水平和产品的生产质量;

② 在数据采集、传输方面,可以实现与其他系统的数据接口,如 Excel 等数据导入方式,实现和外部的系统接口,在数据传输和存储方面具有更多的选择;

③ 系统平台提供 Restful API 等接口集成；

④ 可采用微服务模型的接入方式，有利于其他自动化系统接入总控系统。

3）平台化关键技术

（1）柔性智能总控系统平台是一个跨平台的系统，可以在 Linux、Mac 和 Windows 上运行，并且支持不同的数据存储类型（PostgreSQL、SQLite、SQL Server、Azure SQL 数据库），并且模块化、多语言和多元化。

（2）将生产线系统的功能模块插件化，形成 Web APP，各功能模块间采用 Web API、消息队列（RabbitMQ）等方式进行数据交互和信息通信，减少功能模块单元间的耦合性，也利于生产线平台的功能扩展，如图 9-33 所示。

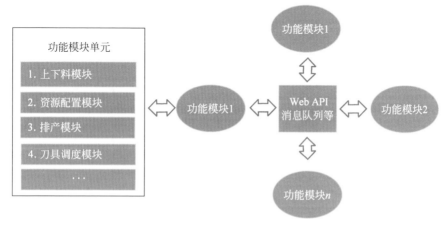

图 9-33　产线功能模块化

（3）形成前端界面集成（Web 集成）控件系统（图 9-34），通过 HTML5、SVG 等前端技术，结合数据库中的数据存储、数据分析与建模（Entity Framework），形成

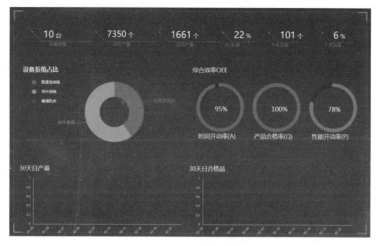

图 9-34　平台前端界面

一个个控件单元,例如 Echart、JQuery 等控件模块,可供用户自主调用不同控件组成新功能;其次是创建基于微服务的复合 UI,复合 UI 是由微服务本身精确组合而成,可控制 UI 特定区域的视觉形状。

(4) 通信接口,各模块单元之间使用 Web API、消息队列(RabbitMQ)、Redis 或 Pub/Sub 通信接口进行数据交互和信息传递,实现各插件化的模块单元间相对独立又相互联系。接口技术实例如图 9-35 所示。

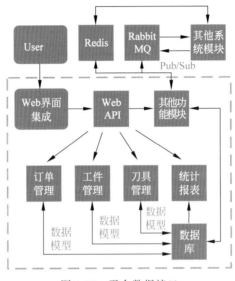

图 9-35　平台数据接口

另外,系统平台可支持微服务的通信模式,微服务的一种通信方式是事件驱动,这是一种异步通信方式,消除了服务之间的耦合,事件驱动方法不需要服务必须知道公共消息结构,服务之间的通信通过各个服务产生的事件进行,通过事件发布(Publish Event)和订阅事件(Subscribe Event)的方式进行通信。微服务事件总线如图 9-36 所示。

图 9-36　微服务事件总线

(5) API 二次开发。柔性智能总控系统平台化后,由于各个功能模块单元是以插件的形式存在,也可以称为 APP,降低了各个功能模块之间的耦合性,同时各个功能插件之间可以进行数据交互和信息传递,又相互独立,因此平台是插件化的系统平台,可以实现可扩展的二次开发 API 接口,满足用户自主开发新的功能。

在系统平台的基础框架上,通过数据分析与建模,使用 Web API 接口,可以自主开发新的功能插件,例如开发统计报表等,实现大数据的可视化管理。统计报表可以直观地显示生产线运行效率,是进行人为管控的重要依据;统计报表插件通过将生产线数据库里中的机床运行数据筛选并读取出来,进行相关计算,最后将计算结果以图表的形式反映在平台页面上。

(6)平台脚本语言支持。柔性智能总控系统平台可支持多种脚本语言,如支持 JavaScript、Python、C♯等脚本语言,这是一种开放式的脚本语言引擎,供用户自由发挥,用于增强程序的可配置性。脚本语言是一种解释执行语言,能够被实时生成和执行,简单易编写,可分成独立型和嵌入型,与编程语言搭配使用,运用灵活、方便,极大地简化了程序的开发、部署、测试和调试的周期过程。如 JavaScript 是一种基于对象和事件驱动并具有安全性的脚本语言;Python 是一种用途广泛的脚本语言,简单又强大,拥有脚本语言中最丰富和最强大的库。

9.3.9　基于大数据中心的产线总控系统集成化

1. 总控系统与大数据中心的集成应用

大数据是制造业智能化的基础,其在制造业大规模定制中的应用包括数据采集、数据管理、订单管理、智能化制造、定制平台等,其核心是定制平台。真正的数字化车间分为三个层次:第一层是大数据集成,大数据能够建立数据集成体系,以物料为中心、以工序流程为轴的数据集成体系,能够为调整工序提供更多更好的决策信息;第二层是大数据统计分析,大数据可以分析预测可能造成问题的原因,据此来对设备和生产过程进行检查和调整;第三层是机理模型,通过大量的数据和反馈,工业企业可以构建一个相对准确、正向的仿真模型,并在数字孪生体、数字空间进行调试,最后在工厂里进行测试。

大数据中心的主要功能:对车间种类繁多的设备有多种采集方式,提供可靠丰满的生产数据用以分析和计划;根据实际应用需求,灵活组合应用到其他管理系统,搭配可选的可视化看板应用方案,实现可视化精益制造看板管理;分析生产过程及设备状态记录跟踪每台设备每个操作者的用时;分析整个生产部门和指定设备、班组、人员的产量和质量的详细数据;提供目前国际通用的标准 OEE 数据分析功能,以精益制造理念为指导,准确提供设备效率、生产环节的损失及改善数据。

大数据应用会给制造业带来更精准、更先进的工艺,更优良的产品。制造业首先是大数据的源头,一旦制造业进一步数字化,生产流程中产生的数据都属于大数据的范畴。国际上以德国的“工业 4.0”为代表的数字化制造、物联网为代表的信息化产品,是先进制造业的发展方向。大数据技术代表了新的制造业产业革命,是产业转型的标志性技术和关键性技术,传统制造业可以通过 IT 技术的提升而迅速实现转型。

2. 总控系统与 MES/MOM 的集成应用

MES 是面向制造企业车间执行层的生产信息化管理系统。MES 可以为企业打造一个扎实、可靠、全面、可行的制造协同管理平台。MOM(制造运营管理)定义为"工作流/配方控制来生产所需的最终产品",包含制造的各个运营区域,从生产到仓库、品质、维护和人工过程。通过结合自动化数据和从员工以及其他过程所获取到的数据,MOM 提供了一个更完整、实时的对所有工厂以及整个供应链的观察。

对于数控系统的柔性集成产线来说,MES/MOM 侧重在车间作业计划的执行,充实了软件在车间控制和车间调度方面的功能,以适应车间现场环境多变情况下的需求,处于资源计划系统和工厂底层的控制系统之间,是提高企业制造能力和生产管理能力的重要手段。MES/MOM 系统具有的功能模块如图 9-37 所示。

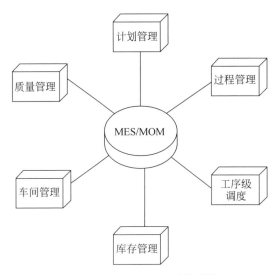

图 9-37　MES/MOM 功能模块

1) 加工前准备阶段

准备阶段(生产前)需要完成三个方面的准备工作:生产计划的准备工作;生产工艺的准备工作;生产工具及物料的准备工作。准备阶段需要企业层和控制层协同完成。

从生产计划的准备来说,可以从产品的供应链得到很多信息。供应链计划 SCM 系统产生一个生产订单(其中支持个性化定制的订单中每台产品可能有各自对应的不同客户和 BOM)。柔性产线总控系统针对生产线的加工能力及可用资源进行排产调度生成可实现的加工任务(生产线工单),并将任务的设定状态反馈给 MES 以便做好生产线生产准备计划。

从生产工艺的角度来说,一方面 MES 根据由数据管理 PDM 提供的产品相关信息(如 CAD 图纸、自制件明细等)以及工艺文件,根据客户定制需求进行任务分解,下发给柔性产线总控系统。

从资源准备的角度来说,柔性产线总控系统将根据工位库的物料库存情况、设备的可用及加工能力与状态、排产调度的安排生成物料和设备工具的请求,将数据信息同步到 MES,确保有充足的加工原材料,以保证工厂加工生产的顺利进行。

2) 加工后服务阶段

总控系统对 MES 服务阶段(生产后)提供的接口一般可以分为两个方面,一个方面是面向客户的生产进度及质量追溯服务;另一个方面是面向生产过程优化改进服务。服务阶段需要通过企业层和控制层的协同作用来完成。

面向客户的生产进度及质量追溯服务:现代制造的柔性产线系统需要满足客户的全流程参与,客户可以改变需求,监控进度,了解物料信息,改善售后服务品质。柔性线总控系统将通过排产模块、进度监控模块及物料标识系统提供服务接口。

面向生产过程的服务是指将现阶段的生产过程对未来生产过程的指导作用。一个产品的优化需要完成从功能的优化到设计的优化,再到生产工艺的优化,而智能产线需要完成部分设计优化(根据加工设备的特点)和所有生产工艺优化。在生产过程中数控系统会生成大量的数据,通过对这部分生产数据的有效收集和处理,可以对以后的生产起到很好的优化作用。

3. 总控系统与 ERP 的集成应用

ERP(企业资源计划系统),是指建立在信息化技术基础上,以系统化的管理思想,为企业决策层及员工提供决策运行手段的管理平台。在 ERP 系统中,除了围绕制造过程的主生产计划(MPS)、物料需求计划(MRP)、能力需求计划(CRP)三大核心计划外,还包括企业经营中常用的预算、资金计划、销售计划、采购计划、车间作业计划等各项基本计划。作为一种通过计划来对企业各项资源进行管理的系统,ERP 系统对能够形成企业竞争优势的各种要素,针对性地制定优化整合的计划方案。ERP 的整体框架图如图 9-38 所示。

总控系统和 ERP 的集成应用主要包含四大部分,分别是生产运行管理、质量运行管理、维护运行管理和库存运行管理,总控系统和 ERP 的集成关系如图 9-39 所示。

在企业中,一般的管理主要包括三方面的内容:生产控制(计划、制造)、物流管理(分销、采购、库存管理)和财务管理(会计核算、财务管理)。这三大系统本身就是集成体,它们相互之间有相应的接口,能够很好地整合在一起对企业进行管理。对于数控产线集成来说,生产控制管理模块发挥了突出作用,这也是 ERP 的核心所在。它将企业的整个生产过程有机地结合在一起,使得企业能够有效降低库存,提高效率。同时,各个原本分散的生产流程的自动连接,也使得生产流程能

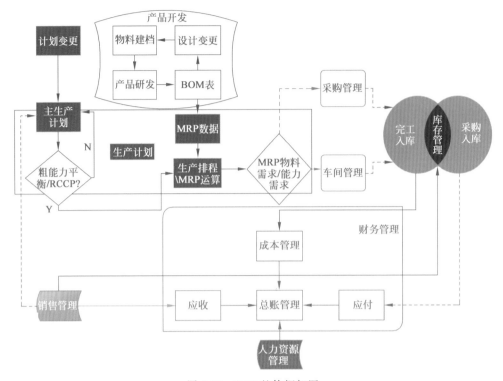

图 9-38　ERP 整体框架图

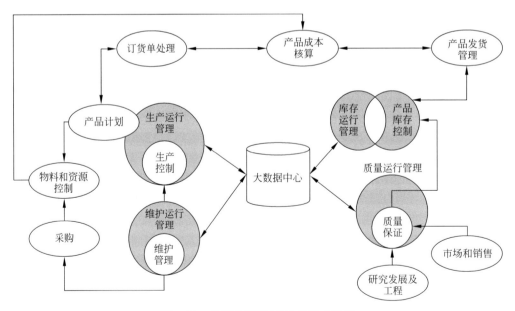

图 9-39　总控系统和 ERP 的集成应用

够前后连贯地进行,而不会出现生产脱节,耽误生产交货时间。

生产控制管理是一个以计划为导向的先进的生产、管理方法。首先,企业确定一个总生产计划,再经过系统层层细分后,下达到各部门去执行。即生产部门依此生产,采购部门按此采购,等等。数控生产线基本在专有的车间中实现,在车间生产中,生产计划管理是影响生产效率的重要因素之一。一方面,从企业的上层计划系统 ERP 中获取车间的生产作业计划;另一方面,接受外协订单分解后的物料需求计划。这两个方面结合起来,为计划人员编制生产作业计划提供原始数据。通过计划系统,总控系统实现与 ERP 系统的集成。

(1) 以实时数据为依据的生成计划更加正确及时地反映整个生产情况。

(2) 改造信息技术基础设施,实现公司内部信息和数据的集中管理,从根本上减少信息和数据内部流通的时间。

(3) 增加财务系统数据当日更新和管理报表即时统计的功能,实现当日结账的目标。

(4) 配合供应链管理(SCM)系统,减少供应链成本,增强对顾客需求的快速反应,优化客户服务并提高公司的整体工作效率。

(5) 改进现有操作流程,实现企业管理层和车间管理层一体化标准运作,更有效地缩短产品周期,提高劳动生产率。

9.4　智能数控系统产线应用案例分析

本节选择了两个案例来介绍智能数控在柔性产线的实际应用,将前文中所讲到的技术应用于实际的产线,更加充分地向读者介绍智能数控系统在产线中的应用成果。3C 行业智能制造产线案例重点从工业控制软件集成的角度介绍柔性产线,而航空航天柔性制造产线案例重点介绍柔性产线的智能化应用。

9.4.1　3C 行业智能制造产线案例分析

1. 案例介绍

此案例是基于国家智能制造试点示范项目所开展的实践项目,通过此案例向读者介绍基于数字化智能化数控系统所构建的柔性产线以及其深化应用。

3C 行业智能制造示范对我国劳动力密集型企业的转型升级具有典型示范意义,同时会对区域智能化建设带来显著的推动作用。同时,本案例介绍的智能化柔性产线还具有"三国六化一核心"的特点("三国"是指国产智能装备、国产数控系统和国产工业控制软件,"六化"是指加工过程自动化、制造资源物联化、制造系统数字化、质量控制实时化、决策支持精准化和制造环境绿色化,"一核心"是指大数据云平台),此案例可以对国内柔性产线的国产化、智能化起到很好的指导作用。

2. 案例实施方案

案例的整体设计如图 9-40 所示，项目实施现场如图 9-41 所示。在硬件层面，智能车间规划了 10 条生产线，包括 180 台国产高速高精钻攻中心、72 台国产华数机器人、25 台 RGV、15 台 AGV 小车，配套基于 RFID 的数字化自动流水线、全自动配料检测系统；而在软件层面，系统搭载了全国产化的工业软件系统，包括云数控系统平台、CAPP、APS 高级排程系统、MES 生产管理系统、三维虚拟仿真系统等。基于国产高档数控系统的良好开放性，建立了智能工厂设备大数据平台，通过对设备实时大数据的采集、分析，实现了机床健康保障、G 代码智能优化、断刀监测等智能化功能。

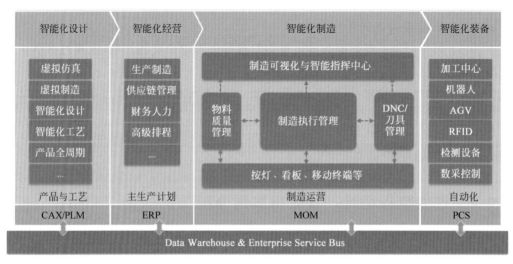

图 9-40　生产过程整体设计

生产规划仿真：实现工厂规划仿真，对制造资源仿真并优化；实现生产计划仿真，提前发现生产的瓶颈及问题；实现生产过程仿真，实时展现生产状态。

工艺路径规划：以 CAPP（Computer Aided Process Planning）、PLM 系统为核心，设计数据向 ERP、MES 等系统流动，并最终指导现场的生产操作及设备运行。

调度排产：以 APS（Advanced Planning System）为核心，对生产计划进行优化排产，与 ERP 进行紧密集成，并下发计划给 MES，最终指派给机台设备工作任务；同时根据生产实际状况，进行计划的滚动优化。

物料调度：以 LES（Logistics Execution System）为核心，基于生产计划与实际生产状况，实现生产与物流的协同作业。

质量管理：以 QCS（Quanlity Control System）和 SPC（Statistical Process Control）系统为核心，基于生产工艺要求，与质检设备联动，实现生产与质量的协同作业。

资源管理：以刀具管理及 MES 为核心，根据生产计划及实际生产状况，进行资源的管理与调度。

数据采集：以数字控制系统为核心，实现设备与设备之间的协作，同时采集设备的实时数据，提供给 MES、APS、PostEngineer 等系统进行生产管控。

图 9-41　项目实施现场

3．产线应用

1）国产智能装备、国产数控系统和国产工业控制软件的集成

本案例通过国产数控系统装备与国产工业控制软件的配套使用，组建了智能柔性产线。一方面，我们可以看到基于国产机床数控系统和工业机器人控制系统的良好开放性及兼容性，通过机床设备和机器人的集成联网，可方便地采集各种原始数据和实时信息，实现车间的数字化、信息化；另一方面，国产工业控制软件与生产线的集成可以将采集到的大数据收集应用起来，使大数据可以服务于柔性产线，这一过程有助于实现管理的智能化，提升管理水平和生产效率，降低运营成本。

图 9-42 展示了国产化智能装备与国产数控系统的集成。

图 9-42　国产智能装备与国产数控系统的集成

2）智能制造执行系统方面的成长性

以往的制造执行系统难以实现对于产品生产（特指单一产品的全生命周期）和整个车间的完全把控，即制造执行系统在同一产品的不同加工阶段的参与程度不同，或者对于同一车间不同生产线的参与程度不同。而在本案例中智能制造执行系统解决了这一问题，首先，在本案例中，制造执行系统对所有数控设备实现覆盖，在获知实时设备工作状态、生产与质量历史及维修维护状态的同时，也将积累大量的历史数据，这些数据的应用会对未来的生产加工过程产生很好的服务作用；同时，通过采用移动互联技术，制造过程透明化将不局限于车间和事业部，也为企业的整体制造优化提供更为准确实时的全局数据支持。图 9-43 为智能制造执行系统展示。

图 9-43　智能制造执行系统展示

3）工艺参数优化（粗加工寻优）

案例一所加工的零件为某品牌手机模的二夹，零件如图 9-44 所示，单次切削时间为 7min49s，工艺阶段主要为粗加工。加工所用的 G 代码包括一个主程序和 15 个子程序，一共使用了 12 把刀，刀具半径从 1～10mm 不等。主轴转速的变化范围为 10 000～18 000r/min，进给速度范围为 300～6000mm/min。

图 9-44　手机模二夹零件图

粗加工寻优前后的主轴电流对比如图 9-45 所示,以程序行号为横坐标,指令域的主轴电流均值为纵坐标绘制主轴电流图。其中红色为原始 G 代码加工时的电流,蓝色为优化后 G 代码加工时的电流。从优化前后主轴电流对比图中可以直观地看出优化后电流波动小于优化前电流波动,加工的主轴电流趋于均衡,并且在优化后电流有整体的提升。

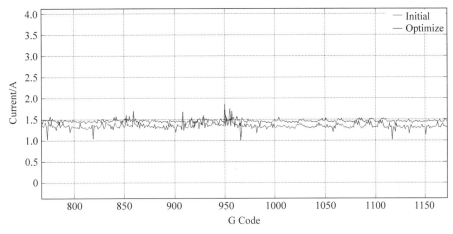

图 9-45　优化前后主轴电流对比

同时,对优化前后电流的统计特征进行比较,包括最大值(反映主轴受到的瞬时冲击)、方差、峰谷值(反映负载均衡程度)以及平均值(反映加工效率提升程度)。

优化前后统计特征对比如图 9-46 所示。通过对最大值、方差、峰谷值以及平均值几个特征的分析,由图 9-46(a)可知,整个区间内电流最大值减小,主轴受到的瞬时冲击减小;由图 9-46(b)可知,电流方差的峰谷值减小,主轴的负载更加均衡;由图图 9-46(c)可知,电流的平均值变大,加工效率提高。

优化前后零件的对比如图 9-47 所示,左边为优化前原始 G 代码所加工零件,右边为优化后效率提升的 G 代码加工的零件。优化后 G 代码加工的零件经过生产现场质检人员的鉴定,表面质量符合生产要求。同时从图 9-47 中可以看出,优化进给速度之后的 G 代码对所加工零件的表面质量影响不大。

4)机床健康状态横向比较结果

前文提到,为了保证生产线的柔性,生产线所采用的数控机床多为同型号的数控机床,针对智能车间中同一型号的机床,可以进行定期的横向对比,以某五台机床的横向对比结果为例进行说明。

从图 9-48 可以发现,五台机床的 X 轴、Y 轴、Z 轴健康指数比较接近,而青色线条所代表的机床刀库的健康指数明显出现异常,经过机床维修人员的排查,该台机床的主轴在换刀时开始出现多次重复定向、定向不够准的情况,导致在换刀时刀库会出现轻微卡顿。

通过上述案例可以说明,横向对比功能对于同型号机床通过相同的加工程序

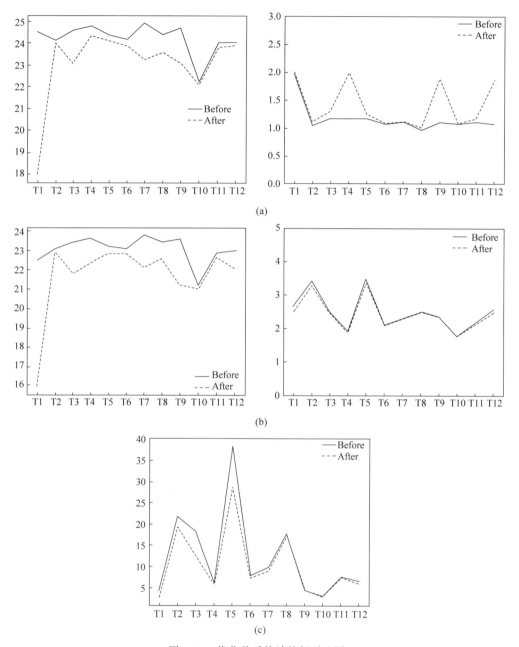

图 9-46　优化前后统计特征对比图

（a）优化前后极值对比（左图为极大值，右图为极小值）；（b）优化前后方差和峰谷值对比（左图为谷峰值，右图为方差）；（c）优化前后平均值对比

进行对比，可以提前发现机床存在的问题。前文提到，目前柔性产线采用的加工中心多为同型号设备，对大量同型号的设备进行健康检测时，横向比较可以及时快速

图 9-47　优化前后零件对比图

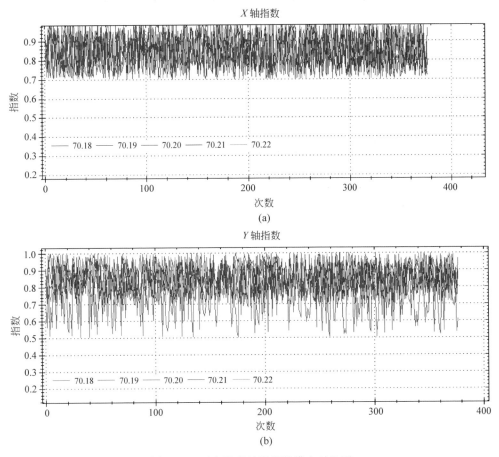

图 9-48　五台机床健康指数横向对比图

（a）X 轴指数横向对比；（b）Y 轴指数横向对比；（c）Z 轴指数横向对比；（d）刀库指数横向对比

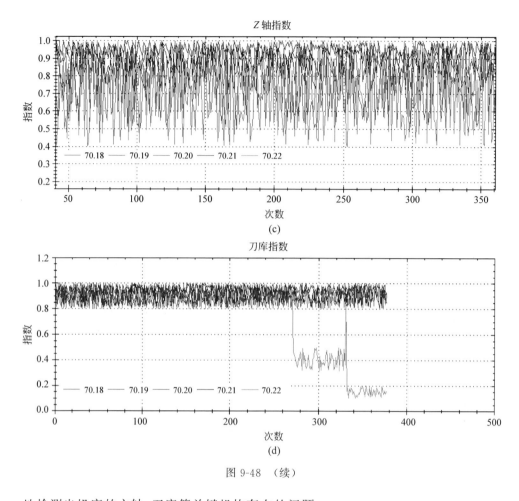

图 9-48 （续）

地检测出机床的主轴、刀库等关键机构存在的问题。

4. 案例成果总结

本案例实现了国产化智能加工设备、国产化数控系统以及国产化工业控制软件在智能化柔性产线的集成，对制造业实现进一步的国产化起到较好的指导作用。同时，通过本案例的实践，国产制造执行系统实现长足的发展，主要体现在两个方面，一方面使其具有更广的应用范围，另一方面可以完成更多更复杂的控制任务。对于大批量的生产计划，生产线可以实现生产工艺的参数优化，提高生产线的生产效率。除此之外，本案例采用了大量型号相近的机床，案例中讲到的横向比较可以很好地用于这种场景下的健康保障，通过横向比较可以及时找出出现故障的设备以及故障部件，提高生产效率。

柔性产线控制流程简图如图 9-49 所示；最终柔性产线整体布局方案如图 9-50 所示。

最终确定的加工设备为 2 台国产精密卧式加工中心和 2 台国产五轴精密卧式

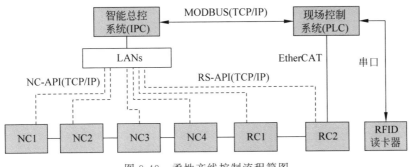

图 9-49 柔性产线控制流程简图

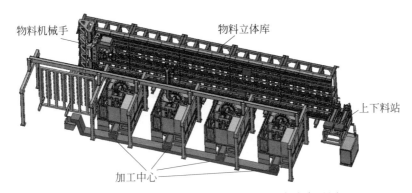

图 9-50 航天壳体及支架类零件柔性生产线布局图

加工中心,其中精密卧式加工中心负责加工孔和端面,五轴精密卧式加工中心负责航天壳体类零件的空间孔的加工。

在确定设备和配置方案后,生产线系统需要和其他的硬件系统集成,具体包括物流系统、工装系统、刀具系统以及检测系统。物流系统由上下料机械手、缓冲料库和上下料站组成,具有高自由度的机械手与缓冲料库配合,实现物料的出入库;刀具系统由中央刀库和刀具转运机械手组成,是柔性产线中用于刀具储存、转运的设备;工装系统能够准确地定位装夹工件,并且能够实现与物流系统、存储系统的对接,对接过程高效、可靠,满足自动化搬运与装夹需求;检测系统可以实现加工质量检测方案设计、机床在位测量方案、测量传感器布置方案、自动测量及检测方案等设计。

9.4.2 航空航天柔性制造产线案例分析

1. 案例介绍

航空航天装备力量是我大国地位的战略支撑,而作为航天装备力量载体的航天领域重点产品,代表了航天工业尖端技术,是我国基础制造业核心竞争力的集中体现。

近年来,围绕航空航天领域重大需求,我国针对航空航天领域的典型零件,无论是关键数控装备研发和应用,还是服务于关键零部件生产加工的智能柔性产线都得到了长足的发展,本案例介绍了一个用于航空航天关键零部件生产加工的智能柔性产线,通过该案例向读者展示智能柔性产线的整体布局以及智能化应用。

2. 柔性产线整体布局

柔性产线的整体布局主要需要考虑两个方面的问题,一方面是加工设备的选择;另一方面是加工设备的布置。

选择加工设备时需要考虑的因素很多,包括航空航天关键零件加工工艺的特点(包括高精度、高表面质量、批量小而种类多以及零件形面复杂等)、加工设备的性能、工件物料特点、工装卡具及刀具特点以及生产环境场地等生产要素、操作人员的方便性和舒适性。基于以上因素,案例采用国产的四轴卧式加工中心、五轴卧式加工中心、物流缓冲库、中央刀库等设备以及华中数控系统,重点研究航天产品关键整机壳体及支架类零件加工制造的成线技术。

加工设备的布置则需要从工艺路线与设备的契合性、工艺路线与工装卡具及刀具的契合性、工艺路线与生产环境的契合性、生产过程中的人性化设计等方面进行考虑。通过传统的串联生产方案与并联生产方案对比,可以发现并联生产线方案可以直接采用四轴或五轴卧式加工中心,单机即可完成全序加工,提高了加工质量和效率;同时,因单机故障或单机并线调试的停线时间也减少了,使得整个生产过程稳定;另外并联生产方案更加灵活,可以及时根据不同的生产需求修改工艺流程。

故案例最终选用并联生产方案,得到如图 9-49 所示的生产线控制简图。

3. 柔性生产线智能化应用

本节将介绍航空航天柔性制造产线案例中的生产过程,与 9.2 节所介绍的柔性生产线的生产流程相同,生产过程同样包括订单发布与工艺路径规划、排产调度、加工生产这三个过程。

1) 柔性产线建模

(1) 柔性产线基础数据及执行指令模型建立

复杂结构件柔性产线基础数据的建立,包括相关资料收集、G 代码数据、布局设计等。执行指令 ECode 是根据柔性生产线要求新定义的一种直接衔接上层排产计划与下层执行设备的执行命令语言。ECode 的提出能够隔离调度层和设备层,避免了直接采用函数调用耦合度太高的问题;同时使得调度排产能够具有具体形式化的输出,可表示复杂的参数。

(2) 成套应用生产线设备资源管理

该系统是对整个生产线设备进行管理,从总体上能够实现对设备状态的显示、监控及预警,还可以根据加工需要对产线上设备进行增删改,该系统为下游的排产计划提供基础信息。

（3）基于执行动作的指令分布式任务派发及执行

基于工艺模型和设备执行的动作逻辑，将执行指令任务，以分布式的方式下发给各执行模块，实现多任务并行执行功能。执行指令通过解析，直接调用设备的 API 接口、G 代码程序、PLC 程序、刀具管理接口、物料管理接口等，来实现对整个柔性加工生产线的调度控制。

2）物料管理系统

该柔性产线的物料系统布局继承典型 FMS 基本功能和特点的基础上，又做了一些新的改进和创新。它主要由数控机床、立体刀库、物料立体库、桁架机械手、上下料机械手、上下料站及集中排屑器等构成，该物料管理系统特点如下：

（1）机床设有两个交换式工作台面，即一个加工区一个准备区，通过双区分离机制使得机械手在机床准备区对工件进行抓取时，机床不停机，提高了主轴有效工作时间。

（2）物流过程中设有中心物料库（即缓冲区）及统一化的标准托盘，可拼接扩展且与机床群并排布置，使得机床准备区的工件可以及时地供应和取出，有效地保障了机床加工过程的连续性。

（3）所有机床均采用并联布置方式，并行排列，各机床之间相互独立，无工序承接关系，不用停机就可以同时加工不同种类的零件或同一种类零件的不同工序，使得多品种、小批量、定制化零件得以实现高效自动化连续生产，且单机故障时其他机床不用停机，生产进度不间断，整体生产进程不受影响。

（4）生产线配有工件身份识别与数据采集系统，系统能够自动识别工件的规格种类，记录工件的加工状态，并能采集和处理工件加工过程中的实时数据，实现加工过程的监控，以及对加工过程工件质量信息的追溯和管理等功能。

（5）配有刀具管理系统，具有刀具寿命管理、刀具损坏预警等功能，保障生产线无人值守功能的实现，节省人力成本。另外，每个机床除了自身刀库之外，还集成了共用的中心立体刀库，极大地扩展了刀库的容量。

（6）配备集中排屑系统，将切屑及时运送出加工区，最大限度地节省了人力成本。

3）柔性产线实时监控及故障管理

实时监控及故障管理分析主要是对生产线数据采集存储分析，以及对异常报警数据分析及处理。其架构如图 9-51 所示。

（1）柔性成套设备实时数据监控

对生产线所有设备和网络实时监控，及时反馈故障信息，以便及时排除故障和调整排产计划；对设备和网络数据的统计分析，可以帮助改善和优化产线设计。

视频监控将生产数据与视频画面叠加在一起同步显示，有利于生产线能够更直观、高效地工作。

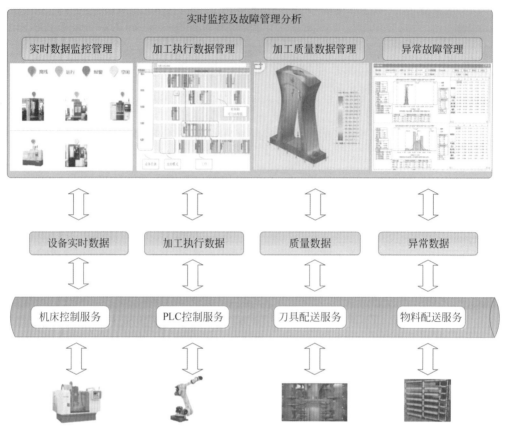

图 9-51　柔性加工产线实时监控及故障管理架构图

（2）数控柔性加工执行计划监控

及时获取当前实际生产状况，通过图形化界面、报表、电子看板及时准确反映当前实际进度、达成率、故障等生产状况，从而促进排产调整和优化，人工干预进行调度，达到生产订单按时完成、生产效率提高的目的。通过对加工进度数据的分析，可以促进产线设计的优化。

（3）质量及异常故障监控管理

故障管理模块是基于加工事件、刀具配送和物流配送对上游排产计划的反馈管理信息，实现的功能是：对系统异常、设备异常、质量问题实时监控，及时反馈信息，以便及时排除异常和调整排产计划；对异常信息、质量问题统计分析，可以帮助优化加工工艺及维护系统和设备。

4．**案例成果总结**

案例的成果在于实现了柔性产线的高度自动化，节省大量人力资源；同时，该柔性产线可以保证"停机不停线、停线不停机"，不会因一台设备出现故障而导致整条生产线停产，提高了生产效率和柔性，方便地实现多品种混流加工。另外，本案例对关键工艺技术开展了具有针对性的系列化工艺试验及方案优化等研究工作,很大程度提高了关键结构件的加工效率及制造精度(图 9-52、图 9-53)。

本案例技术还可以推广应用于汽车行业、船舶等高端装备行业的关键重要零部件制造中,促进相关行业高效精密加工技术的发展,可显著提升航天零部件高效精密加工领域的技术创新、团队建设和研发能力,为我国高端装备零部件制造行业现有生产加工工艺革新和新产品及新型号开发提供技术指导。

图 9-52　三维仿真车间

图 9-53　实际生产现场

9.5　本章小结

本章旨在向读者介绍以智能数控系统为核心的柔性产线,首先介绍了柔性产线的生产原理,对柔性产线数据流进行了具体的分析;然后对于构建柔性产线过程中所涉及的关键技术进行了进一步的分析,其中包括柔性产线全要素的互联互通技术、平台化、集成化等；最后通过两个案例进一步说明智能柔性产线的构建过程以及生产线可以达到的效果，其中 3C 行业智能制造产线案例着重介绍柔性产线与其他工业控制系统的集成以及应用，航空航天柔性制造产线案例进一步介绍了柔性产线的智能化功能。

　　智能制造柔性产线未来的发展方向将继续向集成化、网络化、协同化和实时化发展，在这样的背景下，进一步应用于生产线端的数字孪生技术变得尤为重要，这就需要将数字孪生技术和产品全生命周期系统联系起来。目前由于实现产品全生命周期数字化投入较大，难以实现，故数字孪生技术在生产线端的应用主要聚焦于产品后期使用过程中的维护数字化。而在未来，数字孪生技术将会在产品研发、产品工艺规划及优化、产线的预测性维护等方面进一步发展，真正实现基于大数据的数字孪生技术对产品全生命周期的服务。

参考文献

［1］　明世雄. 基于 RFID 的柔性生产线物料管理系统设计与实现［D］. 武汉：华中科技大学，2017.

［2］　黄俊俊. 基于智能工厂 MES 关键技术研究［J］. 数字技术与应用，2018，36(5)：122，124.

［3］　高孙权. 基于 MES 的柔性生产线调度优化与监控技术研究［D］. 南京：南京航空航天大学，2013.

［4］　谢尧. 面向零件加工的并联柔性生产线排产与调度系统研发［D］. 武汉：华中科技大学，2018.

［5］　钟南星. 基于自动化立体库的刀具配置及管理研究［D］. 长沙：国防科学技术大学，2005.

［6］　尹峰. 智能制造评价指标体系研究［J］. 工业经济论坛，2016，3(6)：632-641.

［7］　张秋燕. ERP 知识与供应链应用［M］. 上海：上海财经大学出版社，2012.

［8］　罗凤，石宇强. 智能工厂 MES 关键技术研究［J］. 制造业自动化，2017(4)：45-49.